U0393664

l'atlas pratique des FROMAGES

ORIGINES • TERROIRS • ACCORDS

饮食生活新提案

••••••

奶酪 原来是这么回事儿

L'ATLAS PRATIQUE DES FROMAGES

渊源 · 风土 · 搭配

[法] 特里斯坦 · 西卡尔一著

[法] 亚尼斯 · 瓦卢西克斯一绘

周劲松一译

中信出版集团 | 北京

图书在版编目（CIP）数据

奶酪原来是这么回事儿 / (法) 特里斯坦 · 西卡尔著；
(法) 亚尼斯 · 瓦卢西克斯绘；周劲松译 . -- 北京：中
信出版社，2019.10
（饮食生活新提案）
ISBN 978-7-5217-0471-6

Ⅰ . ①奶… Ⅱ . ①特… ②亚… ③周… Ⅲ . ①奶酪－
基本知识 Ⅳ . ① TS252.53

中国版本图书馆 CIP 数据核字 (2019) 第 075219 号

奶酪原来是这么回事儿

著　　者：［法］特里斯坦 · 西卡尔
绘　　者：［法］亚尼斯 · 瓦卢西克斯
译　　者：周劲松
出版发行：中信出版集团股份有限公司
　　　　（北京市朝阳区惠新东街甲4号富盛大厦2座　邮编　100029）
承 印 者：北京市十月印刷有限公司

开　　本：787mm × 1092mm　1/16　　印　　张：17.5　　字　　数：400千字
版　　次：2019年10月第1版　　印　　次：2019年10月第1次印刷
京权图字：01－2019－3316　　广告经营许可证：京朝工商广字第8087号
审 图 号：GS（2019）3696号
书　　号：ISBN 978－7－5217－0471－6
定　　价：108.00元

图书策划　雅信工作室

出版人　王艺超
策划编辑　红楠
责任编辑　红楠　贾宁宁
翻译协助　窦娅楠
编校协助　玄承智
营销编辑　常同同　杨秋怡　杨思宇
装帧设计　左左工作室

出版发行　中信出版集团股份有限公司

服务热线：400-600-8099　网上订购：zxcbs.tmall.com
官方微博：weibo.com/citicpub　官方微信：中信出版集团
官方网站：www.press.citic

简　目

目　录

奶酪的由来：历史与制作

世界各地的奶酪

风土与地域

品鉴

奶酪的由来

历史与制作

奶酪时间简表

作为一个有上千年历史的产品，奶酪反映出人类通过向大自然学习而掌握的生存技巧。如何从液体（奶）转变成固体（奶酪）？人类产生了这样的疑问，然后无意中观察到了这个现象。继而，随着时间的推移，人类掌握并改进了该项技术。下面是几个重要的时间点：

公元前5000年

众多考古研究证明，奶酪的历史可以追溯到远古时代。美索不达米亚的远古时代（公元前5000年前）的众多拼图以及苏美尔时代（公元前3000年前）的大量文献就已经显露出20多种奶酪的存在。在古埃及（公元前2000年前）也是一样，考古工作者发现了很多用于奶加工的器皿碎片。这些地方气候炎热干旱，所以考古工作者认为当地所产的奶酪应该是又咸又酸的。

公元前3000年

在希腊和西西里岛上，人们发现了公元前3000年前制作奶酪的排水漏斗（faisselles）。

古代

在古代，古希腊人和古罗马人不仅在宴席上要吃奶酪，而且在战场上也将奶酪作为食物。在当时，士兵的每日口粮中都有一块奶酪（约30克）。公元前200年，在当时的政客及作家老卡托（Marcus Porcius Cato）的著作《谈农业》（*De agricultura*）中就有以奶酪为食材的众多菜谱。早在公元1世纪时，农学家科路麦勒（Columelle）在他的拉丁文著作《说农业》（*De re rustica*）中谈到了如何制作奶酪，并详细描述了几个关键的步骤——奶的凝固、压榨、腌制、熟成，还强调了盐在奶酪口感及保存方面的作用。

另外一位作家老普林尼（Pline）在其撰写的《自然史》（*De diversitate Caseorum*）一书中的一个章节描述了古罗马人在当今法国南部洛泽尔省（Lozère）和热沃丹地区（Gévaudan）喜欢食用的几个奶酪品种。他对这些品种的描述极其符合当今的洛克福蓝纹奶酪（Bleu de Roquefort）和康塔尔奶酪（Cantal）的特点。

中世纪

随着日耳曼人、蒙古人和撒拉逊人的入侵，很多古罗马时代的奶酪品种都消失了，幸好在一些修道院中或偏远的山区还保留了一些奶酪的配方及制作工艺。正是有赖于修道士们的坚持，马罗瓦勒奶酪（Maroilles）、埃普瓦斯奶酪（Époisses）、库洛米耶奶酪（Coulommiers）、热克斯蓝纹奶酪（Bleu de Gex）、主教桥奶酪（Pont-l' évêque）和阿邦当斯奶酪（Abondance）这些奶酪品种才得以留传下来。

1135年

历史上首次出现的有关奶酪的文字记载为拉丁文“formaticus”，14世纪时演变为“fourmage”，15世纪为“fromaige”，最后为“fromage”（法语）。

1273年

这一年在法国的德赛尔维莱尔（Déservillers），诞生了世界上第一个奶酪生产合作社。奶酪生产合作社的诞生是为了给农户带来更多的收入，他们将自家生产的奶集中在一

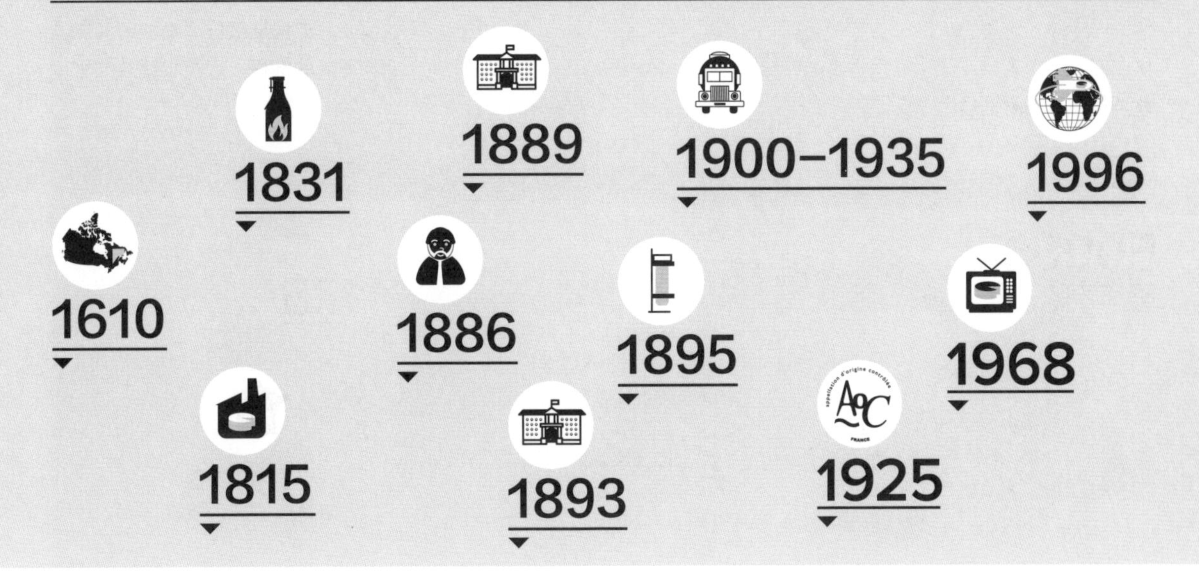

起，奶酪生产合作社就成为帮助他们赚钱的机构。这些合作社大多分布在法国的汝拉山区（Jura）和阿尔卑斯山区（Alpes）。直到16世纪，法国才出现专门销售奶酪的商店。

1610年

开始在美洲大陆制作奶酪。这是在塞缪尔·德·尚普兰（Samuel de Champlain）带着他的奶牛抵达加拿大魁北克省以后的事情。

1815年

19世纪对于奶酪来讲是个翻天覆地的时期，这主要是因为科学的进步和生产方式的工业化所带来的变革。在这一年，世界上第一个工业化生产的奶酪作坊诞生于瑞士伯尔尼。

1831年

法国发明家尼古拉·艾波特（Nicolas Appert）发现在密闭的容器里给奶加热的话可以更好地保存。这种方法被称为“艾波特法”，也是巴斯德消毒法（巴氏杀菌）的前身。

1886年

奶产品的巴氏杀菌工艺流程被德国食品化学家弗朗茨·冯·索克莱特（Franz von Soxhlet）确定下来。

1889年

法国第一所国家奶制品工业学校在弗朗什–孔泰地区的皮利尼成立。

1893年

北美地区第一所关于奶制品的学校成立，它位于加拿大魁北克省的圣亚森特（Saint-Hyacinthe）。

1895年

埃米尔·都克劳（Émile Duclaux，路易·巴斯德的学生）将巴氏杀菌工艺引入奶酪的生产工艺中。

1900—1935年

奶酪厂将收集农户奶品的铁桶替换为带有温控设备的液态集装箱拖车。奶农拥有的挤奶机的数量增加，同时奶品的低温存储也得到普及。这一切都扩大了经过巴氏杀菌工艺工业化生产奶酪的规模。

1925年

洛克福蓝纹奶酪（Bleu de Roquefort）成为世界上第一款具有原产地命名控制标识（AOC）的奶酪。如今AOC已经改为AOP（Appella-tion d’origine protégée，原产地命名保护标识）。

1968年

奶酪第一次作为广告登上电视：波尔斯因奶酪（Boursin）。

1996年

有赖于法国宇航员让–雅克·法维尔（Jean-Jacques Favier），比考顿羊奶酪（Picodon）成为世界上第一款环游地球的奶酪。美国哥伦比亚号航天飞机升空时，法维尔随身带了14块比考顿羊奶酪。

产奶的动物种类

绵羊

没有太大争议的说法是，性格柔顺的母绵羊应该是人类驯化的第一种产奶动物。尤其是在连绵的山谷或者丘陵地带，这种产奶动物提供的奶水特别有营养，同时也是制作奶酪的上好原料。我们在此列举一下法国的主要奶羊品种。

巴斯克-贝雅恩羊（La Basco-Béarnaise）：著名的螺纹角羊

这个品种的羊头部窄小、高挺，耳边的两个羊角上还带着螺旋纹路。羊毛卷曲，多为白色。体重约为60千克。

产奶能力

它每年能产奶180升，产奶期平均是145天。与其他的产奶羊一样，这个品种的羊产的奶是制作奶酪的重要原料（蛋白质含量：54g/kg，脂肪含量：74g/kg）。

分布地区

其实它的名字已经透露了，这种奶羊多分布于贝雅恩山谷里和巴斯克地区，主要在法国西南部的比利牛斯山脚下。

奶酪品种

奥索-伊拉蒂奶酪（Ossau-iraty）

比利牛斯山多姆奶酪（Tomme des Pyrénées）

拉科讷羊（La Lacaune）：法国第一大奶羊品种

这种羊的头部相对长些，覆盖全身的白毛闪耀着银色光芒。带着点羊毛的长耳朵是水平对称的。身体其他部位毛不多，只有一小部分覆盖在身体上部。体重为70千克左右。

产奶能力

从数量来看，它是在法国排第一的奶羊品种，每年的平均产奶量为260升，产奶期是167天（蛋白质含量：54g/kg，脂肪含量：72g/kg）。

分布地区

主要分布在法国中央山脉的南部［阿韦龙（Aveyron），塔恩（Tarn）］的朗格多克-鲁西永地区和科西嘉区。

奶酪品种

当然是洛克福蓝纹奶酪啦！同时，这种奶也会被用于塞弗拉克蓝纹奶酪（Bleu de Séverac）、皮楚奈特绵羊奶酪（Pitchounet）、勒屈特奶酪（Recuite）和派罗奶酪（Pérail des Cabasses）的制作。

黑头马奈克羊（La Manech À Tête Noire）：神奇的山区羊

它的头是黑色的，中等体形（体重在55—60千克之间）。这种黑头羊身上的羊毛无论是黑色还是白色，都泛着灰色的光，羊毛长度达30厘米。羊头上有个很窄的倒棱，羊角和耳朵都下垂，羊蹄偏大，且无毛。

产奶能力

平均每年的产奶量是110升，产奶期是133天（蛋白质含量：55g/kg，脂肪含量：75g/kg）。

分布地区

它是奶羊中最适合在山区生存的品种。通常在比利牛斯山脉巴斯克地区可以见到，在阿尔迪代山谷（Aldudes）或是伊拉底（Iraty）的森林中也有。

奶酪品种

奥索-伊拉蒂奶酪（Ossau-iraty）

伊莎苏奶酪（Itxassou）

棕头马奈克羊（La Manech À Tête Rousse）：富有营养的奶水

它有颗棕色的脑袋，四蹄也是同样的颜色。羊毛下垂，经常打绺儿。它没有羊角，头上的倒棱狭窄，耳朵长且下垂。

产奶能力

平均每年的产奶量是150升，产奶期是167天（蛋白质含量：55.8g/kg，脂肪含量：76g/kg）。

分布地区

通常能够在下纳瓦拉（Basse-Navarre）、下苏勒（Basse-Soule）等巴斯克地区的丘陵和山谷中见到。有时它们也在阿列日（Ariège）地区出现。

奶酪品种

奥索–伊拉蒂奶酪（Ossau-iraty）

丘比特奶酪（Cupidon）

山羊

与它们的表亲一样，山羊是体形较小的反刍动物。母山羊的产奶量低于奶牛，但其奶水的营养更丰富，含有更多的矿物质和维生素。更重要的一点是，它产的奶水容易被人体消化。下面介绍的是在法国最为常见的用于奶酪生产的五种母山羊。

阿尔卑斯浅黄褐山羊（L'Alpine Chamoisée）：法国最常见的品种

中等体形（肩高80厘米，体重60千克），体毛为浅黄褐色，短毛，通常有一条黑线穿过它的背部。它的胸部高，骨盆宽，乳房体积庞大，无论是人工还是机械挤奶都很方便。

产奶能力

每年产奶期内的平均产奶量是800升（蛋白质含量：32.4g/kg，脂肪含量：37.3g/kg）。

分布地区

不仅会在阿尔卑斯山区出现，在整个法国西部都有这个品种的母山羊（卢瓦尔河谷区、普瓦图、都兰、利木赞、科雷兹）。有时，在罗讷河山谷或是阿韦龙地区也会见到。

奶酪品种

圣莫尔·都兰山羊奶酪（Sainte-maure de Touraine）

布里尼圣皮埃尔山羊奶酪（Pouligny-saint-pierre）

比考顿羊奶酪（Picodon）

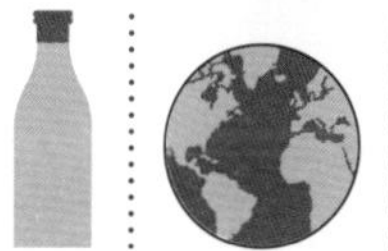

普瓦图温山羊（La Poitevine）：出色的皮毛

它的体形中等，肩高70厘米，体重约60千克。它的肚子、尾巴和四肢的背阴面都是白色的。脖子很长，也很柔软。与其他品种最大的区别在于，它的皮毛很长，呈黑色或褐色。

产奶能力

239天的产奶期内平均产奶量是538升（蛋白质含量：30.7g/kg，脂肪含量：35.9g/kg）。

分布地区

多见于普瓦图地区，但是在都兰、布列塔尼南部、里昂地区和圣艾蒂安地区也会出现。

奶酪品种

普瓦图夏匹胥山羊奶酪（Chabichou du Poitou）栗树叶蒙泰斯羊奶酪（Mothais-sur-feuille）谢河畔瑟莱奶酪（Selles-sur-cher）

比利牛斯母山羊（La Pyrénéenne）：始终忠实于原产地

体形偏大（肩高75厘米，平均体重70千克），该品种山羊的羊角呈直角且向后长，脑门和下巴上长着极有特点的毛丛。它身上的毛无论是长的还是中长的，都很硬。皮毛的颜色有白色的也有黑色的，还夹杂着栗色、棕色或浅褐色。

产奶能力

它在228天的产奶期内产奶量比其同类要低一些，大约是315升，但营养比较丰富（蛋白质含量：30.4g/kg，脂肪含量：38.5g/kg）。

分布地区

比起阿尔卑斯山羊或是普瓦图温山羊经常对自己的故乡“不忠”，比利牛斯山羊基本上只能在比利牛斯山区中见到。

奶酪品种

比利牛斯山多姆奶（Tomme des Pyrénées）

比利牛斯山克罗汀奶（Crottin des Pyrénées）

阿斯佩多姆奶酪（Tomme d’Aspe）

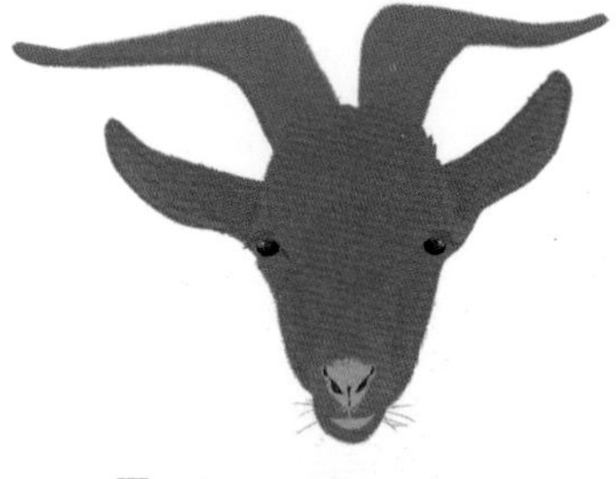

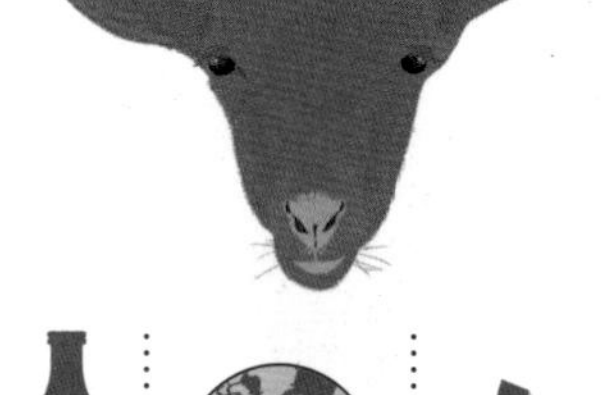

鲁夫山羊（La Rove）：需要保护的罕见品种

这个品种很少见，因其产奶能力差而差点灭绝。它们体形不小（肩高75厘米），却是个轻量级选手，体重平均50千克。它的长角可以长得很扭曲，耳朵宽直，朝向前方。羊毛是红色的，夹带着奶白色、黑色或白色长毛。

产奶能力

它的产奶能力比较弱，产奶量大约是每年250升。但用来制作奶酪，其品质还是很好的（蛋白质含量：34g/kg，脂肪含量：48g/kg）。

分布地区

它多见于法国东南部地区，特别是在普罗旺斯-阿尔卑斯-蓝岸区的山脉中。

奶酪品种

巴侬羊奶酪（Banon）

佩拉东羊奶酪（Pélardon）

百里香罗弗（鲁夫丹）羊奶酪（Rovethym）

鲁夫布鲁斯奶酪（Brousse du Rove）

萨能奶山羊（Saanen）：世界上随处可见的品种

这是世界上产奶动物里最为常见的品种（在法国数量排第二位），因为它很柔顺，所以很容易养殖。看到它的白皮和短毛，马上就能识别出来。萨能奶山羊来自瑞士的萨能河谷，它的脑门和鼻子都比较直，胸膛不小，肋骨深且容易见到。更重要的是，它的乳房为球状，宽大且不是很下垂。

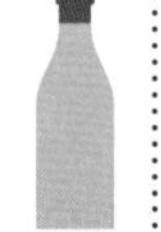

产奶能力

这是个产奶能力很强的品种，平均在每年280天产奶期中产奶800升。对于制作奶酪而言，它的奶水质量一般（蛋白质含量：29g/kg，脂肪含量：32g/kg）。

分布地区

从法国西北的莫尔比（Morbihan）到南部的瓦尔（Var），中间还经过东比利牛斯山和卢瓦雷（Loiret），在这些地区都能见到这个品种，甚至在法国北部的上法兰西（Hauts de France）也能见到。

奶酪品种

法朗塞奶酪（Valençay）

谢河畔瑟莱奶酪（Selles-sur-cher）

黑古尔羊奶酪（Gour noir）

奶牛

牧场上，奶牛自由自在地漫步，这是在法国乡间最为典型的场景了。当然这也是有原因的，与山羊、绵羊不同，奶牛在法国境内极其常见。接下来，我们看一看在制作奶酪的过程中最常见的11种奶牛。

阿邦当斯奶牛（L'Abondance）：神奇的抵抗力

它能够承受极大的温差（比如高山牧场早上仅有-10℃，而到了傍晚却高达35℃的气温），这是一个适合在山区生存的种类。还需要说明的是，它的眼眶和耳朵周边的颜色为桃花心木色，这会减少余音的影响，并保护眼睛免于受到眼科疾病的侵害。它们的平均肩高为145厘米，体重为550—800千克不等。

产奶能力

这种奶牛的奶大部分用于AOP或IGP级别的奶酪生产（约80%）。产奶期是305天，一般产量是5550升（蛋白质含量：33.1g/kg，脂肪含量：37g/kg）。

分布地区

主要分布在法国罗讷-阿尔卑斯地区和中央山脉区，在阿尔卑斯山脉地区的瑞士和意大利也会见到。不仅在埃及和阿尔及利亚，甚至也门、伊朗或者越南也有。

奶酪品种

萨瓦埃曼塔尔奶酪（Emmental de Savoie）
博格多姆奶酪（Tome des Bauges）
博福尔奶酪（Beaufort）
瑞布罗申奶酪（Reblochon）
阿邦当斯奶酪（Abondance）

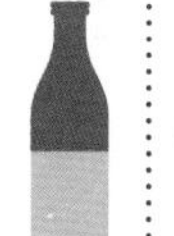

棕色奶牛（La Brune）：国际品种

棕色奶牛是由瑞士东部的几个品种杂交而来。体形中等（肩高150厘米，重约700千克），棕色奶牛的前额很宽大，带尖的牛角向上生长，脚腕强劲有力。

产奶能力

在305天的产奶期，棕色奶牛产量一般能超过7000升，是个非常好的品种（蛋白质含量：34.3g/kg，脂肪含量：41.1g/kg）。

分布地区

世界各地都在养殖（法国、西班牙、瑞士、意大利、德国、英格兰、奥地利、斯洛文尼亚、加拿大、美国、哥伦比亚、澳大利亚）。

奶酪品种

埃普瓦斯奶酪（Époisses）
朗格勒奶酪（Langres）
康塔尔奶酪（Cantal）
莫城布里奶酪（Brie de Meaux）

泽西奶牛（La Jersiaise）：小个头，大产量

这种奶牛个头较小（肩高128厘米，体重平均430千克）。它源自英属诺曼底的泽西岛，体色通常是整片的黄褐色。牛头的颜色比身体要深，软组织部位也更黑。牛鼻周边是白色的，牛角向下，颈部笔直。

产奶能力

每年产奶期长达324天，产量超过5100升。奶质营养丰富（蛋白质含量：54.5g/kg，脂肪含量：37.8g/kg）。

分布地区

法国的布列塔尼、诺曼底地区、卢瓦尔河谷区和中央山脉地区。世界其他地区分布也比较普遍，从加拿大到新西兰都有分布。

奶酪品种

孔泰奶酪（Comté）
莫尔碧叶奶酪（Morbier）
蒙多尔奶酪（Mont-d'or）
圣耐克泰尔奶酪（Saint-nectaire）

蒙贝利亚奶牛（La Montbéliarde）：遍及五大洲

从数量上讲，这是法国第二多的奶牛品种。它的发源地在法国的弗朗什-孔泰（Franche-Comté），但很快蒙贝利亚奶牛就遍及法国各大山脉。其体形偏大（肩高145厘米，体重750千克），毛色为红白混杂，下体偏白。

产奶能力

305天的产奶期，平均产奶7800升，品质很高（蛋白质含量：32.7g/kg，脂肪含量：38.4g/kg）。

分布地区

在法国到处可见，在比利时、荷兰、瑞士、波兰、罗马尼亚、俄罗斯、摩洛哥、哥伦比亚、墨西哥以及澳大利亚也有。

奶酪品种

孔泰奶酪（Comté）
莫尔碧叶奶酪（Morbier）
蒙多尔奶酪（Mont-d' or）
圣耐克泰尔奶酪（Saint-nectaire）

诺曼底奶牛（La Normande）：戴眼镜的奶牛

诺曼底奶牛来自法国诺曼底地区，这是当地具有代表性的品种。诺曼底奶牛很容易辨识，因为它的眼圈附近有极具特点的“眼镜”，身上有深褐色或黑色的大斑点。这是一种很温顺又容易繁殖的动物。其体形偏大（肩高145厘米，平均体重达800千克），且体形偏长。

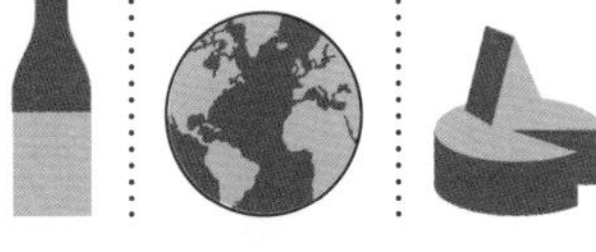

产奶能力

产奶期322天，平均产奶6500升，奶水品质丰富（蛋白质含量：34.5g/kg，脂肪含量：42.9g/kg）。

分布地区

当然是在法国诺曼底啦！除此之外，法国其他地方（北部、布列塔尼、阿登、整个西部沿海、中央山脉地区），以及世界其他地方（美洲、西非、马达加斯加、斯堪的纳维亚、中国、日本、蒙古国、澳大利亚）也有。

奶酪品种

诺曼底卡蒙贝尔奶酪（Camembert de Normandie）
主教桥奶酪（Pont-l' évêque）
利瓦罗奶酪（Livarot）
纳沙泰尔奶酪（Neufchâtel）

红白奶牛（La Pie Rouge）：欧洲境内数量第二多的品种

这个品种因身上的红（浅栗色）白斑点而很容易辨识。相比于同类，它的身材较小（肩高147厘米），但更重一些（平均750千克）。其体形偏长，盆骨较宽，纤长的头部有一个相对宽的鼻子。从数量上讲，这是在欧洲旧大陆数量第二多的奶牛品种。

产奶能力

产奶期305天，平均产奶7800升（蛋白质含量：32.6g/kg，脂肪含量：41.9g/kg）。

分布地区

多见于法国诺曼底和布列塔尼（中部和中央山脉地区），在欧洲的德国、荷兰、瑞士等国家也有。

奶酪品种

波特撒鲁奶酪（Port-salut）
提马德克奶酪（Timadeuc）

荷斯坦奶牛（La Prim' Holstein）：产奶能力极强

这是个出色的奶牛品种，从产量上讲，在法国境内采收的牛奶中，80%源自这个品种。因毛色带有黑白斑点而很容易辨识，它的平均肩高是145厘米，体重为600—700千克。无论挤奶方式是人工还是机械，它的乳头都堪称完美。

产奶能力

它平均每年产奶9350升，产奶期348天（蛋白质含量：31.8g/kg，脂肪含量：39g/kg）。

分布地区

除了普罗旺斯和科西嘉岛，在法国几乎到处可见。在波兰、德国、英国、美国和新西兰等国家也有。

奶酪品种

米莫雷特奶酪（Mimolette）
荷兰豪达奶酪（Gouda Holland）
切达奶酪（Cheddar）

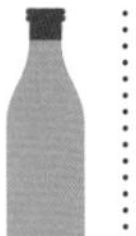

弗拉芒红奶牛（La Rouge Flamande）：一个古老的品种

它是法国最为古老的奶牛品种之一。其毛色是整齐的深桃木色。如果有牛角的话，长得像是向上的皇冠。体形大，肩高145厘米，体重平均为700千克。

产奶能力

产奶期305天，平均产奶量5700升（蛋白质含量：32.4g/kg，脂肪含量：39.5g/kg）。

分布地区

主要分布在法国北部，如上法兰西、诺曼底、阿登等地区。比利时、巴西、澳大利亚和中国也有这个品种。

奶酪品种

马罗瓦勒奶酪（Maroilles）
米莫雷特奶酪（Mimolette）
蒙迪凯奶酪（Mont des Cats）
贝尔格奶酪（Bergues）

西门塔尔奶牛（La Simmental）：国际化的品种

这是为数不多的遍及世界五大洲的奶牛品种。其毛色为红白相间，但也夹有浅咖啡色。西门塔尔奶牛的盆骨很宽且很深。个头算得上标准（肩高150厘米），体重平均为800千克。

产奶能力

在305天产奶期内，平均产奶量为6300升，奶质很适合制作奶酪（蛋白质含量：33.6g/kg，脂肪含量：39.8g/kg）。

分布地区

多生活于法国布列塔尼地区、中央山脉、法国东部。全球总量为4000万头，可以说遍布世界各地，跨越五大洲。

奶酪品种

拉吉奥乐奶酪（Laguiole）
埃普瓦斯奶酪（Époisses）
苏曼特兰奶酪（Soumaintrain）

塔林奶牛（La Tarine）：行走能力超强的品种

也被称为“塔朗泰斯牛”，是体形最小的奶牛品种之一（肩高135厘米，平均体重为550千克）。这种奶牛因体毛呈黄褐色而很容易辨识。纤细的身形和黑色硬蹄，使它成为一个具有出色行走能力的品种。其头部较短，侧面呈方形。如果它有角的话，呈七弦琴形，角顶端是黑色的。

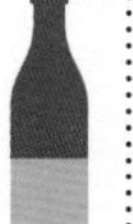

产奶能力

产奶期305天，平均产奶量4500升，其奶品不是很适合制作奶酪（蛋白质含量：32.1g/kg，脂肪含量：35.9g/kg）。因有4个AOP和2个IGP标识的奶酪制作工艺对它有需求而得到广泛的认可。

分布地区

主要分布在法国中央山脉和阿尔卑斯山区。此外，在加拿大、美国、阿尔巴尼亚、埃及、伊拉克、越南，甚至喜马拉雅山的山坡地带也能看到。

奶酪品种

博福尔奶酪（Beaufort）
博格多姆奶酪（Tomedes Bauges）
瑞布罗申奶酪（Reblochon）
阿邦当斯奶酪（Abondance）
萨瓦多姆奶酪（Tommede Savoie）
萨瓦埃曼塔尔奶酪（Emmental de Savoie）

孚日奶牛（La Vosgienne）：低调但很珍贵

它个头不高（肩高140厘米），但体形比较大，体重通常为650千克。它的鼻子周边有一圈黑色，肌肉紧实，腿短而小。黑白相间的毛色很有特点：一条从头部贯穿到尾部的黑色宽条，肋部和腹部都是相对有规律的白毛。

产奶能力

产奶期305天，平均产奶量为4300升（蛋白质含量：31.7g/kg，脂肪含量：37.4g/kg）。

分布地区

分布在法国的洛林地区、阿尔萨斯、弗朗什-孔泰、勃艮第、汝拉山区、阿尔卑斯山区和中央山脉地区。有时在卢瓦尔河周边地区也会见到。但在法国之外，这种奶牛基本见不到。

奶酪品种

曼斯特奶酪（Munster）
小格瑞斯奶酪（Petit Grès）

法国的其他奶牛品种

北方蓝奶牛

仅在法国北部饲养，仅出产一种奶酪：蓝砖奶酪（Le Pavé Bleu）。

波尔多奶牛

正如其名，它来自波尔多。这种奶牛的奶更多用于生产黄油、奶油，在短商业链（当地）内销售。

黑花布列塔尼奶牛

它的饲养环境比较艰苦：贫瘠又多石的土壤。产的奶仅用于生产奶油、黄油和核糖奶。

菲朗戴斯奶牛

源自法国中央山脉地区，产的奶多用于具有产区保护的奶酪，比如圣耐克泰尔奶酪（Saint-nectaire）或者福尔姆-昂贝尔奶酪（Fourme d' Ambert）。

佛罗芒特莱昂奶牛

源自法国布列塔尼北部地区。产的奶多用于生产奶油和一种偏橙色、味道强烈的黄油。

维拉德朗斯奶牛

一种体格强健的山区奶牛，产的奶多用于生产有产区保护的奶酪，比如韦科尔-萨瑟纳格蓝纹奶酪（Bleu du Vercors-Sassenage）。

水牛和其他产奶动物

产奶（可用于生产奶酪）的反刍动物种类不仅仅有山羊、绵羊和奶牛，还有母水牛。其他产奶反刍动物的产奶量仅占世界产奶量的1%，并且这些奶都不会被用于生产奶酪。

母水牛（La Bufflonne）：产奶能力排名世界第二

这是我们这个星球上产奶能力仅次于奶牛、排名第二的动物。母水牛的产奶量占全世界的13%（奶牛占83%，绵羊占2%，山羊占1%，其他产奶品种占1%）。在欧洲，水牛奶主要用于生产丝网控水奶酪，比如马苏里拉奶酪（Mozzarella）、斯卡莫扎奶酪（Scamorza）、马背奶酪（Caciocavallo）等。在其他地方，比如印度、巴基斯坦或者中国，水牛奶可以直接饮用。母水牛一般肩高140厘米，身长为250厘米左右，体重约为500千克。其体色通常是黑色的，因为其弯曲向上的牛角和宽大的鼻子而很容易辨识。

产奶能力

产奶期大概是9个月，平均产奶量为2700升（蛋白质含量：48g/kg，脂肪含量：85g/kg）。

分布地区

它主要在沼泽地带出现，在意大利南部、埃及、巴基斯坦、印度、尼泊尔和中国也有分布。

奶酪品种

坎帕尼亚马苏里拉水牛奶酪（Mozzarella di bufala Campana）

布拉塔奶酪（Burrata）

马背奶酪（Caciocavallo）

世界上其他产奶品种

除了奶牛、水牛、绵羊、山羊这几种主要产奶品种外，还有其他动物被驯化成产奶品种，尽管其比例较小。

母驴

直到20世纪初，驴奶一直是人奶的替代品，这是因为它的营养成分几乎与人奶一致。相比于牛奶，驴奶（每天约产5升奶）含有更多的乳糖和更少的脂肪。对牛奶过敏的孩子来说，驴奶是极佳的替代品。

驴奶更多应用于美容产品领域。它的酪蛋白和脂肪含量很低，做奶酪用比较麻烦，因此几乎没有驴奶酪，但如果有的话，一定是世界上最贵的奶酪之一：售价为每千克近1000欧元（约合人民币7586元）。塞尔维亚的一个农庄在生产驴奶奶酪，名字叫普乐奶酪（Le Pule）。

母骆驼

与牛奶相比，骆驼奶（每天产量约为20升）的脂肪含量较低，蛋白质和矿物质的维生素含量均较高，因此对于那些缺乏营养的婴儿来讲，骆驼奶是非常好的。

骆驼奶在非洲，以及亚洲的阿拉伯半岛、阿富汗、蒙古国有生产。

母牦牛

牦牛很适合在亚洲艰苦的高原环境生存。母牦牛的产奶能力比较弱（产奶期200天，平均年产300升），但是奶水的品质足以生产黄油或奶酪了，能满足艰苦气候条件下当地人民的需要。在中国西藏和喜马拉雅山区，人们会制作晾干的牦牛奶酪。

牲畜的饲养

饲料的多样性和丰富程度对产奶动物的产奶品质有着直接的影响，因此也直接影响着奶酪的品质。

绵羊：以盐为自助餐

它以草为主食，也会食用干秸秆、豆类植物、玉米、青储饲料等。饲养户还会给它们提供足量的盐，让它们随意吃，因为这些饲料中缺少盐分。盐分会让绵羊胃口大开，分泌更多唾液，喝更多水，从而有助于绵羊的消化。绵羊本身就是一种对水需求量很大的动物。

山羊：草场中的幸福

从春季到秋季，山羊主要的食物来源是草场。到了冬季，饲料主要是干秸秆、脱水苜蓿、谷物玉米、小麦、大麦。与绵羊一样，饲养户也会摆上一个大盐块供山羊们舔食，尤其是天气很热的时候。

饲料：每天2千克
水：每天5—10升

饲料：每天约2千克干秸秆或12千克鲜草

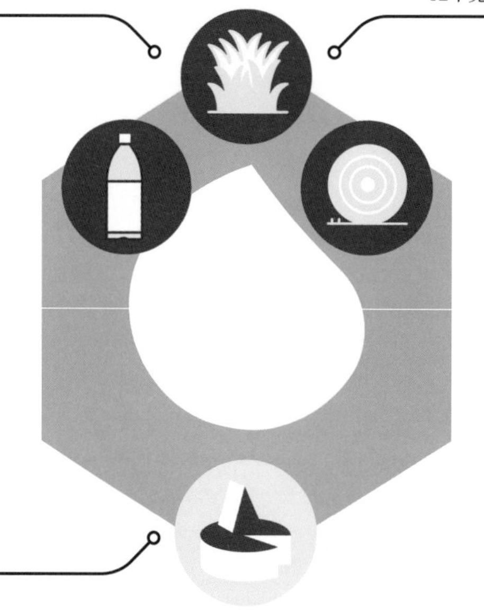

干草

干草是在茂盛季节收割的新鲜草经过在田地里晒干后打捆而成的。一捆大约70千克，存放后在冬季用于喂养牲畜。

青储饲料

青草小把收割后，存放在农场里的一个大储藏桶里，盖上帆布。在桶里会发生发酵作用来储存青草，从冬季可以喂养到春天。但青储饲料往往不推荐给家畜，因为青储饲料存在卫生隐患，可能会造成铅中毒、肉毒杆菌或李斯特菌中毒。

饲料：每天70千克
水：每天90升

奶牛：每天200升唾液

它们是植食性反刍动物，也就是说，奶牛吃草、谷物、甜菜或树篱叶等植物。它们每天可以吃8小时，然后反刍大约10小时。它们也是喝水好手且喝得很贪心，因为每天奶牛要分泌200升唾液消化食物！它们的饲料主要是绿色干草（草、紫花苜蓿、油菜），特别是在气候良好的季节。夏天，很多奶牛会迁移到高山草场，有的则会到山谷中的草原。冬季，奶牛们多以干秸秆、豆类、谷物颗粒，以及青储饲料（虽然不是很推荐）为主食。

反刍过程

产奶类动物都是反刍动物。它们吞下青草，然后反复且长时间咀嚼，直到将植物转变为很稠的植物汁（糊状），最后被消化。这就是反刍过程。

青草实际上要在动物的瘤胃和嘴之间往返几次，直到被研磨成糊状。反刍动物有四个胃，为的就是达到这个目的。

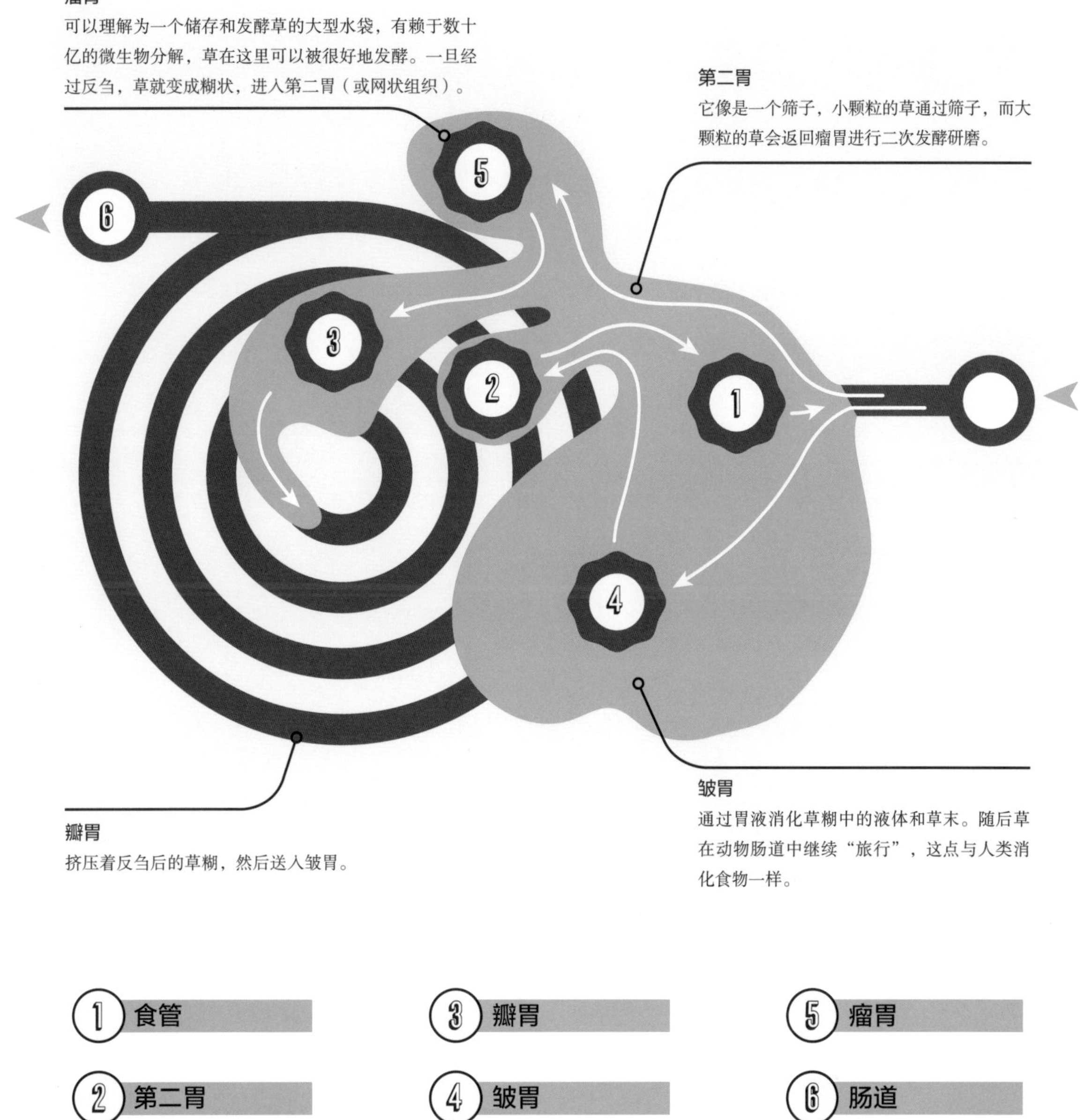

奶水，最根本的原材料

奶水是最根本的原材料：没有奶水，也就没有奶酪！正因为这两种产品彼此关联，法国政府在1988年出台政策做出相关保护规定，随后2007年欧盟通过了同样内容的法律。但是，奶水到底是什么呢？

奶的由来

奶是由反刍动物如山羊、绵羊、奶牛、母水牛产出的。但这些动物怎么就能吃了草转化成奶呢？

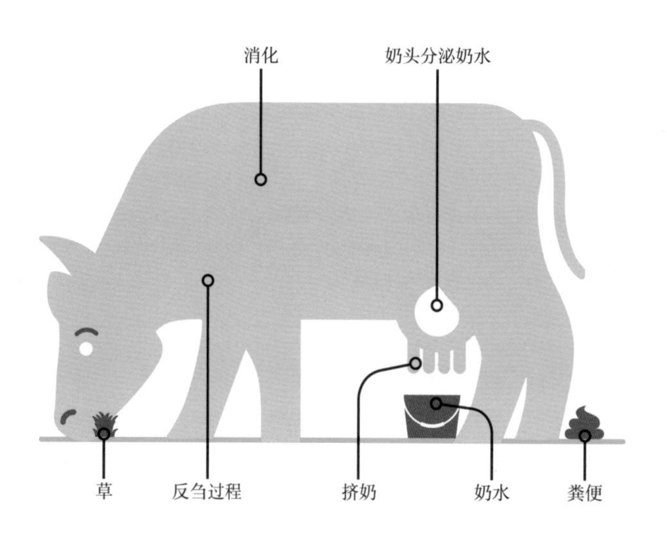

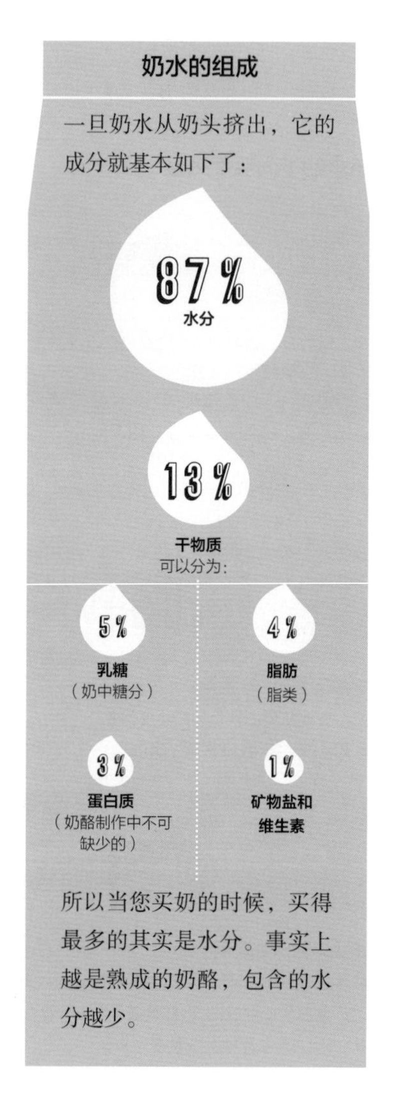

奶水在每个奶头的小叶部分（一种“小袋子”）形成（奶牛和水牛的乳房上有四个，绵羊和山羊有两个）。这些“小袋子”由血液供给。细胞利用血液转化出乳糖、脂肪、矿物质和维生素，还有水——奶水。当这些“小袋子”填满后，会有更大的一个“奶罐”来装。当反刍动物或者人工挤奶时，液体会从奶头流出。人工挤奶会有两种方式：手工或是机械挤奶。

法律就是法律

在法国，“奶酪”一词的定义是：通过奶凝结成牛奶、奶油或其混合物，然后沥水获得的发酵或者不发酵产品。（2007年4月27日，法令第2007-628号）

在欧盟境内，“奶酪”的定义为：专用于奶的衍生产品，包括制作过程中必需的添加元素，只是这些元素的使用目的不是全部或者部分替代奶的某一组成元素。（2007年10月22日，欧盟规定第1234-2007号）

通常用于工业生产的菜品或素食的“人工奶酪”“仿制奶酪”或“替代奶酪”，不能被简称为“奶酪”。

您知道吗？
为了产出1升奶水，奶牛的乳房必须过滤400升的血。

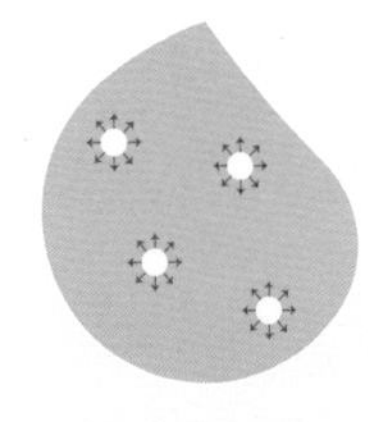

为什么奶水是白色的？

奶水，含有很多水和一些营养物质（脂肪、糖、蛋白质）。这些物质是不能溶于水的，所以只能是以无法被肉眼观察到的固态分子的状态悬浮在液体中。当光线试图穿过奶水时，这些分子将光线反射到各个方面——光线被衍射。另外，因为这些分子没有吸收任何颜色，衍射的光线返回来就是白色的，所以奶水是白色的。也正是出于这个原因，不同标准的奶，比如全脂、半脱脂和脱脂牛奶，不是同一种颜色，因为它们的脂肪含量不同。一瓶脱脂奶没有那么油腻，它的颜色就是泛蓝的。结论：奶水中的脂肪含量越高，颜色就会越白。

奶水的不同温度处理

生奶

如果奶水没有经过超过40℃的处理，就是生奶。那些保证奶水口感的微生物群得以保存，因此生奶制成的奶酪通常会比其他奶酪口感更好。

经过微过滤的奶

保鲜时间会比生奶更长些，而且在口感上要比经过巴氏杀菌法处理的奶更好。由于整个工艺流程比较昂贵，通常是食品厂家采用这种工艺处理自产的奶酪。

加温工艺

奶水会被加热15秒，加热温度控制在57—68℃之间。加热的目的是杀灭一些病毒细胞，同时又能保证奶水的生物指标和品质。用加热后的奶水制作的奶酪口感处于生奶和巴氏杀菌法处理的奶酪之间。

巴氏杀菌法处理后

奶水会被加热15秒，加热温度控制在72—85℃之间。这样做可以杀死那些改善奶水口感的微生物，超过90%的微生物群被破坏，奶水的质感也会改变。这样做的目的是保证产品的口感稳定又中性，更容易被大众接受，弱化“风土”特点。

灭菌奶

奶水会被加热2—5秒，温度是140—150℃。这就是所谓 UHT （超高温度）工艺，所有的微生物群都会被杀死。很难（甚至不可能）用这种奶水制作奶酪！

奶酪的制作

从农场中取奶到奶酪熟成，这里介绍一下制作大部分奶酪的六大步骤。

① 挤奶和奶水的收集

这个步骤有两种选项：

· 奶水通过人工挤奶收集，随后直接在奶酪作坊加工制作。

· 用机械挤奶器挤奶，然后装入带有温控设施的液体集装箱。液体集装箱的温度控制在3—4℃。随后液体集装箱会被运送到奶酪厂。

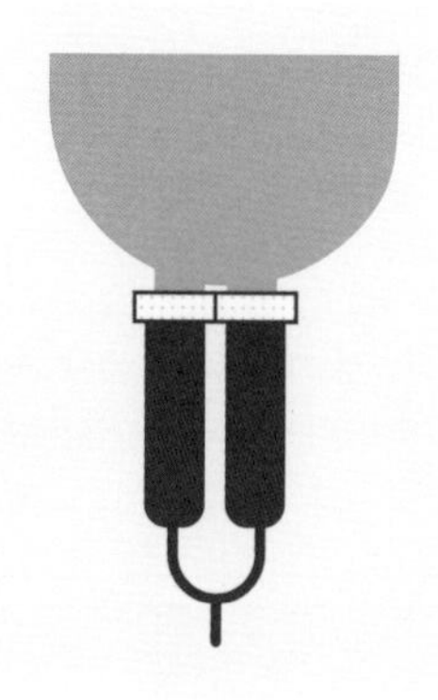

② 凝乳过程

奶水是液态的，奶酪是固态的，从液态到固态，奶水需要一个凝乳过程。有三种凝乳方法：

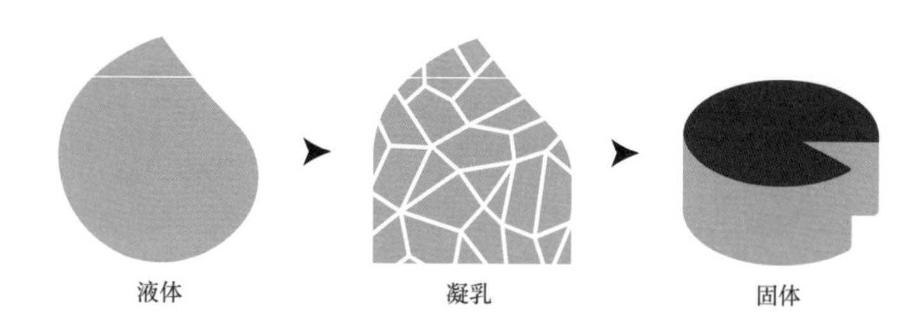

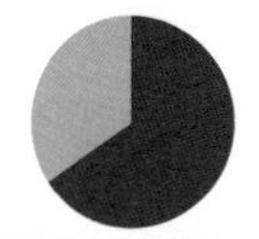

8—36小时

乳酸酶凝乳

奶酪生产者添加了比凝乳酶更多的乳酸酶。凝乳在8—36小时之间形成，味道相当酸。

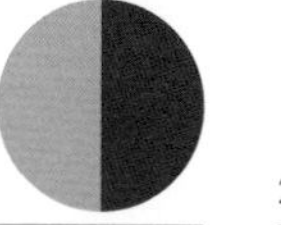

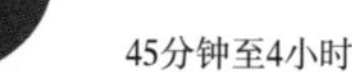

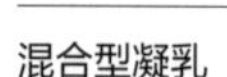

45分钟至4小时

混合型凝乳

奶酪生产者添加等量的凝乳酶和乳酸酶。凝乳会在45分钟到4小时之间形成。它的口感比较均衡，酸度适中且柔顺。

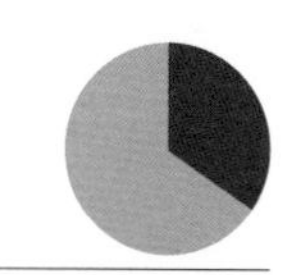

20—45分钟

凝乳酶凝乳

奶酪生产者添加了比乳酸酶更多的凝乳酶。奶水会很快凝固（20—45分钟）。凝乳的口感更柔顺。

凝乳酶是什么？

它是由还未断奶的反刍动物的皱胃产生的物质，含有一种蛋白质（凝乳酶），这种蛋白质可以使奶水从液态转化到凝胶状。

③ 成形过程

在这个过程中，奶酪有了最终形状，从此可以被识别。压制出的形状根据奶酪所属的家族有别而不同，同时也需要考虑凝乳的特性。

用亚麻网布及木圈定型

这种成形过程通常是用于那些经过压制的奶酪（无论是加热还是非加热的），比如孔泰奶酪、博福尔奶酪或者阿邦当斯奶酪。凝乳通常要比奶酪家族其他品种结实很多。

长勺定型

通常是手工完成的，但也有食品企业发明了有很多长勺的机器！这种定型方法在乳酸酶凝乳或者需要花皮奶酪时用得最多，比如诺曼底卡蒙贝尔奶酪。

模具定型

一般是将模具直接沉入到凝乳中。同时也要求凝乳比较结实，以免被模具压碎。

带分配器单层模具定型

有一个旋转分配器将凝乳均匀地分配到不同的单体模具中。第一个模具填满后分配器抹平模具表面，然后填入之后的模具。

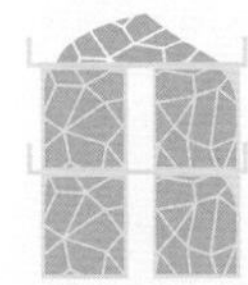
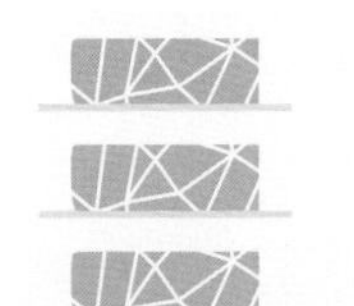

带分配器多层模具定型

与单层模具的工作原理相同，不同的只是从单层改为多层模具。

返回（或翻转）定型

将凝乳导入某一容器中，然后用机器抹平，容器盖上盖后翻转过来。

④ 控水过程

控水过程是将凝乳中的水分与干物质分离的过程。这是一个非常重要的过程，因为这将决定奶酪中的水分含量，对之后的奶酪制作工艺流程有影响。有两种方法实现控水过程：一是靠重力（用成形后凝乳自身的重量），二是靠持续或间接压力。控水过程取决于奶酪的种类和对质感的要求。

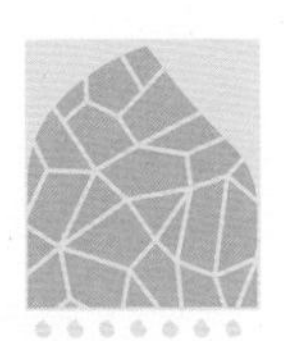

乳酸酶凝乳

控水过程是自然完成的，完全依靠重力。乳清（奶酪中残留的水分）将慢慢地从奶酪中流出。

硬质奶酪（比如孔泰奶酪）

需要一个加压工艺将水分排出去。

软质奶酪（比如卡蒙贝尔奶酪）

切割后的凝乳导入带有小孔的模具定型，水分会自然地从中流出。

蓝纹奶酪

控水过程是在几天内缓慢完成的，同时也需要有规律地翻转几次，使乳清完全流出。

加盐过程

控水过程完成后，解开模具。在将其放入窖内之前，必须加盐。因为没有盐，就不会有奶酪！盐在奶酪的整个制作过程中起到了关键作用。为什么要加盐呢？因为盐有多种功效。

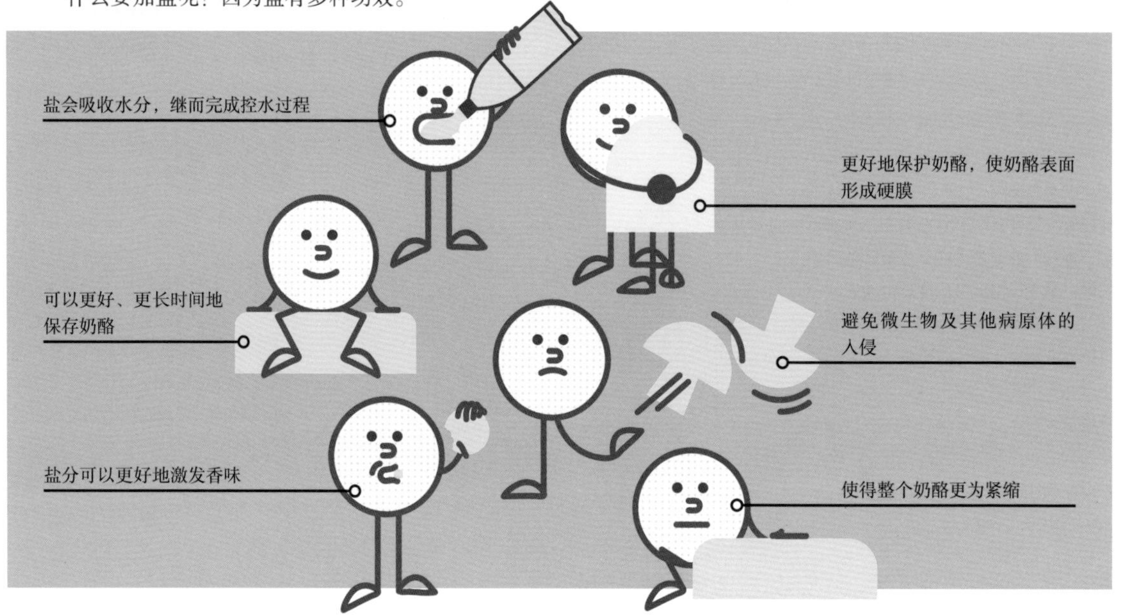

在去除模板后，有两种方法给奶酪加盐。

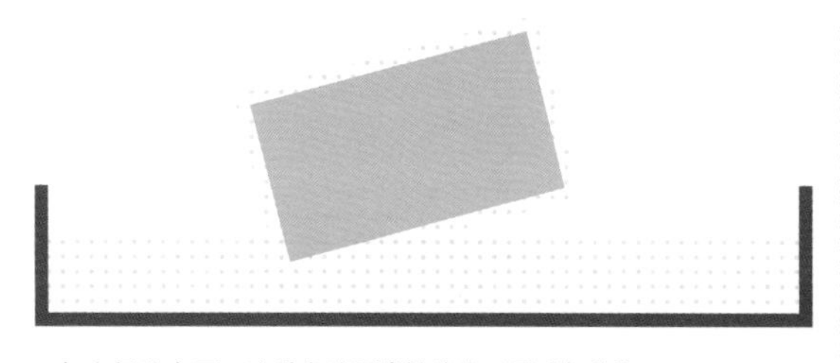

·加在奶酪表面：这种方法通常被称为“干式加盐”。
奶酪制作者把奶酪的一面放在盐里，用手将奶酪周边涂抹上盐，放置一边。第二天，将奶酪翻转，另外一面放置在盐里，再将奶酪周边涂抹上盐。这种加盐法的好处是盐分会被奶酪中的水分自然吸收。根据不同的奶酪家族，干式加盐法的时间是不同的，小块的奶酪加盐时间短，那些加压后的大块奶酪，加盐时间比较长，因为这种奶酪的熟成期更长。

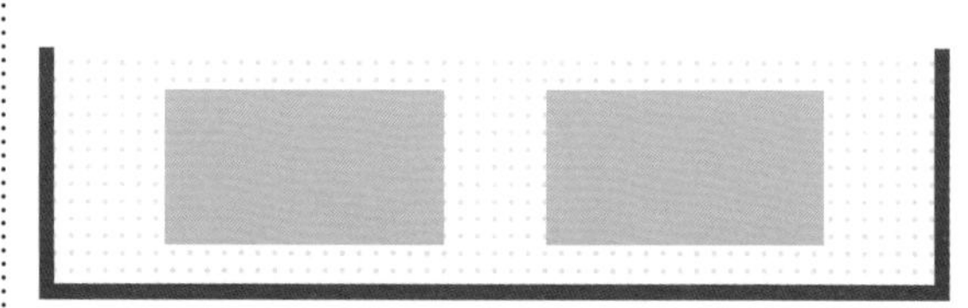

·盐渍法：这里说的是将奶酪浸泡到盐水中。
貌似这种把奶酪放入盐水使之干燥的方法有点儿矛盾。事实上在这个过程中，奶酪会吸收盐分并自然干燥。这个原理叫渗透法：盐分吸收了奶酪中的水分（乳清），同时奶酪吸收了盐分。

凝乳时加盐

某些类型的奶酪，比如法国蒙布里松圆桶奶酪（Fourme de Montbrison）、菲塔奶酪（Feta）或者英国西部农家切达奶酪（West Country Farmhouse Cheddar Cheese），是直接在凝乳过程中加盐的。这种加盐方法可以在用模具定型前将乳清从凝乳中挤出，这样做也能为奶酪带来特殊的质感和别致的口感。

⑥ 熟成过程

这是个决定性的阶段，因为是这个阶段给奶酪带来颜色、硬皮、质感、香味和口感的。在奶酪熟成技师的控制下，奶酪会在一个空气流通的环境中因微生物（细菌、酵母、霉菌）起到的作用而发生变化。起到根本性作用的温度—湿度组合根据不同的奶酪而有别（除了鲜奶酪和乳酸奶酪，这些都不需要熟成）。可以说，是熟成过程造就了每种奶酪各自的特点。

熟成技师是什么人？

简单来说，就是看护奶酪的人，使奶酪达到最为理想的熟成度。熟成技师必须掌控三个因素：空气、温度、湿度。每天无论什么天气条件，他都得照顾奶酪，每一块奶酪的搓磨、洗刷、翻转……这是一个需要高度集中并反复执行的工作，同时也要有耐心和激情！

人与地

为了做到准确和严谨的熟成，熟成技师往往会在3—5个不同场所进行工作。每个场所的湿度、温度和空气流通程度都不同。通常熟成技师有自己的助手或机械来协助他完成一些工作，比如特大块的硬质奶酪的翻转。熟成技师真不是说干就干的。

木材，完美的材料！

由于天生多孔，木材本身就形成了含有由细菌、霉菌和酵母组成的生物膜。这种生物膜将“包裹”奶酪，以保护它免受有害微生物的侵害。科学研究证明，木材可以有效地减少李斯特菌并消除其他病原体。木材的作用就好像是奶酪的防腐剂。

熟成用什么工具呢？

除了感官，熟成技师还拥有一些工具辅助他的工作，以便应对不同的奶酪。

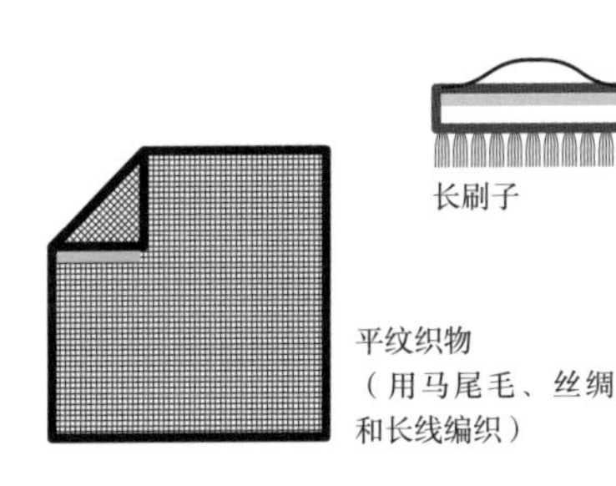

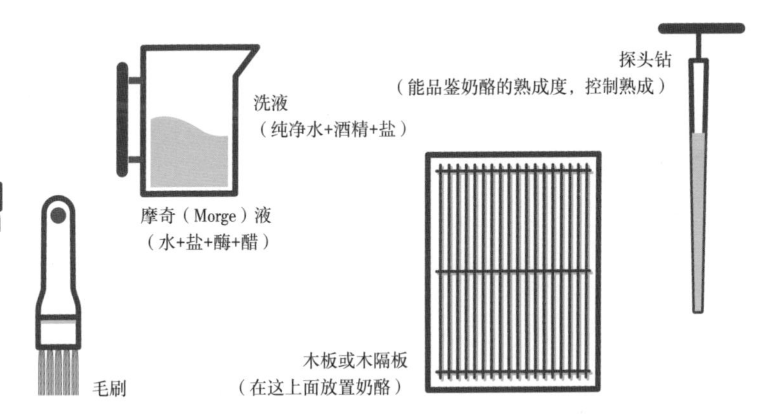

两种熟成方法：表面熟成或整体熟成

整体熟成是从奶酪整体开始一直到奶酪内部。这种奶酪包括各种蓝纹奶酪，例如洛克福蓝纹奶酪（Bleu de Roquefort）、热克斯蓝纹奶酪（Bleu de Gex）、主教牧杖蓝纹®奶酪（Crozier Blue®）和带蜡皮的奶酪［比如荷兰豪达奶酪（Gouda Holland）］等。表面熟成是从奶酪外部开始，然后逐步扩展到奶酪内部的。这是大部分自然皮奶酪的类型，例如孔泰奶酪、莱提瓦兹奶酪（L'Étivaz）等。有时候熟成技师还会在表面加上些微生物来加快熟成过程，例如卡蒙贝尔奶酪（Camembert），埃普瓦斯奶酪（Époisses）等。

奶酪的11个家族

走进一家奶酪店，就像是一次感官旅游的历程，五种感官——视觉、嗅觉、触觉、味觉甚至听觉（不妨在切开奶酪时将耳朵凑过去听听）都会被调动。在奶酪店里，奶酪是按照不同家族区分的。总的来说，人们往往能识别出不同颜色区域，对应不同的主要奶酪家族。奶酪的颜色从雪白色到灰绿色不尽相同，中间还要经过不同的颜色层次直到黄色、栗色、红色、橙色或者米色。

01

新鲜奶酪

菲塔奶酪（Feta）
鲁夫布鲁斯奶酪（Brousse du Rove）
加利格罗弗奶酪（Rove des Garrigues）

021页，036至045页

02

乳清奶酪

布鲁修奶酪（Brocciu）
塞拉克奶酪（Sérac）
罗马纳里科塔奶酪（Ricotta romana）

022页，046至049页

03

软质自然皮奶酪

圣莫尔·都兰山羊奶酪（Sainte-maure de Touraine）
普瓦图夏匹脊山羊奶酪（Chabichou du Poitou）
法朗塞奶酪（Valençay）

023页，050至063页

04

软质花皮奶酪

诺曼底卡蒙贝尔奶酪（Camembert de Normandie）
莫城布里奶酪（Brie de Meaux）
夏欧斯奶酪（Chaource）

024页，064至073页

05

软质洗皮奶酪

利瓦罗奶酪（Livarot）
埃普瓦斯奶酪（Époisses）
曼斯特奶酪（Munster）

025页，074至091页

06

硬质未熟奶酪

博格多姆奶酪（Tome des Bauges）
萨莱斯奶酪（Salers）
莫尔碧叶奶酪（Morbier）

026页，092至145页

07

硬质成熟奶酪

孔泰奶酪（Comté）
博福尔奶酪（Beaufort）
瑞士格鲁耶尔奶酪（Gruyère Suisse）

027页，146至159页

08

纹路奶酪

洛克福蓝纹奶酪（Bleu de Roquefort）
奥弗涅蓝纹奶酪（Bleu d'Auvergne）
福尔姆-昂贝尔奶酪（Fourme d'Ambert）

028页，160至177页

09

拉伸奶酪

坎帕尼亚马苏里拉水牛奶酪（Mozzarella di bufala Campana）
摩纳哥波洛夫罗奶酪（Provolone del Monaco）
安德里亚布拉塔奶酪（Burrata di Andria）

029页，178至181页

10

融化奶酪

康库瓦约特奶酪（Cancoillotte）
贝郡堡垒奶酪（Fort de Béthune）
科西嘉泥罐奶酪（Pôt corse）

030页，182至183页

11

加工奶酪

奥弗涅加普隆奶酪（Gaperon d'Auvergne）
阿韦讷小球奶酪（Boulette d'Avesnes）
纺工脑花奶酪（Cervelle de canut）

031页，184至185页

01 新鲜奶酪

这种奶酪的色泽通常是雪白的，入口后带来的清爽也是无可抵挡的。这个奶酪家族里有着历史最为悠久的品种，原因也很简单：直接通过奶水的自然凝固制成，不需要添加任何其他物质，原材料决定了其品质！

代表性奶酪

菲塔奶酪（Feta）
鲁夫布鲁斯奶酪（Brousse du Rove）
加利格罗弗奶酪（Rove des Garrigues）
芦苇香奶酪（Jonchée）
马基香鲜奶酪（Saveurs du maquis）

切割工具和端盘上桌

通常，新鲜奶酪在餐桌上是用一个带倒流的长勺分食。

颜色

这些没有奶皮的奶酪通常是象牙白色的。

质感

顺滑，很容易融化。大多数情况下，新鲜奶酪是孩子们最先接触的奶酪：白奶酪和小瑞士奶酪都属于这个家族！

小瑞士奶酪，其实来自诺曼底！

这种孩子们很喜欢的新鲜奶酪诞生于法国诺曼底。据说，在奥奇河上维莱尔（Villers-sur-Auchy）（瓦兹省），一位来自瑞士的奶酪工建议老板娘埃胡尔德（Hérould）女士在所产的纳沙泰尔酒塞状奶酪（Bondons de Neufchâtel）工艺中加入些奶油而成了小瑞士奶酪。老板娘采纳了他的建议，而且还专门在包装上用了具有吸水功能的一层纸。后来，为了纪念他的建议，老板娘将这种小奶酪命名为“小瑞士”。该奶酪在当地获得巨大成功后，埃胡尔德女士决定委托一个人在巴黎市中心市场销售，这个人叫查尔斯·日尔（Charles Gervais）*。

* 法国食品工业企业家，因与埃胡尔德女士合作创制了获得极大成功的小瑞士奶酪而闻名。——译者注

02

乳清奶酪

乳清奶酪在阳光下是会发光的，这是因为它们的湿度往往非常大（含水量82%）。人们也经常说这是种“假奶酪”，这是因为其工艺的特殊性：加工新鲜奶酪或其他奶酪中凝乳后留下的水中含有乳清，为了便于乳清被加温凝固后从水中沥干，通常会将其倒入带漏孔的模具里。

代表性奶酪

布鲁修奶酪（Brocciu）
塞拉克奶酪（Sérac）
曼努里奶酪（Manouri）
罗马纳里科塔奶酪（Ricotta romana）
尼海姆奶酪（Nieheimer Käse）

颜色

雪白
灰白色

切割工具和端盘上桌

在奶酪店里，这种奶酪通常是装在瓶罐里销售的。在家里，人们通常使用漏勺或者用弓弦刀分割。

质感

易碎，乳清奶酪通常带着颗粒感，容易融化。

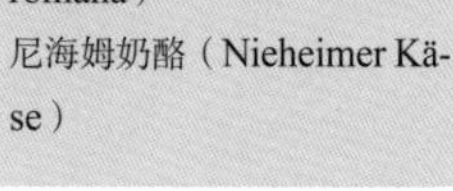

同一种奶酪，但名字不同

这种奶酪诞生在那些生活环境艰苦的地方，比如山区或者偏僻之地，在这些地方不能浪费任何可以食用的东西。根据地区的不同，名字也会有所变化，但产品的原理是不变的，只是产奶动物品种不同。在巴斯克地区，因为是用绵羊奶，所以奶酪的名字叫格洛易（Greuilh）；在阿韦龙地区，同样是用绵羊奶，产品叫勒屈特奶酪（Recuite，再加热的意思）；在弗朗什-孔泰，当地人说的是塞拉克（Sérac）或者塞拉（Sérra），用的是牛奶；在科西嘉，布鲁修奶酪（Brocciu）是用山羊或者绵羊奶制成的；在加拿大，用的是雪地绵羊奶，产品名为雪地绵羊奶酪；而在希腊，这个产品叫曼努里（Manouri），用的是山羊奶或者绵羊奶。

03

软质自然皮奶酪

通常是以山羊奶为原材料制成的奶酪，无论是外表还是里面都不会有任何霉变。除非在一种特别的烟灰（植物炭灰）里滚过，奶酪皮是完全自然形成的。这种个头较小的奶酪一般是按个儿卖，同时体积大小也多样。软质自然皮奶酪需要尽快吃掉，否则脱水后会加重奶酪口感。

代表性奶酪

圣莫尔·都兰山羊奶酪（Sainte-maure de Touraine）
普瓦图夏匹胥山羊奶酪（Chabichou du Poitou）
法朗塞奶酪（Valençay）
派罗奶酪（Pérail des Cabasses）
碧如羊奶酪（Bijou）

切割工具和端盘上桌

因为块头通常比较小，所以上桌时多数是整块上的。为了不破坏奶酪，人们多用一个小弓弦刀来切。

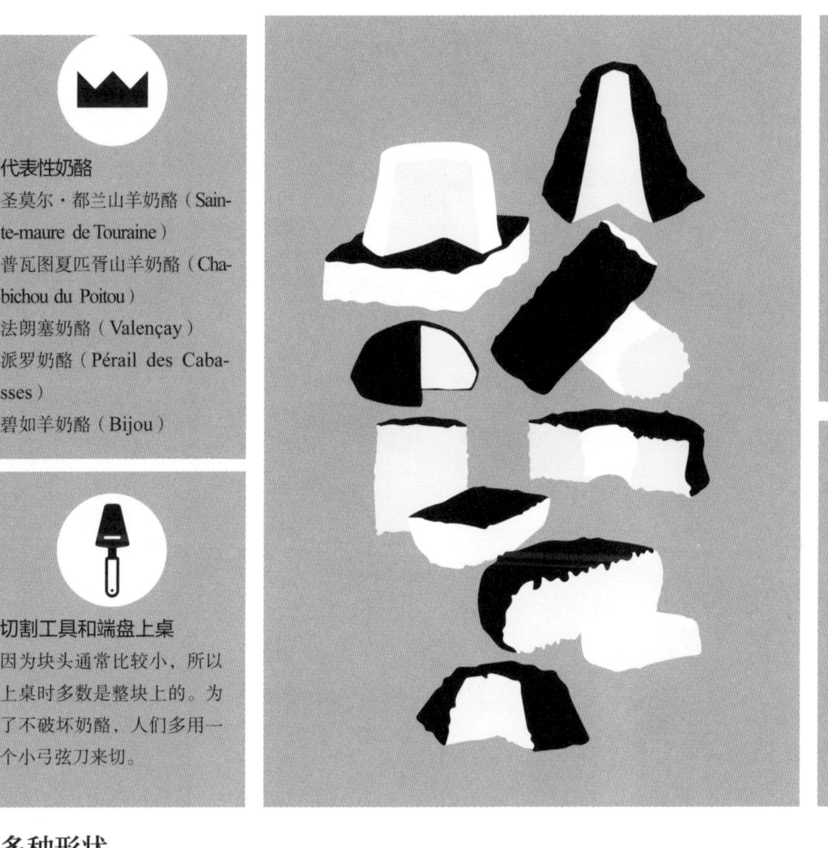

颜色

奶酪皮的颜色从灰白色到雪花石膏白色过渡，有时带有一些非常浅的米色调。

如果是经过烟灰中滚过的软质奶酪，外皮颜色从浅灰到铁灰色都有。

质感

根据不同的熟成时间，质感也不同，从柔软、乳脂状到半干和干（甚至硬干），比如那些熟成时间长的奶酪。

多种形状

圣莫尔·都兰山羊奶酪（Sainte-maure de Touraine）、谢河畔瑟莱奶酪（Selles-sur-cher）或法朗塞奶酪（Valençay）是很容易识别的，因为软皮外都有一层烟灰。布里尼圣皮埃尔山羊奶酪（Pouligny-saint-pierre）或魁北克科尼比克羊奶酪（Cornebique de Québec）的软皮呈白色，带着凹凸的条纹。

这个家族的奶酪在外形上是千变万化的。因为整个奶酪体积较小，所以奶酪作坊可以选各种形状：圆筒形、金字塔形、砖块形、煤球形、椭圆形或环形……想象无止境！

04

软质花皮奶酪

可以说这个品种因有类似绒毛且手感温柔的表皮，在世界范围内来看，几乎是最具代表性的奶酪了。这其实是真菌——青霉菌（Penicillium）滋生于凝乳的结果。

软质花皮奶酪不仅在法国有，在世界其他地区也有，比如爱尔兰有一个奶酪坊制作高特纳莫纳奶酪（Gortnamona），在澳大利亚有地平线奶酪（Horizon），在新西兰则有沃尔甘诺奶酪（Volcano），都是这一类。

代表性奶酪

诺曼底卡蒙贝尔奶酪（Camembert de Normandie）
莫兰布里奶酪（Brie de Melun）
莫城布里奶酪（Brie de Meaux）
夏欧斯奶酪（Chaource）
邦切斯特奶酪（Bonchester Cheese）

切割工具和端盘上桌

根据奶酪的大小，可以分块或者整个端上餐桌（通常是用布里专用刀，或者不容易粘连奶酪的刀身上带着孔的奶酪刀）。

颜色

这种软质奶酪里面的颜色呈白色的各种色调：纯白、奶白、灰白、亚麻白、雪花石膏白……

质感

成熟的时候，这种软质奶酪会非常柔软，易于融化。当它还比较新鲜的时候，我们会在奶酪的核心部位看到著名的“白垩层”，这也是这种奶酪的特点。

从绿色到白色

软质花皮奶酪并不一直都是白色的。最初，比如诺曼底卡蒙贝尔奶酪、纳沙泰尔奶酪（Neufchâtel）、夏欧斯奶酪（Chanource）等，花皮的颜色通常是在蓝灰色到灰绿色之间，甚至在某些地方还有些棕色或者红色的斑点。从20世纪起，这些奶酪才穿上了白色的花皮，这主要是因为对青霉菌［或白地霉（Geotrichum Candidum）］的发展控制技术得到了提升。

05

软质洗皮奶酪

在奶酪家族中，这个分支是气味最大的。原因在于经常洗皮，所以湿气有助于气味的散发。但别被吓到，尽管气味很大，通常口感却非常好，清爽，当然也很强劲！闻一闻朗格勒奶酪（Langres）、马罗瓦勒奶酪（Maroilles）、克雷盖伊骑士啤酒奶酪（Sire de Créquy À La Bière）或魁北克的风中脚奶酪（Pied-de-Vent）吧！美国的哈比逊奶酪（Harbison）或者博萨绵羊奶酪（Bossa），与其他分支的奶酪分享更多的是表皮的颜色而不是气味。

代表性奶酪

利瓦罗奶酪（Livarot）
埃普瓦斯奶酪（Époisses）
曼斯特奶酪（Munster）
朗格勒奶酪（Langers）
风中脚奶酪（Pied-de-vent）

切割工具和端盘上桌

根据大小，可以整块或者切成小块上桌（刀身带有小孔的奶酪刀不容易粘连奶酪，弓弦刀或切黄油用的细线刀也可以使用，完全取决于奶酪质地软硬）。

颜色

这种软质奶酪的颜色很容易识别：橙色、棕色、铜色或者红色。

质感

大部分质地很柔软，甚至是乳脂状。

为什么会这么红？

这类奶酪特别的颜色要归因于一种细菌：短杆菌（Brevibacterium linens，也被称为红酵母）。它与一桶盐水混合后，奶酪工在熟成过程中用这种水有规律地洗奶酪表皮。正因如此，这种奶酪的表皮是红色的，但切开后其内部的颜色还是很浅的。有时候这种红皮也会因用胭脂树搓洗而染色。这种来自拉丁美洲的植物含有大量的类胡萝卜素（橙色或黄色），可以完全自然地给奶酪带来色彩。

06

硬质未熟奶酪

品种最为丰富的奶酪分支。通常体积中等（重量1—5千克），但个别种类的单体可达到15—20千克。这些奶酪在制作过程中有一道压榨工艺，但没有熟成的过程，这是与硬质熟成奶酪的区别。硬质未熟奶酪在山区和平原都可以生产，正因如此才会有丰富的质感和形状。

代表性奶酪

博格多姆奶酪（Tome des Bauges）

萨莱斯奶酪（Salers）

莫尔碧叶奶酪（Morbier）

曼彻格奶酪（Queso manchego）

罗马绵羊奶酪（Pecorino romano）

切割工具和端盘上桌

为了切开这些体积稍显庞大的奶酪，人们常用切奶酪线划开它，然后再用一把方头刀切开，这样刀口会清晰且平整。

颜色

这种奶酪大家庭有各种颜色，如浅米色、灰色、橙色、赭色或棕色。

质感

一般认为，多姆奶酪的质地会比较硬，但事实上这个家族的奶酪会有多种表现：柔顺、干爽、质地硬，也会有乳脂状！

多姆奶酪到底怎么拼写？tome 还是 tomme？

tome和tomme两个写法是同义词，但又不尽然。tome主要是用于具有原产地命名保护的博格多姆奶酪（Tome des Bauges）（不仅仅是该奶酪），在原产地命名保护的要求中，明确tome这个词在萨瓦当地方言中的意思是“高原草场养殖奶牛的奶酪”。于是当地的奶酪制作人就用tome区分同地区其他的奶酪。而tomme则是被用于区分文学世界中的阳性*tome。

* 法语的名词分阴阳性。——译者注

07

硬质成熟奶酪

这些奶酪中最大的可以达到110千克。这个家族中很多奶酪都属于高山奶酪品种，可以保存很长时间。在那些很成熟的奶酪里，一般情况下人们都认为口中的颗粒感是粗盐的感觉，但事实上是酪氨酸（Tyrosine）晶体带来的口感，这是一种谷氨酸钠包围的氨基酸，具有咸味。这些大块头的奶酪引人注目，不仅是因为它们的大小，同时也是因为它们具有浓郁的香味且入口即化。真美味，不是吗？

代表性奶酪

孔泰奶酪（Comté）
博福尔奶酪（Beaufort）
瑞士格鲁耶尔奶酪（Gruyère Suisse）
先锋奶酪（Pionnier）
海迪奶酪（Heidi）

切割工具和端盘上桌

先用奶酪线将体积庞大的奶酪一分为二，然后分为四份，再分为八份。最后用一把双面直刀或带着弯度的刀切开。

颜色

奶酪皮的颜色在赭色、米色和棕色之间变换。而奶酪芯的颜色在黄色（浅色到金色）和奶油色之间变换。

质感

这类奶酪的质感有着很好的硬度，同时也很易于融化。

为什么它们的块头那么大?

这些奶酪的诞生地在高海拔的山林中，偏僻的草场和农庄逼迫农户们只能通过处理大量的奶水来避免原材料损耗，小农户们则在冬季离开草场。众多农户联合起来将自家产的奶集中到一起共同制作高海拔的奶酪。这种奶酪的制作也考虑到未来农户们要将它们背着下山的运输要求。 因此在初期，这种奶酪的制作是在几个家族或者亲属之间进行的。

08

纹路奶酪

这类奶酪让人害怕，因为奶酪中的霉菌是肉眼可见的，同时也总有人主观断言这种奶酪一定是口感强烈、有点刺激的。霉菌的产生是因为在凝乳阶段或者成形后放入了青霉菌（Penicillium Roqueforti）或灰绿霉菌（Pénicillium Glaucum）。但是也有蓝纹奶酪不是通过放入霉菌制成的，它们的制作工艺有助于霉菌的自然产生。

代表性奶酪

洛克福蓝纹奶酪（Bleu de Roquefort）

奥弗涅蓝纹奶酪（Bleu d'Auvergne）

福尔姆-昂贝尔奶酪（Fourme d'Ambert）

斯蒂尔顿奶酪（Stilton Cheese）

戈贡佐拉干酪（Gorgonzola Dolce）

切割工具和端盘上桌

最为理想的工具是弓弦刀（不同大小的）或者洛克福刀，它们都不会破坏奶酪形状，同时还会有个清晰干净的切口。

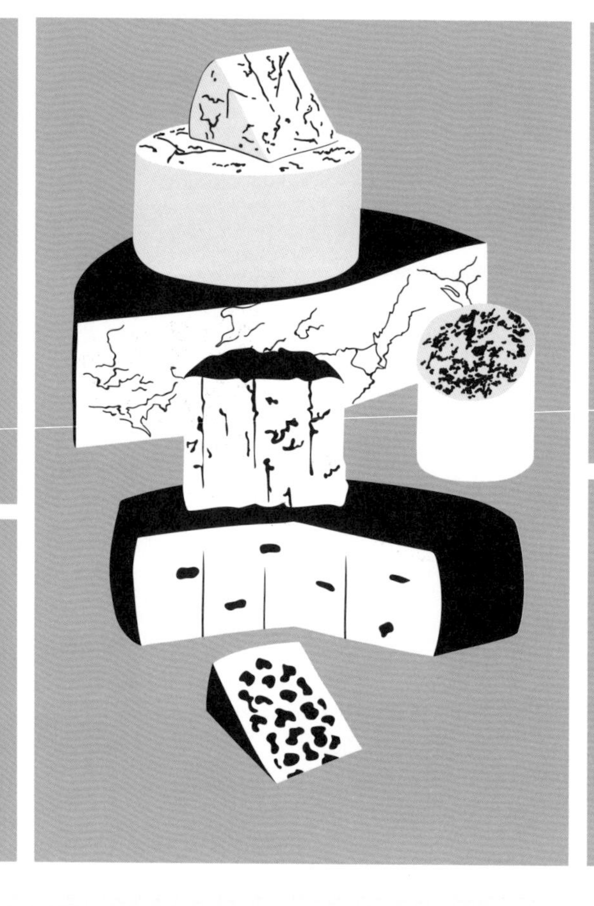

颜色

奶酪本身通常是白色或象牙白色的，也会夹带着些蓝色、黑色或者绿色的纹路。

质感

通常易于融化，带着颗粒感或油脂。

给奶酪“扎针”

19世纪中叶，通过多次尝试，作为父亲是农工、爷爷又是洛克福蓝纹奶酪制作人的后代，安东万·卢赛尔（Antoine Roussel）终于发现凝乳时放入青霉菌会有效地改善奶酪中蓝纹的出现。他还发现霉菌的生长需要与空气接触。为了扩大霉菌与空气的接触面积，于是他发明了一个扎针工具：在一个平板上插上若干铁针，针的大小同毛衣针一样。通过这个工具，奶酪内的霉菌才能比较均衡地发展。

09

拉伸奶酪

由于历史原因，这种奶酪在法国并不广为人知，但拉伸奶酪却是奶酪中销量最大的品种之一，这是因为这种奶酪常在食品加工业中得到广泛应用。这个类别的明星产品当然是坎帕尼亚马苏里拉水牛奶酪（Mozzarella di bufala Campana），常被模仿但做得并不出色。拉伸奶酪诞生于意大利，现在在其他地方也有。

代表性奶酪

坎帕尼亚马苏里拉水牛奶酪（Mozzarcl-la di bufala Campana）
西拉高原马背奶酪（Caciocavallo silano）
摩纳哥波洛夫罗奶酪（Provolone del Mo-naco）
安德里亚布拉塔奶酪（Burrata di And-ria）
加利西亚特提拉奶酪（Queso Tetilla）

切割工具和端盘上桌

通常这种奶酪会直接整个端上餐桌。对于那些大块的，人们往往会用一把尖头的餐刀切割。

颜色

颜色通常在白色、象牙白和浅褐色之间过渡，如果是经过烟熏的话，颜色甚至可以变成金色。

质感

比较理想的情况下，柔软的质感带着黏性的纤维（有点像鸡胸肉），但没有弹性。

一个幸福的事故

传说坎帕尼亚马苏里拉水牛奶酪的诞生源于工艺事故。当时，一个奶酪学徒工不小心将凝乳掉进了热水池里。捞出来后，他发现凝乳可以被拉长却不会被拉断，有了韧性，而且可以挤成各种形状。坎帕尼亚马苏里拉水牛奶酪就这样诞生了。历史上关于坎帕尼亚马苏里拉水牛奶酪最早的记载是在12世纪。在16世纪时，坎帕尼亚马苏里拉水牛奶酪甚至是那不勒斯和卡普阿股市上可以交易的商品！如今，这款奶酪多产于意大利坎帕尼亚，还有一部分产于普利亚、巴西利卡塔和拉齐奥。

10

融化奶酪

比起年轻人，孩子们更喜欢吃这个种类的奶酪。它在传统的奶酪店里很少有，但在超市的柜台里却很常见。其制作原理是将几种奶酪融化后合成为一个新的。一般来讲，这更像是种工业产品，但也有几个源自手工作坊的出色产品。与乳清奶酪一样，这种融化奶酪也可以是源自奶水加工后的液体。

代表性奶酪

康库瓦约特奶酪（Cancoillotte）
贝郡堡垒奶酪（Fort de Béthune）
科西嘉泥罐奶酪（Pôt corse）
美让奶酪（Mégin）
德国涂抹奶酪（Kochkäse）

切割工具和端盘上桌

体积较小，可装在小瓶或小盒子里直接端上桌食用。

颜色

大部分融化奶酪的颜色都带着白色、黄色或者泛绿的反射光。

质感

如同这类奶酪的名字一样，很容易融化，稀稠程度不一。其中有几种在口腔中带有颗粒感。

乐芝牛奶酪®（La vache qui rit®）的由来

在第一次世界大战期间，有位叫莱昂·贝尔（Léon Bel）的人被分配到负责鲜肉补给的后勤部门。为了区分装载不同物资的军用卡车，法军总参谋部组织了一次绘画比赛。贝尔所在军团的一幅画得奖了，这是一幅出自本杰明·拉比尔（Benjamin Rabier）的画，画中是一头微笑的母牛。很快，这幅画就被命名为*Wachkyrie*，用来嘲笑德军的Valkyrie军车。1921年，莱昂·贝尔做了自己的融化奶酪，选用了与*Wachkyrie*同音的La vache qui rit（微笑的奶牛）来作为自己的品牌，同时纪念那段经历。

11 加工奶酪

从历史上讲，这种奶酪与在贫困地区所发明的“假奶酪”很相似，因为农庄地区比较穷，奶酪大多是用舍不得丢弃的一些边角料制作出来的。因此，每一种产品都有不同的工艺，每一种都会因为奶酪作坊的不同而不同。

代表性奶酪

奥弗涅加普隆奶酪（Gaperon d’Auvergne）

阿韦讷小球奶酪（Boulette d’Avesnes）

纺工脑花奶酪（Cervelle de canut ）

阿弗加皮图奶酪（Afuega’l Pitu）

圣·约翰奶酪（Jānu siers）

切割工具和端盘上桌

根据不同种类，可以整块上桌或者用勺分。

颜色

这种奶酪的颜色非常多样，因为本身可以加入很多其他调味品，所以没有固定的颜色。

质感

口感多样化，可以是略硬、易碎的，也可以是易融化，甚至油脂化的。

品种多样化

奥弗涅加普隆奶酪（加了蒜和胡椒）是用制作奶油和黄油之后的白色脱脂牛奶制作的。阿韦讷小球奶酪是用制作马罗瓦勒奶酪（Maroilles）的凝乳再加上部分新鲜奶酪、胡椒和龙蒿混合而成的。还有一类被称为口味强劲的奶酪，呈面糊状、油脂化或液态，是用凝乳和剩余的奶酪混在一起制成的。根据不同的地区，可以加入诸如白葡萄酒、盐、香料、胡椒等调味。几乎每个人都可以用剩余的奶酪、奶油或脱脂奶创作出自己的加工奶酪，当然也可以加纯奶！

标签

这里为您提供一些信息，帮助您静下心来挑选奶酪。奶酪标签上的内容大多是法律强制规定的，包括每个奶酪店的销售人员必须遵守的卫生要求。如果奶酪的标签上没有这些内容的话，最好赶紧换家奶酪店！

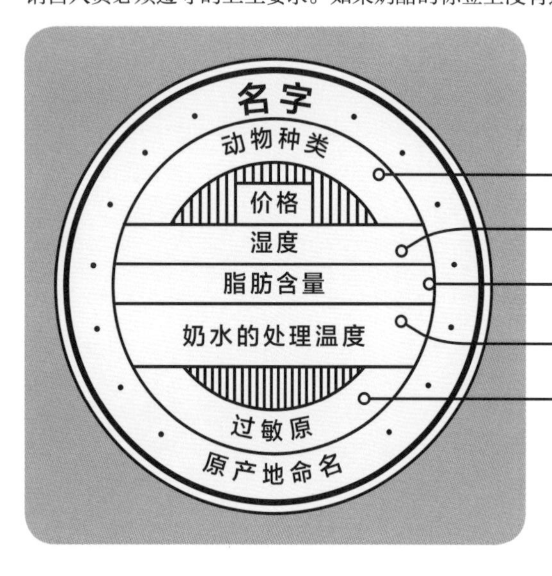

强制性说明

如果标签上没有注明原料是哪种动物的奶水，该奶酪就会被默认为用牛奶制作。

仅限于新鲜白奶酪。

在最终产品上，如果脂肪含量未知，那么标签上必须标明“脂肪含量未确认”（Matière grasse non précisée，MGNP）。

生奶，加温，巴氏杀菌。

通常，有可能引起的过敏症状会在标签外单独注释，在奶酪店会有过敏原清单。

特殊情况

针对有原产地命名保护标识（AOP）、地理保护标识（IGP）的奶酪产品，只有产品名字、奶水处理温度、产品标识和价格属于强制性标识。此外，AOP、IGP、STG 等不干胶标签必须贴上。

选项说明

法国法律不要求标明奶酪生产人是农户、手工坊、奶农或奶农合作社、奶酪合作社还是食品工业公司。

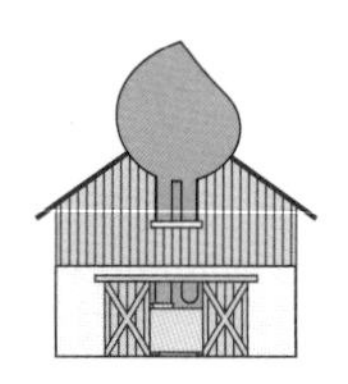

农户奶酪

奶水源自同一农庄，根据传统工艺制作。奶酪制作场所必须与产奶场所保持一致。至于奶酪的熟成阶段，可以在农户那里完成，也可以委托外部的手工匠——熟成师完成。通常这类奶酪的产量比较小，但其特性和风味也更明显。

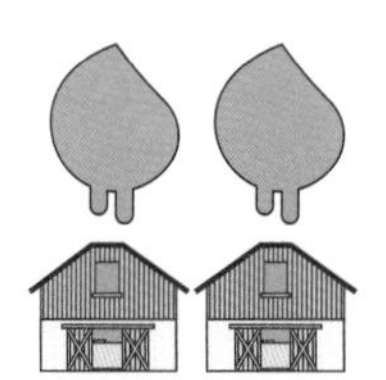

手工坊奶酪

首先要注册为手工坊企业，保证遵守传统工艺规则。手工坊从作坊周边挑选符合自己要求的奶农或奶农合作社。相比于农户奶酪，手工坊的产品特点不是特别明显。

奶农或奶农合作社奶酪

这一类奶酪是在奶农或奶农合作社自家制作生产的，奶水源于多个奶农不同的羊群或牛群。这一类的制作生产模式仅存在于某些原产地命名保护标识（AOP）的奶酪，前提是要符合奶酪的生产及品质要求，比如阿邦当斯奶酪（Abondance）、圣耐克泰尔奶酪（Saint-nectaire）、瑞布罗申奶酪（Reblochon）等。

相比于农户奶酪或手工坊奶酪，从口感上来说，奶农的奶酪更弱一些。

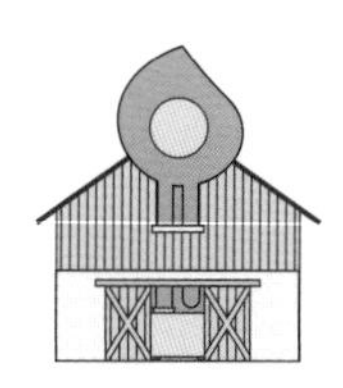

奶酪合作社奶酪

采用传统工艺手段。对于奶水的要求是：生奶，当地生产，最多用两次挤奶期的奶水量。之后的凝乳工艺必须在奶水采集后的半个工作日之内开始。奶酪合作社制作的奶酪通常属于硬质成熟奶酪（磨盘状）。

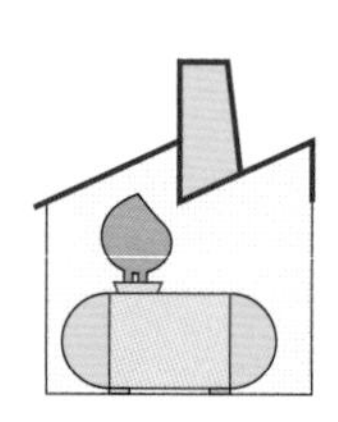

食品工业公司奶酪

大部分奶水的来源是乳业公司，经过巴氏杀菌，所以从微生物指标上来看比生奶更稳定。不过口感并不特殊。这类工业产品很少会出现在传统奶酪店的柜台上。

标识

某些奶酪店销售的产品带着些标识，这些标识注明了它们的产区。通过这种方法，某一地区的历史、口感、遗产等可以得到发扬增值。

AOP：原产地命名保护标识

这一标识可以保护奶酪避免被抄袭。一个具备原产地命名保护标识（AOP）的奶酪必须是在某一严格划分的地区，使用经过历史认证的专有技术进行生产、转化和制作的。AOP实际上是法国AOC在欧盟范围内执行的升级版。尽管如此，根据不同的产品技术规定，某些AOP的产品品质参差不齐。不是所有的康塔尔奶酪（Cantal）、普瓦图夏匹胥山羊奶酪（Chabichou du Poitou）或圣耐克泰尔奶酪（Saint-nectaire）都有相同的口感。

IGP：地理保护标识

这个标识旨在保护具备与地理区域密切相关的特征的农产品和食品，或至少是在该地区生产、转化或者制作的农产品和食品。事实上，IGP 的产品技术规定比 AOP 要宽松。

STG：传统特产保证

这个标识主要是将某一产品的传统配方或者历史制作工艺进行开发增值。它比 IGP 的约束力更弱。

LABEL ROUGE：红色标识

红色标识是仅在法国境内有效的标识，它泛指那些因为生产环境或生产工艺特殊而具有优异感官品质的产品。红色标识与指定生产地理区域没有关联。

AB/BIO：有机

有机标识可以作为上述各种标识的补充：一个有AOP标识的孔泰奶酪完全可以是有机的。这个标识说明产品的生产过程是遵守环保规定并考虑到动物的权利的。化学合成物质及转基因产品在动物饲养过程中和奶酪的制作过程中是被禁止的。

世界各地的奶酪

01 新鲜奶酪

这一类的奶酪通常具有清爽的口感，同时还有奶油的顺滑。大部分的新鲜奶酪都会带着一丝酸味，消费者可以将大量的香料或其他辅料（比如盐、胡椒、新鲜植物叶子、果酱、蜂蜜等）与新鲜奶酪混在一起食用，多数是在春季或夏季食用。

阿纳瓦托奶酪（Anevato）希腊：西马其顿区

AOP
1996年

奶： 生山羊奶或生绵羊奶
脂肪含量： 5%

地图：pp. 220—221

主要在大陆性气候的山区制作，这种柔软的奶酪带着颗粒感，入口有种咸香。它的另外一个特点是需要熟成两个月以后才能上市供人们品鉴。奶酪熟成师的作用是要避免在此期间奶酪皮的生成。制作奶酪的奶水源自当地的动物品种［绵羊或者格雷维娜山羊（Grévéniotika）］，这些都是其他地区基本见不到的品种。

巴特佐斯奶酪（Batzos）希腊：色萨利，西马其顿区

AOP
1988年

奶： 生山羊奶/生绵羊奶/巴氏杀菌绵羊奶
奶酪大小： 20厘长，10厘米厚
重量： 1000克
脂肪含量： 6%

地图：pp. 220—221

这款奶酪质地干硬，入口易碎，酸度较高，这是因为它是用奶水（山羊奶或绵羊奶）制成的。它要在盐水里浸泡至少三个月，因此很咸。这个产品最初是供牧羊人食用的，尤其是在转移牧场的时候，干硬的质地便于携带。人们可以直接食用，烘烤后也很美味。

布洛第-索卡斯奶酪（Bloder-Sauerkäse）瑞士：圣加仑，列支敦士登

AOP
2010年

奶：生牛奶/牛奶（加温工艺）
重量：100—8000克
脂肪含量：8%—18%

地图：pp. 216—217

实际上它是两种奶酪，布洛第是新鲜奶酪，而索卡斯则需要经过两个月的干燥期。前者呈象牙色，无皮，软硬适中，切开后可以看到质地是块状且脆弱的；入口后，最初是乳清味和酸味，随后以牛奶味收尾。后者有一层很薄的皮，口感比前者更为厚重。

鲁夫布鲁斯奶酪（Brousse du Rove）法国：普罗旺斯-阿尔卑斯-蓝岸区

奶：生山羊奶
奶酪大小：直径3—4厘米，长度 9—12厘米
重量：40—50克
脂肪含量：5%

地图：pp. 194—195

这种新鲜奶酪是通过加热羊奶同时加入稀释白醋作为酸化剂获得的凝乳制成的。鲁夫山羊是一种肉羊品种，产奶量不大，所以鲁夫布鲁斯奶酪并不常见。奶酪通体纯白泛光，柔软，捏起来略微有沙砾感。入口后湿润，释放出细腻的山羊奶香味。由于它是新鲜奶酪，口感悠长且清爽。

布林查奶酪（Bryndza Podhalańska）波兰：小波兰省

AOP
2007年

奶：生绵羊奶和生牛奶（至少40%）
脂肪含量：6%

地图：pp. 218—219

制作时间是每年5月至9月。这款奶酪是白色的，泛着黄色光泽。入口香味明显，含盐量高，还带着一丝酸味。绵羊奶源自当地的一个长毛品种，叫“波兰山区绵羊”。

特雷维索卡萨泰拉奶酪（Casatella Trevigiana）意大利：威尼托大区

AOP
2006年

奶：生牛奶
奶酪大小：小号直径5—12厘米，厚度4—6厘米；大号直径18—22厘米，厚度5—8厘米
重量：小号200—700克；大号1800—2200克
脂肪含量：6%

地图：pp. 204—205

它的质地顺滑、柔软、乳呈脂状，具有黄油和乳清的味道，特别细腻。肉眼看上去，偶尔会有粗糙的部分，但对口感没有任何影响。2012年，它的生产工艺得到改进，加入了当地特有的布尔丽娜奶牛作为奶源之一。这个品种的奶牛在撰写最初版本的生产工艺规范时被遗忘，但从历史方面来说，它一直是制作特雷维索卡萨泰拉奶酪的主要奶源牛。

巴恩茅屋奶酪（Cheese Barn Cottage Cheese）新西兰：怀卡托

奶：巴氏杀菌牛奶
重量：罐装220—380克
脂肪含量：3%

地图：p. 227

这款奶酪是由海格（Haigh）夫妇制作的，他们坚持有机农业生产，制作的奶酪在新西兰众多品鉴比赛中获奖。巴恩茅屋奶酪使用植物凝乳酶，脂肪含量很低，有着易碎又易融化的质感，入口后的一丝酸味可带来十分清爽的感觉。

无花果夹心奶酪（Cœur de figue）法国：新阿基坦

奶：巴氏杀菌山羊奶
奶酪大小：直径5厘米，厚度1.5—2厘米
重量：80克
脂肪含量：12%

地图：pp. 198—199

这款奶酪的外形像块小圆石，但很柔软。它的口感很均衡美妙，带着清爽、酸味和无花果果酱微微的甜度。无花果果酱被藏在奶酪的核心位置。这个法国西南佩里戈的产品也会被称为“美食之心”。奶酪中心的果酱不仅有无花果口味的，也有使用梅子干酱或栗子酱的。

菲塔奶酪（Feta）希腊：伊庇鲁斯，西马其顿区，色雷斯，色萨利，希腊大陆，伯罗奔尼撒，莱斯沃斯岛的诺姆

AOP
2002年

奶：生山羊奶或生绵羊奶（巴氏杀菌）
脂肪含量：21%

地图：pp. 220—221

在获得AOP认证之前，这款奶酪长时间且大量地被丹麦人抄袭仿制！尽管说奶酪源于希腊，但Feta这个词诞生于17世纪，源于拉丁语fette，意思是将奶酪切成片后放置于大木桶中。菲塔奶酪质地紧密，但很易碎。它口感很清爽，有产区特点，带有咸味和香草的味道。

在希腊，平均每人每年吃的菲塔奶酪量有12千克以上。

加拉泰亚奶酪（Galotyri）希腊：伊庇鲁斯，色萨利

AOP
1996年

奶：生山羊奶或生绵羊奶（巴氏杀菌）
脂肪含量：10%

地图：pp. 220—221

它被希腊人认为是历史上最为悠久的奶酪之一。在古希腊的文字中记载的奶酪，很接近今天的加拉泰亚奶酪。其白色质地带着奶油感，其酸度则具有典型的新鲜奶酪特征。

海路米奶酪（Halloumi）塞浦路斯：尼科西亚，利马索尔，拉纳卡，法马古斯塔，帕福斯，凯里尼亚

奶：生山羊奶和/或生绵羊奶和/或生巴氏杀菌牛奶
奶酪大小：长度9—15厘米，厚度5—7厘米
重量：150—350克
脂肪含量：5%

地图：p. 221

人们首先会闻到这个奶酪所带来的强烈的奶和乳清的气味，入口后会带有薄荷叶的香味，稍微有些刺激，还有些许咸味。海路米奶酪也会被熟成，做法是用一片薄荷叶包裹并浸入盐水中至少40天。熟成后，口感会更加强劲刺激。

关于海路米奶酪最早的历史记载是在1554年，文本现存于威尼斯克若尔（Correr de Venise）城市博物馆的保险柜中。

芦苇香奶酪（Jonchée）法国：新阿基坦

奶：生巴氏杀菌牛奶
奶酪大小：长度20厘米，厚度3—4厘米
重量：120—130克
脂肪含量：8%

地图：pp. 198—199

多为长条状，包裹在芦苇中（自然或仿制芦苇），芦苇香奶酪必须在制作出来后的24小时内吃掉。现在，制作芦苇香奶酪的作坊已经很少了，基本集中在由罗什福尔（Rochefort）、鲁瓦扬（Royan）和拉罗谢尔（La Rochelle）三个城市组成的三角地带。新鲜牛奶经过20分钟的凝乳期后带来的是一款口感极其顺滑、带着奶油香和乳香的新鲜奶酪。部分奶酪也会加入一些苦杏仁碎屑。

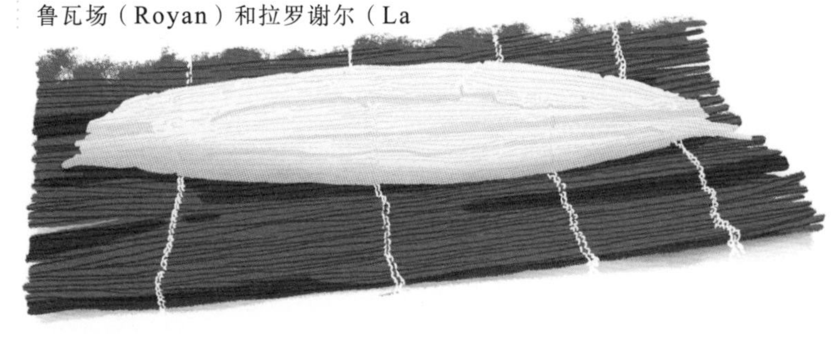

利姆诺卡拉塔基篮子奶酪（Kalathaki Limnou）希腊：利姆诺岛

AOP
1996年

奶：生绵羊奶（有时也会加入生山羊奶）
奶酪大小：直径8—12厘米，厚度5—18厘米
重量：700—1300克
脂肪含量：6%

地图：pp. 220—221

质地软硬适中，这款新鲜奶酪夹杂着草本植物的香味和乳清的清爽。它轻微的酸味源自绵羊奶，而咸味则是因为制作工艺中经过盐水浸泡而产生的。最后，它要在小篮子里沥干，因此表面并不平整。

多莫克斯卡塔基奶酪（Katiki Domokou）希腊：色萨利

奶：绵羊奶及不少于30%的巴氏杀菌山羊奶
脂肪含量：8%

地图：pp. 220—221

这款奶酪质地更像奶油，可以很容易地涂抹在面包上或直接用勺子食用。其口感厚重，偏咸，带着羊奶的酸味，一般用作辅料。无论是形状还是重量都没有固定要求：凝乳装在帆布袋子里，每家作坊的奶酪大小、重量都不同。

立陶宛三角鲜奶酪（Lietuviškas varškės sūris）立陶宛

IGP
2013年

奶：巴氏杀菌牛奶
重量：100—5000克
脂肪含量：7%

地图：pp. 214—215

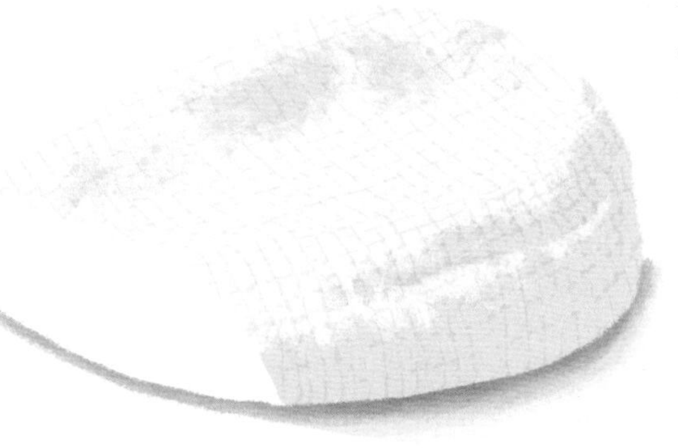

手工制作，三角形布袋成形。这款鲜奶酪也可以熟成或者经过烟熏后食用。烟熏后，奶酪的颜色会从白黄色变为浅褐色甚至是铜色；质感也会从柔软易碎变为干硬，容易在切割时变成碎渣。入口后，新鲜奶酪带着酸甜味，熟成后则带着香料味，而烟熏的则是厚重的烟熏味！

佐治亚甜草鲜奶酪（Lil' Moo）美国：佐治亚州

奶：巴氏杀菌牛奶
重量：罐装230克
脂肪含量：4%

地图：pp. 222—223

在制作这款奶酪的工厂里，奶牛们常年悠闲地在草场吃着鲜草。这得益于佐治亚州南部理想的气候条件。淡黄色的质地，入口易融化且带着颗粒感，这款鲜奶酪带来的是新鲜草本植物的香气和一丝酸度。这款奶酪更像是可以涂抹面包的酸奶。

莫汉特鲜奶酪（Mohant）斯洛文尼亚：上卡尼奥拉，戈里斯卡

AOP
2013年

奶：生牛奶
脂肪含量：11%

地图：pp. 216—217

这种奶酪的标签内容中必须有“Samo eden je Mohant Bohinj”（莫汉特鲜奶酪仅此一种）这句话。

颜色为淡黄色、米色或象牙白色，质地很光滑，但不容易延展。这款奶酪入口后，特点是强劲、刺激，甚至带点侵略性！为了获得这种口感，莫汉特鲜奶酪会在厌氧环境的大桶里熟成。熟成过程中产生的气体会在奶酪中产生大大小小的孔洞，同时也带来这种强劲口感。

橄榄叶春夏鲜奶酪（Ovčí hrudkový syr-salašnícky）斯洛伐克

STG
2016年

奶： 生绵羊奶
重量： 可至5000克
脂肪含量： 10%

地图：pp. 218—219

这款奶酪仅在春夏季制作，呈球形，表面干爽清洁，但内部会有小裂缝和孔洞。表面颜色在白色到淡黄色之间，内部为白色，泛着黄色的光泽。这款奶酪质地偏硬，有弹性，微酸，还有一丝淡淡的稻草味。

克里特岛干尼亚鲜奶酪（Pichtogalo Chanion）希腊：克里特岛

AOP
1996年

奶： 生山羊和（或）生绵羊奶
脂肪含量： 8%

地图：pp. 220—221

这款奶酪质地软，带着奶油感，有着很新鲜的气息，淡淡的咸味中还带有草本植物的香味。这个古老的产品一直在希腊克里特岛西部的干尼亚生产，它也经常在当地的一种叫作布伽萨（bougatsa）的糕点中充当辅料。

纯山羊鲜奶酪（Pure Goat Curd）澳大利亚：维多利亚

奶： 巴氏杀菌山羊奶
重量： 500克
脂肪含量： 8%

地图：p. 226

这款奶酪的制作人塔玛拉（Tamara）于21世纪初到法国南部普罗旺斯地区游玩，被法国的山羊奶酪深深迷住了，回到澳大利亚后便成立了一个奶酪作坊。这款奶酪呈白色且带有粗颗粒，其制作工艺完全遵循法国新鲜羊奶酪的制作流程。它十分清爽，带着草本香气和轻微的酸味。

伦巴第夏末鲜奶酪（Quartirolo lombardo）意大利：伦巴第

AOP
1996年

奶：生山羊奶
奶酪大小：长度25厘米，厚度6厘米
重量：2500克
脂肪含量：9%

地图：pp. 204—205

这款奶酪易碎，口感柔滑，带一丝酸味，但会随着时间变得酸苦。其得名是因为最初这种奶酪是在草本植物长势通常最为旺盛的阶段制作的（erba quartirola），曾经只在9月份才会制作，但现在已经不再局限于这个时段了。

加利格罗弗奶酪（Rove des Garrigues）法国：普罗旺斯-阿尔卑斯-蓝岸区

奶：生山羊奶/巴氏杀菌山羊奶
奶酪大小：直径4.5厘米，厚度3厘米
重量：80克
脂肪含量：10%

地图：pp. 194—195

这款奶酪看起来像完美无瑕的白色大理石，外表光滑，质地紧密，易融化。入口后有草本植物的香气和花香。有时候会带有柠檬味，这是因为奶酪作坊有时会加入几滴柠檬精油。这真不是因为山羊爱吃柠檬！

圣约翰鲜奶酪（Saint-John）加拿大：安大略

奶：巴氏杀菌山羊奶
重量：罐装350克
脂肪含量：14%

地图：pp. 224—225

最早是来自葡萄牙亚速尔群岛的移民开始制作圣约翰鲜奶酪的。他们定居于多伦多，开始制作这种葡萄牙风味的奶酪。该奶酪质地紧密，但入口易化，带着山羊奶酪的柔顺。收尾时带着一丝咸味，酸味也开始出现。圣约翰鲜奶酪极其适合素食主义者，因为它使用的是植物凝乳菌。

马基香鲜奶酪（Saveurs du maquis）法国：科西嘉岛

奶：绵羊奶（巴氏杀菌）
奶酪大小：（方形）边长10—12厘米，厚度6厘米
重量：600—700克
脂肪含量：15%

地图：pp. 194—195

这款奶酪也被称为“马基之花”或“一捆爱”，真是马基（maquis）* 的最佳表述，好像是被马基香味包裹（百里香、咸味、牛至、马郁兰甚至杜松子和辣椒，这些都是科西嘉岛的特产）着一样，且也正因如此，带着强烈的薄荷香味，质地易融又柔顺，这款奶酪在口中绽放。

* 马基（maquis）泛指地中海沿岸低矮的树丛。与森林不同，这些树丛多是植物种类众多，且多为香味植物的灌木丛。——译者注

澳大利亚丝绸鲜奶酪（Silk）澳大利亚：维多利亚

奶：生山羊奶
奶酪大小：直径5厘米，厚度4厘米
重量：140克
脂肪含量：14.5%

地图：p. 226

奶酪作坊成立于1999年，两位制作人安娜-玛丽（Ann-Marie）和卡拉（Carla）从一开始就坚持以萨能奶山羊和阿尔卑斯浅黄褐羊的奶为主要原料制作有机奶酪。

这种小圆饼状奶酪颜色洁白，这也是山羊奶的特点。入口后，口感强烈且跳跃，有着很好的酸度和草本植物香味。从外形上看，这款澳大利亚丝绸鲜奶酪会让人想起法国的加利格罗弗奶酪。

斯洛伐克鲜奶酪（Slovenská bryndza）斯洛伐克

IGP
2008年

奶：生绵羊奶或生绵羊奶加生牛奶
重量：罐装125—5000克
脂肪含量：5%

地图：pp. 218—219

用陶罐盛装时重量可达5千克，但在此之前，这种奶酪是用一种叫作gelety的木制器皿盛装的，可以装5到10千克，零售商再按照客人的要求从木制器皿中分装。斯洛伐克鲜奶酪呈白色，质地柔软，易涂抹。入口后，可以感觉到迅速融化的颗粒。从口味上讲，它有着绵羊奶特有的酸度和清爽，还夹杂着一丝草本植物的清香。

罗马涅斯夸奎罗奶酪（Squacquerone di Romagna）意大利：艾米利亚-罗马涅

AOP
2012年

奶：生牛奶
奶酪大小：直径6—25厘米，厚度2—5厘米
重量：100—2000克
脂肪含量：8%

地图：pp. 204—205

在外面的包装纸上，产区的名字“SQUACQUERONE DI ROMAGNA”必须使用Sari字体的黑斜体，并统一使用蓝色色标（潘通®色2747）和白色。这款奶酪非常适合涂抹面包，因为它的质地有奶油感，柔软，甚至近流质。入口后，首先可以尝到轻微的咸味，随后让位于草本类植物的香味，收尾时带着清爽的口感。

依巴内施蒂凝乳奶酪（Telemea de Ibăneşti）罗马尼亚：特兰西瓦尼亚

AOP
2016年

奶：生牛奶或巴氏杀菌牛奶
重量：300—1000克
脂肪含量：6%

地图：p. 219

这款奶酪质地均匀，柔软带油脂感，颜色看起来是从纯白色到灰白色的过渡。入口后，酸甜中夹着一丝咸味。最为理想的是在它的产区古尔吉乌山谷里，于奶酪制作后24小时内食用。这种奶酪也有一种“陈年”款（从生产出来后最少20天的熟成期）。

这是第一个获得原产地命名保护标识（AOP）的罗马尼亚奶产品。

锡蒂亚西加洛传统羊奶酪（Xygalo Siteias）希腊：克里特岛

AOP
2011年

奶：山羊奶和（或）绵羊奶，巴氏杀菌山羊奶和（或）绵羊奶
脂肪含量：4%

地图：p. 221

这款奶酪多在中等海拔（300—1500米）山区制作。白色奶酪的质地带着奶油感，或多或少地夹杂着些块状凝乳。它的香味中带着清爽，酸度和咸味均衡。制作这款奶酪所用的羊奶均来自当地特有的奶羊品种锡蒂亚（Siteia）、普希罗里蒂（Psiloriti）和斯法加（Sfakia）。

02 乳清奶酪

与新鲜奶酪相似，乳清奶酪通常是原味或加些辅料（水果、果酱、蜂蜜或新鲜草本植物）食用，理想的食用季节是春季和夏季。但是，因为这种奶酪源自乳清，所以相对而言脂肪会更丰富些！

布鲁修奶酪（Brocciu）法国：科西嘉岛

奶：生绵羊奶和（或）生山羊奶
奶酪大小：基本直径9—20厘米（重量为250克、500克、1000克或3000克不等），帽子款直径7.5—14.5厘米，厚度6.5—12厘米
重量：250—3000克
脂肪含量：35%

地图：p. 195

布鲁修奶酪是法国奶酪中唯一一款获得AOP的乳清奶酪。它的制作工艺是在乳清加热过程中不断搅拌，同时加入部分全脂奶。因为具有很强的季节性，它在法国大陆上很难制作。其整体口感偏酸，有颗粒感，质地十分柔顺。熟成时间超过21天的布鲁修奶酪，被称为“帕须（Passu）布鲁修奶酪”；而经过盐渍的奶酪，被称为“萨利图（Salitu）布鲁修奶酪”。而当熟成时间超过4个月的时候，就叫“瑟酷（Secu）布鲁修奶酪”，口感酥脆。

维苏比布鲁斯奶酪（Brousse de la Vésubie）法国：普罗旺斯-阿尔卑斯-蓝岸区

奶：山羊奶或绵羊奶（巴氏杀菌）
脂肪含量：18%

地图：p. 195

这款奶酪呈白色且泛着贝壳光泽，质地易融化，带有少许块状凝乳。它的外形是用模具制成的，入口后散发出草本香味和均衡的酸味。这种奶酪主要在法国尼斯山区附近制作生产，在制作这种奶酪的过程中，奶酪匠们也会加入一些香料、新鲜草本植物、橄榄末、胡椒或蜂蜜调味。

格洛易奶酪（Greuilh）法国：新阿基坦

奶：生绵羊奶
脂肪含量：33%

地图：p. 196

这是一款农庄奶酪，质地通常很轻盈，带着沙砾感。格洛易奶酪［也被称为布洛伊奶酪（Breuil）］的口感因酸度而清爽；主要在贝雅恩（Béarn）地区生产，名字源自当地土话grulh，意思是“硬块”。夏季，在它的发源地，当地人经常会搭配甜咖啡或者雅文邑餐后酒（Armagnac）来享用这款奶酪。在更往南的巴斯克地区，格洛易被称为“曾贝莱”（zenbera），当地人则是将黑樱桃果酱搭配该奶酪一起食用。

黑森州手工奶酪（Hessischer Handkäse）德国：黑森州

IGP
2010年

奶：巴氏杀菌牛奶
重量：20—125克
脂肪含量：32%

地图：pp. 212—213

这款手工做的小圆饼奶酪［德语hand（手）käse（奶酪）］表面光滑，一眼看去甚至有些发光，色泽介于金黄色与红褐色之间，里面则是白色或淡黄色。它的质地柔软而紧密，带着强劲的香味和香料感，同时也有点刺激感。这种乳清奶酪经过洗皮工艺后被称为黄色奶酪（gelbkäse），味道会比较强烈。

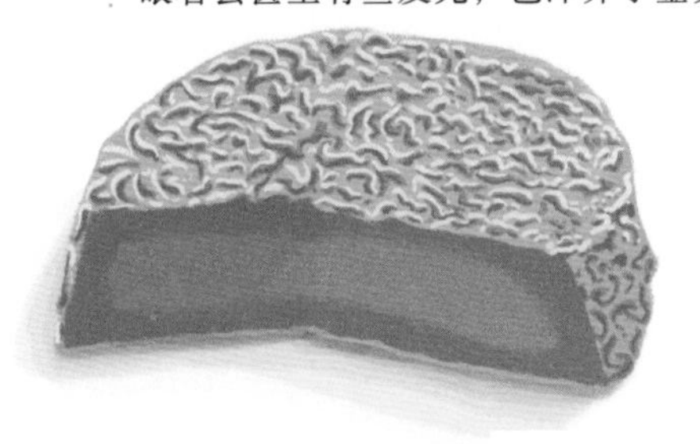

曼努里奶酪（Manouri）希腊：色萨利，西马其顿区

AOP
1996年

奶：绵羊奶和（或）巴氏杀菌山羊奶
奶酪大小：直径10—12厘米，厚度20—30厘米
重量：800—1100克
脂肪含量：36%

地图：pp. 220—221

这是一款质地紧密、有奶油香、易融化的奶酪。一旦凝乳形成，会再添加全脂奶，或者源自山羊或绵羊的奶油。它有着乳清的特殊香味，不是很酸，十分爽口。这款奶酪在制作过程中禁止使用染色剂、防腐剂或者抗生素。

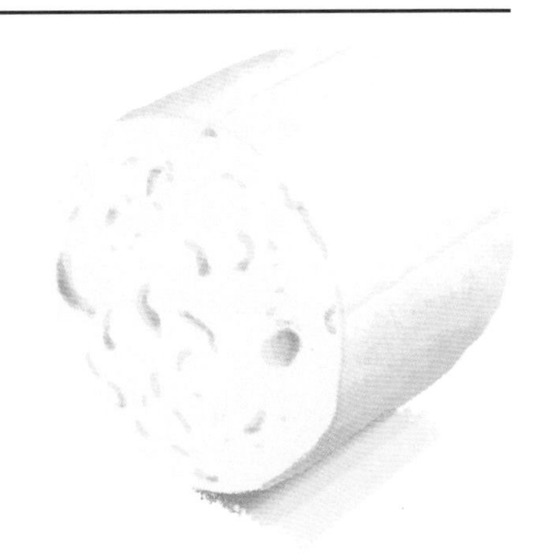

绵羊雪奶酪（Neige de brebis）加拿大：魁北克

奶：巴氏杀菌绵羊奶
重量：250克
脂肪含量：33%

地图：pp. 224—225

生产这款奶酪的农庄位于魁北克中部切斯特的圣海伦（Sainte-Hélène de Chester）。为了保证奶酪的质量，该农庄特意注册了一个品质标识，对牲畜的饲养环境及饲料的品质都有要求，同时在奶酪的制作过程中也特别小心谨慎。绵羊雪奶酪口感柔顺，带着一定的酸度，质地柔韧且带着小孔隙。

尼海姆奶酪（Nieheimer Käse）德国：北莱茵-威斯特法伦州

奶：巴氏杀菌牛奶
奶酪大小：直径4—4.5厘米，厚度2—2.5厘米
重量：32—37克
脂肪含量：28%

地图：pp. 212—213

尼海姆奶酪表皮光滑，带着从淡黄到灰绿过渡的色泽。有时候会用啤酒花叶子包裹。它的体积不是很大，有时奶酪匠还会在制作过程中掺入些葛缕子（调味植物颗粒），质地紧密，甚至会有些硬。尼海姆奶酪口感强劲，带刺激性，食用时通常会切成碎片或小块。对于一款有IGP标识的产品而言，比较特殊的一点在于，用于制作奶酪的牛奶或凝乳并不需要源自尼海姆地区。

勒屈特奶酪（Recuite）法国：奥克西塔尼

奶：生绵羊奶
重量：400克
脂肪含量：12%

地图：pp. 196—197

该奶酪的名字勒屈特在当地常写作recuècha或recuòcha，这是源自朗多克地区的土语。这款奶酪通常呈洁白色，表面湿润发光。这款源自阿韦龙的奶酪质地紧密，易融化，表面光滑，入口清爽，带着一丝乳清香味和酸味。

坎帕尼亚里科塔水牛奶酪（Ricotta di bufala Campana）意大利：坎帕尼亚，拉齐奥，莫利塞，普利亚

奶：生水牛奶（加温工艺或巴氏杀菌）
重量：最大2000克
脂肪含量：12%

地图：pp. 206—209

坎帕尼亚里科塔水牛奶酪有两种：新鲜的（fresca）和匀浆新鲜的（fresca omogeneizzata）。为了获得后者，奶酪需稍微加热，最多可以保存21天。而新鲜的坎帕尼亚里科塔水牛奶酪仅能保存7天。坎帕尼亚里科塔水牛奶酪通过回收生产马苏里拉水牛奶酪（Mozzarella）的乳清制成，颜色呈瓷器般的白色，有光泽，质地柔嫩，带有轻微的颗粒感（颗粒会在口中融化）。这款奶酪口感清爽，带有酸味和奶油质。

罗马纳里科塔奶酪（Ricotta romana）意大利：拉齐奥

AOP
2005年

奶： 生绵羊奶/巴氏杀菌绵羊奶
重量： 最大2000克
脂肪含量： 12%

地图：pp. 206—207

这种奶酪在拉齐奥地区的历史毫无疑问已经很久了，但奇怪的是直到20世纪20年代才有它的记载。当时，它被地区工农商会记录在案。这款奶酪易融化，夹杂着凝乳块。入口后，可以明显地尝出绵羊奶典型的酸味，随后是柔顺的感觉和收尾时强烈的清爽感。

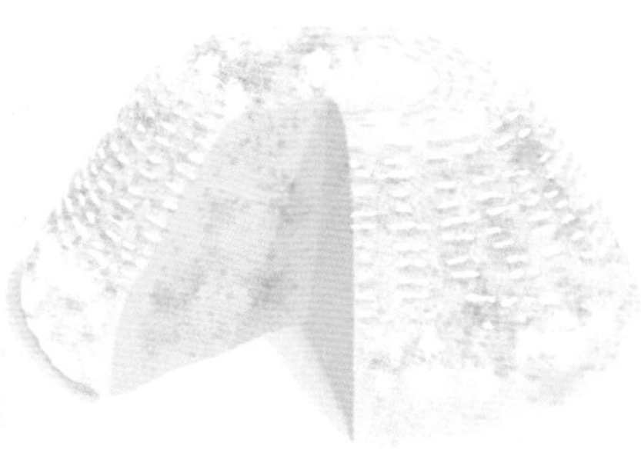

塞拉克奶酪（Sérac）法国：勃艮第-弗朗什-孔泰

奶： 牛奶、山羊奶/巴氏杀菌绵羊奶
脂肪含量： 15%

地图：pp. 192 -193

从传统上讲，塞拉克奶酪是用当地生产两种硬质成熟奶酪（孔泰奶酪和瑞士格鲁耶尔奶酪）后产生的乳清制作的。在这个过程中，奶酪匠有时还会在乳清中加入脱脂奶或酪乳。塞拉克奶酪质地紧密，易融化，入口很清爽。它也可以使用烟熏工艺。经过烟熏后，它会更有特点，同时也会保留它那非常独特的酸味。

这款奶酪源于法国萨瓦地区的姆提尔（Moûtiers），现在瑞士也在生产，但改名为齐格（Ziger）。

克里特乳清羊奶酪（Xynomyzithra Kritis）希腊：克里特岛

AOP
1996年

奶： 山羊奶和（或）巴氏杀菌绵羊奶
脂肪含量： 35%

地图：pp. 220—221

该奶酪是用当地的克里特岛格拉维拉奶酪（Graviera Kritis）或克里特磨石奶酪（Kefalotýri）制作过程中剩余的乳清制作的。奶酪匠通常会在乳清中加入山羊奶或绵羊奶，或者两种都加。这款奶酪质地很软，酸味浓郁。生产这种乳清奶酪所使用的绵羊奶来自一个当地的绵羊品种（Sfakia，斯法基亚），这种绵羊几乎只生活在这座岛上。

03 软质自然皮奶酪

此类奶酪以山羊奶为主。除了巴侬羊奶酪（Banon），其他奶酪都是由乳酸凝乳酶制作而成的。其主要特点是口感中有一丝酸度。为了更好地品鉴这种奶酪，最好是在每年的3月到10月之间食用。如今，这类奶酪已经可以全年生产了。

魁北克阿加特羊奶酪（Agate）加拿大：魁北克

奶：巴氏杀菌山羊奶
奶酪大小：直径4—5厘米，厚度3—4厘米
重量：60克
脂肪含量：22%

地图：pp. 224—225

这款奶酪是由一位比利时女士阿格杰·丹尼斯（Aagje Denys）制作的，她于2004年定居魁北克。她在当地从事有机农业，将有机的理念应用到奶酪的生产制作过程中。阿加特羊奶酪是一种农户奶酪，质地均匀，入口即化；表皮细腻柔软，有时会带有少许白色斑点。入口后，山羊奶的特点很典型，但并不强烈，可以说它是一款很均衡的奶酪。

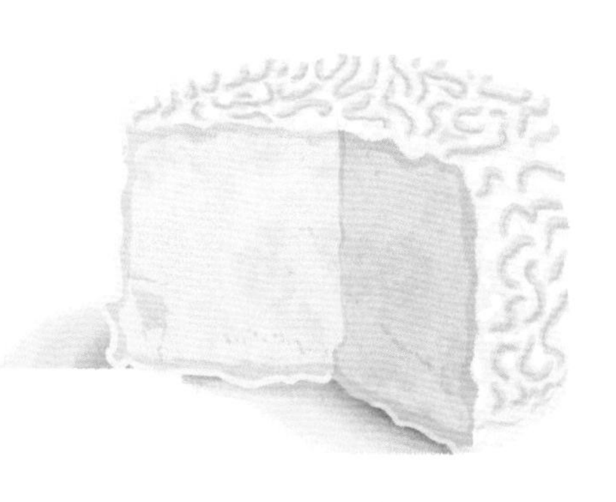

巴侬羊奶酪（Banon）法国：普罗旺斯-阿尔卑斯-蓝岸区

AOC 2003年　AOP 2007年

奶：生山羊奶
奶酪大小：直径7.5—8.5厘米，厚度2—3厘米
重量：90—110克
脂肪含量：21%

地图：pp. 194—195

这是法国普罗旺斯地区极具代表性的一种奶酪，最早的文字记载出现在1270年巴侬和圣克里斯托弗村的文件上。经过恰到好处的熟成，这款外皮呈棕色和米色的小圆饼奶酪有着奶油般的质地，入口即化。用鼻子闻一下，会发现它带有山羊的气息和灌木丛的气味。入口后，叶子的单宁（单宁是一类水溶性的酚类化合物）和山羊奶混在一起会产生独特的口感，同时具有山羊奶特有的酸味。

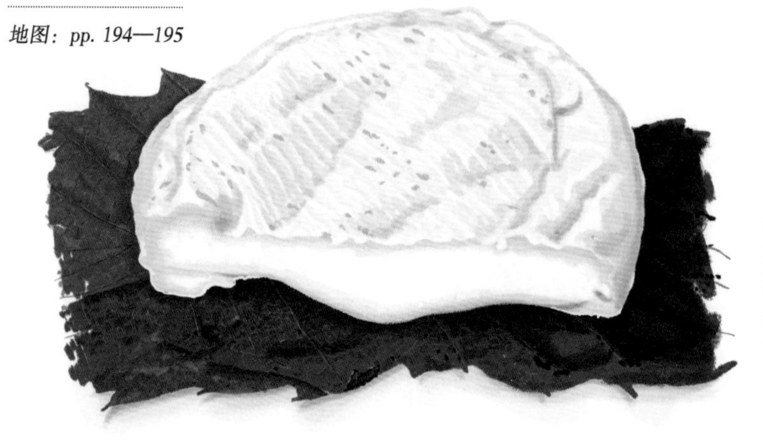

这款奶酪可以用葡萄蒸馏酒或其他蒸馏酒浸泡一下，然后用一片干的栗树叶包住。干的栗树叶会被水分沁入，变得可以折叠。有三种浸泡栗树叶的方法：热水，热水加5%的醋，以及常温水加5%的醋。

碧如羊奶酪（Bijou）美国：佛蒙特州

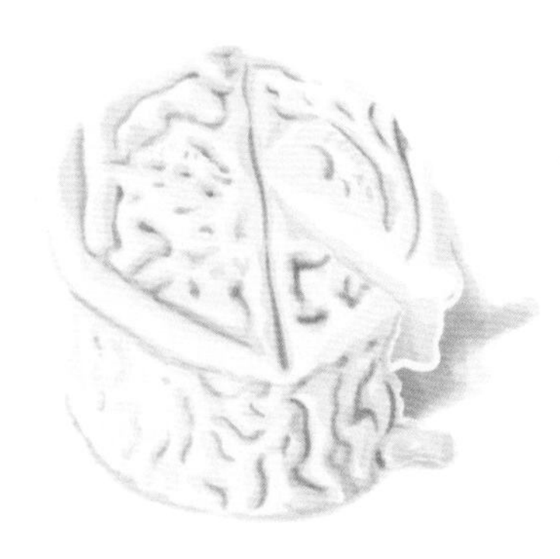

奶： 巴氏杀菌山羊奶
奶酪大小： 直径 5厘米，厚度3厘米
重量： 40克
脂肪含量： 22%

地图：pp. 224—225

这是一款半干的小圆柱形奶酪，表皮带着一层小绒毛，是地霉属菌的“功劳”。这款奶酪很容易融化，带着山羊奶的清爽，还具有特殊的酸度。碧如羊奶酪在美国的奶酪评比大赛中曾多次获奖。

伽亭酒塞羊奶酪（Bonde de Gâtine）法国：新阿基坦

奶： 生山羊奶
奶酪大小： 直径5—6厘米，厚度5—6厘米
重量： 140—160克
脂肪含量： 22%

地图：pp. 198—199

原产于贫瘠的沼泽地区（Gâtine的意思是贫瘠的沼泽地）。这款奶酪的烟灰表皮下有一层漂亮的类似黄油的夹层，然后是白色的奶酪层，质感有点像白垩岩，且易碎。入口后，它在收尾时显现出山羊奶的特点，带着酸味与咸味，还夹着榛子香。因为这种奶酪的外形很容易让人想起酿造葡萄酒用的橡木桶塞，故被称为酒塞奶酪。

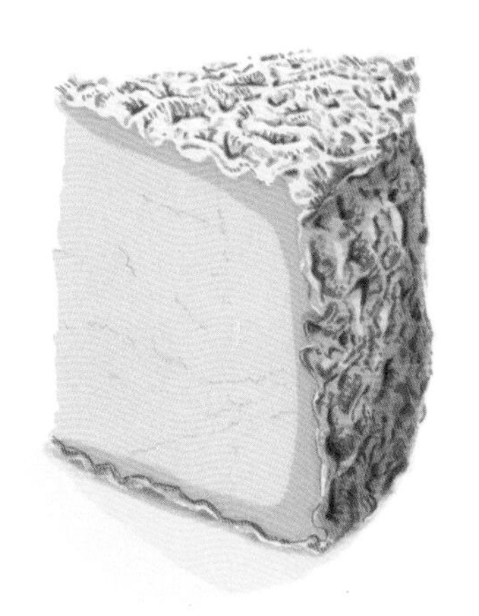

好入口羊奶酪（Bonne Bouche）美国：佛蒙特州

奶： 巴氏杀菌山羊奶
奶酪大小： 直径10厘米，厚度3厘米
重量： 200克
脂肪含量： 22%

地图：pp. 224—225

这款仿佛撒过烟灰的奶酪很容易让人想起法国都兰地区的羊奶酪，这不仅仅是因为它的外表具有鲜明的特点，还因为质地和口感都很相似。其入口有山羊奶香味，混合着榛子香和乳酸香。为了让表皮生长出更多的小绒毛，奶酪匠通常会喷一些地霉属菌。这样一来，表皮会出现轻微的棉布感，且带着灰蓝的光泽。

布里吉德泉羊奶酪（Brigid's Well）澳大利亚：维多利亚

奶：生山羊奶
奶酪大小：直径15厘米，厚度5厘米
重量：650克
脂肪含量：27%

地图：p. 226

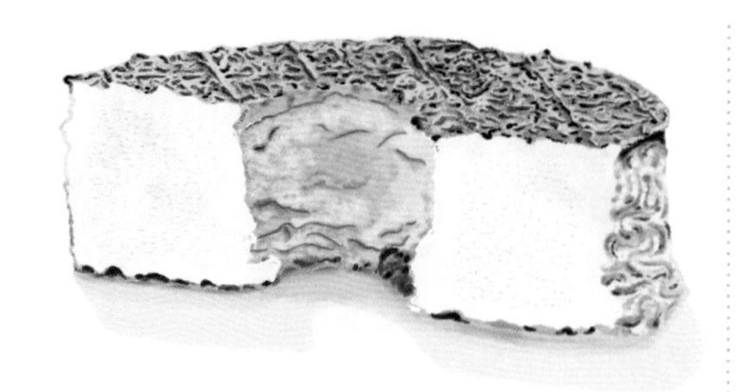

生产这种奶酪的农庄叫Holy Goat Cheese（圣山羊奶酪厂），他们一直坚持有机农业及对环境负责的企业理念。布里吉德泉羊奶酪是一款漂亮的环形烟灰奶酪，表皮上带着细细的纹路，易融化，口感上偏清爽，带着榛子香与柑橘类水果的香味。

卡特里®羊奶酪（Cathare®）法国：奥克西塔尼

奶：生山羊奶
奶酪大小：直径12.5厘米，厚度1.2—1.5厘米
重量：180克
脂肪含量：23%

地图：pp. 194—195

在这款圆饼奶酪上还印着一个奥克西塔尼十字，这表明了奶酪的原产地。这款奶酪的表皮很容易融化，具有奶油感，同时也很清爽。入口后，山羊奶的特点会变得越来越强，但不会过于强烈。“卡特里®”是一个注册商标，当它出现在奶酪上的时候，可以保证奶酪品质的纯正性。

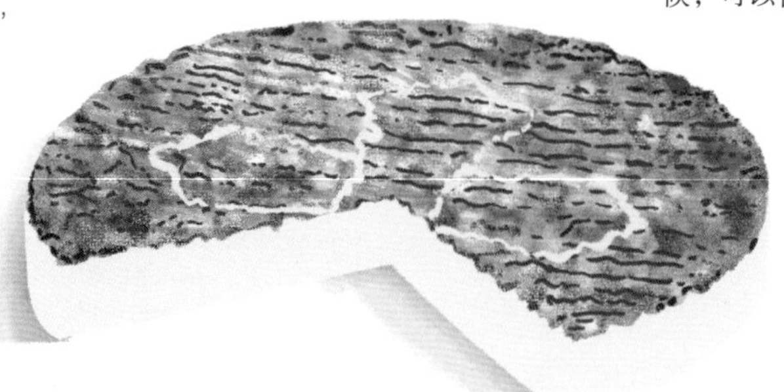

塞立德温羊奶酪（Ceridwen）澳大利亚：维多利亚

奶：巴氏杀菌山羊奶
奶酪大小：直径4厘米，厚度8厘米
重量：90克
脂肪含量：22%

地图：p. 226

这是一款小圆柱形烟灰表皮奶酪（烟灰来自葡萄藤），松脆且易融化。奶酪中心部位柔软，带着山羊奶特有的酸度和清爽，且不乏活力。同时，淡淡的蘑菇香味也夹杂其中。因为这款奶酪使用的是植物凝乳剂，所以它对于素食者是最为理想的选择。

普瓦图夏匹胥山羊奶酪（Chabichou du Poitou）法国：新阿基坦

AOC 1990年

AOP 1996年

奶：生山羊奶
奶酪大小：直径5厘米，厚度6厘米
重量：120克
脂肪含量：21%

地图：pp. 198—199

沥干凝乳的容器上带着CdP字样，于是在奶酪成品上也会有这几个缩写字母。奶酪呈小圆柱形，表皮上带有纹路，泛着象牙白色、绿色或者蓝色光泽。它的表皮很容易破碎，带着奶油感。切开后，核心部位呈白色，很光滑。入口后，首先可以感受到山羊奶的清爽，随后展现的是干草和榛子的香味，它们共同形成完整的香味组合。普瓦图夏匹胥山羊奶酪是AOP奶酪，但最好还是能够了解制作厂家的情况（是奶酪工匠、农庄还是工业制作），因为它们的品质会截然不同。

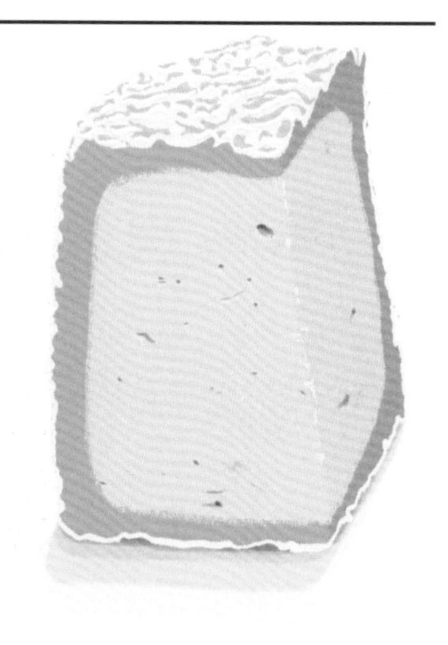

chabichou这个词源于阿拉伯语的chebli，意思是山羊。这款奶酪也是阿拉伯人于7—8世纪在这个地区生活的见证。

夏洛莱羊奶酪（Charolais）法国：勃艮第-弗朗什-孔泰，奥弗涅-罗讷-阿尔卑斯

AOC 2010年

AOP 2014年

奶：生山羊奶
奶酪大小：直径6—7厘米，厚度7—8.5厘米
重量：250—310克
脂肪含量：23%

地图：pp. 192—193

这款奶酪的历史可以追溯到16世纪，当时制作奶酪是作为养牛业的辅助产业而存在的，为了给贫困家庭提供食物。母山羊在当时被称为“穷人的奶牛”，因为母山羊不需要太多照顾就能产出不少奶水，奶水又可以制成奶酪。夏洛莱羊奶酪的密度很大，需要2—2.5升的奶水才能产出250克奶酪！它的表皮必须经过滚动，色泽从绿色向蓝色过渡，中间还夹杂着黄色。切开后，奶酪的质地看上去像白色大理石，从这点可以知道凝乳的控水沥干过程必须是缓慢的。这款奶酪口感强烈，带有一丝干果香和黄油香。得益于它的密度，夏洛莱羊奶酪可以储藏相当长的时间。

克拉彼投®羊奶酪（Clacbitou®）法国：勃艮第-弗朗什-孔泰，奥弗涅-罗讷-阿尔卑斯区

奶： 生山羊奶
奶酪大小： 直径6—7厘米，厚度7—8.5厘米
重量： 250—310克
脂肪含量： 23%

地图：pp. 192—193

克拉彼投®羊奶酪是夏洛莱羊奶酪的近亲，需要2.4升山羊奶才能制作一块奶酪。该奶酪内部颜色洁白，质地紧密，略硬。从口感上来说，它有着木香和榛子香味。它的密度很高，所以即便保存几个星期之久，口感也不会发生太大变化。

科尼比克羊奶酪（Cornebique）加拿大：魁北克

奶： 山羊奶（巴氏杀菌）
奶酪大小： 直径 4.5厘米，长度8厘米
重量： 150克
脂肪含量： 22%

地图：p. 224

它的产地在加拿大省哈利法克斯的圣索菲亚，是由尚达尔·马修（Chantal Mathieu）和拉菲·默林（Raphael Morin）两人共同生产制作的。两个人总共饲养了60多只山羊，以阿尔卑斯山品种为主，他们用了两年时间寻找一个适合羊群生活的地方。科尼比克羊奶酪令人想起法国卢瓦尔河谷区的山羊奶酪，它的表皮带着轻微的纹路，很脆，有少许黄油感，内部呈白垩岩质感。入口细腻、清爽，带有一丝酸度，收尾时会感到一丝蜂蜜的香味。

洛什皇冠®羊奶酪（Couronne lochoise®）法国：中央-卢瓦尔河谷区

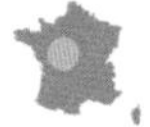

奶： 生山羊奶
奶酪大小： 直径 12厘米，厚度3.5厘米
重量： 170克
脂肪含量： 23%

地图：pp. 198—199

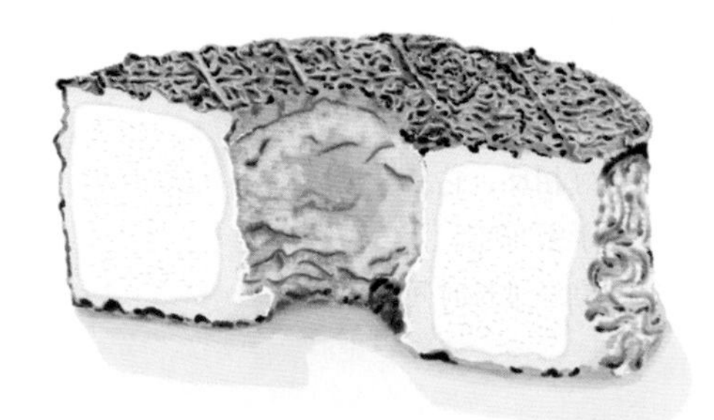

在带着烟灰的表皮下，奶酪的质地富有奶油感，核心部位几乎是带着泡沫的。入口后，以乳酸香味为主，口感清爽。收尾时，能更多地体会到山羊奶的酸度。这个奶酪的名字是注册商标，只有一个农庄生产，所以也可以看作一种品质保证。

沙维纽勒克罗汀羊奶酪（Crottin de Chavignol）法国：中央-卢瓦尔河谷区

 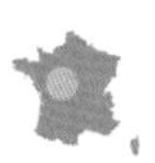  

AOC 1976年 AOP 1996年

奶：生山羊奶
奶酪大小：直径 4—5厘米，厚度 3—4厘米
重量：60—110克
脂肪含量：22%

地图：pp. 198—199

据说crottin这个词源自法国贝利雄土话crot，意思是“洞”。在这些洞里，当地农民们挖出黏土来制作容器

用于给凝乳滤水，特别是用于制作沙维纽勒克罗汀羊奶酪。当这款奶酪的表皮为干爽状态时，人们会得到最佳的享用体验。这时，表皮会和奶酪分层，奶酪带着各种香味：山羊奶味、果味、草本植物味和榛子味。它的质地虽然有点干，但入口后易融化。最佳食用方式是切薄片，慢慢品尝。

黑古尔羊奶酪（Gour noir）法国：新阿基坦

奶：生山羊奶
奶酪大小：长度8—11厘米，宽度5—6厘米，厚度2.5—3厘米
重量：200克
脂肪含量：22%

地图：pp. 196—197

20世纪80年代该奶酪由阿尔诺（Arnaud）家族创制。从春天开始制作的黑古尔羊奶酪有着出色的细腻口感，入口后好像是一团柔美的高密度羊奶慕斯，带着一丝酸度、清爽感和草本植物的香味。当奶酪熟成一段时间后，慕斯感让位于更偏黄油感的质地，香味更强烈，但始终非常细腻。

马孔奶酪（Mâconnais）法国：勃艮第-弗朗什-孔泰

AOC 2006年 AOP 2006年

奶：生山羊奶
奶酪大小：顶部直径4厘米，底部直径5厘米，厚度4厘米
重量：50—60克
脂肪含量：22%

地图：pp. 192—193

跟它的众多表亲一样，这款奶酪最初也是作为葡萄酒农的工作补充和增加收入的手段而诞生的。它的体积很小，所以给人以干硬、口感强劲的印象。但事实正好相反，它易融化，口感清爽，带着干果香味。无论马孔奶酪是新鲜的还是经过长时间熟成的，都带着一丝酸度。当它非常干硬时，体现的是山羊奶的强劲口感。

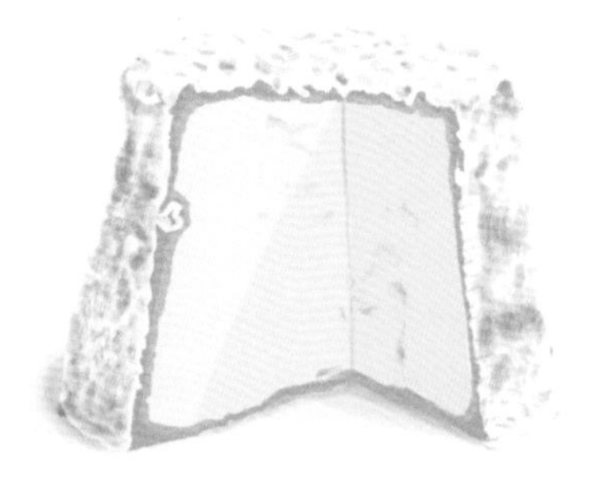

栗树叶蒙泰斯羊奶酪（Mothais-sur-feuille）法国：新阿基坦

奶：生山羊奶
奶酪大小：直径10—12厘米，厚度2—3厘米
重量：180—200克
脂肪含量：22%

地图：pp. 198—199

这款圆饼形的奶酪，颜色呈珍珠白或象牙白，而带着纹路的外皮则呈现蓝绿色的光泽。这款奶酪质地柔软，甚至在接近外皮处会有奶油质。而该奶酪的核心部分紧密且易融化，入口后带着新鲜凝乳和干果的香味。包裹奶酪的栗树叶并没有什么象征意义，只是一个调节奶酪湿度的媒介。

慕拉扎诺奶酪（Murazzano）意大利：皮埃蒙特

奶：生绵羊奶或生牛奶（至少40%）
奶酪大小：直径10—15厘米，厚度3—4厘米
重量：300—400克
脂肪含量：24%

地图：pp. 204—205

奶酪表皮细薄，奶酪心为象牙白色或草金色。这是一款偏清爽又带些酸度的奶酪，还有些干草料的香气，具有典型绵羊奶奶酪的特点。传统的食用方法是加入皮埃蒙特酸辣酱，这是一种用蔬菜和葡萄汁做成的酱，当地人称它为cugnà。

佩拉东羊奶酪（Pélardon）法国：奥克西塔尼，普罗旺斯-阿尔卑斯-蓝岸区

奶：生山羊奶
奶酪大小：直径6—7厘米，厚度2.2—2.7厘米
重量：60克
脂肪含量：22%

地图：pp. 194—195

这款奶酪的历史非常悠久，1世纪的古罗马自然史作家老普林尼就在他的著作中提到了源自pèbre的péraldou一词，意思是胡椒。19世纪末期，这款奶酪的名字正式确定为佩拉东。这款小圆饼奶酪可以在半干或更为干燥时食用。半干时，它的质感更像奶油，甚至有些稀，带着很细腻的山羊奶香和新鲜草本植物香。进一步干燥后，它会带有温和的山羊奶香味和榛子香气。

派罗奶酪（Pérail des Cabasses）法国：奥克西塔尼

奶：生绵羊奶/绵羊奶（加温工艺）/巴氏杀菌绵羊奶
奶酪大小：直径8—10厘米，厚度2—2.5厘米
重量：100克或150克
脂肪含量：25%

地图：pp. 196—197

这款圆饼奶酪有两种规格，它们都极其美味！仔细观察一下，表皮的颜色从象牙白到浅米色过渡，表面有些轻微的横纹。无论是闻起来还是入口后，这款奶酪都带着浓郁的羊奶气息，以及干草料、新鲜草料的香味，还有一定的咸味。它具有奶油的质地，呈流质，因此很容易涂抹到面包上。目前，当地有12家农户制作奶酪，其中有3家奶农生产这种奶酪。

比考顿羊奶酪（Picodon）法国：奥弗涅-罗讷-阿尔卑斯

奶：生山羊奶
奶酪大小：直径5—7厘米，厚度1.8—2.5厘米
重量：60克
脂肪含量：22%

地图：pp. 194—195

这款奶酪诞生在冬季的法国——具有山区饲养传统的德龙省和阿尔代什省，它的法语名字在法国西部方言中的意思是“有刺激性”。在冬季，山羊产奶虽不多，但也能满足当地人的日常食用来度过冬季。奶酪表皮的颜色多为奶白色，带着蓝绿色的光泽。尚未切开时会闻到干秸秆和潮湿地窖的气味。一旦切开，奶的乳香便会散发出来。这款奶酪很容易在口中融化，但随着熟成期延长，质地可以变得很紧密，甚至易碎。入口后，灌木丛和榛子的香味十分浓郁。

布里尼圣皮埃尔山羊奶酪（Pouligny-saint-pierre）法国：中央-卢瓦尔河谷区

奶：生山羊奶
奶酪大小：底部直径9厘米，顶部直径2厘米，厚度12.5厘米
重量：250克
脂肪含量：22%

地图：pp. 198—199

它是第一款获得AOP标识的山羊奶酪，有两种熟成阶段：白色熟成［青霉菌（Penicillium geotricum）］，带有酸味、轻微的咸味和山羊的气息；蓝色熟成［青霉蓝毛菌（Penicillium album）］，质地更为紧密，带有榛子香的口感也更为明显。这款奶酪有不同的标识，绿色标识代表农户奶酪，而奶农合作社、奶酪工坊及工厂则使用红色标识。

孔德里约里戈特羊奶酪（Rigotte de Condrieu）法国：奥弗涅-罗讷-阿尔卑斯

奶：生山羊奶
奶酪大小：直径4.2—5厘米，厚度1.9—2.4厘米
重量：最少30克
脂肪含量：21%

地图：pp. 192—193

它的名字源自皮拉特山脉（Pilat）中的多条溪流，这里也是这款奶酪的产地。在19世纪，这款奶酪主要是在孔德里约（Condrieu）市场上销售。它像一种小块头的圆饼，口感超群。仔细观察可以发现，它的象牙色表皮上会呈现一些蓝色或绿色的小点，闻起来有花香和山羊奶香。它的口感非常细腻、紧密，易融化，且带着榛子的香气，是一款很细致的奶酪。

罗卡韦拉诺罗比奥拉奶酪（Robiola di Roccaverano）意大利：皮埃蒙特

奶：生山羊奶（至少50%）、生牛奶和生绵羊奶
奶酪大小：直径10—14厘米，厚度2.5—4厘米
重量：250—400克
脂肪含量：23%

地图：pp. 204—205

这款奶酪几乎没有表皮，呈白色，入口即化，味道甜美，带着花香、山羊奶香和榛子的香味。

它的包装纸上必须印有栗色的R字样，还必须有罗卡韦拉诺的一座塔楼。R的上半部被画成奶酪模具，而下半部则是黄绿色的，代表奶酪产地兰加（Langa）地区。

卡巴斯罗卡柚羊奶酪（Rocaillou des Cabasses）法国：奥克西塔尼

奶：生绵羊奶
奶酪大小：直径5.5厘米，厚度2.5—2.8厘米
重量：80克
脂肪含量：19%

地图：pp. 196—197

卡巴斯罗卡柚羊奶酪与派罗奶酪在同一作坊生产，只是前者的体积更小，因此更偏于干秸秆的香味。入口后，收尾时带着一丝转瞬即逝的胡椒味。从质感方面来看，这款奶酪表皮紧密易破，内部则呈奶油状。

罗卡马杜尔羊奶酪（Rocamadour）法国：新阿基坦，奥克西塔尼

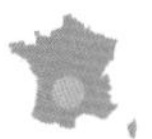

奶：生山羊奶
奶酪大小：直径6厘米，厚度1.6厘米
重量：35克
脂肪含量：22.5%

地图：pp. 196—197

罗卡马杜尔羊奶酪也被称为卡贝酷-罗卡马杜尔奶酪（Cabécou de Rocamadour）。这款奶酪在中世纪时是被当作货币使用的。它是法国中南部凯尔西（Quercy）石灰岩高原上历史最为悠久的奶酪之一。cabécou在法国西部方言中的意思是“小块山羊奶酪”，如今这个词代表了当地的一个山羊奶酪品类。但在这个品类中，只有罗卡马杜尔羊奶酪享受到了AOP标识待遇。这款表面呈白色、带纹路的小圆饼奶酪，在熟成期较短时质地柔软。而当奶酪比较干燥的时候，其质地就变得紧密，闻起来主要有奶油和干秸秆的香味。它是一款比较柔和、奶油感强的奶酪，入口后还有一丝酸度，以及山羊奶味和榛子味。更为干燥时，它的味道会更突出，甚至有点刺激。

火箭罗比奥拉奶酪（Rocket’s Robiola）美国：北卡罗来纳州

奶：巴氏杀菌牛奶
奶酪大小：正方形，边长10厘米，厚度3.8厘米
重量：340克
脂肪含量：22%

地图：pp. 222—223

作为第一代农民和奶酪制作人，让科（Genke）家族从2015年起开始制作火箭罗比奥拉奶酪。这款带着烟灰的奶酪质地柔软，有奶油感。入口后，杏仁和鲜蘑菇的香味逐步让位于酸味和乳酸香。

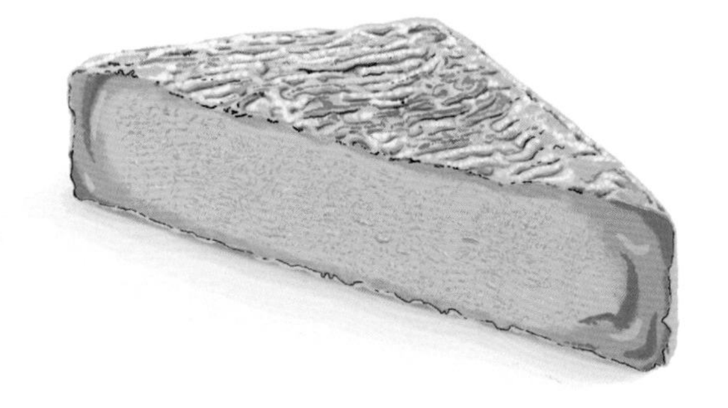

胡埃尔奶酪（Rouelle du Tarn）法国：奥克西塔尼

奶：生山羊奶
奶酪大小：直径10厘米，厚度3.5厘米
重量：250克
脂肪含量：21%

地图：pp. 196—197

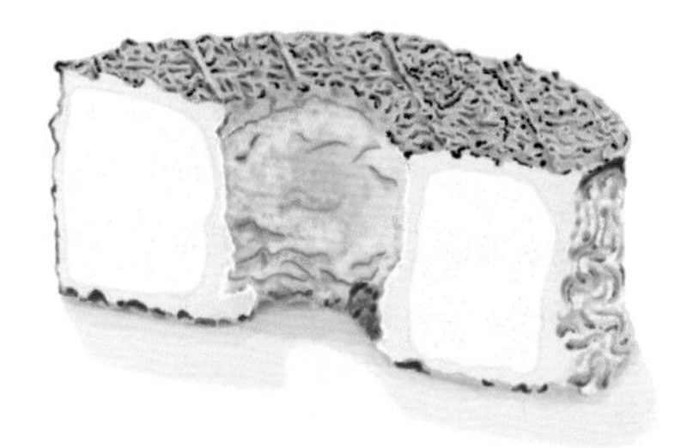

这款奶酪由位于塔恩省佩内（Penne）的奶酪作坊Le Pic制作生产，其表皮带着少许烟灰，十分柔软，入口易融化，清爽的口感中带着羊奶香、花香和植物香味。收尾时，还可品尝到一丝酸味和轻微的咸味。

百里香罗弗（鲁夫丹）羊奶酪（Rovethym）法国：普罗旺斯-阿尔卑斯-蓝岸区

奶：生山羊奶
奶酪大小：长度7厘米，宽度3厘米，厚度2.5厘米
重量：100克
脂肪含量：22%

地图：pp. 194—195

这款奶酪奶白色的表皮下是黄油感强、紧密、易融化的质地，入口即化。它也被称为百里香塔玛尔“Thymtamarre”，具有良好的酸度，带着草本植物的清香和花香。这是一款适合在初夏至秋末时食用的奶酪。

这款奶酪名字中的“罗弗”（rove）是一个山羊品种，奶酪即是由这种山羊的奶制成的。而“百里香”（thym）出现在该奶酪的名字中，则是因为奶酪中间夹着一根百里香，既美观也可以增强口感！

布兰切特之蹄奶酪（Sabot de Blanchette）加拿大：魁北克

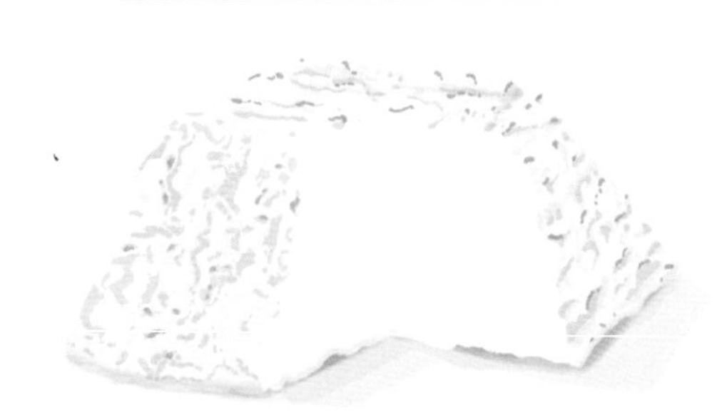

奶：巴氏杀菌山羊奶
奶酪大小：底部直径7.5厘米，顶部直径5厘米，厚度3.8厘米
重量：150克
脂肪含量：19%

地图：pp. 224—225

法比安娜（Fabienne Mathieu）和弗里德里克（Frédéric Guitels）是这种奶酪的制作者，他们分别是瑞士人和法国诺曼底人，因此其奶酪工坊就叫作“瑞士诺曼底”！在奶酪皱皱的表皮下，它那靠近表皮的部分带着奶油感，而核心部位像是白垩岩。它的口感以山羊奶的清爽为主，收尾时有乳酸的微酸和花香。

圣莫尔·都兰山羊奶酪（Sainte-maure de Touraine）法国：中央-卢瓦尔河谷区

奶：生山羊奶
奶酪大小：一头直径6.5厘米，另一头直径4.8厘米，长度28厘米
重量：250克
脂肪含量：22%

地图：pp. 198—199

奶酪中心的长黑麦秸秆起着防止奶酪破碎的作用，同时秸秆上还用激光刻着数字，可以确认奶酪的出处。

传说8世纪时被俘虏的撒拉逊人教给了圣莫尔·都兰当地人如何制作这款奶酪。带着烟灰的表皮与奶酪洁白的核心部位形成鲜明的对比。与此同时，奶酪具有的灌木丛味、蘑菇香味、夏季的干草饲料香味和秋季的榛子香味，使其十分与众不同。最理想的品尝时机，是当其表皮下形成一层黄油质的时候。

圣马塞兰奶酪（Saint-marcellin）法国，奥弗涅-罗讷-阿尔卑斯

奶：生牛奶/牛奶（加温工艺）
奶酪大小：直径6.5—8厘米，厚度2—2.5厘米
重量：至少80克
脂肪含量：24%

地图：pp. 194—195

历史上，这款奶酪是用山羊奶制作的，或者至少是用山羊奶与牛奶混合制作的。关于这款奶酪最早的文字记载，是在法国国王路易十一的后勤记录中。当时，圣马塞兰奶酪已经向都兰和巴黎地区运送。这款奶酪之所以广为人知，则要感谢后来复辟的法国国王路易-菲利普的部长奥古斯特·卡斯米尔-佩里埃，他在1863年品尝到这款奶酪后说："真是太美味了！您一定要每周都给我的城堡供货。"

这款用牛奶制作的小型奶酪，其表皮上有一层菌群，菌群的颜色在奶白色、米白色和灰绿色之间过渡。奶酪本身光滑且质地紧密，偶尔会出现一些"蜂窝"。它入口后易融化，味道表现直接且均衡，主要有乳酸香、榛子香和蜂蜜味，还带有轻微的咸味。

圣尼古拉·德·拉·达尔梅里羊奶酪（Saint-nicolas de la Dalmerie）法国：奥克西塔尼

奶：生绵羊奶
奶酪大小：长度9厘米，宽度3厘米，厚度2.5厘米
重量：140克
脂肪含量：24%

地图：pp. 194—195

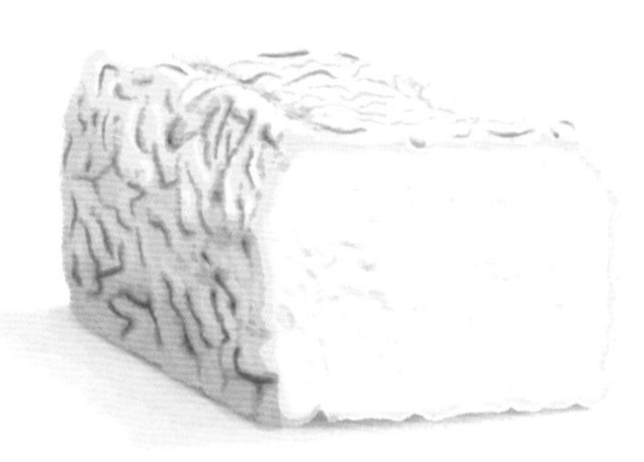

最初这种奶酪是用山羊奶制作的，但后来制作奶酪的东正教修道士们改养绵羊了，于是改变了其做法。

这款小金条大小的白色奶酪，其表皮上有着轻微的皱纹。它象征着南方百里香、迷迭香等香味，以及牛栏马棚气息。质地紧密，入口后易融化（甚至有时会出现奶油感），很快便会释放出鲜奶的香气，以及干草料、秸秆和新鲜草的香味。曾经连续十年，圣尼古拉·德·拉·达尔梅里羊奶酪仅向法国UTA航空公司供货，直到1990年这家航空公司倒闭。

谢河畔瑟莱奶酪（Selles-sur-cher）法国：中央-卢瓦尔河谷区

奶：生山羊奶
奶酪大小：底部直径9厘米，顶部直径8.5厘米，厚度3厘米
重量：150克
脂肪含量：22%

地图：pp. 198—199

最初，这款奶酪仅由女性制作，而且只为农户所食用。但是在19世纪末期，一些游商走乡串镇收集古董的时候，也顺便收购了一些农副产品到这个地区主要的农贸市场售卖，地点就在谢河畔的瑟莱。

谢河畔瑟莱奶酪表皮有着植物炭灰，因此表皮呈不均匀的灰绿色，纹路密集。奶酪本身是亚光象牙白色的，质地紧密，易融化，略微有些面团感。它以饲养棚的气味、鲜草香味和菌香味为主。入口后，榛子香、咸味、酸味和苦味非常平衡，收尾时还带有一丝苦涩。

简单羊奶酪（Simply Sheep）美国：纽约

奶：巴氏杀菌绵羊奶
奶酪大小：直径7.6厘米，厚度3.2—3.5厘米
重量：225克
脂肪含量：21%

地图：pp. 224—225

生产这款奶酪的农庄就好像是饲养动物的保护地，在这里，罗琳（Lorraine Lambiase）和希拉（Sheila Flanagan）精心照顾着牲畜的生存环境，并严格遵守有机农业的标准。简单羊奶酪是美国本土为数不多的以绵羊奶为原料的奶酪，闻起来有些窖藏的潮湿味，还有新鲜酵母的气味。入口后，这款羊奶酪展现的是浓郁的黄油香和乳酸香，收尾时带着一丝精致的酸味。

沙朗特小土堆®羊奶酪（Taupinière charentaise®）法国：新阿基坦

奶：生山羊奶
奶酪大小：直径9厘米，厚度5厘米
重量：270克
脂肪含量：23%

地图：pp. 198—199

就像是鼹鼠在地里挖通道刨出的小土堆，这款撒过烟灰的奶酪表皮呈灰蓝色，但内部的颗粒则非常细腻。入口后，它表现出一丝酸味和山羊奶香，还有榛子香味及灌木丛的味道。沙朗特小土堆®羊奶酪是一个叫Jousseaume的奶酪作坊注册的商标，他们想通过抵制仿制品来保证自家奶酪的纯正。

旺塔都尔松露羊奶酪（Truffe de Ventadour）法国：新阿基坦

奶： 生山羊奶
奶酪大小： 直径10厘米，厚度7—8厘米
重量： 350克
脂肪含量： 24%

地图：pp. 196—197

这是一款来自科雷兹的球形奶酪，表皮的颜色介于黑灰色和蓝灰色之间，体积不小，很难不去注意它。旺塔都尔松露羊奶酪闻起来有羊奶的香味、鲜草味和湿润的灌木味。切开后，内部的颜色是带着秸秆金色的白色。入口后，易融化的质地带来羊奶特有的清爽感，与之相伴的是乳酸香和草本植物香。

法朗塞奶酪（Valençay）法国：中央-卢瓦尔河谷区

奶： 生山羊奶
奶酪大小： 底部直径7—8厘米，顶部直径4—5厘米，厚度6—7厘米
重量： 200—300克
脂肪含量： 22%

地图：pp. 198—199

传说这款奶酪的形状曾经类似古埃及吉萨金字塔，带着一个尖顶。传说中还提到了法朗塞城堡当时的主人塔列朗（Talleyrand）*，是他要求将这款奶酪的尖顶部分去掉的，因为他要在城堡内迎接刚刚在埃及吃了败仗的拿破仑，避免他想起战事。于是法朗塞奶酪就成了现在这个样子。

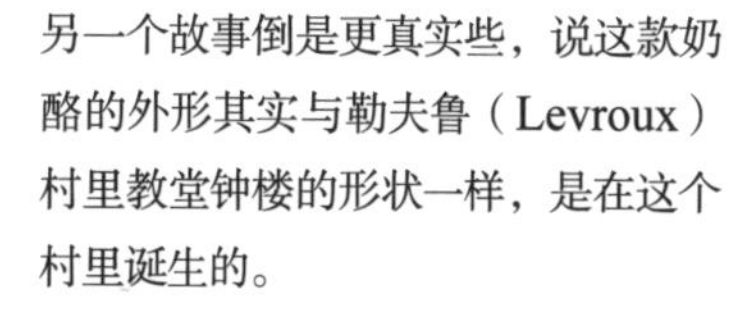
另一个故事倒是更真实些，说这款奶酪的外形其实与勒夫鲁（Levroux）村里教堂钟楼的形状一样，是在这个村里诞生的。

法朗塞奶酪用生山羊奶制作，外表撒过一层木炭灰，闻起来会有山羊奶的气味和花香。入口后，细腻饱满的质感反衬出乳酸香、酸味、刚刚切开的干草料香味及坚果香。

AOP Valençay是奶酪品种标识，同时也是葡萄酒产区标识。

* 出生于1754年，逝世于1838年，法国政客、外交官。——译者注

04 软质花皮奶酪

绒毛层，丝滑，质地柔软，易融化，香气中夹着蘑菇、灌木丛、奶香，甚至奶油的香气，这就是软质花皮奶酪的特征！这个品类的奶酪可以常年食用，通常配以口感轻盈的红葡萄酒、白葡萄酒、气泡酒，甚至苹果或梨的水果酒。

阿尔滕堡奶酪（Altenburger Ziegenkäse）德国：萨克森，图林根

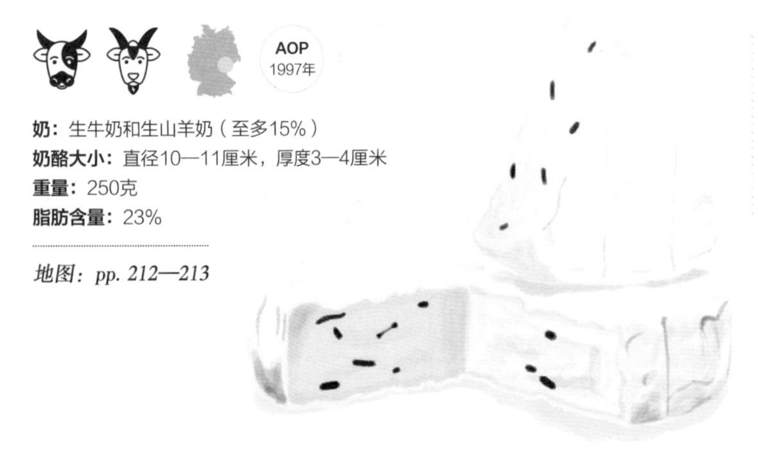

奶：生牛奶和生山羊奶（至多15%）
奶酪大小：直径10—11厘米，厚度3—4厘米
重量：250克
脂肪含量：23%

地图：pp. 212—213

这是一款口感偏柔顺清爽的奶酪，质地柔软又有点奶油感，制作过程中混加的山羊奶，也给奶酪品鉴的后期增添了清爽感和一丝酸度。在该奶酪的制作过程中，有时还会加入一些孜然作为调味料。

本特河奶酪（Bent River）美国：明尼苏达州

奶：巴氏杀菌牛奶
奶酪大小：直径11厘米，厚度5厘米
重量：370克
脂肪含量：25%

地图：pp. 222—223

在美国加利福尼亚州职场受挫后，基思·亚当斯（Keith Adams）于2008年在明尼苏达州成立了制作奶酪的作坊Alemar。本特河奶酪质地柔软，带着窖藏的潮湿味道和灌木丛的气息。入口后，它散发出黄油香、乳酸香与主体的蘑菇香混合在一起的香气。

邦切斯特奶酪（Bonchester Cheese）英国：英格兰与苏格兰边界

奶：生牛奶
奶酪大小：直径35厘米，厚度3厘米
重量：2800—3000克
脂肪含量：24%

地图：pp. 210—211

这款奶酪是在1980年发明的，产地位于英格兰和苏格兰边界地区，作坊的名字叫伊斯特·文斯农庄（Easter Weens Farm）。邦切斯特奶酪是一款柔顺且易融化的奶酪，带着亮黄色的光泽。入口后，乳酸香和奶油感会充满口腔，随后的一丝酸味则来自花皮。

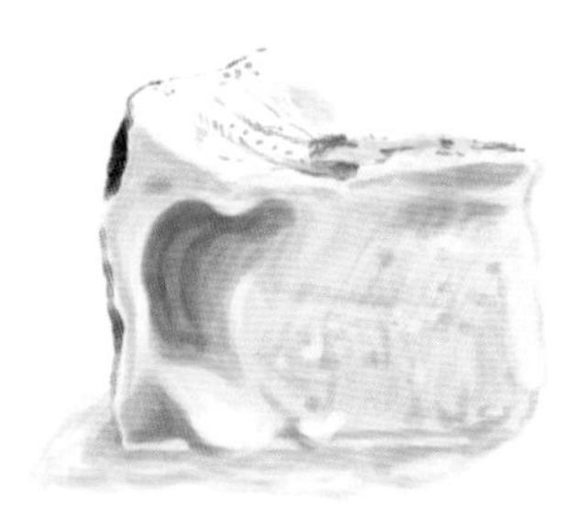

布莱瓦奶酪（Breslois）法国：诺曼底

奶： 生牛奶
奶酪大小： 直径7厘米，厚度7.5厘米
重量： 240克
脂肪含量： 20%

地图：pp. 188—189

这款奶酪1990年诞生于维利埃（Villiers）女士自家的奶酪作坊。无论是外形还是口感，布莱瓦奶酪都会令人想起夏欧斯奶酪。尽管如此，布莱瓦奶酪的核心部分看上去并没有浓郁的白垩岩质感，也不那么干燥。另外，从质感方面来说，相比于它的香槟省表亲，表皮下的奶油质感更强，但口感是完全一致的，具有同样的酸度和清爽感。

莫城布里奶酪（Brie de Meaux）法国：法兰西岛区，大东部，勃艮第-弗朗什-孔泰，中央-卢瓦尔河谷区

AOC 1980年　AOP 1992年

奶： 生牛奶
奶酪大小： 直径37厘米，厚度3.5厘米
重量： 2500—3500克
脂肪含量： 23%

地图：pp. 190—191

1815年，在决定未来欧洲走向的维也纳会议期间，塔列朗举办了一次美食大赛，莫城布里奶酪被誉为“奶酪之王”。它曾是国王们的御用奶酪，很早就得到查理曼、菲利普·奥古斯特、亨利四世、路易十六等国王的喜爱。路易十四更是喜欢得要天天吃！于是，每个星期有50辆马车往返于凡尔赛和莫城之间，为国王宴请的餐桌供货。这是花皮奶酪中体积最大的一个品种。它带着生奶油和巴黎蘑菇的香气，质地柔软，味道丰富。正因如此，这款奶酪成为乡村面包的最佳伴侣！

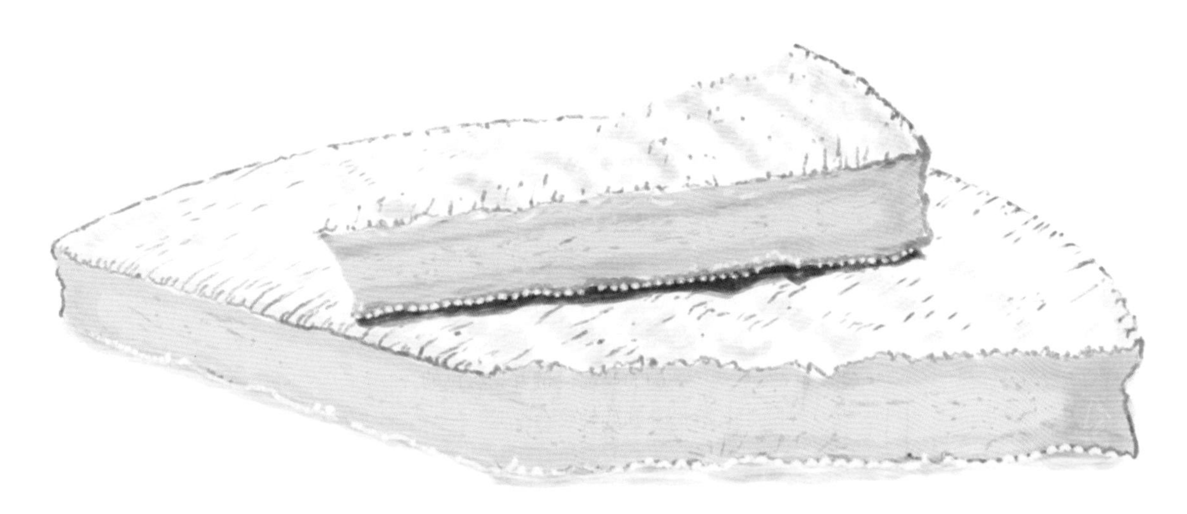

莫兰布里奶酪（Brie de Melun）法国：法兰西岛区，东部，勃艮第-弗朗什-孔泰

AOC 1980年　AOP 2013年

奶：生牛奶
奶酪大小：直径28厘米，厚度4厘米
重量：1500—1800克
脂肪含量：23%

地图：pp. 190—191

在法国寓言家拉封丹撰写的《乌鸦与狐狸》中，乌鸦嘴里叼着的就是莫兰布里奶酪。

这款奶酪早在高卢罗马时代就已经出现了，应该算是布里奶酪中历史最为悠久的一种。它比莫城布里奶酪的体积要小，但也更具特点（主要是因为凝乳时间较长，长达18小时；而莫城布里奶酪的凝乳时间仅为60分钟）。莫兰布里奶酪的表皮带着棕色和白色的纹路，因为它是在秸秆垫上熟成的。它闻起来有着强烈的风土气息。入口后，尽管以蘑菇的香气为主，但它依然带有浓郁的果香。其整体质感呈奶油状，易融化。

蒙特罗布里奶酪（Brie de Montereau）法国：法兰西岛区

奶：生牛奶
奶酪大小：直径18—20厘米，厚度3厘米
重量：800克
脂肪含量：23%

地图：pp. 190—191

这款奶酪也被称为“圣雅克城布里奶酪”，事实上它更接近莫兰布里奶酪（尺寸不同）。口感上，它的味道更强烈，这主要是因为它在奶酪窖中的熟成时间最少要一个月，闻起来有十分浓郁的灌木丛气息。入口后，它以蘑菇的味道为主，其次还有牛奶味和苦味。

普罗万布里奶酪（Brie de Provins）法国：法兰西岛区

奶：生牛奶
奶酪大小：直径27厘米，厚度4厘米
重量：1800克
脂肪含量：20%

地图：pp. 190—191

这个古老的布里奶酪品种原本已经绝迹，后来在1979年又重生，这得益于普罗万市两位奶酪匠让·韦斯杰伯（Jean Weiss-gerber）和让·布劳热（Jean Braure）的不懈努力。他们甚至将制作工艺都固定下来，用于申请注册商标。这款奶酪是农户奶酪，如今仅由一个叫作“三十亩”的农庄生产制作。这个农庄为罗斯柴尔德家族的本杰明和埃德蒙所有。该奶酪的表皮上有些结晶及纹路，颜色是金色或是深褐色。它很柔软饱满，带着蘑菇的香味以及窖藏的潮湿味道和灌木丛的味道。以口感轻重来排列的话，普罗万布里奶酪在莫城布里奶酪和莫兰布里奶酪之间。

黑布里奶酪（Brie noir）法国：法兰西岛区

奶： 生牛奶
奶酪大小： 直径30厘米，厚度2厘米
重量： 1450克
脂肪含量： 23%

地图：pp. 190—191

黑布里奶酪的销路并不广泛，主要是在大巴黎地区的塞纳河与马恩河省（Seine-et-Marne），受到了那些非典型奶酪爱好者的喜爱。实际上，黑布里奶酪的诞生主要是与奶酪制作人不想丢掉那些有点瑕疵的莫城布里奶酪有关。农户们通常会把这些有瑕疵的奶酪继续保存几个月，等到播种或收割的季节，专门给临时工食用。当年，这种奶酪比莫城布里奶酪要便宜很多，但如今却越来越贵了。其实这是一款经过18个月甚至两年时间熟成的莫城布里奶酪，其表皮更多的是棕色而不是黑色，核心部分已经被晾干，体积也缩小了很多。它极有个性，但依然有均衡的口感，散发着牛奶味、窖藏味和蘑菇香。

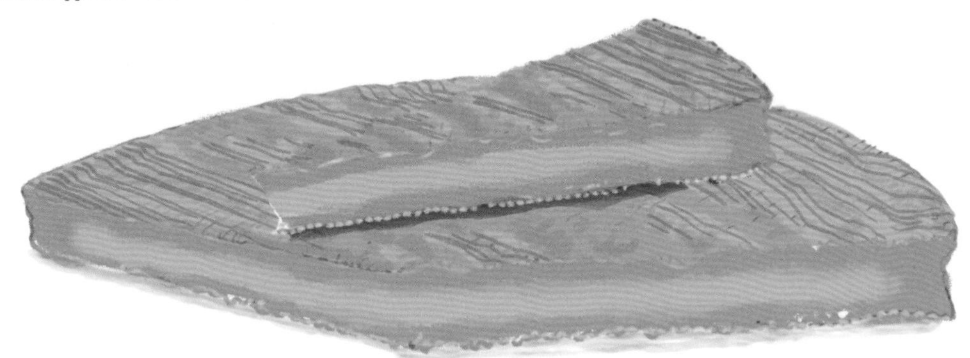

布里亚-萨瓦兰奶酪（Brillat-savarin）法国：法兰西岛区，勃艮第-弗朗什-孔泰

IGP
2017年

奶： 生牛奶/巴氏杀菌牛奶（加奶油）
奶酪大小： 小号直径6—10厘米，厚度3—6厘米；大号直径11—14厘米，厚度4—7厘米
重量： 小号100—250克，大号超过500克
脂肪含量： 60%

地图：pp. 190—193

这款奶酪诞生于1890年，由位于诺曼底地区的Forges-les-Eaux村杜布克（Dubuc）家族发明制作。布里亚-萨瓦兰奶酪当时被称为excelsior或délice-des gourmet（美食之悦）。现在的名字是在1930年由巴黎的奶酪熟成师兼奶酪商人亨利·安德鲁埃（Henri Androuët）修改的，改名的目的是向著名的律师兼美食家让·安特莱姆·布里亚-萨瓦兰（Jean Anthelme Brillat-Savarin）致敬。这位律师在1825年出版了《味觉生理学》（*Physiologie du goût*）一书。

这款奶酪是乳清凝乳后又添加了奶油制成的，所以它的口感非常柔顺、美妙、饱满，且入口即化。闻起来带有黄油和新鲜奶油的香味。入口后，在奶油质感之余透出轻微咸味和低调的酸味，随后是奶油和鲜奶的香味。

水牛布里奶酪（Buffalo Brie）加拿大：不列颠哥伦比亚

奶：巴氏杀菌水牛奶
奶酪大小：直径10厘米，厚度2.5厘米
重量：200克
脂肪含量：24%

地图：pp. 222—223

这款奶酪制作于加拿大西部马勒尼（Maleny），是北美洲少有的以水牛奶为原料制成的奶酪之一。如同它的名字所表达的那样，它的口感偏向布里奶酪，但水牛奶的口感更为柔和。相比布里奶酪的蘑菇味或者灌木丛味，水牛布里奶酪乳酸香和黄油香更浓些。

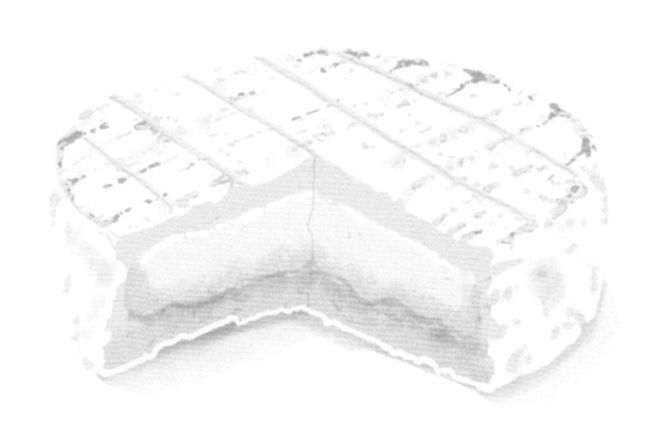

诺曼底卡蒙贝尔奶酪（Camembert de Normandie）法国：诺曼底

AOC 1983年　AOP 1996年

奶：生牛奶
奶酪大小：直径10—11厘米，厚度3—4厘米
重量：250克
脂肪含量：22%

地图：pp. 188—189

诺曼底卡蒙贝尔奶酪的盛名得益于1867年开辟的从诺曼底弗莱尔（Flers）到巴黎的铁路，后来更得益于尤金·里德尔（Eugène Ridel）与乔治·勒洛伊（Georges Leroy）二人在1899年发明的木盒包装。它在第一次世界大战期间大放异彩——在1918年的前线，法军每月需要100万盒卡蒙贝尔奶酪。战后，军人们回到家乡，开始向家乡的商店求购这种奶酪。于是，这款产品的知名度从诺曼底走向了世界各地。现如今，它已经成为世界上最知名的奶酪品种之一。这款奶酪用生牛奶制作，其与众不同之处在于它带着红褐色皱纹的绒毛表皮。经过熟成后，它散发出饱满的灌木丛、蘑菇与土壤的香味。诺曼底卡蒙贝尔奶酪质地柔软，入口后有乳酸香味和一定的酸味，还有一点腐殖质与蘑菇的味道。如果熟成期稍长的话，还会带有一些动物气息。

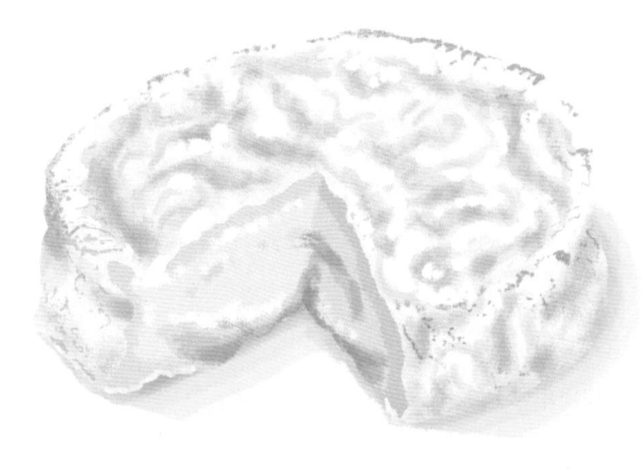

从2021年开始，该款奶酪的原产地命名保护标识将改为“诺曼底卡蒙贝尔奶酪”（Camembert de Normandie），而不再是“在诺曼底制作的卡蒙贝尔奶酪”（Camembert Fabriqué en Normandie）。在相当长的时间里，这种由奶酪工业推广的标签在消费者中造成了混淆。新的标识减少了原材料奶源中诺曼底当地品种牛的比例（从50%降到30%），同时也允许使用经过巴氏杀菌的牛奶。作为一款“真正”的诺曼底卡蒙贝尔奶酪，奶酪匠可以加上“保真”“真正”“传统”等字样。只是不知道，这是不是又会引起新的混淆呢？

夏欧斯奶酪（Chaource）法国：勃艮第-弗朗什-孔泰，大东部

AOC 1970年 AOP 1996年

奶：生牛奶
奶酪大小：直径9—11厘米，厚度5—7厘米
重量：250—450克
脂肪含量：23%

地图：pp. 190—191

源自夏欧斯村的这款奶酪，商标上有两只猫和一头熊！

关于这款奶酪最早的文字记录是在12世纪，当时夏欧斯村的农户们将自己的产品卖给朗歌教区的神父们。14世纪时，路易十世的妻子——勃艮第的玛格丽特钟爱这款奶酪，要求每次宴请都要上桌。查理四世在途经勃艮第的时候品尝到了这款奶酪。相比于诺曼底卡蒙贝尔奶酪，夏欧斯奶酪更厚，但直径更小，表皮有一层细腻的白色软毛。这款奶酪闻起来有奶油和蘑菇的香气，入口后黄油香、榛子香和果香刺激着味蕾。收尾时，清爽中带着一丝咸味，尤其是它那看上去有点像白垩岩的核心部位味道更明显。

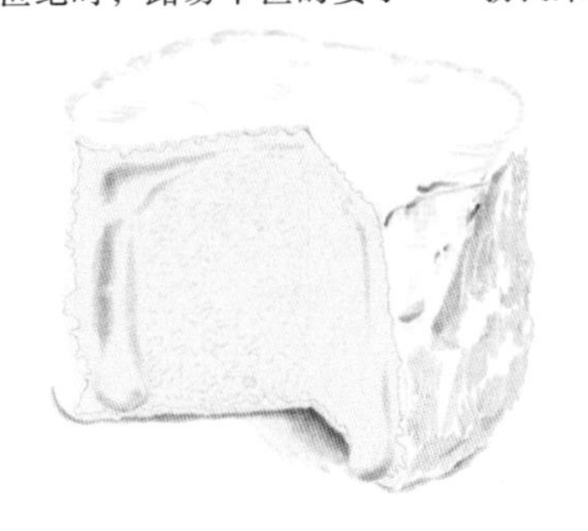

库里内奶酪（Cooleeney）爱尔兰：芒斯特

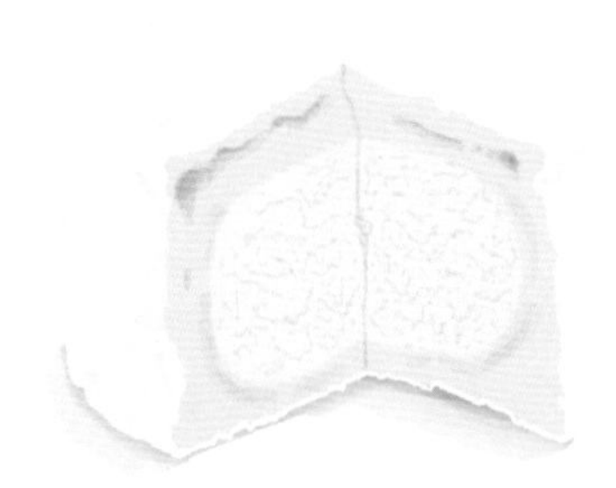

奶：巴氏杀菌牛奶
奶酪大小：直径10—30厘米，厚度3—4厘米
重量：200—2500克
脂肪含量：25%

地图：pp. 210—211

1986年，布瑞达·马贺（Breda Maher）在蒂珀雷郡的Thurles村自家农庄里制作出第一款库里内奶酪。仔细观察的话，会发现库里内奶酪的表面是白色的，比较光滑。入口后，它的奶油质地带着树木和蘑菇的香味。品尝收尾时，它会散发出明显的清爽感，这得益于弗利颂（frisonne）这个品种的牛所产奶的酸度。

库洛米耶奶酪（Coulommiers）法国：法兰西岛区

奶：生牛奶/巴氏杀菌牛奶
奶酪大小：直径12.5—15厘米，厚度3—4厘米
重量：400—500克
脂肪含量：24%

地图：pp. 190—191

这款奶酪与其表亲布里奶酪一样历史悠久，成名于1878年巴黎世博会之后。经过几种不同规格的变化后，它的大小被固定了下来。其表皮是白色的，有轻微的纹路和少许小红点，闻起来更多的是乳酸香味，入口后有奶油感但同时还有些硬度。它带有一定的酸味和乳酸味，此外还有层次丰富的生奶油香味。

维摩若泡沫奶酪（Écume de Wimereux）法国：上法兰西

奶：生牛奶/巴氏杀菌牛奶奶油
奶酪大小：直径9厘米，厚度5厘米
重量：200—250克
脂肪含量：30%

地图：pp. 190—191

这是在20世纪末由生活在法国奥帕勒海岸（Côte d'Opale）的奶酪制作人兼熟成师贝尔纳兄弟研发的一个品种，与布里亚-萨瓦兰奶酪类似，这款奶酪中混加了奶油。在带有白色绒毛的表皮下，维摩若泡沫奶酪具有十分柔顺的质感，很容易融化。这款奶酪带着牛奶、黄油和奶油的香味。品尝到最后，带有一丝碘味的回味会重新激活味蕾。

昂卡拉特奶酪（Encalat）法国：奥克西塔尼

奶：绵羊奶（加温工艺）
奶酪大小：直径10厘米，厚度3—4厘米
重量：250克
脂肪含量：22%

地图：pp. 196—197

从历史角度讲，encalat这个词指的是夏季结束时，在阿韦龙与康塔尔（Cantal）用绵羊奶制成的小块奶酪。后来这个词的所指逐渐扩展到更往南的拉尔扎克（Larzac）。现在这个词的意思是一块特点突出、口感细腻的绵羊奶酪。昂卡拉特奶酪是由1996年成立的“拉尔扎克牧羊人合作社”生产的，合作社的带头人是安德烈·帕朗提（André Parenti）。外观上，它很容易与诺曼底卡蒙贝尔奶酪混淆，但是闻起来有更浓郁的秸秆和干草料的香味。切开后，两者核心部分也很像，但昂卡拉特奶酪更白净。入口后，它的味道偏乳酸型，带些酸味，随后让位于马棚和秸秆的香味，最后是绵羊奶的清爽味道。

高特纳莫纳奶酪（Gortnamona）爱尔兰：芒斯特

奶：山羊奶（巴氏杀菌）
奶酪大小：直径10—30厘米，厚度3—4厘米
重量：200—2500克
脂肪含量：22%

地图：pp. 210—211

这款奶酪是由制作库里内奶酪的布瑞达·马贺制作的。它的表皮呈白色，带着轻微的纹路。切开后可以注意到其实表皮还是相当厚的。表皮保护了核心部位泛着白色光泽的奶油质，这也是使用山羊奶制作奶酪的特点。入口后，山羊奶的特征很微弱，以咸味和酸度为主。随着熟成期的延长，奶酪也会获得更强劲的口感，但同时也失去了细腻感。

剐秸秆®奶酪（Gratte-Paille®）法国：法兰西岛区

奶： 生牛奶和巴氏杀菌牛奶（加奶油）
奶酪大小： 长度8—10厘米，宽度6—7厘米，厚度6厘米
重量： 300—350克
脂肪含量： 60%

地图：pp. 190—191

这款奶酪由胡翟尔（Rouzaire）奶酪坊于20世纪80年代研制，它的名字源于距离奶酪作坊不远的一条路。这条路上有不少灌木，运送秸秆的车辆经过时，秸秆会被灌木剐落一部分。因此，这段路被称为“灌木剐秸秆”（Le Buisson Gratte-Paille）。这款添加了奶油的奶酪，表皮是带着皱纹的灰白色，表皮下的部分有着漂亮的黄油质感，带着黄油和奶油的香味。它的核心部分质地紧密，但还是很容易融化，并带着酸味和黄油香气。

地平线奶酪（Horizon）澳大利亚：维多利亚

奶： 巴氏杀菌山羊奶
奶酪大小： 直径7厘米，厚度4厘米
重量： 200克
脂肪含量： 24%

地图：p. 226

制作地平线奶酪的奶酪坊同时也制作一些专供素食者的奶酪。这款圆柱形的山羊奶酪，其花皮颜色在白色与灰色之间过渡。核心部分的一条植物灰，给它带来了一丝酸味和咸味。入口后，占据主体的是灌木丛、奶油和黄油的香味。品尝到最后，这款羊奶酪会散发出一丝别致的清爽。

吕克吕斯奶酪（Lucullus）法国：诺曼底

奶： 牛奶和巴氏杀菌牛奶（加奶油）
奶酪大小： 直径8—12厘米，厚度4—5厘米
重量： 225—450克
脂肪含量： 23%

地图：pp. 188—189

吕克吕斯奶酪是一种奶油增强型奶酪，主要在诺曼底的埃夫勒（Evreux）生产。在它带有花纹的表皮下，有着易融化又带着奶油感的质地。闻起来，主要有发酵的香气和窖藏的气息。入口后，有浓郁的榛子香、乳酸香和少许酸味。

纳沙泰尔奶酪（Neufchâtel）法国：诺曼底

AOC 1969年 AOP 1996年

奶：生牛奶
奶酪大小：塞子形状直径4.3—4.7厘米，厚度6.5厘米；方块形边长6.3—6.7厘米，厚度2.4厘米；长条形长度6.8—7.2厘米，宽度4.8—5.2厘米，厚度3厘米；双塞子形直径5.6—6厘米，厚度8厘米；心形从中央到尖处8—9厘米，左右圆弧距离9.5—10.5厘米，厚度3.2厘米；大号心形从中央到尖处10—11厘米，左右圆弧距离13.5—14.5厘米，厚度5厘米
重量：100—600克
脂肪含量：22%

地图：pp. 188—189

这应该是诺曼底奶酪中最不为人知但却是历史最为悠久的一种。关于这款奶酪的记载最早可以追溯到1035年，这一年，雨格一世·德·古尔内（诺曼底公爵府的贵族）同意斯基-昂-布莱修道院（abbaye de Sigy-en-Bray）对奶酪征税。

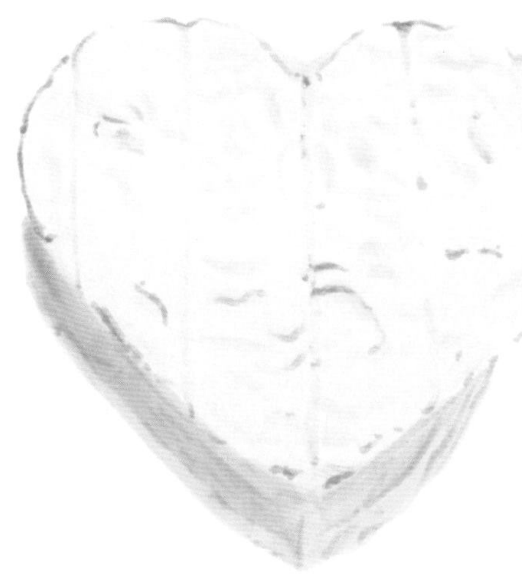

这款奶酪的花皮很光滑，带着格纹。当它到了最佳熟成期，其象牙色的表皮下会有一层黄油质，但奶酪核心部分依然是白垩白且易融化。收尾时，一丝碘的味道会让口腔变得清爽，之后散发出柔美的乳酸香味。

皮特维奶酪（Pithiviers）法国：中央-卢瓦尔河谷区

奶：巴氏杀菌牛奶
奶酪大小：直径12厘米，厚度2.5厘米
重量：300克
脂肪含量：23%

地图：pp. 190—191

历史上，这款奶酪也被称为“邦达鲁瓦”（Bondaroy），主要是在夏季制作，然后在干草中保存到秋天，最后在葡萄采收的季节请临时农工吃。皮特维奶酪表皮的花纹带着白色绒毛，触摸时可以感觉到它的柔软。最佳熟成期时，它有着奶油般的质感，闻起来带着干草的香气和蘑菇的香味。入口后，皮特维奶酪主要释放出奶油和黄油特有的酸味与香味。

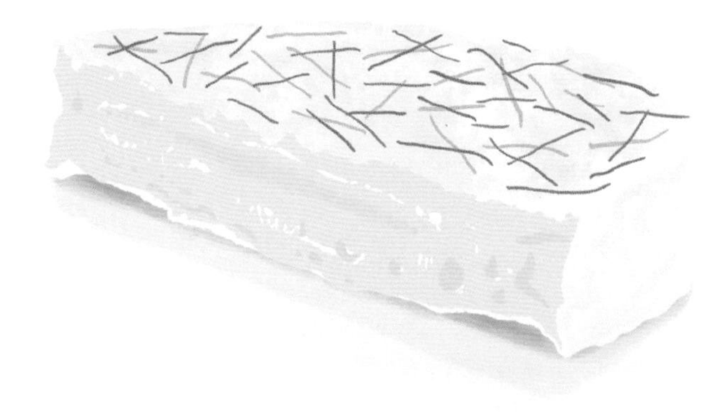

圣菲丽仙奶酪（Saint-félicien）法国：奥弗涅-罗讷-阿尔卑斯

奶： 牛奶/巴氏杀菌牛奶
奶酪大小： 直径8—10厘米，厚度1—1.5厘米
重量： 90—120克
脂肪含量： 28 %

地图：pp. 194—195

最初，圣菲丽仙奶酪是用山羊奶制作的，现在则全部用牛奶制作。这款奶酪与圣马塞兰奶酪（Saint-marcellin）是“表亲”，只是比后者体积更大些，有时候也会加入一些奶油。它的表皮有着轻微的鼓包，闻起来通常主要是奶油的香气。入口后易融化（甚至是流质，通常用小勺子品鉴），带着清爽的香味和轻微的动物气息。

沃尔甘诺奶酪（Volcano）新西兰：怀卡托

奶： 巴氏杀菌水牛奶
奶酪大小： 直径7—8厘米，厚度5厘米
重量： 90—120克
脂肪含量： 23 %

地图：p. 227

这款小圆柱体的奶酪很少见，因为每个月只能用水牛奶做一次。沃尔甘诺奶酪在新西兰的很多品鉴比赛中获过奖。它的表皮是白色的，有着象牙的光泽，质地紧密但易融化。它的核心部分有轻微的奶油质，给口腔带来清爽的感觉和一丝酸味。吃到最后，一丝奶油香味和咸味会使品鉴这款精致的奶酪变得非常愉悦。

乌拉梅薄雾奶酪（Woolamai Mist）澳大利亚：维多利亚

奶： 绵羊奶（加温工艺）
奶酪大小： 边长10厘米，厚度3厘米
重量： 250克
脂肪含量： 24%

地图：p. 226

它的表皮有些脆，也易碎，带着树丛和蘑菇的香味。核心部分质感柔软，甚至在常温下长久放置后会变成流质。入口后，它以蘑菇的香味为主，随之而来的还有一丝生奶油的香味。

05 软质洗皮奶酪

因为表皮会被不断清洗，所以这类奶酪味道强烈，甚至可以说是非常强烈！但是，与想象的不同，这类奶酪的入口味道远不及闻起来那么强烈。其质感通常很柔软，某些甚至是流质的。

阿卡辛卡奶酪（A casinca）法国：科西嘉岛

奶：巴氏杀菌山羊奶
奶酪大小：直径10厘米，厚度3厘米
重量：350克
脂肪含量：27%

地图：pp. 194—195

这款奶酪与韦纳科奶酪（Venaco）是“表亲”，它是将30多只来自不同农户的山羊的奶收集到一起后制作的。奶酪表皮的橙色是大多数科西嘉洗皮奶酪常见的颜色。这款奶酪最初偏柔顺，清爽中带着酸味，入口后带着轻微的肥肉香味。但经过熟成后，它会变得口感强烈。

阿尔高威士拉可奶酪（Allgäuer Weisslacker）德国：巴登-符腾堡州，巴伐利亚州

AOP
2015年

奶：生牛奶/巴氏杀菌牛奶
奶酪大小：边长11—13厘米
重量：1000—2000克
脂肪含量：23%

地图：pp. 212—213

1876年，阿尔高威士拉可奶酪成为世界上第一款获得皇家专利的奶酪。

因为被不断地洗刷，这款奶酪并没有表皮，而是被一层黏稠的液体包裹。外面的颜色从白色到黄色过渡，内部则是洁白的，带着因为塑形或发酵而产生的小蜂窝。阿尔高威士拉可奶酪闻起来气味强烈，带着胡椒味，入口很有刺激性，而且有些辛辣。

巴登诺瓦奶酪（Badennois）法国：布列塔尼

奶：生牛奶
奶酪大小：直径28厘米，厚度5厘米
重量：2300克
脂肪含量：26%

地图：pp. 188—189

这款产于布列塔尼莫尔比昂（Morbihan，靠近瓦讷市的一个小村庄）的奶酪，其橙色的表皮有着沙砾质感，内部呈金黄色。在3到5个星期的时间里，每隔三天就得把它翻过来用盐水洗一遍。入口后，有树脂和动物的味道，收尾时则是带着酸味的清爽。

贝尔–菲欧里图奶酪（Bel fiuritu）法国：科西嘉岛

奶：巴氏杀菌绵羊奶
奶酪大小：直径10厘米，厚度4厘米
重量：400克
脂肪含量：27%

地图：pp. 194—195

与前面提到的阿卡辛卡奶酪一样，这款奶酪原产于上科西嘉，但表皮的橙色并不是很深。入口后，有别致的清爽感，还有草本植物的香味、咸味和榛子香气。当它经过进一步熟成后，更易融化的质地带来的是更强的香味，但不至于太强烈，也不会带有刺激性。制作这款奶酪的绵羊奶源自科西嘉本地的绵羊品种。

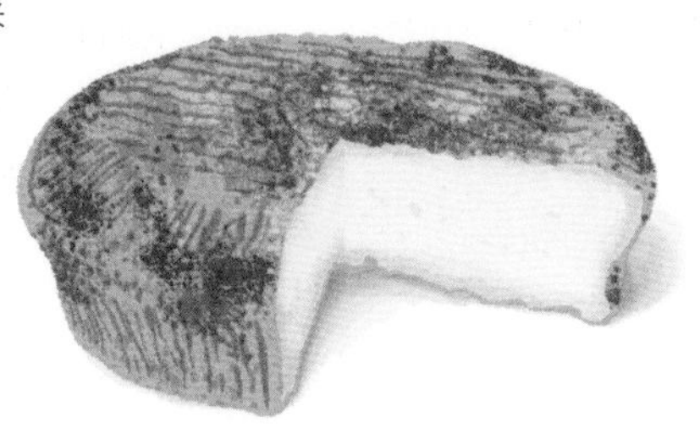

博萨绵羊奶酪（Bossa）美国：密苏里州

奶：绵羊奶（巴氏杀菌）
奶酪大小：直径10厘米，厚度2.5厘米
重量：150克
脂肪含量：24%

地图：p. 223

博萨绵羊奶酪是美国为数不多的用绵羊奶制作的软质洗皮奶酪之一。这款奶酪闻起来有窖藏的潮湿味道和蘑菇的味道。入口后，有奶油质感（甚至是流质的），释放出绵羊奶特有的香味，口感清爽。秋季是这款奶酪的最佳品鉴时段，因为在这个季节它的特点最为突出。

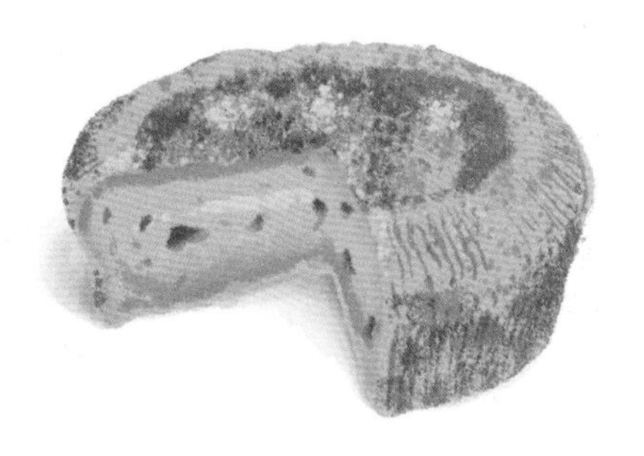

克朗德斯丁（地下）奶酪（Clandestin）加拿大：魁北克

奶：牛奶和巴氏杀菌绵羊奶
奶酪大小：直径15厘米，厚度5厘米
重量：1200克
脂肪含量：27%

地图：pp. 224—225

这款奶酪的名字反映的其实是禁酒令时期在加斯佩半岛（Gaspésie）非常流行的烈酒走私活动。制作这款奶酪的工坊在特米斯库达（Témiscouata）的核心位置。克朗德斯丁（地下）奶酪的表皮是橙色的，内部则是米白色的，质地柔软。入口后，秸秆和干草的香味释放出来，之后是一丝咸味。这是一款很有特点的奶酪，但味道并不强烈，因为原料中有绵羊奶。

金指南针奶酪（Compass Gold）澳大利亚：维多利亚

奶： 巴氏杀菌牛奶
奶酪大小： 长度9厘米，宽度6厘米
厚度2.5厘米
重量： 180克
脂肪含量： 26%

地图：p. 226

这款奶酪在澳大利亚奶酪品鉴大赛中多次获奖。它是用泽西奶牛的奶制作的，而且每个星期都要用当地一种口感清爽的啤酒清洗两次。它的质地有点黏，散发着酵母的香味和窖藏的潮湿气息。入口后，口感柔顺，乳酸香味会随着品尝逐渐扩展。

龙克白垩奶酪（Crayeux de Roncq）法国：上法兰西

奶： 生牛奶
奶酪大小： 边长10厘米，
厚度4.5厘米
重量： 480克
脂肪含量： 27%

地图：pp. 190—191

龙克白垩奶酪在新鲜时也被称为“韦纳奇方块奶酪”（Carré du Vinage），是奶酪熟成师兼奶油制作人菲利普·奥利维（Philippe Olivier）与法国里尔市龙克（Roncq）附近的农户奶酪制作人特蕾斯–玛丽·库弗勒（Thérèse-Marie Couvreur）合作研制的。这款奶酪的特别之处在于它的成熟期和精化期，是在湿度饱和、通风状况良好且凉爽的地窖中度过的。在为期30天的熟成期，每隔几天，就要用盐水与啤酒的混合液清洗它。

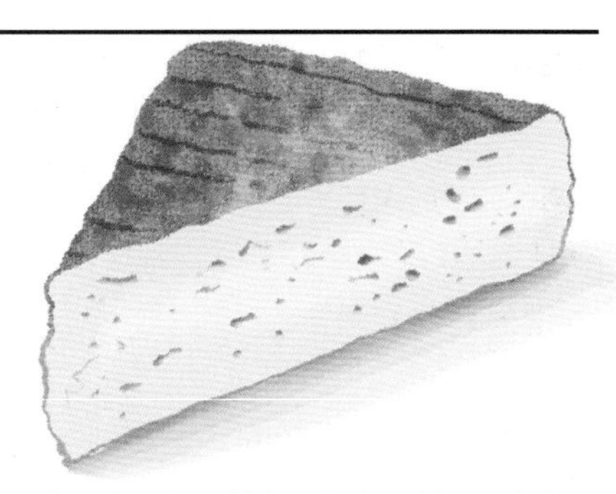

龙克白垩奶酪其实闻起来很低调，表皮下的质地非常柔软，而核心部分看上去有点像白垩岩，入口则显露出新鲜奶香和酵母香味，同时带有一丝酸味。

卡拉雅克奶油奶酪（Crémeux de Carayac）法国：奥克西塔尼

奶： 生绵羊奶
奶酪大小： 直径15厘米，
厚度3厘米
重量： 300克
脂肪含量： 26%

地图：pp. 196—197

米白色中夹着灰白色的小圆饼奶酪——卡拉雅克奶油奶酪，其带着皱纹的表皮摸上去感觉很干爽。切开后，可以看到泛着灰色光泽的白色核心部位，该部分易融。入口后，清爽中带着植物和动物的香味，但感觉并不强烈，用“细腻”来形容这款在距离菲雅克（Figeac）不远的洛特省（Lot）出产的奶酪再合适不过了。奶酪的制作人吉尔维斯（Gervaise）与丹尼·布拉丁（Denis Pradines）都是有机农业的倡导者，他们也种植了藏红花，用来给多姆奶酪上色并增添香味。

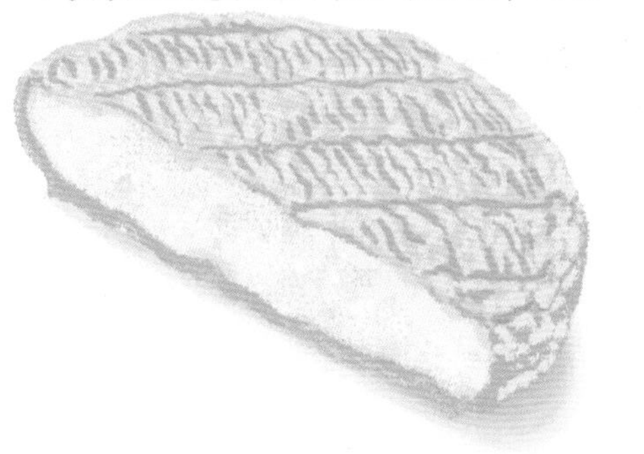

丘比特奶酪（Cupidon）法国：奥克西塔尼

奶：生绵羊奶
奶酪大小：直径9厘米，厚度3厘米
重量：210克
脂肪含量：27%

地图：pp. 196—197

丘比特奶酪是卡洛斯夫妇（Garros）的作品，他们的农庄位于阿列日省的鲁布伊尔（Loubières）。这款奶酪与蒙多尔奶酪或博日瓦舍兰奶酪的制作原理一样。它用清水洗过，带有奶油质，夹在奶酪中间的一层香料散发出单宁味，然后是花香和榛子香，之后还有绵羊奶特有的酸味。丘比特奶酪一直在寻求粗犷与细致之间的平衡。最为理想的情况是趁奶酪还很新鲜的时候食用，也就是说表皮还没有太多的皱纹时最宜食用。

南特神父®奶酪（Le Curé nantais®）法国：卢瓦尔河地区

奶：巴氏杀菌牛奶
奶酪大小：边长9厘米，厚度3厘米
重量：200克
脂肪含量：27%

地图：pp. 198—199

这款奶酪的诞生貌似与一位在法国大革命期间逃离家园的旺代省神父有关。如今南特神父®奶酪是Triballat Noyal食品工业集团的注册商标。带着各种圆圈纹的奶酪表皮，每个星期要用盐水（或是慕斯卡戴尔干白葡萄酒）洗刷两次。奶酪为金黄色，带着奶油质感，有的也会带些小孔洞。入口后，以牛奶的清爽为主体，随后展示出的是烟熏油脂味和香料的味道。

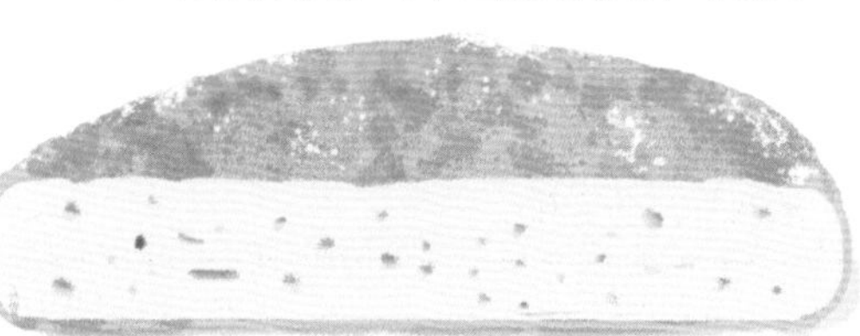

这种圆角的方块奶酪也可分割售卖，有重达800克的大号款和200克的零售款。

多维尔奶酪（Deauville）法国：诺曼底

奶：牛奶（加温工艺）
奶酪大小：直径15厘米，厚度3.5厘米
重量：300克
脂肪含量：27%

地图：pp. 188—189

这是由塞尔吉·勒舍瓦里埃（Serge Lechavelier）研制的一款奶酪。事实上，它与主教桥奶酪（Pont-l' évêque）很相近，只是它的外形与之有区别。历史上，它最初是由生活在多维尔市西南的图尔热维尔的一个农户制作的。这款奶酪尽管味道强劲，但还是柔顺、光滑，且有着奶油般的质地，口感很有层次，散发着加热后的牛奶香和奶油香。

埃普瓦斯奶酪（Époisses）法国：勃艮第-弗朗什-孔泰

AOC 1991年　AOP 1996年

奶： 生牛奶/巴氏杀菌牛奶
奶酪大小： 小号直径9.5—11.5厘米，厚度3—4.5厘米；大号直径16.5—19厘米，厚度3—4.5厘米
重量： 小号 250—350克
大号700—1000克
脂肪含量： 27%

地图：pp. 192—193

16世纪时西多会（天主教隐修院隐会之一）的修士们发明了这款奶酪，后来教会了埃普瓦斯地区的农民，农民们后来又进行了改良。这款神奇的奶酪在20世纪差点绝迹了，多亏了西蒙娜（Simone）和罗伯特·贝尔多（Robert Berthaut）的不懈努力，它才被挽救回来。如今，它是为数不多的几款直接从乳清凝乳阶段就开始清洗的奶酪之一。它的秘密在于用蒸馏酒和香料来让凝乳的香味更浓郁，然后用勃艮第葡萄渣蒸馏出的餐后酒（Marc de Bourgogne）来洗皮。这样做，使奶酪表皮很黏，散发出特别强烈的气味（甚至有很多人不能接受）。该奶酪呈砖红色或深橙色，闻起来最为明显的是动物味和灌木丛味。入口后，柔美的奶酪在口中释放出强劲的香味、乳酸味和果味。它的最佳食用期是刚成形但口感并不刺激的时候。

如今，只有一家奶酪坊制作埃普瓦斯奶酪，这家作坊名叫“马隆尼尔”（Marronniers）农庄，距离埃普瓦斯镇65千米。

金色银河奶酪（Galactic Gold）新西兰：怀卡托

奶： 巴氏杀菌牛奶
奶酪大小： 边长19厘米，厚度3厘米
重量： 1000克
脂肪含量： 27%

地图：p. 227

它带着橙黄色光泽的表皮有些粘手，这是经常用清水洗皮造成的（平均两三天洗一次）。闻起来，味道以湿润的窖藏味为主。刚刚入口时会感到有点刺激，随后可尝出奶油的香味。金色银河奶酪在新西兰奶酪品鉴比赛中多次获得“年度最佳洗皮奶酪奖”。

洛林大奶酪（Gros lorrain）法国：大东部

奶： 生牛奶
奶酪大小： 直径33厘米，厚度10厘米
重量： 5000克
脂肪含量： 27%

地图：pp. 190—191

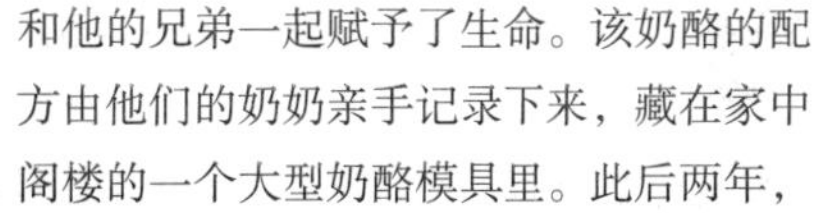

这款富有热拉尔梅（Gérardmer）传统风味的奶酪，被来自南锡市的奶酪匠兼熟成师菲利普·马尚（Philippe Marchand）和他的兄弟一起赋予了生命。该奶酪的配方由他们的奶奶亲手记录下来，藏在家中阁楼的一个大型奶酪模具里。此后两年，他们做了各种尝试，终于给这款奶酪带来了新的生命。对于软质洗皮奶酪来讲，洛林大奶酪属于大块头的奶酪（40升牛奶才能制出5千克奶酪），介于龙克白垩奶酪与曼斯特奶酪之间，口感强劲，同时也有着细腻的乳酸香和果味。

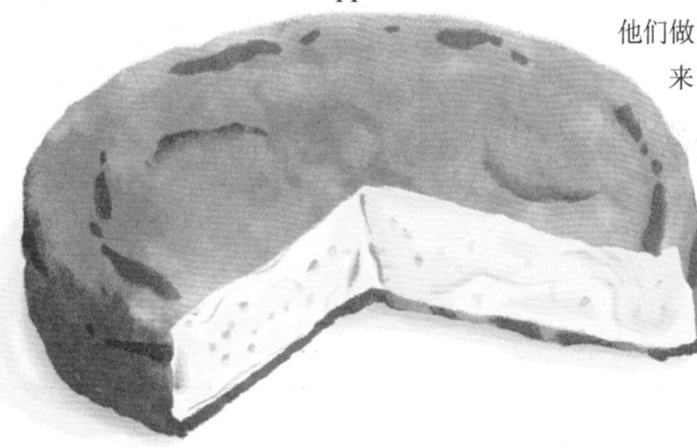

哈比逊奶酪（Harbison）美国：佛蒙特州

奶： 巴氏杀菌牛奶
奶酪大小： 直径10—12厘米，厚度4厘米
重量： 250克
脂肪含量： 24%

地图：pp. 224—225

用于盛装这款奶酪的木质模具由白云杉制成，出自制作奶酪农庄的林场。食用这款奶酪时必须用勺子，因为它几乎是流质的。入口后，以木材香、柠檬的酸味和植物香味为主。

爱尔维奶酪（Herve）比利时：列日

AOP
1996年

奶： 生牛奶
奶酪大小： 立方体，边长6厘米
重量： 200克
脂肪含量： 24%

地图：pp. 212—213

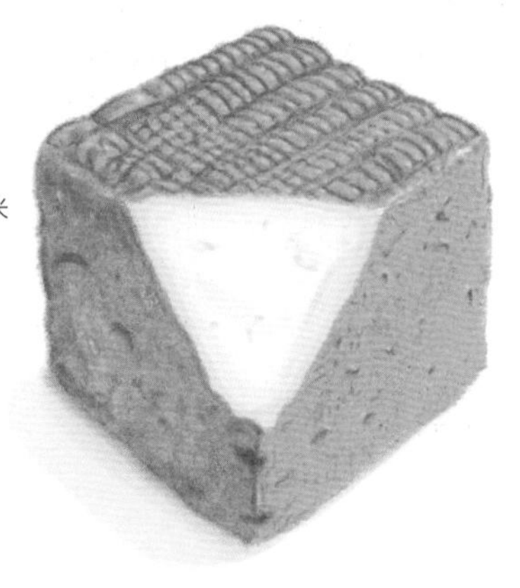

关于爱尔维奶酪最早的文字记载可以追溯到1228年，这充分证明了这款小方块奶酪的悠久历史。它的各个边长都很一致，颜色呈砖色或橙色。奶酪表皮有点黏，内部呈奶油状。用清水或牛奶洗皮，但随着熟成时间的增加，它的口感从柔顺、半柔顺变为带有刺激性。但总的来说，它是一款很细腻精致的奶酪，通常带有轻微的油脂香和奶油香。如今，全球范围内只有三个奶酪匠还在沿用这种传统的奶酪工艺。

考皮罗奶酪（Kau Piro）新西兰：北部地区

奶：巴氏杀菌牛奶
奶酪大小：直径8—20厘米，厚度3厘米
重量：150—1000克
脂肪含量：26%

地图：p. 227

这款奶酪是在一个叫作格里宁·杰寇（Grinning Gecko）的农庄里制作的。农庄采取的是有机农业种植，同时也负责维护牲畜的生存环境。这款有着白色、米白色或棕色表皮的奶酪，曾经获得2016年“新西兰最佳洗皮奶酪”的称号。它易融化，带着少许细小的蜂窝，散发着灌木丛香和修剪过的青草的香气，同时还有一丝酸味。

国王河金奶酪（King River Gold）澳大利亚：维多利亚

奶：巴氏杀菌牛奶
奶酪大小：直径10厘米，厚度3厘米
重量：250克
脂肪含量：25%

地图：p. 226

戴维与安娜·布朗1998年在他们位于维多利亚省的农场里制作了一批奶酪，这款奶酪即是其中之一。这款奶酪使用植物凝乳剂制成，对素食者来讲最合适不过了。国王河金奶酪有一层干爽的表皮，无论是闻起来还是入口品尝都很柔和。入口后，新鲜的牛奶香味中夹杂着轻微的烟熏味道。

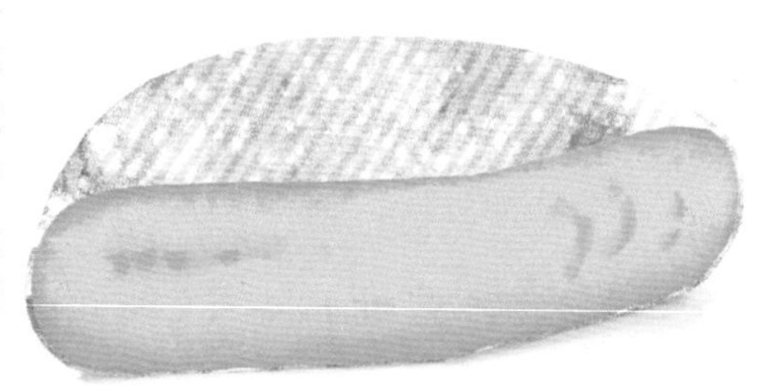

朗格勒奶酪（Langres）法国：勃艮第-弗朗什-孔泰，大东部

AOC 1991年　AOP 2009年

奶：生牛奶
奶酪大小：根据三种不同大小，直径7—20厘米，厚度4—7厘米
重量：150—1300克
脂肪含量：25%

地图：pp. 190—191

朗格勒奶酪在熟成期间不会被翻过来，因此它的表皮上会长出一层绒毛，被称为“喷泉”（fontaine）。有些美食家会在其表皮上淋些香槟或葡萄蒸馏酒后食用。

在17世纪的文字中已有关于这款奶酪的记载。当时，这款奶酪主要由农户制作，供自家食用。很久以后，当地才开始销售朗格勒奶酪。观察一下会发现，它的表皮颜色在橙黄色到红褐色之间过渡，在某些地方还会有白色的绒毛。闻起来，气味虽然有点重，但依然有些清爽气息。它质地柔软，易融化，通常会有坚果香味、鲜草气息及奶油香，有时也会带出一丝低调的油脂香。

利瓦罗奶酪（Livarot）法国：诺曼底

AOC 1975年 AOP 2009年

奶：生牛奶
奶酪大小：直径7—12厘米，厚度4—5厘米
重量：350—500克
脂肪含量：23%

地图：pp. 188—189

早在1690年的一份行政文件中，就出现了与利瓦罗奶酪相关的内容。在卡蒙贝尔奶酪出现之前，它一直是诺曼底最为常见的奶酪，在19世纪时被称为“穷人的肉制品”。它的表皮带着皱纹，颜色在橙色与红色之间，这是因为它在水洗过程中使用了一种天然染料——胭脂木。咬一口，便会发现它的表皮是有点沙砾感的，而核心部位则很柔顺、紧密且易融化。利瓦罗奶酪的香味很明显，易区分，处于乡土气息、牛棚与烟熏之间。这款奶酪的外号是“上校”（Colonnel），因为有五条芦苇或纸条（也曾经用过柳条）从它的腰间捆绑，看起来像是上校的外套。

卢·克劳稣奶酪（Lou claousou）法国：奥克西塔尼

奶：生绵羊奶
奶酪大小：长度13.5厘米，宽度7厘米，厚度3.5厘米
重量：300克
脂肪含量：25%

地图：pp. 196—197

这款产于洛泽尔省（Lozere）的椭圆形软质奶酪，表皮带着皱褶，颜色从米白色过渡到栗色再到褐色。它的表皮通常会有一层白色的绒毛，但是这绝对不会影响其品质和口感。卢·克劳稣奶酪是米洛（Millau）附近的菲都（Fédou）农庄生产的。它那非典型的外表很容易让人想起蒙多尔奶酪，这是因为它的腰间有一根云杉木宽带（但不是包装）。也因此，卢·克劳稣奶酪带有木头的香气。绵羊奶带来了清爽、细腻和精致的口感。入口后，奶油质地散发出黄油味、蘑菇味、腐殖质和干草料的香味。

马罗瓦勒奶酪（Maroilles）法国：上法兰西

AOC 1955年　AOP 1996年

奶： 生牛奶/巴氏杀菌牛奶
奶酪大小： 边长6—13厘米，厚度2.5—6厘米
重量： 200—800克
脂肪含量： 23%

地图：pp. 190—191

可以说这是获得原产地命名保护标识的产品中（尤其是奶酪中）历史最为悠久的奶酪。因为从7世纪起就有了关于它的记载，虽然它当时的名字不叫马罗瓦勒，但配方极其相似。当时，位于马罗瓦勒村的本笃会修道院修士们制作了一些奶酪。920年，这个村庄与旁边的冈普雷村（Cambrai）一起开发出了克拉克隆奶酪（Craquelon），而这就是300年后的马罗瓦勒奶酪。马罗瓦勒奶酪的产区规定很严格，仅限于法国与比利时边境地区的蒂耶拉什地带（Thiérache）。奶酪表皮的洗皮和刷皮需要3—5个星期，这也有助于红酵母菌［短杆菌亚种（Brevibacterium linens）］发酵，同时给奶酪的表皮带来极具特点的红橙色。马罗瓦勒奶酪味道虽强烈，但实际口感是非常精致和清爽的，以奶香为主，易融化，核心有白垩岩感。根据大小不同，马罗瓦勒还有不同的名字，如Sorbais、Mignon和Quart。

蒙多尔奶酪（Mont-d' or）法国：勃艮第-弗朗什-孔泰

AOC 1981年　AOP 1996年

奶： 生牛奶
奶酪大小： 底径11—33厘米，厚度6—7厘米
重量： 480—3200克（包括包装盒）
脂肪含量： 24%

地图：pp. 192—193

这款奶酪又被称为“上杜省瓦舍兰”（Vacherin du Haut-Doubs），“蒙多尔”的名字源自产区所处的山脉：海拔1463米的蒙多尔山（Mont d' or）。历史上，法国人与瑞士人对这款奶酪的由来争执已久。后来瑞士人放弃了，于是法国人称蒙多尔奶酪来自法国。尽管如此，瑞士人还是把这款奶酪命名为瓦什酣-蒙多尔（Vacherin Mont-d' or），但瑞士版的奶酪是用加温后的牛奶制作的。蒙多尔奶酪是用西门塔尔奶牛或蒙贝利亚奶牛的奶制作的，腰间有云杉木宽带。由于需要经常洗皮处理，因此它的表皮高低不平，被戏称为“地区”。它的表皮还有些绒毛，泛着轻微的桃色。该奶酪是奶油质的，甚至是液态的，通常带着光泽。入口后则是木香、动物气息和乳酸香混在一起。

蒙多尔奶酪是一种季节性奶酪，通常只在每年9月10日至次年5月10日之间生产。

曼斯特奶酪（Munster）法国：大东部

AOC 1969年 AOP 1996年

奶：生牛奶
奶酪大小：直径7—19厘米，厚度2—8厘米
重量：120—450克
脂肪含量：24%

地图：pp. 190—191

曼斯特奶酪源自7世纪，它的诞生离不开当时菲科特山谷（Fecht）中圣格列高利修道院（Saint-Grégoire）的本笃会修士。其实曼斯特一词源自“修道院”（monastère）一词。对于当时的修士们来讲，他们不能浪费牛奶，同时还得尽量供养周边贫困的人。奶酪表皮光滑，颜色从橙中带白过渡到橙红色。与北方的远亲马罗瓦勒奶酪相似，曼斯特奶酪的气味特别强烈。但入口后，这种强烈气味转化为非常细腻的口感，触摸起来还有些湿润感。它的核心部位很柔软，易融化。花香、咸味和酸味（有时甚至有木香）会表现出来，且在口中余味悠长。

曼斯特奶酪也可以称作“曼斯特-杰罗米奶酪”（Munster-Géromé）。之所以这样为其命名，是因为前者通常在孚日山脉东部的阿尔萨斯食用，而后者则是在山脉西部的洛林地区食用。

奥登瓦尔德早餐奶酪（Odenwälder Frühstückskäse）德国：巴登-符腾堡

AOP 1997年

奶：巴氏杀菌牛奶
重量：200—500克
脂肪含量：24%

地图：pp. 212—213

在18世纪，这款奶酪是雇农们租赁土地时用来支付地主的“租金”的。凝乳剂必须源自小牛的反刍胃。奥登瓦尔德早餐奶酪是一种表皮有黏性的奶酪，具有黄色到褐色过渡的光泽。该奶酪具有弹性，颜色从象牙白到淡黄色渐变。虽然名字中带着早餐的字样，但这种奶酪带着香料味，甚至有点刺激性，并不适合早餐时食用。

比利牛斯山的小未婚夫奶酪（Petit fiancé des Pyrénées）法国：奥克西塔尼

奶： 生山羊奶
奶酪大小： 直径12厘米，厚度3厘米
重量： 300克
脂肪含量： 26%

地图：pp. 196—197

这是由卡洛斯夫妇研制的奶酪。卡洛斯先生是个传统牧羊人，而夫人则是来自魁北克的歌剧演唱家。相爱后，他们还制作了丘比特奶酪。比利牛斯山的小未婚夫奶酪依然是非典型的奶酪，它让人想起瑞布罗申奶酪，但制作原料则是山羊奶。不要问我它怎么会做到这种质感，这个秘密被保护得很好！奶酪表皮带着橙色、赭色和白色的光泽。它看上去很柔软，而且质地均匀。山羊奶特有的香味和风土特点轻抚着嗅觉。入口有湿润的窖藏味道，带着山羊奶的特点，酸味和柑橘香充满了口腔。

小格瑞斯奶酪（Petit Grès）法国：大东部

奶： 生牛奶
奶酪大小： 长度10厘米，宽度6厘米，厚度2.5厘米
重量： 125克
脂肪含量： 26%

地图：pp. 190—191

这款洛林省出产的椭圆形小奶酪，表皮上带着一片叶子，呈浅橙色，还有细微的皱纹。用手指夹起，会感到一丝黏手，质感柔软，也有弹性。闻起来，小格瑞斯奶酪的气味低调，带着奶香味和细致的窖藏湿润气息。入口后，很容易融化，同时也会感觉到表皮的沙砾感。口感上，最先感受到的是细腻，有新鲜牛奶的香味和烟熏后的油脂香，同时还带着一丝酸味。

风中脚奶酪（Pied-de-Vent）加拿大：魁北克

奶： 牛奶（加温工艺）
奶酪大小： 直径18厘米，厚度3厘米
重量： 1000克
脂肪含量： 27%

地图：pp. 224—225

1998年，杰瑞米·阿尔斯诺决定在魁北克东部的马格达伦群岛上引入牛群，恢复了岛上产奶的传统。他选择了加拿大本地的品种，即魁北克传统养殖的牛，它们能更好地适应岛上特殊的气候条件。风中脚奶酪皱褶的表皮带着橙粉色的光泽，质地略微有颗粒感。它很柔软，可以看到内部的小蜂窝。入口后它会很快融化，释放出极具榛子和奶油特点的香味，并带有一丝咸味。

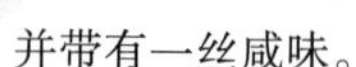

主教桥奶酪（Pont-l'évêque）法国：诺曼底

AOC 1972年　AOP 1996年

奶： 生牛奶
奶酪大小： 边长10厘米，厚度3—3.5厘米
重量： 300—350克
脂肪含量： 23%

地图：pp. 188—189

有关主教桥奶酪最早的文字记载可以追溯到13世纪，在由纪尧姆·德·洛里斯（Guillaume de Lorris）和让·德·蒙格（Jean de Meung）撰写的一本诗歌集《玫瑰传奇》（*Le Roman de la Rose*）中。最初，由于这种奶酪是在诺曼底奥格地区（Auge）出产的，所以一直被称为奥格隆奶酪或奥格洛奶酪，直到1600年，它才有了现在的名字：主教桥奶酪。它的方块形状使之与诺曼底17世纪时生产的其他奶酪十分不同。它的表皮上有的会出现白绒毛，颜色在橙色、粉红和白色之间过渡。这款奶酪质地柔软，释放出干草香和马棚的气味，有时候甚至会有窖藏的湿润味道。入口后，以乳酸气息和榛子香味为主，也会有些动物的气味。这款奶酪的最佳食用时间是9月至次年6月之间。

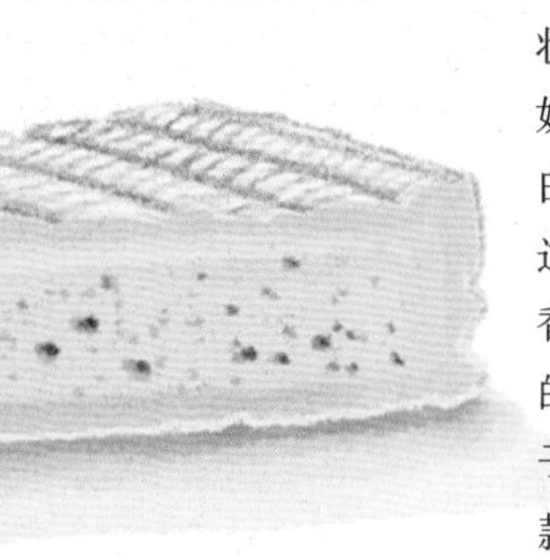

阿兹塔奥奶酪（Queijo de Azeitão）葡萄牙：里斯本

AOP 1996年

奶： 生绵羊奶
奶酪大小： 直径8厘米，厚度5厘米
重量： 300克
脂肪含量： 23%

地图：p. 202

这款奶酪通常是包裹在防水的薄纸中，最佳食用时间是奶酪的白色或浅黄色核心部分开始变为奶油质或者流质时，人们可以用小勺从奶酪顶部挖开品尝。入口后，有着明显的香味，有些刺激性，主要是秸秆、干草料和马棚的气味。

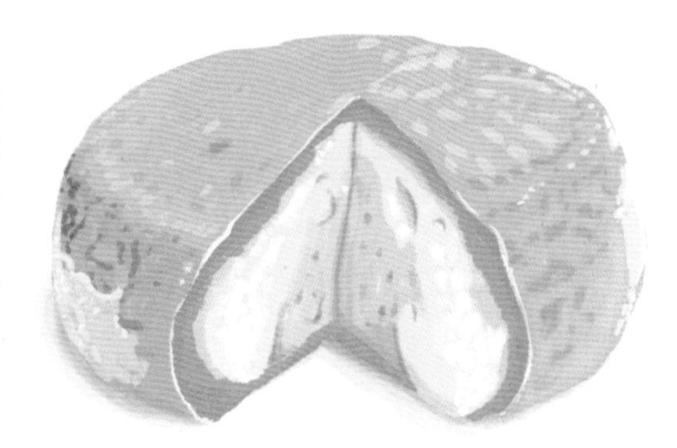

塞尔帕奶酪（Queijo Serpa）葡萄牙：阿连特茹

AOC 1987年　AOP 1996年

奶： 生绵羊奶
奶酪大小： 直径10—30厘米，厚度3—8厘米
重量： 200—2500克
脂肪含量： 23%

地图：pp. 202—203

这款形态极具可塑性的奶酪有四种不同的规格，每一种都有自己的名字，从最小到最大分别是餐盒（Mereindeiras）、昆卡（Cunca）、普通（Normais）、大号（Gigantes）。仔细观察便会发现，塞尔帕奶酪表皮更倾向于秸秆黄而不是浅黄，这是因为它在几次表皮清洗时用混合了帕普利卡辣椒粉的橄榄油。其核心部分的颜色在黄白色与秸秆黄之间，但很快会因为与空气接触而变黑。它的质地极其柔软且易融化，甚至是流质的。从口感上讲，这是种口味强烈的奶酪，有相当强的刺激性。

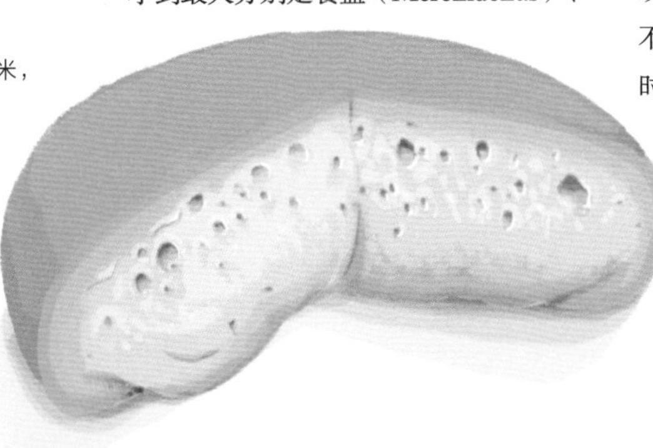

塞拉达埃斯特莱拉奶酪（Queijo Serra da Estrela）葡萄牙：中部

AOP
1996年

奶：生绵羊奶
奶酪大小：直径9—20厘米，厚度3—6厘米
重量：700—1700克
脂肪含量：23%

地图：pp. 202—203

16世纪时，海员们将这种奶酪作为出海的食物装上帆船。埃斯特莱拉奶酪结束窖藏状态时会有两种不同的熟成度：标准的鲜奶酪和体积更小、味道更强烈的老奶酪。这两种奶酪都是用埃斯特莱拉山的博达莱拉（Bordaleira）或孟德格拉舒拉（Mondegueira）这两种绵羊的奶水制作的。初期，这款奶酪呈白色或淡黄色，随着熟成期加长，会变成橙色甚至浅褐色。最初，它吃起来是柔和且带着酸味的，熟成期长的会有动物气息和咸味，收尾时还会带有少许刺激性。

罗洛特奶酪（Rollot）法国：上法兰西

奶：生牛奶
奶酪大小：直径7—8厘米，厚度3—4厘米
重量：250—300克
脂肪含量：26%

地图：pp. 190—191

这款口感强劲的皮卡第（Picardie）奶酪之所以出名，要得益于法国国王路易十四。1678年，在前往弗拉芒地区的路上，路易十四在奥尔维莱尔（Orvillers）停留并品尝了这款奶酪。他对这款奶酪极其满意，以至于将该奶酪制作人德布尔日（Debourges）任命为“皇家奶酪师”，并赐予他600镑的年薪。在当时，这是个不小的数目。这款颜色忽而灰白、忽而浅粉的圆饼奶酪有一层带着沙砾感且易破的表皮，散发出清爽和带着酸味的香气。入口后，有很强的咸味，同时也带有酸味，口感强劲。正是这种酸度为收尾时的品尝带来了清爽。罗洛特奶酪也有心形的，但这种心形奶酪多由食品厂加工制作。

索图斯奶酪（Sawtooth）美国：华盛顿州

奶：生牛奶
奶酪大小：直径13厘米，厚度4厘米
重量：500克
脂肪含量：26%

地图：pp. 222—223

索图斯奶酪表皮带着颗粒感，易破碎，不过它本身很柔软，带着新鲜蘑菇的香味和坚果香，收尾时会感到一丝蜂蜜味。这款奶酪至少需要两个月的熟成才能离开奶酪窖。

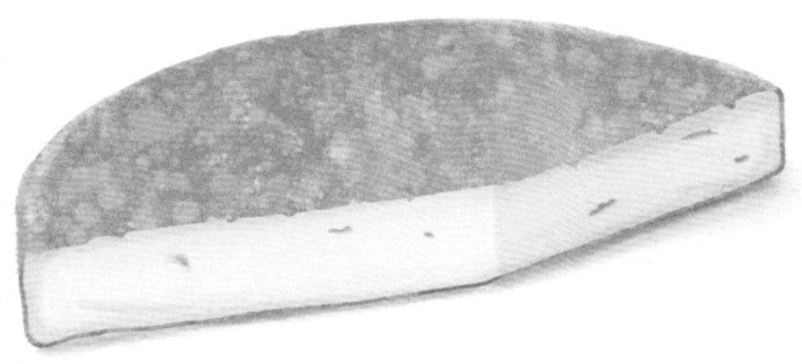

席勒之选奶酪（Shearer's Choice）澳大利亚：维多利亚

奶：巴氏杀菌绵羊奶
奶酪大小：直径17厘米，厚度4厘米
重量：1000克
脂肪含量：27%

地图：p. 226

席勒之选奶酪由位于维多利亚省的Berrys Creek农庄制作，是奶酪工匠巴利·查尔顿（Barry Charlton）的众多奶酪新作之一。这款奶酪以绵羊奶为原料，表皮呈橙粉色，带有轻微的颗粒口感且易融化。入口后，它释放出朴实的土壤气息，还有灌木丛和蘑菇的香味，收尾时会感到一丝美妙的酸度，这也为奶酪带来些清爽。

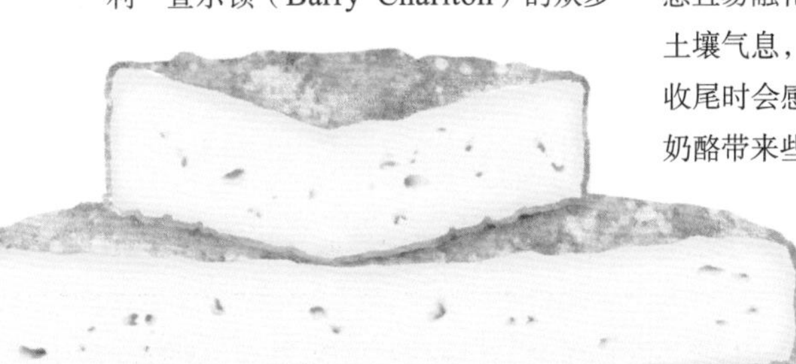

克雷盖伊骑士*啤酒奶酪（Sire de Créquy à la bière）法国：上法兰西

奶：生牛奶/巴氏杀菌牛奶
奶酪大小：直径10厘米，厚度3厘米
重量：280克
脂肪含量：25%

地图：pp. 190—191

用模具定型并沥水后，这款奶酪就会被放置到储藏窖中，然后每个星期用盐水洗两次，总共十次。五个星期的熟成期之后，再把它在两次发酵后的浅色啤酒中浸泡48小时，这是为了让奶酪充分吸收啤酒的味道。从啤酒中取出后，奶酪会被撒上面包渣。这种奶酪会散发出让人愉悦的酵母气味，令人想起啤酒的香气。撒在周边的面包渣也为奶酪带来颗粒感，同时也丰富了口感。入口后，奶油的香气会非常细致地表现出来，余味悠长。

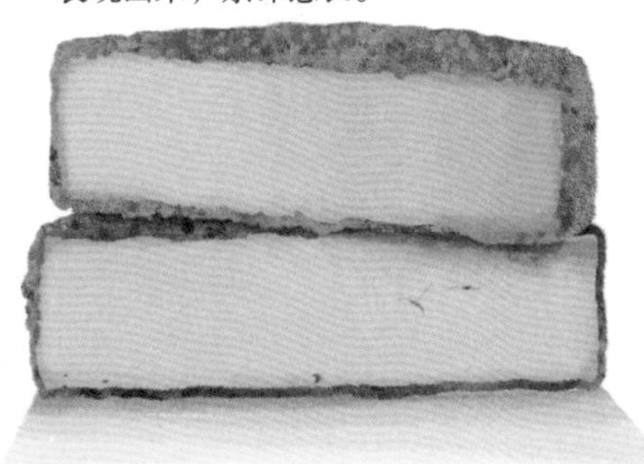

* 克雷盖伊骑士在当地确实存在过，他曾参与十字军东征。因为离开家乡时间太长，他被村民们忘记，甚至被他的夫人遗忘。后来他终于返回家乡，并重新获得了自己的领地。——译者注

苏曼特兰奶酪（Soumaintrain）法国：勃艮第-弗朗什-孔泰

IGP
2016年

奶：生牛奶
奶酪大小：直径9—13厘米，厚度2.2—3.3厘米
重量：180—600克
脂肪含量：27%

地图：pp. 192—193

19世纪交通方式的改进，特别是铁路运输的发展，促进了苏曼特兰奶酪的销售。但在法国“二战”后发展最快的“光辉三十年”中，由于牛奶价格下跌，这种奶酪差点绝迹。得益于几位美食爱好者的坚持，这款奶酪才得以留存下来，并在20世纪70年代重新走向市场，直至2016年获得 IGP 认证。

苏曼特兰奶酪与埃普瓦斯奶酪极其相似，表皮颜色从象牙黄色过渡到赭石色，带着一点湿度，有时候表皮上还有很多纹路。它的味道是偏动物气息和植物香味的，内部核心呈象牙白色，柔软光滑，有时会有少许颗粒，易融化。入口后，它散发出乳酸香味，有一定酸度，但主体还是动物气息。

日出平原奶酪（Sunrise Plains）澳大利亚：维多利亚

奶：巴氏杀菌水牛奶
奶酪大小：直径 20厘米，厚度3厘米
重量：1200克
脂肪含量：26%

地图：p. 226

日出平原奶酪是世界上为数不多的以水牛奶为原料制作的洗皮奶酪之一。它橙色的表皮有些粘手，带着十字纹路，易化且呈奶油质。入口后，香气主要是乳酸香，很清爽，且带有草本植物的香气。经过一个较长的熟成期后，它会散发出轻微的油脂香气。

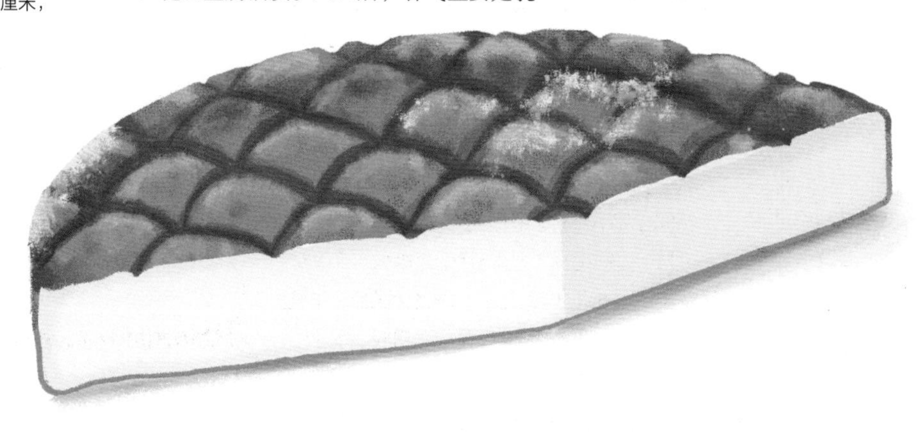

提马核桃奶酪（Timanoix）法国：布列塔尼

奶： 生牛奶
奶酪大小： 直径9厘米，厚度3.5厘米
重量： 300克
脂肪含量： 26%

地图：pp. 188—189

这款奶酪是由位于布列塔尼区莫尔比昂省的提马德克圣母修道院（L'abbaye Notre-Dame de Timadeuc）的修士们制作的。他们遵照的是法国南部多尔多涅省佩里格区的修女们的配方。从1923年起，这些修女就居住在埃舒尼亚克镇（Échourgnac）的好望圣母修道院（Notre-Dame de Bonne-Espérance）。后来，修女们重新启用了一个于1910年关闭的奶酪坊，并开始了奶酪的生产。1999年，修女们想把佩里格当地的核桃与自己的奶酪结合起来。怎么办呢？她们想到的办法是通过用从核桃蒸馏出的酒精给奶酪洗皮。修女们给这款奶酪命名为"埃舒尼亚克陷阱"（Trappe d' échourgnac）。因此，提马核桃奶酪被认为是一款修道院产品。它质地柔软，富有弹性。无论是闻起来还是吃到嘴里，核桃的香味都很强劲，但不会盖住奶酪本身的乳酸香味。

皮卡第三角奶酪（Tricorne de Picardie）法国：上法兰西

奶： 生牛奶
奶酪大小： 三角形，边长 9 厘米，厚度3厘米
重量： 250克
脂肪含量： 26%

地图：pp. 190—191

皮卡第三角奶酪诞生于2011年，之所以呈三角形，是为了纪念三位相关的重要人士：一位养殖户兼奶酪工匠（Anselme Beaudouin），一位精品啤酒酿酒师（Benoît Van Belle），以及一位奶酪商兼熟成师（Julien Planchon）。这款奶酪的形状也容易让人想起在封建时代皮卡第当地人戴的三角帽。

每个星期，皮卡第三角奶酪都要用一种棕色的El Belle Brune牌啤酒洗几次，这样做给奶酪带来了一丝苦味和特有的香味。入口后，在一层有着轻微沙砾感的表皮下，奶酪很易融化，且口感特别。

博日瓦舍兰奶酪（Vacherin des Bauges）法国：奥弗涅-罗讷-阿尔卑斯

奶：生牛奶
奶酪大小：直径21厘米，厚度4—4.5厘米
重量：1400克
脂肪含量：26 %

地图：pp. 192—193

这款奶酪很少见，也被称为埃隆瓦舍兰。它的产量很少，且仅产于博日山脉（在当地也有博日多姆奶酪生产）。埃维昂莱班市（Évian-les-Bains）档案馆还保留着一份1314年的文件，其中就提到了这款奶酪，这足以证明早在14世纪时它就已经存在。它那白色且带着褐色或粉色光泽的表皮散发着树脂味和发酵中的奶香味，而表皮下的质地则是柔软的，呈奶油状，带着乳酸香和木香。放入口中，不愧为一种美好的享受。

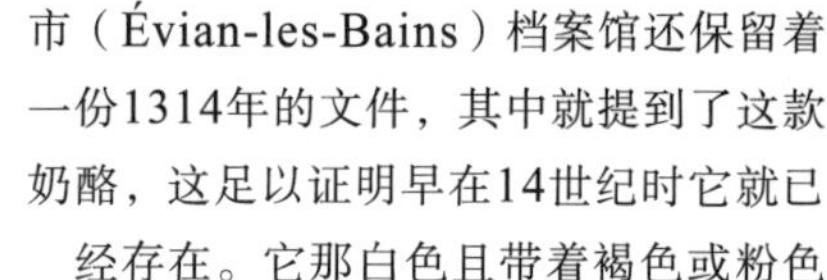

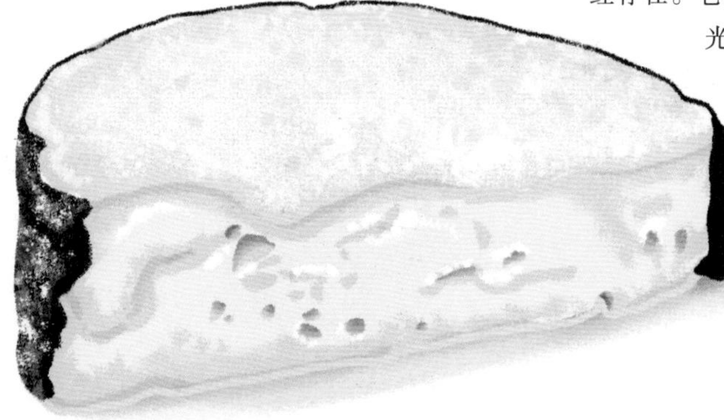

瓦什酣-蒙多尔奶酪（Vacherin mont-d'or）瑞士：沃州

AOP
2003年

奶：牛奶（加温工艺）
奶酪大小：直径10—32厘米，厚度3—5厘米；带云杉盒，高度6厘米，盒盖厚度0.5厘米，盒底厚度0.6厘米，弯折0.15厘米
重量：400—3000克
脂肪含量：23 %

地图：pp. 216—217

有关这款奶酪最早的记载，是一份日期为1812年6月6日、涉及纳税解释的法律文件。最初瓦什酣-蒙多尔奶酪是用山羊奶制作的，被称为“山羊丁”（Chevrotin）。但后来这种山羊奶量越来越少，于是奶酪工们纷纷改用牛奶，并为其改名。瓦什酣-蒙多尔奶酪仅在当年9月至次年3月生产。与法国蒙多尔奶酪不同，包裹这款奶酪的木条必须来自奶酪的原产地，也就是沃州。瓦什酣-蒙多尔奶酪有着浅米色的表皮，色泽均匀，表面有起伏，放在室温下很容易变成流质。入口后，以乳酸香和木香为主。品尝到最后时，会有一丝别致的清爽，让奶酪的口感变得轻盈。

韦纳科奶酪（Venaco）法国：科西嘉岛

奶：生山羊奶/ 生绵羊奶
奶酪大小：长方形，边长12厘米，厚度3—5厘米；圆形，直径9厘米，厚度3—4厘米
重量：350 克
脂肪含量：28 %

地图：pp. 194—195

这款奶酪是科西嘉极具代表性的奶酪（同时也是仅剩的几款在科西嘉当地用生奶制作的奶酪之一），它的名字源自岛上连绵山脉中部的一个村庄。这款奶酪的特点在于，其洗皮用的液体是用清水与浸泡过老奶酪的盐水混合而成的。经过三个月的熟成期，韦纳科奶酪会达到巅峰状态。无论是方形的还是圆形的，韦纳科奶酪表皮的颜色都介于砖红色和褐色之间，且闻起来有强烈的动物气息和发酵气味。品尝时，虽然这些极具特点的气息依然存在，但并不会特别刺激口腔。

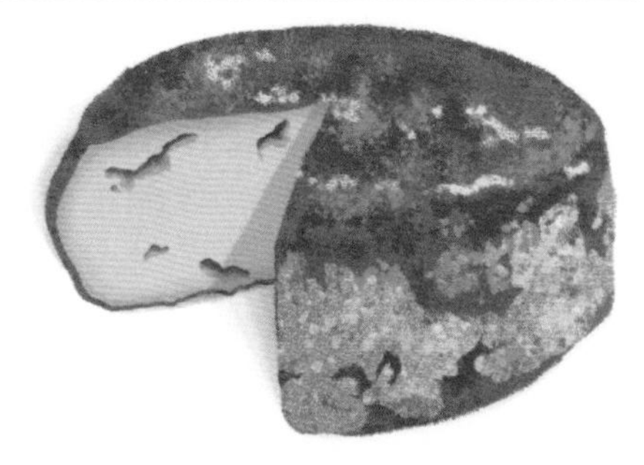

老里尔奶酪（Vieux-Lille）法国：上法兰西

奶：生牛奶/巴氏杀菌牛奶
奶酪大小：边长6—13厘米，厚度2.5—6厘米
重量：200—800克
脂肪含量：23 %

地图：pp. 190—191

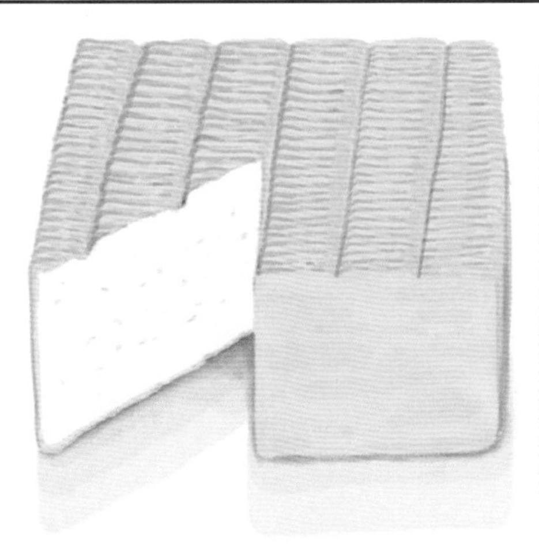

老里尔奶酪也被称为“里尔灰奶酪”、“发酵臭奶酪”或“里尔臭奶酪”。老里尔奶酪并不是在里尔市附近制作，而是在阿维努瓦（Avesnois）附近制作的。它的制作工艺基于马罗瓦勒奶酪，但洗皮过程更多的是用盐水，所以它的味道很强烈，甚至可以说是特别强烈。从外观上看，它的表皮很细腻，带着灰白色的光泽。闻起来有氨气的气味。入口后，以咸味和乳酸香味为主，收尾时会感到一丝刺激性。

帝王花奶酪（Waratah）澳大利亚：维多利亚

奶：绵羊奶（加温工艺）
奶酪大小：长15厘米，宽6厘米，厚度2—3厘米
重量：230克
脂肪含量：26 %

地图：p. 226

这款奶酪柔软，但味道强劲，入口后会展现出绵羊奶特有的细腻。初入口时有些动物气息，随后是精致的酸味。如果延长熟成期的话，它会变得更偏向奶油质，同时口味也会变得更重。

06 硬质未熟奶酪

这个类别的奶酪品种最为繁多，大多数是块头小、质感紧密的。事实上，多姆奶酪也可以是紧密、易融化且富有奶油质感的，从小号、中号、大号甚至到特大号都有。让我们一起来看看吧！不过，以下并不是此类品种的全部哦。

阿彭策尔奶酪（Appenzeller）瑞士：阿彭策尔，圣加仑，图尔高

奶： 生牛奶
奶酪大小： 直径30—33厘米，厚度7—9厘米
重量： 6000—7000克
脂肪含量： 26 %

地图：pp. 216—217

这款奶酪产自瑞士东部，生产历史已经有700年了，产区位于博登湖与森蒂斯山脉（Santis）之间的山峦中。它的特别之处在于使用了混合有发酵蔬菜、白葡萄酒和香料的盐水。阿彭策尔奶酪的熟成期在销售过程中扮演着重要的角色。事实上，它会有不同的颜色，从象牙白到秸秆黄或者金黄色都有。它的口感极其柔顺，最初散发出乳酸香味和黄油香味；接着会释放出香料味、草本植物的香味和花香；最后，还会带有强烈的刺激性。简单地说，这是一款口感极其丰富的奶酪。

官方的盐水配方被保存在一个银行的保险柜中，每代奶酪匠中只有两人有资格阅读。

阿罗哈富饶平原奶酪（Aroha Rich Plain）新西兰：怀卡托

奶： 生山羊奶
奶酪大小： 直径12厘米，厚度6厘米
重量： 800克
脂肪含量： 27%

地图：p. 227

得益于制作奶酪的农庄遵循着有机农业的原则，这款奶酪一直都是使用生奶制作的，农户们也很关注牲畜们的生存状态。在米黄色的表皮下是一块质地均匀的奶酪，带有些许小蜂窝，泛着白色和蓝色的光泽。入口后，细腻的质地易融化，带着一丝低调的山羊奶味，以及层次丰富的酸味和乳酸香。当奶酪熟成的时间更长些时，它的口感也会更强烈，但依然会保有山羊奶宜人的清爽。

阿尔苏阿-乌洛阿奶酪（Arzúa-Ulloa）西班牙：加利西亚

AOP
2010年

奶：生牛奶/巴氏杀菌牛奶
奶酪大小：直径10—26厘米，厚度5—12厘米
重量：500—3500克
脂肪含量：24%

地图：pp. 200—201

这款奶酪的原料奶来自加利西亚特提拉金色奶牛或阿尔卑斯棕色奶牛。阿尔苏阿-乌洛阿奶酪有一层很薄的表皮，带有少许弹性，发亮且光滑，表皮的颜色从浅黄色到深黄色不等。闻起来，这款奶酪会让人想起酸奶和黄油的香味，还夹着香草味和奶油香，甚至有些坚果香味。入口的感觉还是很柔和的，带着乳酸味和轻微的咸味。如果熟成期更长，那么无论是闻起来还是尝起来味道都会变得强烈，甚至在品尝收尾时还会出现一丝刺激的感觉和少许苦味。

阿齐亚戈奶酪（Asiago）意大利：威尼托

AOP
1996年

奶：生牛奶
奶酪大小：鲜酪，直径30—40厘米，厚度11—15厘米；陈酪，直径30—36厘米，厚度9—12厘米
重量：鲜酪11 000—15 000克，陈酪8 000—12 000克
脂肪含量：28%

地图：pp. 204—205

首先，要区分两类阿齐亚戈奶酪：鲜酪（Pressato）和陈酪（D'Allevo）。前者无论是闻起来还是入口后都比较清爽，还有乳酸香和一定的酸味。而后者给味蕾带来的多为黄油香味和动物气息（甚至带些刺激性）。从整体上讲，这款奶酪具有良好的酸度，保证了品尝收尾时的清爽感。

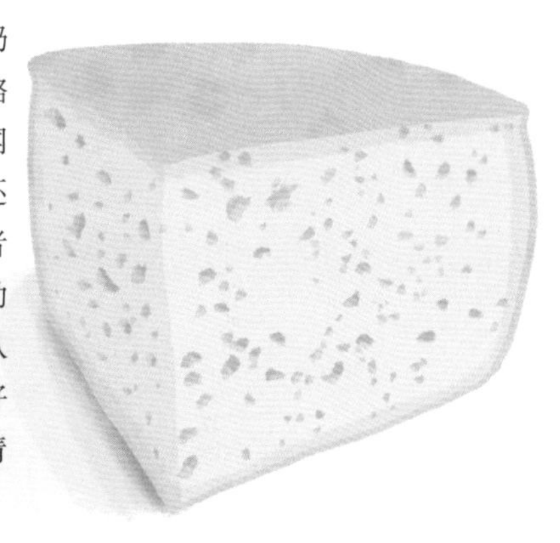

巴瑞利咖啡薰衣草奶酪（Barely Buzzed）美国：犹他州

奶：巴氏杀菌牛奶
奶酪大小：直径40厘米，厚度8厘米
重量：7000克
脂肪含量：27%

地图：pp. 222—223

这款奶酪在熟成过程中，会涂抹上咖啡、薰衣草和植物油的混合物！它们的香味会渗入奶酪中。奶酪质地紧密，易融化，有点像萨莱斯奶酪。

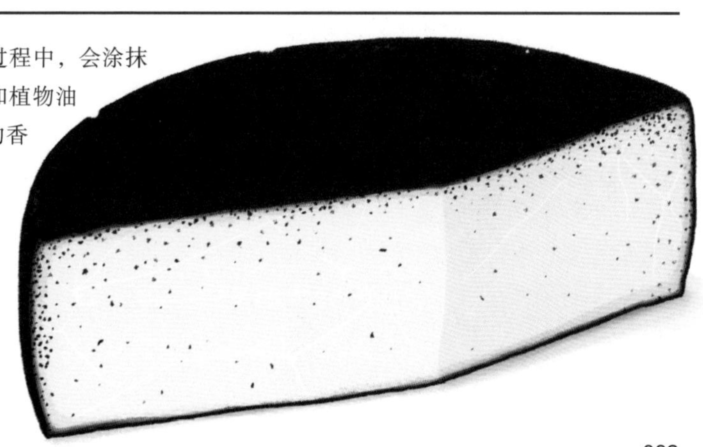

巴尔卡斯奶酪（Bargkass）法国：大东部

奶：生牛奶
奶酪大小：直径30厘米，厚度8厘米
重量：7000—8000克
脂肪含量：26%

地图：pp. 190—191

巴尔卡斯奶酪又被称为“贝格卡斯”（Bergkäs）、“巴卡斯”（Barkas）、“巴里卡斯”（Barikass）。这款山区奶酪在熟成过程中经常被熟成师用毛刷刷洗表皮，同时也经常会被翻转。它的表皮上带着网布的纹路，这是因为它是用网布从凝乳状态定型后装入模具的。它的质地紧密，具有奶油质感，且易融化。从口感来说，巴尔卡斯奶酪很柔顺，且带有乳酸味。

巴斯勒奶酪（Basler）加拿大：不列颠哥伦比亚

奶：巴氏杀菌牛奶
奶酪大小：直径30厘米，厚度10—13厘米
重量：5000—6000克
脂肪含量：27%

地图：pp. 222—223

这款奶酪与金耳朵奶酪（Golden Ears）同属一个作坊。该作坊是由让娜（Jenna）与艾玛（Emma）两姐妹共同经营的，她们完全采用手工作坊的经营模式。巴斯勒奶酪的表皮是金黄色的，散发出草香和马棚的气息。奶酪呈秸秆黄色，核心部分则是象牙白色。入口时带着黄油香、草本植物香，有一定的酸度。当它的熟成期更长些时，香味会更浓重，但并不强烈，也没有刺激性。

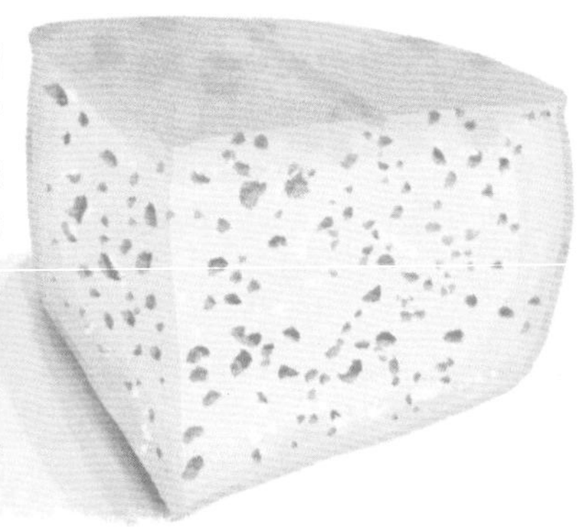

毕肯菲尔传统兰开夏奶酪（Beacon Fell Traditional Lancashire Cheese）英国：英格兰，西北部

奶：巴氏杀菌牛奶
重量：5000克规格/18000—22000克规格
脂肪含量：27%

地图：pp. 210—211

目前，有5家农户作坊和6个奶酪工坊在制作、生产及熟成这种奶酪。而在20世纪初时，则有超过200家工坊制作这种奶酪。

这款奶酪的历史可以追溯到1170年前后的亨利二世时代。毕肯菲尔传统兰开夏奶酪可以有一层自然表皮，或者用蜡封住，或者用布包裹。其质地比较紧密，带着黄油感，易融化，也很细腻。入口后，口感饱满，带着牛奶香和新鲜草香。当它经过一段较长的熟成期后，质地会变得更为柔软，也更便于涂抹在面包上。

贝拉维塔诺金奶酪（Bellavitano Gold）美国：威斯康星州

奶：巴氏杀菌牛奶
奶酪大小：直径40厘米，厚度12厘米
重量：10 000克
脂肪含量：26%

地图：pp. 222—223

这款美国奶酪是由意大利移民后代萨多里（Sartori）家族制作的，在2013年世界乳业博览会上获得了冠军。它的口感有点类似帕马森奶酪，但颗粒感明显更为低调。入口后，主要是黄油香和奶油香。萨多里家族还在这种奶酪的基础上研发出不同配方：黑胡椒、梅洛葡萄干和咖啡粉奶酪。

贝特马尔奶酪（Bethmale）法国：奥克西塔尼

奶：生牛奶
奶酪大小：直径25—40厘米，厚度8—10厘米
重量：3500—6000克
脂肪含量：26%

地图：pp. 196—197

有关这款奶酪的文字记载最早出现在12世纪——国王路易六世途经当时的奶酪产地圣吉隆村（Saint-Girons）的时候，品尝过这款奶酪。贝特马尔奶酪的熟成期是2—6个月。该奶酪的表皮用毛刷刷过，还用清水洗过，这样做给它的表皮带来了些许橙色或粉红色。闻起来，它有窖藏的湿润气息。该奶酪略呈蜂窝状，很柔软，有黏性。入口后，它还是很柔和的，有着乳酸香和些许甜咸混合的香味。如果熟成时间再长的话，它还会变得有轻微的刺激性。

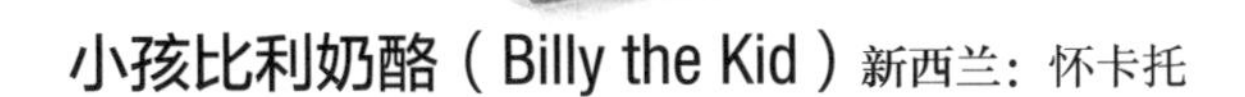

小孩比利奶酪（Billy the Kid）新西兰：怀卡托

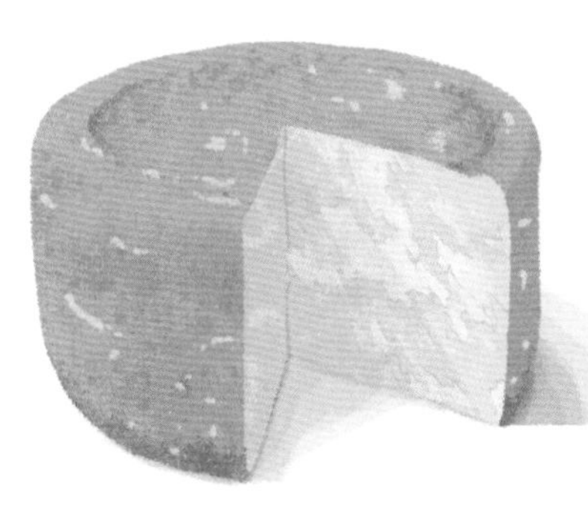

奶：巴氏杀菌山羊奶
奶酪大小：直径12.5厘米，厚度7厘米
重量：1000克
脂肪含量：30%

地图：p. 227

这款小多姆奶酪是原籍意大利的巴西女士莫妮卡·塞纳·萨莱尔诺（Mônica Senna Salerno）和珍妮·奥尔德海姆（Jenny Oldham）制作的，两人原本是做科学研究的，却成了奶酪匠。小孩比利奶酪会让人想起意大利的某些绵羊奶酪，只不过前者是用山羊奶制作的。这款奶酪有一层带着颗粒感的表皮，很容易碎，也很容易在口中融化。此外，它还带有山羊奶的特点。品尝收尾时，山羊奶的酸味会带来意想不到的愉悦。

黑绵羊奶酪（Black Sheep）新西兰：怀卡托

奶：巴氏杀菌绵羊奶
奶酪大小：直径25厘米，厚度8厘米
重量：4000克
脂肪含量：27%

地图：p. 227

这款奶酪在熟成过程中加了经过烟熏的帕布利卡（Paprika）辣椒粉，无论从嗅觉上还是味觉上都能感觉到这一特点。奶酪的质地紧密，入口后容易融化。这款奶酪带来的是黄油香和烟熏的香味，夹有一点奶油感。

农夫莱顿茴香奶酪（Boeren-Leidse met sleutels）荷兰：南荷兰省

奶：巴氏杀菌牛奶
重量：至少3000克
脂肪含量：28%

地图：pp. 212—213

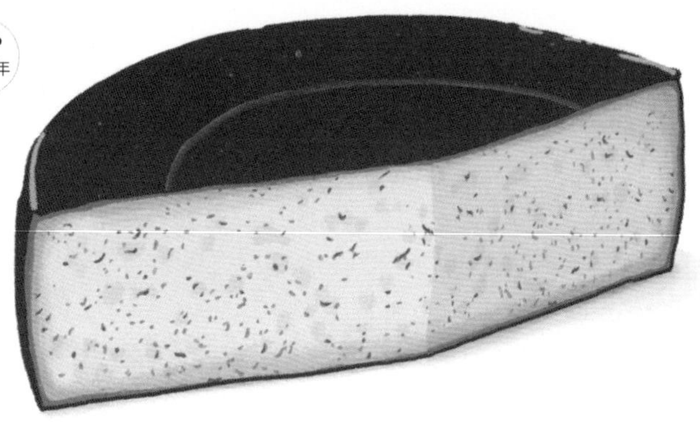

这款奶酪的表皮印着品牌的砖红色，因而很容易识别。它质地紧密，带有颗粒感。其内部布满了小茴香籽，因为该奶酪的配方要求是每100升牛奶混入75克小茴香籽。

博韦茨奶酪（Bovški sir）斯洛文尼亚：伊斯特里，戈里斯卡

奶：生绵羊奶和（或）生牛奶和（或）生山羊奶（至少20%）
奶酪大小：直径20—26厘米，厚度8—12厘米
重量：2500—4500克
脂肪含量：27%

地图：pp. 216—217

这款奶酪以当地的绵羊品种博韦茨绵羊（Bovec）的奶水为原料，表皮还算光滑，颜色从灰褐色到米白色都有。其密度大且柔软，在不同的熟成期，内部会出现大小不一的小圆洞。入口后，口感强劲，带着强烈的马棚气息和酸味，或许会在品尝收尾时产生些刺激感。当这款奶酪以牛奶或者山羊奶为主原料时，口感会更柔和。

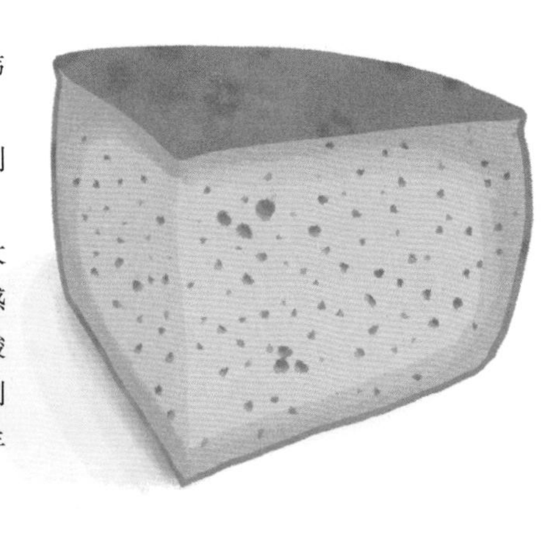

布拉奶酪（Bra）意大利：皮埃蒙特

奶：生牛奶和（或）生绵羊奶和（或）生山羊奶（至少20%）
奶酪大小：直径30—40厘米，厚度6—10厘米
重量：6000—9000克
脂肪含量：28%

地图：pp. 204—205

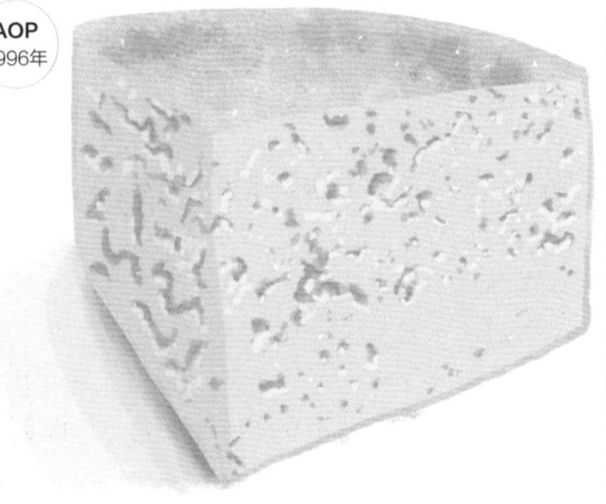

布拉奶酪的技术生产指标要求两种不同的熟成度：软质（tenero）和硬质（duro）。软质布拉奶酪带有鲜花味和乳酸香，味道并不浓郁。硬质布拉奶酪在制作过程中可以用油来洗皮，这也是为了避免发霉。在口感上，硬质布拉奶酪的香味明显比软质布拉奶酪的更浓郁。

布法利娜水牛奶酪（Buffalina）加拿大：安大略

奶：巴氏杀菌水牛奶
脂肪含量：24%

地图：p. 224

这款奶酪由推崇有机农业的第五镇农庄（Fifth Town）制作。它是用水牛奶制作的，采用了荷兰豪达奶酪（Gouda Holland）的配方。事实上，这款奶酪有自然形成的表皮，颜色呈黄色，质地紧密，易融化，带着黄油香。水牛奶给奶酪带来了细腻和精致。入口后，布法利娜水牛奶酪展现的是奶油和黄油的香味，带着酸味，最后以一丝咸味收尾。

普利亚篮子奶酪（Canestrato Pugliese）意大利：普利亚大区

奶：生绵羊奶
奶酪大小：直径30—50厘米，厚度10—18厘米
重量：7000—14 000克
脂肪含量：28%

地图：pp. 207—209

这款奶酪之所以被称为“篮子奶酪”，是因为在制作过程中，奶酪匠们会把凝乳放在由当地工匠用植物纤维做成的篮子里沥水，这种篮子名为canestrato。直到今天，在普利亚大区，这种做法依然在延续。该奶酪的制作时间是从12月到次年5月，正是养殖户们将羊群从阿布鲁佐大区转场到普利亚过冬的时候。这是一款质地干燥又紧密的奶酪，酸度往往很高。

康塔尔奶酪（Cantal）法国：奥弗涅-罗讷-阿尔卑斯

AOC 1956年 AOP 1996年

奶：生牛奶/巴氏杀菌牛奶
奶酪大小：大号，直径36—42厘米，厚度40厘米；小号，直径26—28厘米；极小号，直径20—22厘米
重量：大号35 000—45 000克，小号15 000—20 000克，极小号8000—10 000克
脂肪含量：22%

地图：pp. 196—197

该奶酪始创于1298年，名字源自康塔尔山脉的最高峰康塔尔峰。但其实早在古代就已经有了对当地奶酪的记载，因为老普林尼曾经说过，在古罗马时代，最受欢迎的奶酪就来自嘎巴莱斯地区（Gabalès）和热沃丹（Gévaudan）。如今，康塔尔奶酪也被称为康塔尔圆桶奶酪（Fourme de Cantal）。熟成期可以分为短期熟成、中期熟成和长期熟成，这些信息可以在奶酪包装上获取。它的表皮是灰白色的，释放出乳酸的香味和窖藏的气息。其内部的颜色从象牙色过渡到秸秆黄色，甚至到金黄色，质地紧密且易融化。入口后，有黄油香和榛子香味，乳酸香和酸味也会慢慢释放。

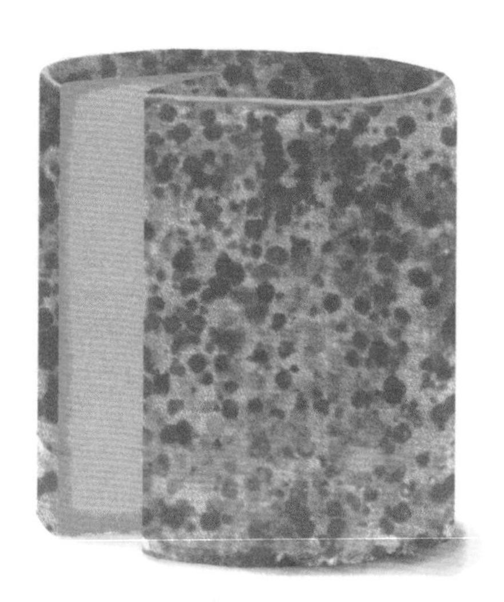

每块康塔尔奶酪上都会有一个铝制徽章压的印记来证明出处，保证它的来源。

比如，“CA15ES”中的CA代表康塔尔，15是生产区域的地区编号，ES则是奶酪制作商的缩写。

乌尔比诺卡西奥塔奶酪（Casciotta d'Urbino）意大利：马尔凯

AOP 1996年

奶：70%生绵羊奶和30%生牛奶
奶酪大小：直径12—16厘米，厚度5—7厘米
重量：800克—1200克
脂肪含量：27%

地图：pp. 206—207

在文艺复兴时代，乌尔比诺卡西奥塔奶酪往往不会经过很长时间的熟成，就可以出现在艺术家们的餐桌上。甚至到今天，这款多姆奶酪也没有很长的熟成期。正因如此，它的表皮很细腻，而内部的颜色从奶白色到秸秆黄色都有。入口后，它释放出柔和的香味，口感清爽，有乳酸香和少许酸味。

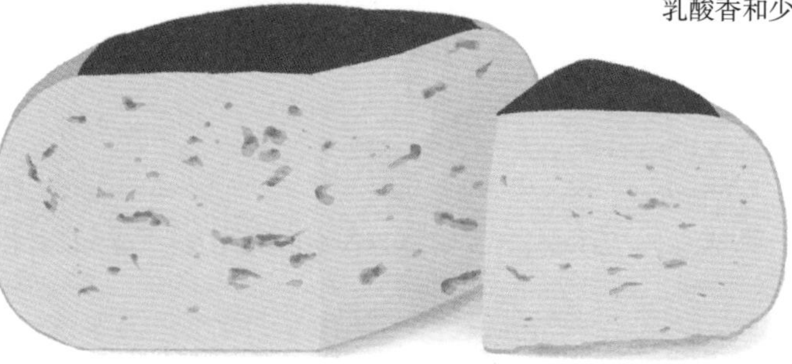

在意大利马尔凯地区，传说这款奶酪是米开朗琪罗和他朋友的最爱。

寇斯纳尔绵羊奶酪（Caussenard）法国：奥克西塔尼

奶：巴氏杀菌绵羊奶
奶酪大小：砖形，长度26.5厘米，宽度11厘米，厚度9.5厘米；多姆圆，直径23厘米，厚度8厘米
重量：砖形2900克；多姆圆3200克
脂肪含量：26%

地图：pp. 196—197

这款奶酪有两种不同的熟成度：新鲜的和熟成的。新鲜奶酪是砖形的，表皮上带着栗色和米黄色的纹路，还会有些白色绒毛点缀在表面。该奶酪的颜色偏象牙白色，还会带有秸秆黄色的光泽。它的质地紧密，易融化，入口后有黄油和草本植物的香味，同时有些酸味和榛子香气。熟成期长的老奶酪，从外形看是圆形的，表面颗粒感强。入口后，以秸秆和干草料的香味为主，酸度也更强，但口感依然很精致。

塞布里罗奶酪（Cebreiro）西班牙：加利西亚

AOP
2008年

奶：巴氏杀菌牛奶
奶酪大小：底部和顶部直径13—14厘米，奶酪主体厚度12厘米，帽子厚度3厘米
重量：300—2000克
脂肪含量：25%

地图：pp. 200—201

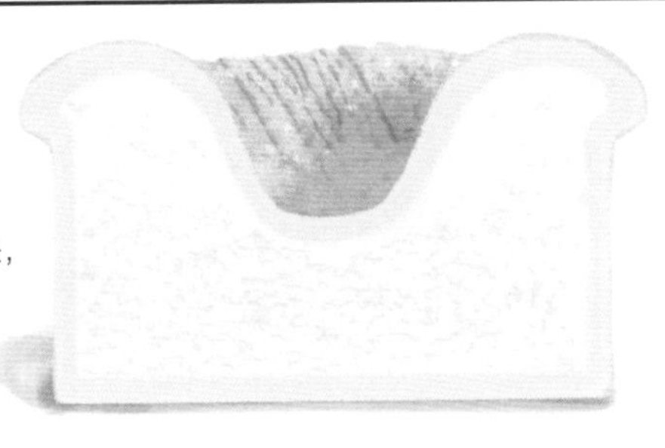

在18世纪，每年都会有24块塞布里罗奶酪被送往葡萄牙，作为送给葡萄牙皇后的礼物。

这款奶酪的外形有点像厨师帽或大蘑菇，表皮却很均匀，奶酪的颜色可以从白色过渡到黄色甚至到鲜黄色。它的质地有沙砾感，柔软且细腻，不过这全都要看奶酪的熟成情况。入口后，新鲜的塞布里罗奶酪会让人想起牛奶的香味，而熟成时间长的奶酪则会更强劲，带着乳酸香和刺激性。

茅屋奶酪（Chaumine）美国：俄勒冈州

奶：生山羊奶
奶酪大小：边长20厘米，厚度6厘米
重量：2300克
脂肪含量：24%

地图：pp. 222—223

制作这款奶酪的人生于法国萨瓦地区，后来跟着父母在当地高山草原长大。这款多姆奶酪是他为了用自己的方式向童年时代的家致敬而创造的。当年，他家的屋顶是用草苫子铺盖的，而奶酪的表皮令人想起这种草苫子。茅屋奶酪质地紧密，呈白色，有轻微的颗粒感，入口易融化。在口中，精致的山羊奶香味中夹着酸味，有清爽感。

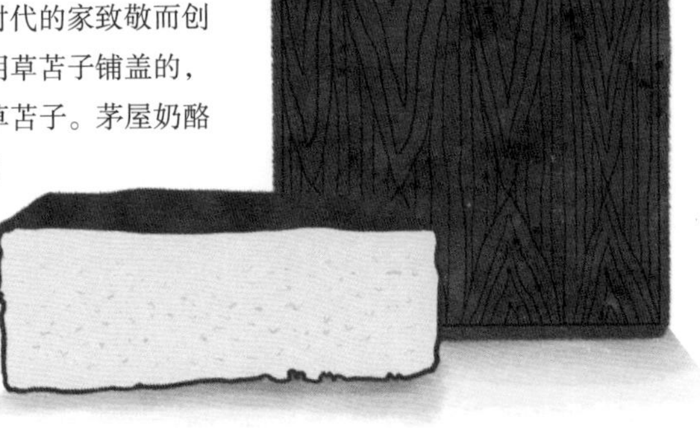

车夫罗丹奶酪（Chevrotin）法国：奥弗涅-罗讷-阿尔卑斯

AOC 2002年　AOP 2005年

奶：生山羊奶
奶酪大小：直径9—12厘米，厚度3—4.5厘米
重量：250—350克
脂肪含量：25%

地图：p. 193

车夫罗丹奶酪在阿尔卑斯山地区的历史是从18世纪开始的，它的产区和养牛户与瑞布罗申奶酪基本一致。这是一款百分之百的农户手工奶酪，质地柔软，呈粉红色，奶酪上的某些部分用清水洗过。熟成后，表皮上会长出一层白地霉，变得有点油腻。奶酪本身是象牙白色的，有时会出现几个孔洞。入口后，以山羊奶的味道、花香和植物香为主，有时还会有一丝榛子香味在口腔中散发。

丹博奶酪（Danbo）丹麦

IGP 2017年

奶：巴氏杀菌牛奶
脂肪含量：28%

地图：p. 214

这款奶酪的发明者是拉斯姆森·尼尔森（Rasmus Nielsen），当时他在丹麦菲英岛上一个名叫Kirkeby的奶酪工坊当负责人，这大概是19世纪和20世纪之交的事情。这个发明很快获得了成功，它成为丹麦王国标志性的奶酪产品之一。这款奶酪的颜色从白色到浅黄色过渡，表面有很多绿豆大小的孔洞。丹博奶酪闻起来主要是奶香，还有一丝酸味，入口后的感觉与嗅觉完全一致。有时候，人们还会在制作过程中加入一些小茴香。

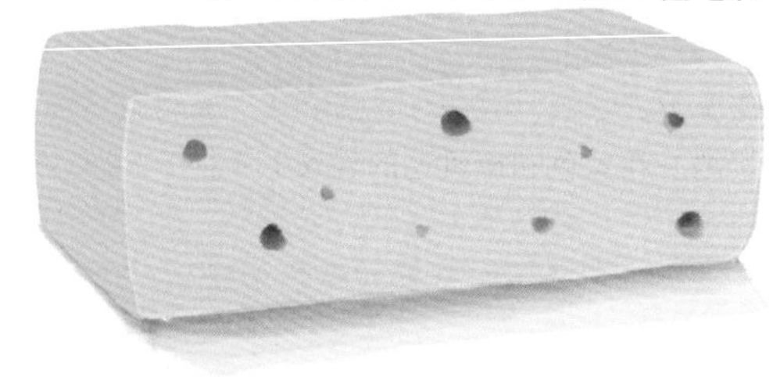

舞蹈菲恩奶酪（Dancing Fern）美国：田纳西州

奶：生牛奶
奶酪大小：直径14厘米，厚度3厘米
重量：500克
脂肪含量：24%

地图：p. 223

这款奶酪由Sequatchie Cove Creamery奶酪工坊制作，是内森（Nathan）和帕吉特·阿诺德（Padgett Arnold）按照瑞布罗申奶酪的方法制作的。两者有着完全相同的奶油感，易融化，混合着新鲜牛奶的香味、当地土壤的气息，以及灌木丛和香菇的气味。

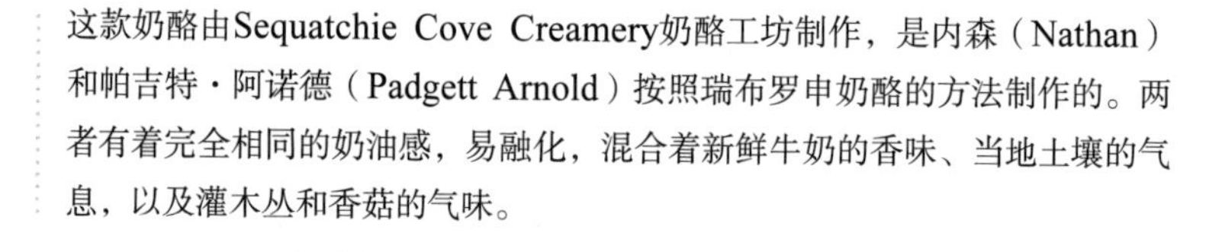

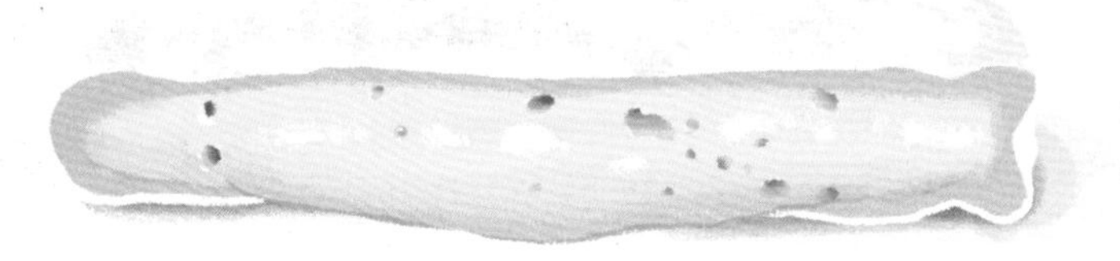

制作这款奶酪的工坊应该是世界上最环保的奶酪作坊之一。

荷兰埃德姆奶酪（Edam Holland）荷兰：南荷兰省和北荷兰省

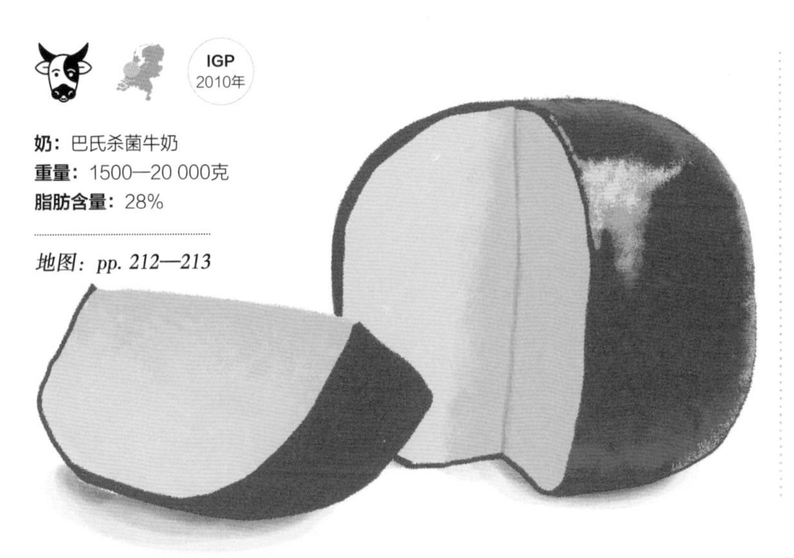

奶：巴氏杀菌牛奶
重量：1500—20 000克
脂肪含量：28%

地图：pp. 212—213

这款奶酪总共有7个规格，从小圆球到最大20千克的整块，中间还有不同的形状，与其他的埃德姆奶酪不同（除了荷兰以外，其他地方也有）。荷兰埃德姆奶酪的表皮是自然表皮。当它还未完全熟成的时候，质地偏硬，但很好切割。熟成期越长，它越会因失去水分而变得很硬。从口感上讲，如果是熟成时间很长以后，它就会释放出层次丰富且柔和的牛奶香味，或者是带有刺激性的动物气息。

艾斯诺姆奶酪（Esrom）丹麦

奶：巴氏杀菌牛奶
奶酪大小：长度必须是宽度的2倍，厚度3.5—7厘米
重量：约为1300—2000克
脂肪含量：27%

地图：pp. 214—215

这款奶酪最初是11世纪艾斯诺姆修道院的修士们制作的，后来就遍布了整个丹麦王国，成为一种代表性的奶酪。在黄色和橙黄色的表皮下是白色或浅黄色的奶酪内部，其中有不同大小的孔洞。艾斯诺姆奶酪闻起来还是很清爽的，带有一定的酸味。入口后，牛奶的香味和新鲜黄油的香味会逐步占据味觉。

撒丁岛之花奶酪（Fiore Sardo）意大利：撒丁岛

AOP
1996年

奶：生绵羊奶
奶酪大小：直径15—25厘米，厚度10—15厘米
重量：1500—4000克
脂肪含量：28%

地图：pp. 206—207

这款奶酪的制作历史很悠久，但是被称为“撒丁岛之花”是19世纪末的事情。它的表皮有些粗糙，颜色偏深，带着不同层次的栗色、黑色或赭色。它闻起来气味强烈，带着浓郁的绵羊奶味和窖藏气息。从口感来说，它以比较持久的动物气息为主，同时还带有较强的刺激性。

芳提娜奶酪（Fontina）意大利：奥斯塔山谷

AOP
1996年

奶：生牛奶
奶酪大小：直径35—45厘米，厚度7—10厘米
重量：7500—12 000克
脂肪含量：28%

地图：pp. 204—205

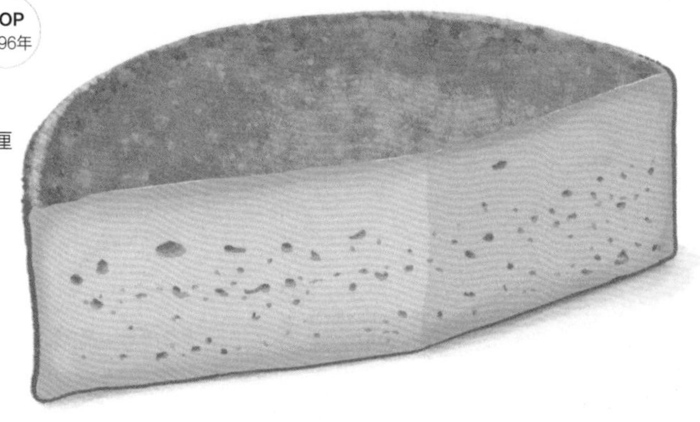

这款奶酪表皮的颜色会随着熟成期的变长从浅栗色过渡到深栗色。表皮覆盖下的奶酪具有弹性，而且柔软，颜色在象牙白与秸秆黄之间，或深或浅。这是种非常细致的奶酪，带有细腻的黄油香、草本植物香和少许酸味。

伦易奈兹奶酪（Formaggella del Luinese）意大利：伦巴第

AOP
2011年

奶：生山羊奶
奶酪大小：直径13—15厘米，厚度4—6厘米
重量：700—900克
脂肪含量：26%

地图：pp. 204—205

与其他的羊奶酪不同，伦易奈兹奶酪使奶酪坊过上了安居乐业、自给自足的生活。17世纪时的文字记载显示，这款奶酪并不是为了贴补家用而生产的。这款奶酪有一层自然表皮，表皮上有些地方还会长出霉菌。该奶酪多为白色，质地柔软，入口易化。味觉上，它以新鲜山羊奶的香味为主，还混合了一些酸味和草本植物香。

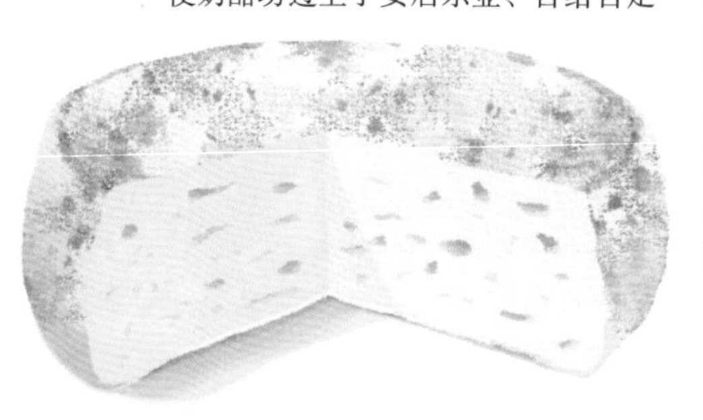

阿尔卑斯提契诺奶酪（Formaggio d'Alpe ticinese）瑞士：提契诺州

AOC
1981年

AOP
2002年

奶：生牛奶（至少70%）/生山羊奶（至多30%）
奶酪大小：直径25—50厘米，厚度6—10厘米
重量：3000—10 000克
脂肪含量：33%

地图：pp. 216—217

观察一下，这款奶酪干燥的表皮呈灰褐色，表皮下的部分泛着黄色光泽，其中有规律地分布着小圆孔，闻起来有黄油香和果香。入口后，油润且易融化的质地带来黄油香气，还有轻微的木香和坚果香味。品尝收尾时，草本植物的香味会带来清爽的感觉。

索利亚诺奶酪（Formaggio di fossa di Sogliano）意大利：艾米利亚-罗马涅，马尔凯

奶：生绵羊奶/生牛奶（至多80%）和生绵羊奶（至少20%）
重量：500—1900克
脂肪含量：28%

地图：pp. 204—205、207

这款奶酪最早出现在中世纪。该奶酪的表皮通常有些油腻，不均匀，会出现几处黄色或赭色的霉菌。这些霉菌并不会改变奶酪的品质，反而成为这款奶酪的特色之一。索利亚诺奶酪为白色或秸秆黄色，质地紧密，但易碎。闻起来，灌木丛、蘑菇和松茸的气味占主体。入口后，香气四溢，收尾时会有一丝刺激性。

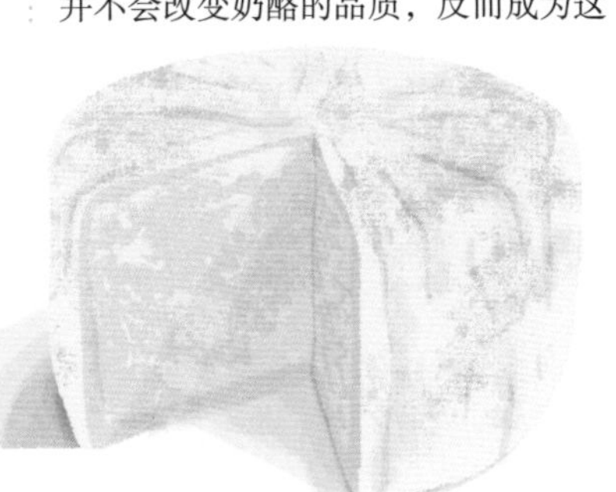

上布雷巴纳山谷奶酪（Formai de Mut dell'alta Valle Brembana）意大利：伦巴第

奶：生牛奶
奶酪大小：直径30—40厘米，厚度8—10厘米
重量：8000—12000克
脂肪含量：28%

地图：pp. 204—205

这是一款表皮呈秸秆黄色（随着熟成时间的延长，表皮会逐渐变为灰色）的大块头多姆奶酪，其内部的颜色为象牙白色或金色。入口后，可以感觉到浓郁且细腻的黄油香、奶油香和草香。

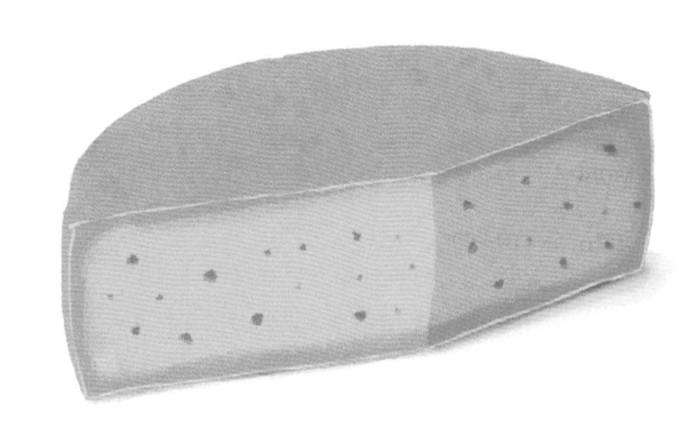

福美松烟熏奶酪（Fumaison）法国：奥弗涅-罗讷-阿尔卑斯

奶：生绵羊奶
奶酪大小：长度27厘米，宽度12厘米，厚度12厘米
重量：2000克
脂肪含量：26%

地图：pp. 196—197

福美松烟熏奶酪诞生于1991年，是20世纪80年代定居于奥弗涅地区普易-纪尧姆（Puy-Guillaume）的原奶业技术员帕特里克·博蒙（Patrick Beaumont）制作的。无论是奶酪的形状（长方）、外表（用线缠），还是气味（烟熏味）和口感（烟熏味和木香，带着酸味），它都不会令人失望。易融化的质地使其成为餐厅奶酪托盘的绝佳选择，而烟熏的特点则使之成为拉克莱特奶酪火锅的必需品。

格拉鲁斯高山硬奶酪（Glarner Alpkäse）瑞士：格拉鲁斯

AOP
2013年

奶： 生牛奶
奶酪大小： 直径28—32厘米，厚度10—12厘米
重量： 5000—9000克
脂肪含量： 29%

地图：pp. 216—217

这款奶酪的质地非常柔软，带着植物的气息、乳酸香和果香，同时还有低调的烘烤香味。入口后，黄油香、乳酸香和草本植物的气息十分鲜明，同时也有少许咸味和酸味。

荷兰豪达奶酪（Gouda Holland）荷兰：南荷兰省和北荷兰省

IGP
2010年

奶： 巴氏杀菌牛奶
重量： 2500—20 000克
脂肪含量： 30%

地图：pp. 212—213

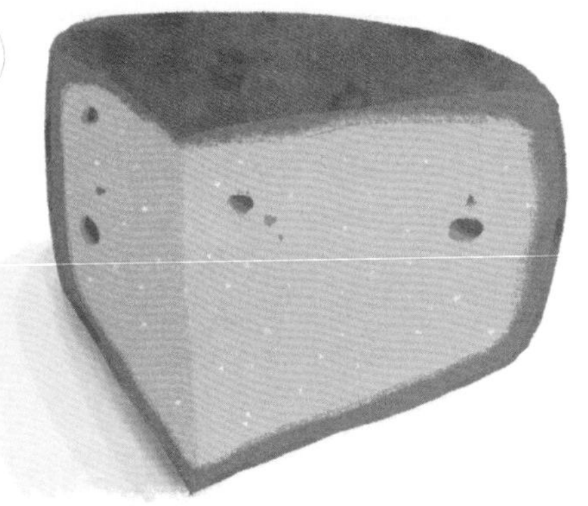

荷兰豪达奶酪最早出现在中世纪，而它的流行则要感谢17世纪商品贸易的发展。这是一款质地紧密的奶酪，带着果香。有时候奶酪匠也会在凝乳阶段加入小茴香，这时候的味道会更强烈。入口后，奶酪很容易融化，带着油腻感。经过一个漫长的熟成期后，它可能会散发出黄油香甚至是焦糖香。此外，在该奶酪的核心部位还会形成著名的酪氨酸，咬起来酥脆可口。

哈瓦蒂奶酪（Havarti）丹麦

奶： 巴氏杀菌牛奶
脂肪含量： 28%

地图：pp. 214—215

1921年，两位在瑞士学习摩尔根塔勒（G. Morgenthaler）奶酪沥水工艺后回到丹麦的奶业技师鲁兹·韦德比（Ruds Vedby）和哈莱比戈德（Hallebygård）制作了这款奶酪。哈瓦蒂奶酪的表皮分成两种，分别为经过高浓度盐水刷洗的表皮和未经刷洗的表皮。但无论是哪种表皮，这款奶酪依然可以包装。奶酪的颜色在纯白色、象牙白色或浅黄色之间过渡，质地柔软，便于切片。奶酪内部有不规则的孔洞。口感上，这款奶酪带有一定的酸度和乳酸香。当它的熟成时间更长时，还会展示出奶油的香味。奶酪匠在凝乳期间会添加各种新鲜且具有芳香的草本植物，比如茴香或小葱。

荷兰山羊奶酪（Hollandse Geitenkaas）荷兰

奶：巴氏杀菌山羊奶
重量：1500—20 000克
脂肪含量：30%

地图：pp. 212—213

正是因为对荷兰豪达奶酪技术的熟练掌握，这款山羊奶酪才得以在19世纪末出现。荷兰山羊奶酪可以自然熟成，有一层自然的表皮；但也可以用食品级薄膜包裹熟成，只是这种情况下几乎没有表皮。这是一款很柔软、可塑性强的奶酪，但也会随着熟成期的延长变硬。口感上，它有着轻微的山羊奶香，口感清爽但味道很咸。

荷尔斯泰因蒂尔西特奶酪（Holsteiner Tilsiter）德国：石勒苏益格-荷尔斯泰因

IGP
2013年

奶：生牛奶/巴氏杀菌牛奶
重量：3500—5000克
脂肪含量：30%

地图：pp. 212—213

16世纪末，荷兰难民的迁入给德国北部的石勒苏益格-荷尔斯泰因州带来了奶牛养殖业的新机遇。这款奶酪的制作凝聚着荷兰人对奶酪工艺的知识。口感上，它可以是温和的，也可以很有刺激性，这全看它的熟成时间。在凝乳期，奶酪匠有时会加入小茴香。

赫沙松斯特奶酪（Hushållsost）瑞典

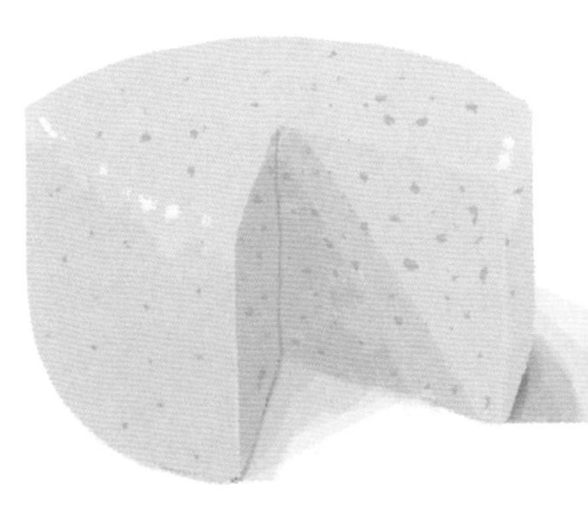

STG
2004年

奶：巴氏杀菌牛奶
奶酪大小：直径10—13.5厘米，厚度10—15厘米
重量：1000—2500克
脂肪含量：26%

地图：pp. 214—215

有关这款奶酪最早的文字记载是在1898年，作为瑞典最广为人知且消费量最大的奶酪，它的名字意为“家里的奶酪”。在瑞典，人们谈论这款奶酪就好像法国人说餐桌级葡萄酒一样普通。这款块头较小的多姆奶酪质地柔软，口感十分清爽且带有一丝酸味。

伊迪阿扎巴尔绵羊奶酪（Idiazabal）西班牙：巴斯克地区，纳瓦拉

AOC 1987年

AOP 1996年

奶：生绵羊奶
奶酪大小：直径10—30厘米，厚度8—12厘米
重量：1000—3000克
脂肪含量：24%

地图：pp. 200—201

在有AOP标识的奶酪中，这个经过枫木或榉木烟熏的品种极少见！这款多姆奶酪有一层光滑的表皮，颜色由浅黄色到烟熏后的深褐色过渡。奶酪质地很均匀、紧密，易融化，带有少许颗粒感，有象牙白和秸秆黄的光泽。伊迪阿扎巴尔绵羊奶酪的香味浓郁，带着草本植物的香味，有点刺激性，还有酸味和烟熏的味道，在口中余味悠长。

依莫基利雷加多奶酪（Imokilly Regato）爱尔兰：芒斯特

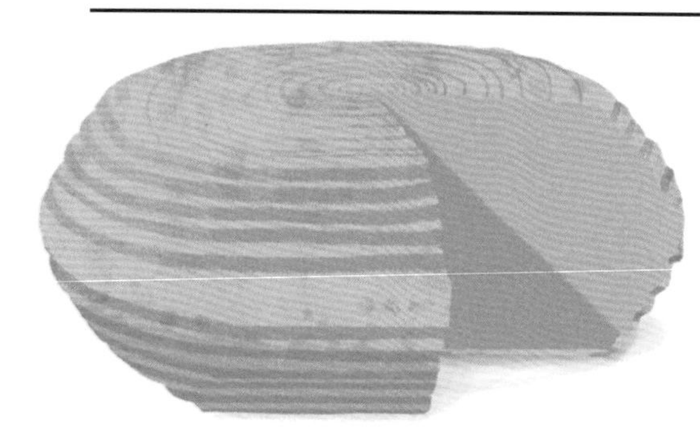

AOP 1999年

奶：巴氏杀菌牛奶
脂肪含量：28%

地图：p. 210

这款奶酪因其带着皱纹、颜色金黄的表皮而很容易识别。奶酪呈秸秆黄色，质地紧密。这款奶酪口感柔顺，同时有点刺激性。对于一款多姆奶酪来讲，它不算典型。

在20世纪80年代，制作依莫基利雷加多奶酪的作坊将生产力提高了10倍，年产量也达到了4000吨。

马尔岛奶酪（Isle of Mull）英国：苏格兰，思克莱德

奶：生牛奶
奶酪大小：直径32厘米，厚度25厘米
重量：25 000克
脂肪含量：27%

地图：pp. 210—211

马尔岛奶酪是苏格兰历史最为悠久的奶酪之一。从外表上看，它有点近似农庄切达奶酪。但是从口感来说，它更咸，且带着更多谷物的香味，比如大麦和草香。它质地紧密，易融化，入口后有少许颗粒感。马尔岛奶酪的制作工艺与康塔尔奶酪、萨莱斯奶酪、拉吉奥乐奶酪一致。它的表皮有时会泛着自然蓝色，但这并不影响品质。

卡尔特巴赫奶酪（Kaltbach）瑞士：格拉鲁斯，卢塞恩，尼德瓦尔登，上瓦尔登，施维茨，乌里，楚格

奶： 生牛奶
奶酪大小： 直径24厘米，厚度7厘米
重量： 4000克
脂肪含量： 29%

地图：pp. 216—217

这款奶酪的熟成过程是在桑藤伯格山的一个长达2千米的沙石岩洞里进行的。在这里，卡尔特巴赫奶酪与成千上万个磨盘大的轮形奶酪为伴，包括瑞士埃曼塔尔奶酪和瑞士格鲁耶尔奶酪。这款奶酪具有草香，还有干草料、黄油和奶油的香气。入口后，有一种不可思议的油润感和令人吃惊的余味，还伴有奶油香。

康特卡斯奶酪（Kanterkaas）荷兰：弗里斯兰，格罗宁根

AOP
2000年

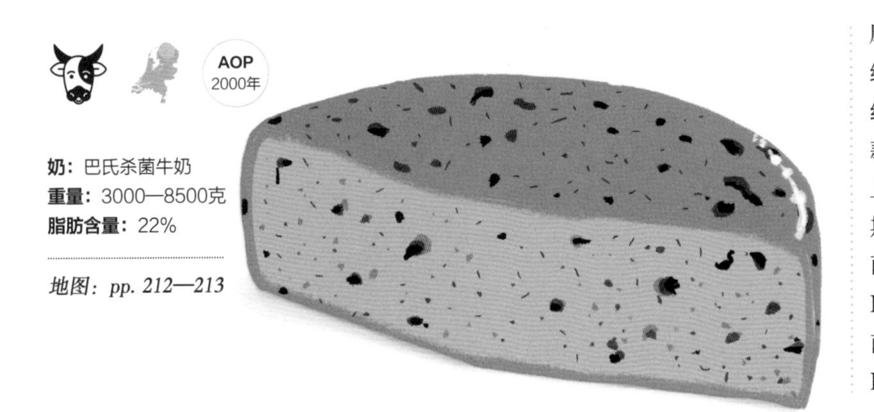

奶： 巴氏杀菌牛奶
重量： 3000—8500克
脂肪含量： 22%

地图：pp. 212—213

康特卡斯奶酪的表皮可以是纯天然的，也可以用黄色或红色的石蜡包裹。入口后，这款柔软的奶酪有些刺激性，且带有香料味，尤其是熟成期较长的奶酪。它可以分为两种，用丁香调味的被称为Kanter Nagelkaas奶酪；用小茴香调味的，被称为Kanter Komijnekaas奶酪。

开芬拉格瑞维耶奶酪（Kefalograviera）希腊：西马其顿区，伊庇鲁斯，西希腊

AOP
1996年

奶： 巴氏杀菌绵羊奶/绵羊奶与巴氏杀菌山羊奶混合
脂肪含量： 21%

地图：pp. 220—221

这款表皮呈白色的多姆奶酪质地紧密，易融化，表面布满了小孔洞，释放出奶香和酸味。入口后，奶酪的味道明显，且很咸。用橄榄油炸过之后，这款奶酪可用于制作一道希腊经典名菜——油炸干酪（Saganáki）。

科林诺威客奶酪（Klenovecký syrec）斯洛伐克：班斯卡·比斯特里察，科希策

奶：生绵羊奶/生牛奶
奶酪大小：直径10—25厘米，厚度8—12厘米
重量：1000—4000克
脂肪含量：27%

地图：pp. 218—219

为了证明其真实的原产地，每个科林诺威客奶酪都带着十字架或四叶草的圆形商标。无论是否被烟熏过，它都是一款质地紧密又容易融化的奶酪。闻起来，人们能分出窖藏的湿润气息，还有发酵和烟熏的气味。

拉都特里米提里尼斯奶酪（Ladotyri Mytilinis）希腊：北爱琴海

奶：绵羊奶/绵羊奶与山羊奶（巴氏杀菌）
奶酪大小：直径4—5厘米，厚度7—8厘米
重量：800—1200克
脂肪含量：22%

地图：pp. 220—221

这款体积小巧的奶酪仅在莱斯沃斯岛上生产，凝乳期结束后直接放到小竹篮里，这造成了它熟成后表皮上的皱纹。它的质地紧密，带着颗粒感，易融化。这款奶酪带来的是有一定酸度的香味、咸味和羊的气息。在制作成形后，根据传统工艺，奶酪会被干燥，然后放入一个盛有橄榄油的陶土容器内保存。如今，这款奶酪也会用食品级封蜡封住。

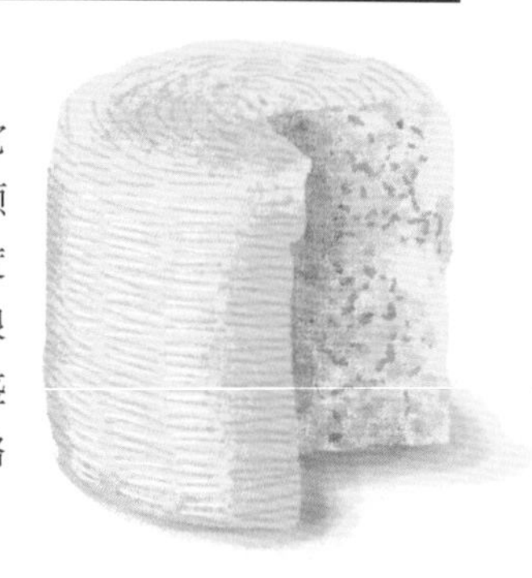

拉吉奥乐奶酪（Laguiole）法国：奥克西塔尼

奶：生牛奶
奶酪大小：直径40厘米，厚度30—40厘米
重量：25 000—50 000克
脂肪含量：29%

地图：pp. 196—197

这款奶酪最早出现在古罗马时代老普林尼的记载中。曾经有很长一段时间，这款奶酪是由修士们在特定季节制作的。如今，虽然这款奶酪全年都可以买到，但它依然只有在海拔800—1400米的地方才可以生产。它的外观看上去极其粗糙，实际上却是一款非常细腻的奶酪，有特点，精细且易融化，甚至有些黄油质。入口后，它有着乳酸的香气、烘烤的香味，以及奶油、黄油和草本植物的气息，还夹杂着一丝坚果香。

拉沃奶酪（Lavort）法国：奥弗涅-罗讷-阿尔卑斯

奶：生牛奶
奶酪大小：直径20厘米，厚度12厘米
重量：2000克
脂肪含量：27%

地图：pp. 196—197

拉沃奶酪的制作灵感源自帕特里克·博蒙，他也是福美松烟熏奶酪的研制者。他先去西班牙找到这些外形酷似炮弹的奶酪模具后，于1988年开始制作这款奶酪。正因如此，这款奶酪的外形有些特别！虽然说这款奶酪的表皮很粗糙，散发着窖藏的潮湿气息和蘑菇的气味，但它的质地还是十分精细且易融化的，带着乳酸香、一丝酸味和有些甜的草本植物香味。

利厘葡挞奶酪（Liliputas）立陶宛

奶：巴氏杀菌牛奶
奶酪大小：直径7—8.5厘米，厚度7.5—13厘米
重量：400—700克
脂肪含量：30%

地图：pp. 214—215

这款奶酪仅在一个叫贝尔维德里斯（Belvederis）的村庄生产，这里被誉为立陶宛奶产品的摇篮。1921年，在这个村庄里成立了一所农业食品学校，其中有一个特别的“养殖产奶”专业。利厘葡挞奶酪的表皮光滑，经常会用一层黄色的食品级封蜡封住。它的质地富有弹性，需要咀嚼较长的时间才能品尝出特色。从外观来看，这款奶酪有很多不规则的小孔洞。入口后，牛奶发酵的香味很浓郁，有时候也会有些苦味，而且比较咸。

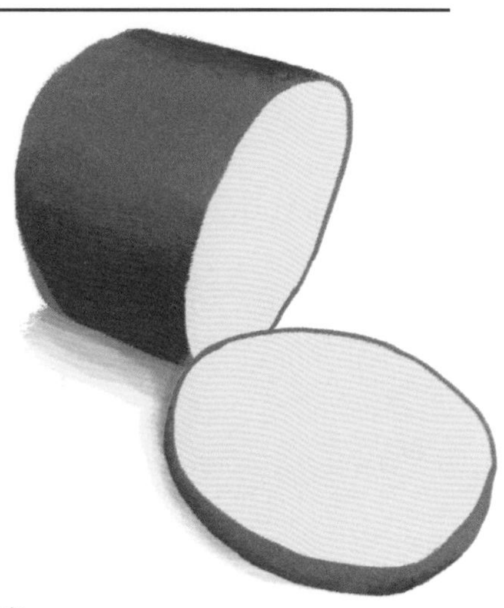

马洪-梅诺卡奶酪（Mahón-Menorca）西班牙：巴利阿里群岛

奶：生牛奶/巴氏杀菌牛奶和绵羊奶（至多5%）
奶酪大小：边长20厘米，厚度4—9厘米
重量：1000—4000克
脂肪含量：24%

地图：pp. 200—201

这款深褐色的奶酪质地紧密、干燥，用手捏的话会有油脂感。入口后，它很易融化，带着颗粒感，黄油香和玉米淀粉香很突出。

米莫雷特奶酪（Mimolette）法国：上法兰西

奶：生牛奶/巴氏杀菌牛奶
奶酪大小：直径20厘米，厚度15厘米
重量：2500—4000克
脂肪含量：27%

地图：pp. 190—191

它的原籍到底是荷兰还是法国，这个问题始终有争议。但可以确认的是，在17世纪时，法国国王的财政大臣科尔贝曾经禁止荷兰米莫雷特奶酪进口，当时正是两国交战时期。后来，他要求法国农户将自己的奶酪染色，并改名为“里尔圆球”（Boule de Lille）以示区分。从那时起，法国人拥有了自己的橙色米莫雷特奶酪。从外表看，两者的区别还是很明显的，这是因为法国的米莫雷特奶酪的表皮是纯天然的，而荷兰的米莫雷特奶酪则是用食品级蜡封装的。如果熟成期不超过6个月，它就是“嫩”米莫雷特奶酪；而熟成期为6—12个月时，则为“半老”米莫雷特奶酪；12—18个月时叫作“老”米莫雷特奶酪；超过18个月则是“超老”米莫雷特奶酪。当它还是“嫩”和“半老”的时候，质地很柔软，易融化，口感平和。之后阶段的米莫雷特奶酪偏榛子香，但绝不会有刺激性。

米莫雷特奶酪作为戴高乐将军最喜欢的奶酪而闻名，这不奇怪，戴高乐出生于里尔。

蒙塔西欧奶酪（Montasio）意大利：弗留利-威尼斯朱利亚，威尼托

AOC 1955年　AOP 1996年

奶：巴氏杀菌牛奶
奶酪大小：直径30—35厘米，厚度8厘米
重量：6000—8000克
脂肪含量：29%

地图：pp. 204-205

历史上，对蒙塔西欧奶酪的描述最早出现在13世纪，当时它是由莫吉奥修道院（Moggio）本笃会修士们用绵羊奶制作的。这款奶酪表皮光滑，质地紧密，呈秸秆黄色，在内部有很多小孔洞。新鲜的蒙塔西欧奶酪很容易融化，有乳酸香。当熟成期更长的时候，它会变干，也开始有颗粒感，同时还会带有更多动物气息和刺激性。

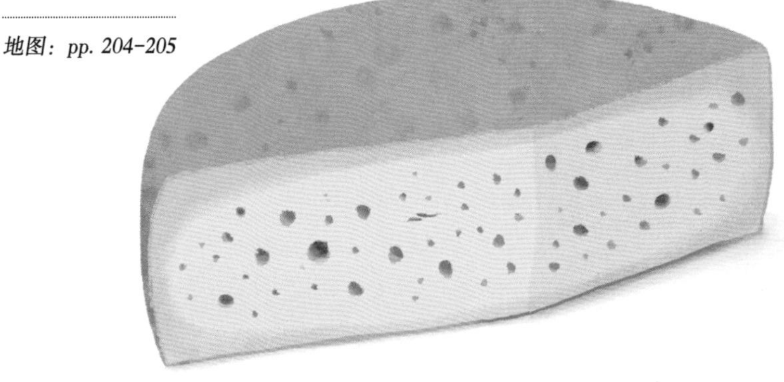

蒙特维龙奶酪（Monte Veronese）意大利：威尼托

AOP 1996年

奶：生牛奶
奶酪大小：直径25—35厘米，厚度6—11厘米
重量：6000—10 000克
脂肪含量：29%

地图：pp. 204—205

蒙特维龙奶酪有两种规格：全脂（latte intero）和熟成（d'allevo）。无论是哪种，在奶酪上都印有“MONTE VERONESE”字样作为原产地的真实性标识。全脂蒙特维龙奶酪熟成期较短，更为柔软，闻起来以新鲜黄油的香味和酸奶香气为主，质地柔软且易融化。口感上，更多的是新鲜牛奶的香味（奶酪成形后只有25天熟成期，之后就出窖），带着一丝草本植物气息和酸味。熟成蒙特维龙奶酪则要至少90天熟成期后出窖。相比于全脂奶酪，它的外观有点粗糙，也更为坚硬，当然从嗅觉上也有更多的香味。它具有浓郁的榛子香、黄油香和奶油香。在品尝收尾时，还会出现香料感。

蒙特维龙奶酪至少在1世纪时就已经存在了，这可以从威尼托省保存的账簿中看出来。那时候，蒙特维龙奶酪应该是作为货币流通使用的。

莫尔碧叶奶酪（Morbier）法国：奥弗涅-罗讷-阿尔卑斯，勃艮第-弗朗什-孔泰

AOC 2000　AOP 2009

奶：生牛奶
奶酪大小：直径30—40厘米，厚度5—8厘米
重量：5000—8000克
脂肪含量：22%

地图：pp. 192—193

从传统上讲，当奶量不足以制作磨盘大小的孔泰奶酪时，才会制作莫尔碧叶奶酪。最初，奶农们在前一天晚上将牛奶凝乳后，在表面撒上一层木炭灰来防虫。第二天，把早上挤出的牛奶凝乳再与前一晚凝乳过的牛奶混合。这款多姆奶酪的表皮有点粘手，颜色从粉白色到米黄色过渡，闻起来有点硫黄的气味。奶酪入口后带着些许酸味，有奶油香和榛子香。莫尔碧叶奶酪口感柔和，它绝不可能是酸的。

奶酪中间的黑线不是霉菌，而是木炭灰，它可以区分早晚两次不同时间的凝乳。

纳诺斯奶酪（Nanoški sir）斯洛文尼亚：伊斯特拉，戈里斯卡

奶：巴氏杀菌牛奶
奶酪大小：直径32—34厘米，厚度7—12厘米
重量：8000—11 000克
脂肪含量：23%

地图：pp. 216—217

这款奶酪早在16世纪时便出现在纳诺斯高原。纳诺斯奶酪的表皮是黄色的，带着砖红色或褐色的小斑点。切开以后，奶酪内部的颜色是深黄色的，还有些弹性，紧密而柔软。入口后，它有轻微的刺激性和精致的咸味。

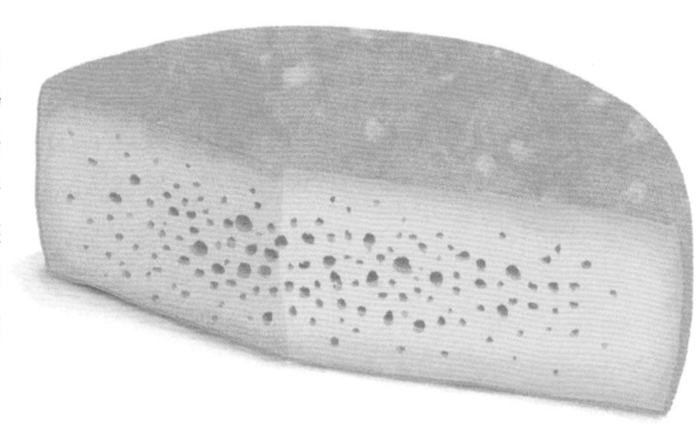

北荷兰埃丹莫奶酪（Noord-Hollandse Edammer）荷兰：北荷兰省

奶：巴氏杀菌牛奶
重量：1700—1900克
脂肪含量：28%

地图：pp. 212—213

这款奶酪是荷兰奶酪中最广为人知的品种之一，只有牛奶场生产。几个世纪以来，这款奶酪从荷兰埃丹（Edam）港出口到全世界，它的红色或橙色食用蜡封很容易识别。奶酪本身易融化，很柔软。口感上，它多以新鲜牛奶和黄油的香味为主。

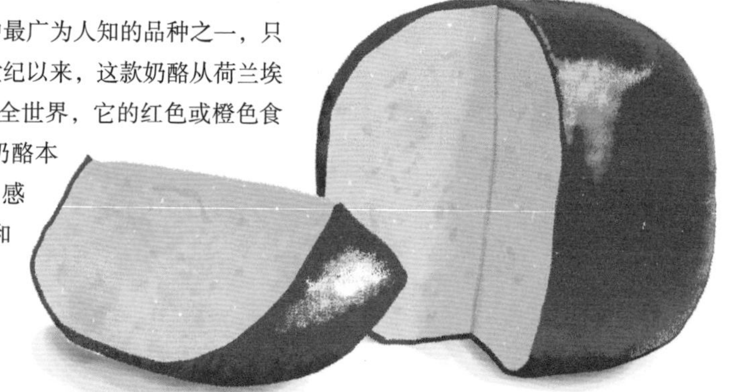

北荷兰豪达奶酪（Noord-Hollandse Gouda）荷兰：北荷兰省

奶：巴氏杀菌牛奶
重量：2500—30 000克
脂肪含量：28%

地图：pp. 212—213

每个星期四的上午，荷兰的豪达港都会开办一个专门的奶酪市场，在这里，豪达奶酪是以完整的磨盘大小售卖的。豪达奶酪有着黄色的食用蜡封，是奶酪商和超市奶酪柜中绝不能少的品种。它在熟成初期很柔软，随着熟成时间的延长会逐渐变硬。在奶酪中会有不少酪氨酸结晶，这也给奶酪带来不少颗粒感。豪达奶酪以黄油香、榛子香为主，还带着一丝甜味。

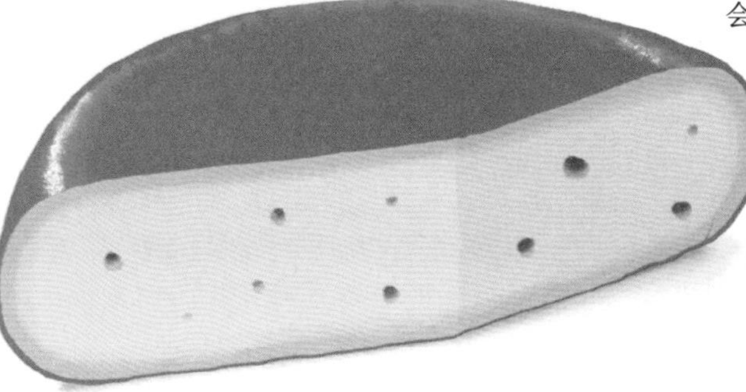

瓦尔特隆皮亚诺斯塔诺奶酪（Nostrano Valtrompia）意大利：伦巴第

AOP
2012年

奶：生牛奶
奶酪大小：直径30—45厘米，厚度8—12厘米
重量：8000—18 000克
脂肪含量：28%

地图：pp. 204—205

该奶酪的表皮颜色从褐黄色到浅红色过渡，质地油腻且紧密。它的外表呈金黄色，这是因为制作时在生奶中加入了藏红花。这款奶酪口感强烈，带有少许藏红花香味。但如果熟成时间过长，它也会变得有点刺激性。

老灰熊奶酪（Old Grizzly）加拿大：阿尔伯塔

奶：巴氏杀菌牛奶
奶酪大小：直径36厘米，厚度10厘米
重量：10 000克
脂肪含量：26%

地图：pp. 222—223

1995年，沙尔克维基（Schalkwyk）一家定居加拿大，开始生产具有自己特色的豪达奶酪。老灰熊奶酪有着黄油质的柔和口感，带着一丝嚼劲，入口后有坚果和新鲜奶油的香味。

奥洛莫乌茨奶酪（Olomoucké tvarůžky）捷克：奥洛莫乌茨

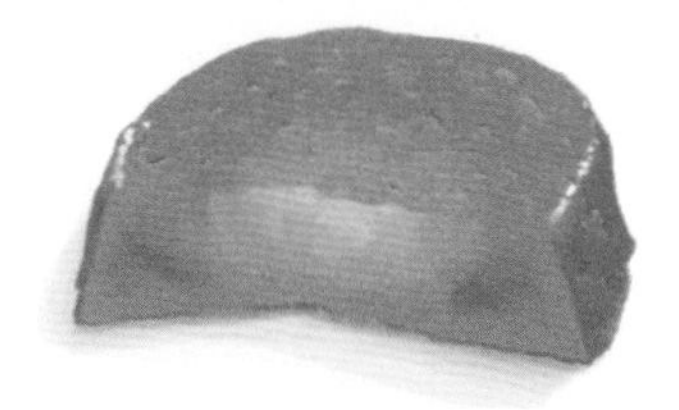

IGP
2010年

奶：巴氏杀菌牛奶
重量：20—30克
脂肪含量：24%

地图：pp. 218—219

这款小号的多姆奶酪有一层金黄色的蜡封表皮，这层表皮有柔软、半软甚至硬质的不同质地。这款奶酪也会有不同的形状，如扁圆饼状、环状或者小木墩状。入口后，根据不同的熟成时间，口感从柔和到刺激不等。

奥克尼苏格兰岛切达奶酪（Orkney Scottish Island Cheddar）英国：苏格兰，思克莱德

IGP
2013年

奶：巴氏杀菌牛奶
重量：20 000克
脂肪含量：33%

地图：pp. 210—211

市面上销售的这款奶酪有三种不同的熟成度：中等（6到12个月）、强烈（12到15个月）和极强（15到18个月）。这是一款很典型的英式切达奶酪，口感上或多或少地带有酸味、榛子香和香料味。

奥茨佩克传统奶酪（Oscypek）波兰：西里西亚，小波兰

奶：生绵羊奶/生绵羊奶和生牛奶
奶酪大小：直径6—10厘米，长度17—23厘米
重量：600—800克
脂肪含量：31%

地图：pp. 218—219

这款奶酪的名字源自两个词语，一个是“压碎”（oszczypywac），一个是“小矛”（oszczypek），这个词很好地诠释了它的形状。奥茨佩克传统奶酪仅在每年的5月至9月之间制作。它那发亮的表皮颜色从秸秆黄到浅褐色过渡，这是因为奶酪干燥后会有烟熏工艺。入口后，烟熏味和酸味会很快释放出来。

奥索-伊拉蒂奶酪（Ossau-iraty）法国：新阿基坦

奶：生绵羊奶/巴氏杀菌绵羊奶
奶酪大小：直径18—28厘米，厚度7—15厘米
重量：2000—7000克
脂肪含量：30%

地图：p. 196

奥索-伊拉蒂奶酪是法国巴斯克地区和贝亚内地区极具代表性的奶酪，最早出现在中世纪。14世纪时的公证文件上曾将它定为土地租赁时租户的租金。这款奶酪的名字源自位于贝亚内的奥索谷和巴斯克地区的伊拉蒂山脉。目前，市场上有三种奥索-伊拉蒂奶酪：畜牧产奶业级（可以通过奶酪表皮上的绵羊头侧面印记识别）、农户级（奶酪表皮的印记为正面绵羊头）和夏季高山牧场级（两个标记：一个正面绵羊头，一朵雪绒花）。不同类型的奥索-伊拉蒂奶酪颜色也不同，表皮颜色从橙黄色到灰白色不等。这款奶酪闻起来会有鲜草和干草香味，以及黄油的气息。紧密和油润的质地在口中融化，释放出动物气息、乳酸香和烘烤香味。

2018年在美国举办的一场有3400种奶酪参加的世界大赛上，由米歇尔·图亚胡（Michel Touyarou）制作的“小狡猾”（Esquirrou）奥索-伊拉蒂奶酪获得最佳奶酪的称号。

奥索拉诺奶酪（Ossolano）意大利：皮埃蒙特

奶：生牛奶
奶酪大小：直径29—32厘米，厚度6—9厘米
重量：5000—7000克
脂肪含量：28%

地图：pp. 204—205

这种山区多姆奶酪有两种，其中一种是高山草场的（主要是夏季），可以通过一个栗色渐变标记识别。两种奥索拉诺奶酪的颜色都从浅黄色到秸秆黄色过渡，且易融化。它们闻起来都有细致的花香和坚果香味。入口后，口感丰富，还带有花香、草本植物香、甘草香和红浆果的香味，比如穗醋栗。

奥维齐手工烟熏绵羊奶酪（Ovčí salašnícky údený syr）斯洛伐克

奶：生绵羊奶
重量：100—1000克
脂肪含量：28%

地图：pp. 218—219

这是斯洛伐克的代表奶酪，它的独特之处在于其外形（半球形、各种动物造型或心形）和烟熏工艺。这款奶酪只会在夏季制作。它的表皮是浅褐色的，干燥且紧密，还会有几处因为烟熏而产生的斑点。奶酪质地紧密，有些小孔。无论是闻起来还是品尝，烟熏味都会压过酸味和香味。

克罗托内绵羊奶酪（Pecorino crotonese）意大利：卡拉布里亚

奶：生绵羊奶/加温工艺绵羊奶/巴氏杀菌绵羊奶
奶酪大小：直径10—30厘米，厚度6—20厘米
重量：500—10 000克
脂肪含量：28%

地图：pp. 208—209

从储藏窖出来的时候，这种奶酪会有几种不同的熟成度——新鲜（fresco）、半硬（semiduro）和陈年（stagionato，超过6个月熟成期）。奶酪的表皮从白色过渡到褐色，中间还有秸秆黄色。它以绵羊奶的气息为主，同时带有少许干草、鲜草和坚果的香味。入口后，它很容易融化，根据不同的熟成期，带着柔和、强烈或刺激的香味。陈年奶酪有时会被浸泡到橄榄油中，便于软化表皮并让奶酪释放出更丰富的口感。

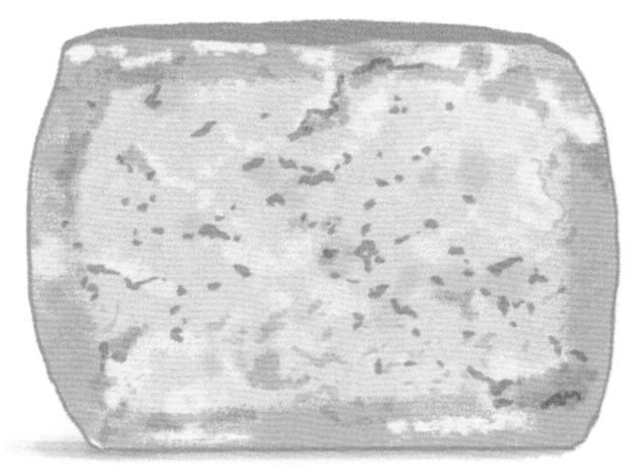

沃尔泰拉悬崖绵羊奶酪（Pecorino delle Balze volterrane）意大利：托斯卡纳

奶：生绵羊奶
奶酪大小：直径10—20厘米，厚度5—15厘米
重量：600—7000克
脂肪含量：28%

地图：pp. 206—207

这款绵羊奶酪是用植物凝乳剂制作的，所以素食者们也可以尽情享用。它有四种不同的熟成度：新鲜（6个星期）、半熟（6个星期到6个月）、熟成（6到12个月）和陈年（12个月以上）。不同熟成期，奶酪的密度也会不同，颜色从白色到金黄色之间过渡。闻起来，这款奶酪释放出奶水的香味，以及香料、草和花的香味。刚入口时，口感还是柔和且带着花香的，随后便是乳酸香和黄油香。品尝后期，熟成期较长的奶酪会有些刺激感。

菲利亚诺绵羊奶酪（Pecorino di Filiano）意大利：巴西利卡塔

奶：生绵羊奶
奶酪大小：直径15—30厘米，厚度8—18厘米
重量：2500—5000克
脂肪含量：28%

地图：pp. 207—209

它的表皮上有着凝乳沥水定型器带来的痕迹。为了加强香味，它会被放入初次压榨的橄榄油和葡萄醋中浸泡，质地紧密且干燥。味道上，熟成期短的奶酪多以柔和且带着乳酸的香味为主，而熟成期长的奶酪则具有动物气息和刺激感。

皮西尼思科羊奶酪（Pecorino di Picinisco）意大利：阿布鲁佐

奶：生绵羊奶/生绵羊奶和生山羊奶（至多25%）
奶酪大小：直径12—25厘米，厚度7—12厘米
重量：500—2000克
脂肪含量：29%

地图：pp. 206—207

市场上有两种熟成度的皮西尼思科羊奶酪：软皮（30—60天）和陈年（超过90天）。它的表皮粗糙，带有少量小孔。软皮奶酪带着草场的风味，还有乳酸香、草本植物气息，口感清爽；陈年奶酪则是在气味和味道上更为浓烈，带有动物气息，口感也更有层次。

罗马绵羊奶酪（Pecorino romano）意大利：拉齐奥，撒丁岛，托斯卡纳

AOP
1996年

奶：生绵羊奶
奶酪大小：直径25—35厘米，厚度25—40厘米
重量：25 000—35 000克
脂肪含量：28%

地图：pp. 206—208

古罗马诗人维吉尔（Virgile）曾经说过，在古罗马时代，每个罗马帝国的士兵每天能有27克的罗马绵羊奶酪补给，以补充能量去开拓帝国的疆土。其实罗马绵羊奶酪不仅在罗马附近的拉齐奥大区生产，同时也在撒丁岛和托斯卡纳生产。白色的表皮上覆盖着一层黑色的颗粒，掩藏着紧密且有颗粒感的奶酪，散发出干草料、奶牛棚和香料的气味。

撒丁岛绵羊奶酪（Pecorino sardo）意大利：撒丁岛

AOC
1991年

AOP
1996年

奶：生绵羊奶
奶酪大小：直径15—22厘米，厚度8—13厘米
重量：1000—4000克
脂肪含量：28%

地图：pp. 206—208

撒丁岛绵羊奶酪有两种熟成度：柔和（20到60天）和成熟（超过2个月的熟成）。柔和级奶酪的表皮光滑柔软，颜色从白色到浅黄色不等。该奶酪质地紧密，体量小巧，有弹性，带着小孔。从口感上说，这款奶酪带来的更多是清爽、乳酸香和一定的酸味。熟成至成熟时，奶酪表皮的颜色会更深，从黄色到褐色之间过渡，有颗粒感，易融化。这是一款很有特点的奶酪，带有轻微的刺激感。

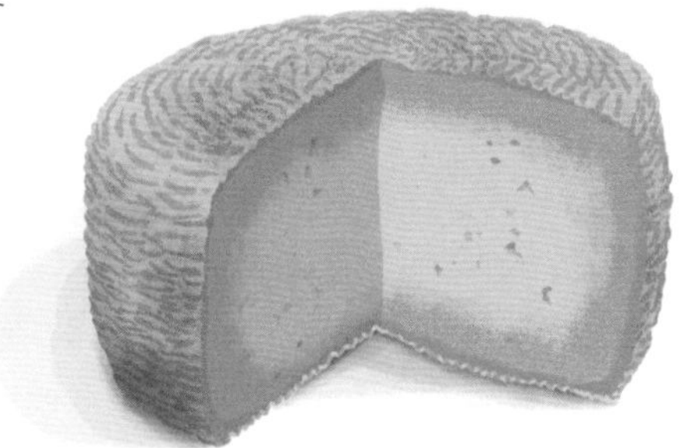

西西里岛绵羊奶酪（Pecorino siciliano）意大利：西西里岛

AOC
1955年

AOP
1996年

奶：生绵羊奶
奶酪大小：直径20—26厘米，厚度10—18厘米
重量：4000—12 000克
脂肪含量：31%

地图：pp. 208—209

这款奶酪曾在《荷马史诗》中被提到，它主要在10月到次年6月之间制作。虽然制作时间上有限制，但并不妨碍全年销售，这是因为西西里岛绵羊奶酪需要至少4个月的熟成期。与意大利其他的绵羊奶酪一样，它的表皮发亮，带着皱纹，这是因为它是用编制的篮子沥水后制成的。这款奶酪质地紧密，摸起来有颗粒感，奶牛棚的气息十分浓郁。总体来说，这是一款极具特点并带着刺激性香味的奶酪。

托斯卡纳绵羊奶酪（Pecorino toscano）意大利：拉齐奥，翁布里亚，托斯卡纳

AOP
1996年

奶： 生绵羊奶/巴氏杀菌绵羊奶
奶酪大小： 直径15—22厘米，厚度7—11厘米
重量： 750—3500克
脂肪含量： 29%

地图：pp. 206—207

据老普林尼记载，最初这款奶酪仅在托斯卡纳地区生产。而如今，托斯卡纳绵羊奶酪［也被称为卡乔（Cacio）］在拉齐奥、翁布里亚地区也有生产。它的表皮用橄榄油搓过（这是为了避免长出霉菌），颜色呈黄色、深黄色甚至金黄色。熟成后，它的内部呈秸秆白或者米白色。随着熟成期延长，奶酪的质地从柔软变坚硬，还有些许小洞。它的气味取决于熟成期的长短，在奶香、干草香、坚果香和香料之间变换。

菲伯斯奶酪（Phébus）法国：奥克西塔尼

奶： 生牛奶
奶酪大小： 直径22厘米，厚度7厘米
重量： 2700克
脂肪含量： 26%

地图：pp. 196—197

这款奶酪是卡洛斯夫妇的另一个作品，他们也是丘比特奶酪和比利牛斯山的小未婚夫奶酪的制作人。这款奶酪取名为“菲伯斯”，是为了向加斯东·菲伯斯（Gaston Phébus）这位中世纪时的当地贵族骑士致敬。其表皮是粉色或橙黄色的，有时还会出现一些白色的斑点。它的质地柔软，易融化，有奶油感。闻起来主要是新鲜牛奶的香味，带着些鲜草和干草料的气息。它是一款带有细致气息的奶酪，有些许果香、酸味和乳酸香味。它耐热，可以先用烤箱烘烤再食用。

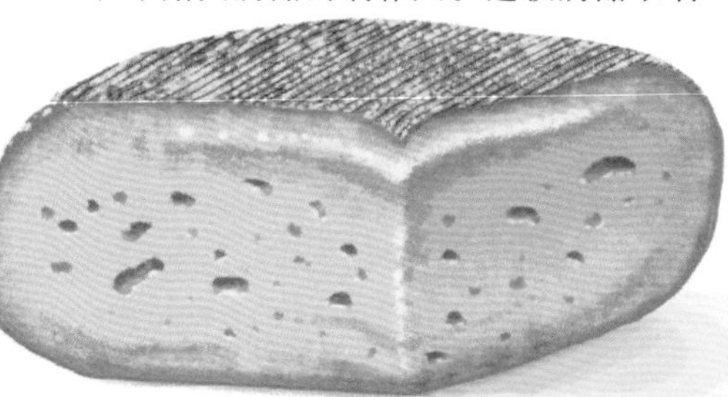

恩纳皮亚桑提努绵羊奶酪（Piacentinu ennese）意大利：西西里岛

AOP
2011年

奶： 生绵羊奶
奶酪大小： 直径20—21厘米，厚度14—15厘米
重量： 3500—4500克
脂肪含量： 29%

地图：pp. 208—209

这款奶酪的名字源自西西里土语piacenti，意思是“令人愉悦的”。关于它最早的文字记载是在12世纪。其表皮或呈深黄色，或呈浅黄色，因为奶酪中加入了西西里藏红花。同时，奶酪匠还会在凝乳中加入黑胡椒。恩纳皮亚桑提努绵羊奶酪口感强劲，带有胡椒味。它质地紧密、细腻，且易融化。

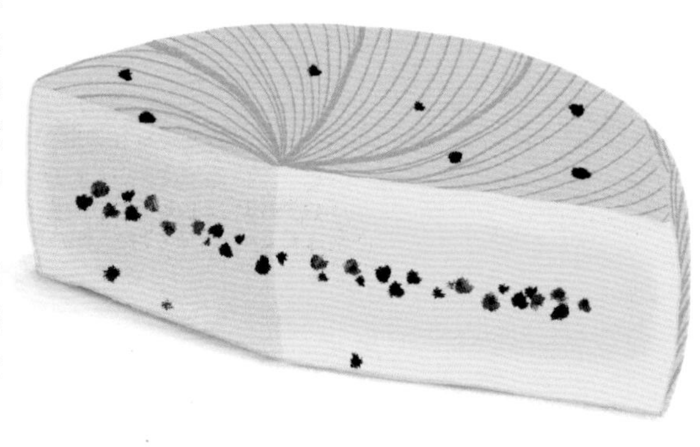

皮亚维奶酪（Piave）意大利：威尼托

AOP
2010年

奶：生牛奶
奶酪大小：直径27.5—34厘米，厚度6—10厘米
重量：6000—10 000克
脂肪含量：20%—35%

地图：pp. 204—205

这款奶酪有五种不同的窖藏阶段：新鲜（fresco，20到60天熟成期）、半熟（mezzano，60到180天熟成期）、熟成（vecchio，6到12个月熟成期）、超级熟成（vecchio selezione oro，12到18个月熟成期）和超级完全熟成（vecchio riserva，18个月以上熟成期）。正因如此，该奶酪的大小、重量和脂肪含量都是不同的。新鲜级和半熟级较为柔和，口感清爽，带着乳酸香，表皮颜色浅，质地为均匀的白色。那些熟成期长的奶酪更有特点，带有更多的黄油感、奶油感，甚至有些甜；口感强烈，但不刺激。从质地来看，熟成时间长的奶酪更干燥，更有颗粒感，颜色也更偏向秸秆黄色和浅褐色。

皮楚奈特绵羊奶酪（Pitchounet）法国：奥克西塔尼

奶：生绵羊奶
奶酪大小：直径9—10厘米，厚度6—7厘米
重量：380克
脂肪含量：28%

地图：pp. 196—197

瑟甘家族除了生产勒屈特奶酪（Recuite）和塞弗拉克蓝纹奶酪（Bleu de Séverac）以外，也是皮楚奈特绵羊奶酪的制作者。皮楚奈特在普罗旺斯方言中是“小孩子”的意思。这是一款细腻、精致，堪称珠宝的奶酪，入口散发出新鲜奶水的香味，以鲜草味和秸秆香为主，收尾时则散发出一丝苦味和蘑菇味。

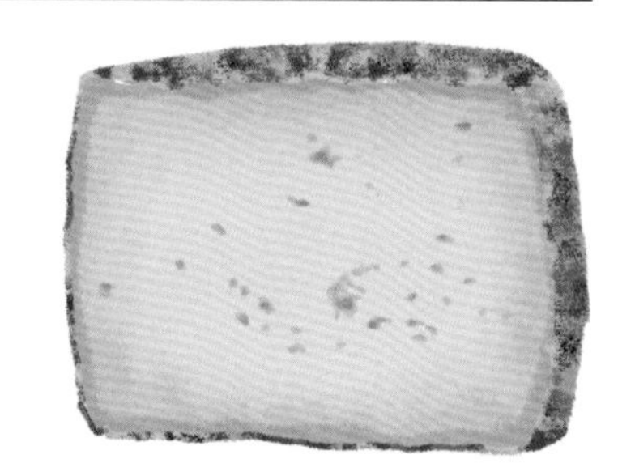

丹麦王子奶酪（Prinz von Denmark）丹麦：日德兰半岛

奶：巴氏杀菌牛奶
奶酪大小：直径31厘米，厚度9厘米
重量：6600克
脂肪含量：29%

地图：pp. 214—215

黑色的蜡封包装下，是象牙白色、质地柔软且带着蜂窝式孔洞的奶酪。闻起来，这款奶酪充满奶香，但略微有些刺激性。其颜色会让人误以为是一款口感柔和的奶酪，其实并非如此。入口后，它会带来清爽的感觉和微酸的味道，但随着继续品尝，牛奶的气息会逐渐被释放出来，最后以强烈的口感收尾。丹麦王子奶酪实在是令人惊叹。

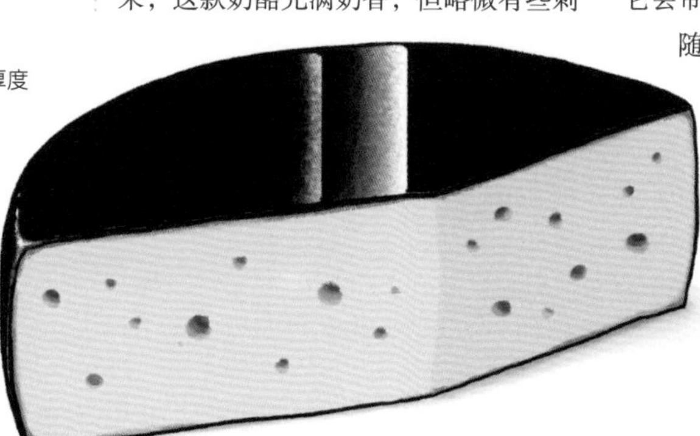

莫依纳臭奶酪（Puzzone di Moena/Spretz tzaori*）意大利：特伦蒂诺-上阿迪杰

奶：生牛奶
奶酪大小：直径34—42厘米，厚度9—12厘米
重量：9000—13 000克
脂肪含量：28%

地图：pp. 204—205

虽然这款奶酪有两个名字，但其实是同一款。其表皮相当光滑，有油润感，颜色从黄色到浅红色过渡，还带有栗色或者米色。由于用温盐水洗皮，这款奶酪释放出的味道相当强烈，带着些氨气的气味。其质地柔软有弹性，带有象牙白色或浅黄色的光泽。入口后，它口感强烈，有些刺激性，且带着一丝咸味。

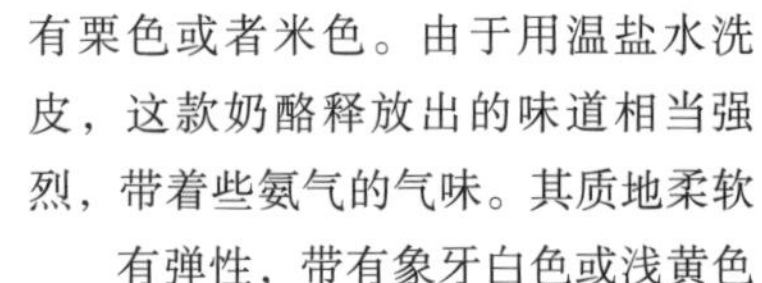

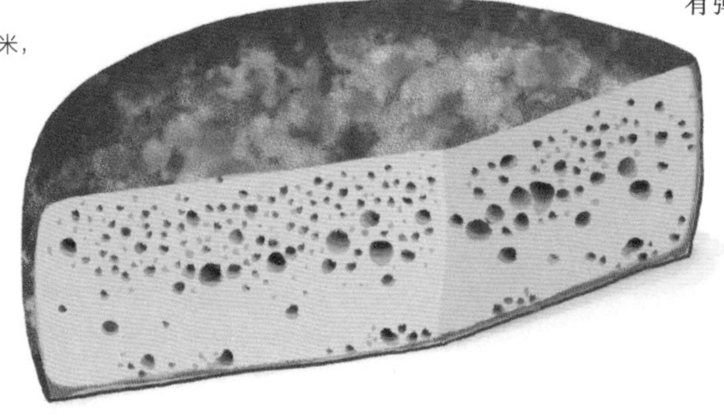

* Spretz Tzaori是奶酪的拉丁语名，这种拉丁语诞生于意大利东北部，全球仅约3万人掌握（接近罗曼语，但中文不能翻译为同音的拉丁语）。这是一种罕见的语言，没有官方翻译。——译者注

派恩加纳奶酪（Pyengana）澳大利亚：塔斯马尼亚

奶：巴氏杀菌牛奶
脂肪含量：27%

地图：p. 226

Pyengan是当地人的语言，意思是“两条河汇合的地方”。希利家族（Healey）的第四代传人从1992年开始制作这款奶酪，他们继承了前辈传下来的奶牛牧场。这款多姆奶酪带着颗粒感，易融化。根据不同的熟成时间，它会有不同程度的奶油感、生洋葱香味和麝香味，甚至还有小茴香的香味。但无论熟成期长短，这款奶酪的口感都非常均衡，且余韵悠长。

贝拉拜萨羊奶酪（Queijo da Beira Baixa）葡萄牙：中部

奶：生绵羊奶和（或）生山羊奶
奶酪大小：直径9—13厘米，厚度6厘米
重量：500—1000克
脂肪含量：29%

地图：pp. 202—203

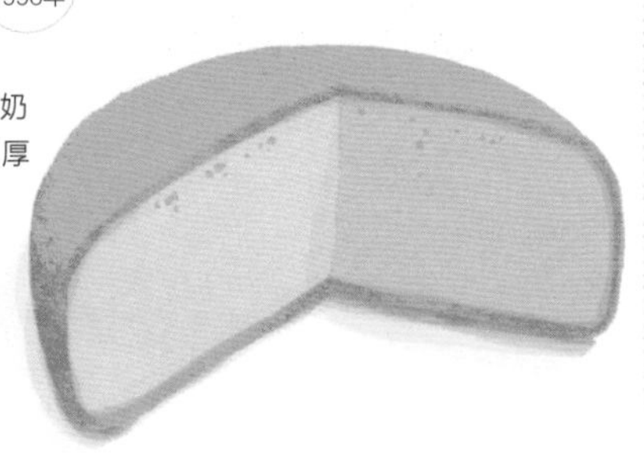

在这个产区的AOP标识中，还包括白城堡奶酪（Queijo de Castelo Branco）、贝拉拜萨黄奶酪（Queijo Amarelo da Beira Baixa）和贝拉拜萨辣味奶酪（Queijo Picante da Beira Baixa）三种。从口感上来说，贝拉拜萨羊奶酪有轻微的酸味，而黄奶酪和辣味奶酪有乳酸香，香料味浓郁的贝拉拜萨辣味奶酪特点最为明显。

特兰斯蒙塔诺山羊奶酪（Queijo de cabra transmontano）葡萄牙：北部，波尔图

奶：生山羊奶
奶酪大小：直径6—19厘米，厚度3—6厘米
重量：250—900克
脂肪含量：29%

地图：pp. 202—203

这款奶酪是用当地品种塞拉纳（Serrana）山羊奶制作的。它的表皮很硬，也很光滑。有时候会用添加了帕普利卡辣椒粉的橄榄油搓洗表皮，这样做表皮就会变为红色。这款奶酪较油腻，带着蜂窝状孔洞。闻起来，鲜草香和奶油香占据主体。此外，这款多姆奶酪有着突出的口感，以山羊奶的味道为主，收尾时还会释放出一丝辣味。

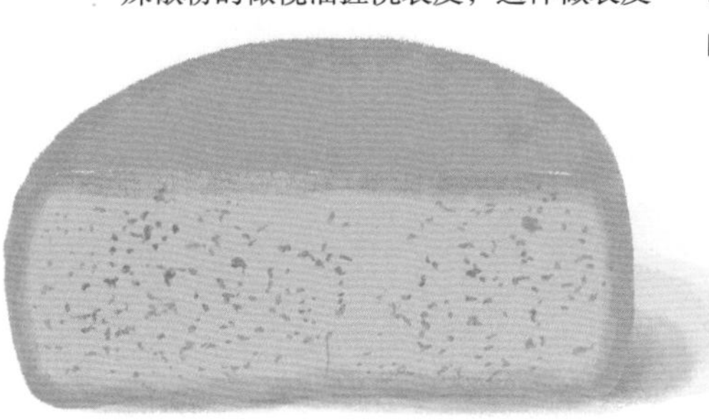

埃武拉羊奶酪（Queijo de Évora）葡萄牙：阿连特茹

奶：生绵羊奶
奶酪大小：直径6厘米，厚度2—3厘米
重量：100—150克
脂肪含量：28%

地图：pp. 202—203

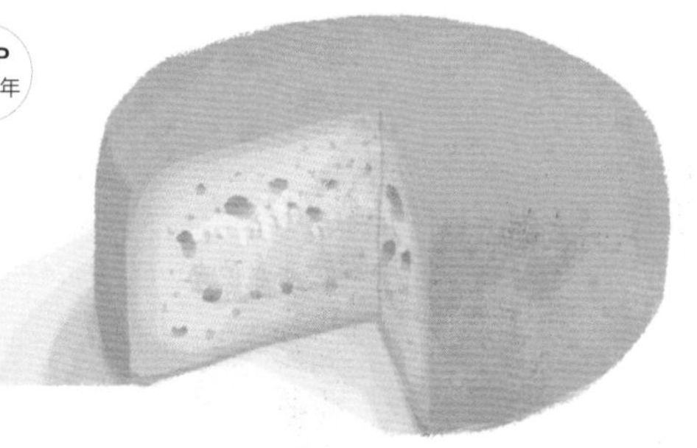

这款奶酪用从刺苞菜蓟（多年生草本植物）中提炼的凝乳剂制作，完全符合素食者的要求。淡黄色或金色的表皮包裹着坚硬或半硬的奶酪。这款奶酪释放的是窖藏和奶牛棚的气味。入口后，口感强烈，很咸且带着刺激性，奶牛棚的味道尤其浓郁。

尼萨羊奶酪（Queijo de Nisa）葡萄牙：阿连特茹

奶：生绵羊奶
重量：200—1300克
脂肪含量：28%

地图：pp. 202—203

这款奶酪用从刺苞菜蓟中提炼的凝乳剂制作，表皮的颜色介于亚光白色与金黄色之间，质地紧密，带着蜂窝状孔洞。这是一款很有个性的奶酪，以草本植物香味、细微酸度和动物气息为主。当它的熟成期比较长的时候，会在收尾时释放出一丝刺激的味道。

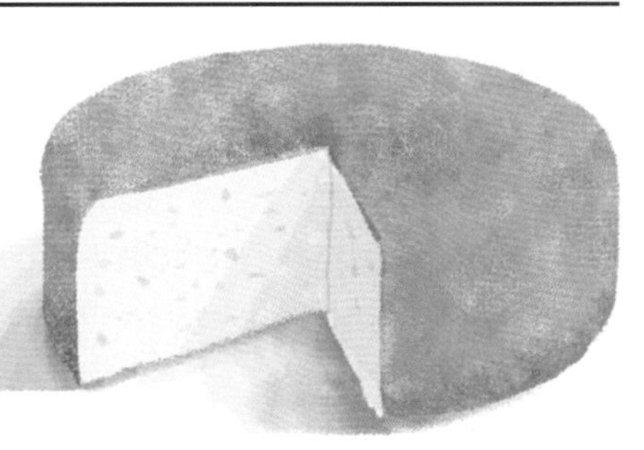

皮科奶酪（Queijo do Pico）葡萄牙：亚速尔群岛

AOP 1998年

奶：生牛奶
奶酪大小：直径16—17厘米，厚度2—3厘米
重量：650—800克
脂肪含量：25%

地图：pp. 202—203

在远离葡萄牙本土、孤悬于大西洋的亚速尔群岛，制作奶酪是当地居民的重要经济来源。这款奶酪的黄色表皮有点黏，而且很柔软。该奶酪的质地十分油腻，但也很紧密。它以牛奶特有的香味为主，还带着一丝酸味。入口后，皮科奶酪主要散发牛奶的味道，而且很咸。

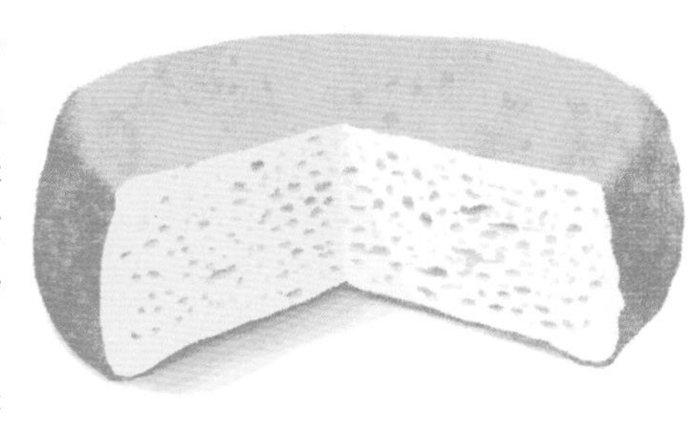

托罗萨混合羊奶酪（Queijo mestiço de Tolosa）葡萄牙：阿连特茹

IGP 2000年

奶：生山羊奶和生绵羊奶
奶酪大小：直径7—10厘米，厚度3—4厘米
重量：150—400克
脂肪含量：29%

地图：pp. 202—203

托罗萨混合羊奶酪是一款农庄奶酪，带着少许甜味，表皮呈浅赭色或橙色。它是用从刺苞菜蓟中提炼的凝乳剂制作的。当它熟成期不长的时候，核心部位很柔软；如果熟成期较长，核心部位的质地则会变得紧密甚至很硬。从味道上讲，无论熟成期长短，这款奶酪的口感都很强烈，带着浓郁的动物气息且具有刺激性。由于它是由山羊奶与绵羊奶混合制作的，因此本身带有少许酸味，不过在品尝收尾时十分清爽。

拉巴萨勒奶酪（Queijo rabaçal）葡萄牙：中部

AOP 1996年

奶：生绵羊奶和（或）生山羊奶
奶酪大小：直径10—20厘米，厚度4厘米
重量：300—500克
脂肪含量：28%

地图：pp. 202—203

熟成期很短的这款小多姆奶酪在市面上很常见，它的质地很柔软，呈象牙白或者白色，闻起来带着酵母和奶牛棚的气息。入口后，它会释放出轻微的酸味和咸味，以及羊奶的香味，非常细腻。但是当熟成期较长时，它会变成褐色，质地紧密，口感甚至带有刺激性。

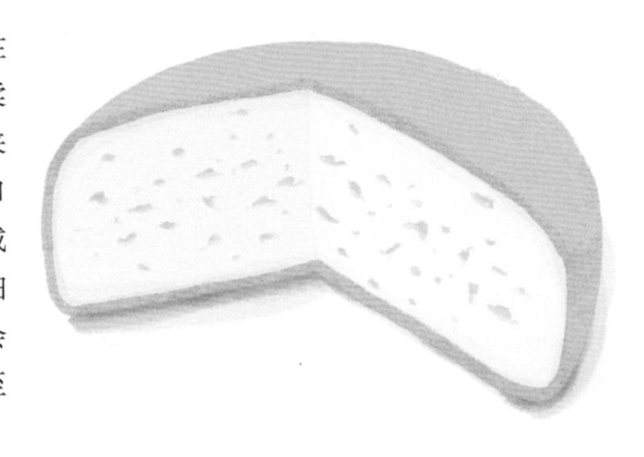

圣-乔治奶酪（Queijo São Jorge）葡萄牙：亚速尔群岛

AOC 1986年 AOP 1996年

奶：生牛奶
奶酪大小：直径20—30厘米，厚度10厘米
重量：4000—7000克
脂肪含量：27%

地图：pp. 202—203

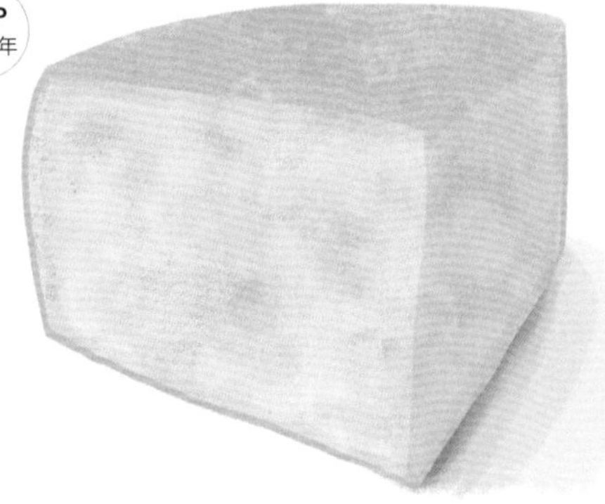

这款奶酪见证了弗拉芒殖民者15世纪占领亚速尔群岛的那段历史，同时也解释了为什么圣-乔治奶酪无论是外观还是口感都很接近荷兰的奶酪。它的表皮光滑，颜色呈浅黄色，保护着易融化的象牙色奶酪。入口后，圣-乔治奶酪有着温润的口感，并带有一丝苦味。当它熟成期较长时，会变得有刺激性。

特林稠奶酪（Queijo Terrincho）葡萄牙：波尔图

奶：生绵羊奶
奶酪大小：直径13—20厘米，厚度3—6厘米
重量：700—1200克
脂肪含量：29%

地图：pp. 202—203

特林稠奶酪只能用葡萄牙北部特有的品种——昆特楚拉绵羊（Churra de Terra Quente）的奶制作。30天后从储藏窖中拿出来时，特林稠奶酪表皮呈秸秆黄色，质地紧密，但易融。从口感来说，它有着绵羊奶特有的细致平和的香味。如果熟成期更长（60天时），它的表皮会呈淡黄色或红色，质地也会更硬，入口后味道强劲，甚至会在品尝收尾时有些刺激性。

卡梅拉诺奶酪（Queso camerano）西班牙：拉里奥哈

AOP 2012年

奶：生山羊奶/巴氏杀菌山羊奶
重量：200—1200克
脂肪含量：24%

地图：pp. 200—201

这款奶酪表皮上的痕迹足以证明，当时凝乳沥水定型时用的是柳条编筐。根据不同的熟成期，它会有不同的质地：柔软、半硬或坚硬。熟成期最长的卡梅拉诺奶酪表面还会有些霉菌。这款奶酪的口感清爽且发酸，带着花香。随着熟成期延长，山羊奶的特点会逐渐显露出来。

卡辛奶酪（Queso Casín）西班牙：阿斯图里亚斯

AOP
2011年

奶：生牛奶
奶酪大小：直径10—20厘米，厚度4—7厘米
重量：250—1000克
脂肪含量：25%

地图：pp. 200—201

卡辛奶酪是为数不多的需要揉捏的奶酪，这个过程以前多由手工完成，现在则改为用滚筒机。卡辛奶酪很容易辨识，因为它的表皮上印着一朵花或一片贝壳。正是因为凝乳是通过揉捏完成的，所以这款奶酪基本没有表皮。其质地紧密，体量小巧，有点干燥，但也会有油腻感，颜色从浅奶油色到深奶油色不等。这是一款奶油感十足、入口即化的奶酪，口感很直接，且带着生黄油香和奶牛棚的气息。如果延长熟成期，它就会变得具有刺激性，收尾时还会带有一丝苦味。

向导花奶酪（Queso de flor de Guía）西班牙：加那利群岛

AOP
2010年

奶：生绵羊奶（至少60%）和（或）生牛奶（至多40%）和（或）生山羊奶（至多10%）
奶酪大小：直径15—30厘米，厚度4—6厘米
重量：500—5000克
脂肪含量：23%

地图：pp. 202—203

这款奶酪的表皮可以是象牙白色、淡白色或者栗色的（全看熟成时间），摸起来很柔软。如果熟成期不长的话会呈奶油质地。当熟成期延长，奶酪会变硬。入口后，有较持久的香味和轻微的酸味，熟成期长的向导花奶酪通常会在品尝收尾时现出一丝苦味和一点刺激性。

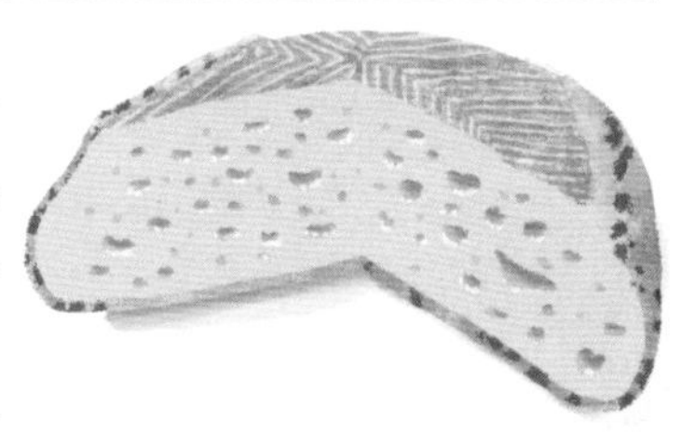

上乌赫尔塞尔达尼亚奶酪（Queso de l'Alt Urgell y la Cerdanya）西班牙：加泰罗尼亚

AOP
2000年

奶：巴氏杀菌牛奶
奶酪大小：直径19.5—20厘米，厚度10厘米
重量：2500克
脂肪含量：25%

地图：pp. 200—201

这款奶酪诞生于根芽瘤菌袭击了加泰罗尼亚所有的葡萄园之后，当时的葡萄种植者急需通过养殖业来保证自己的家庭收入。这种奶酪的表皮微湿，带有浅灰色的光泽。它质地柔软，呈奶油质地，颜色是象牙白色，闻起来细致且平和，带着青草的清爽。入口后，它以黄油香和乳酸香为主，余味悠长。

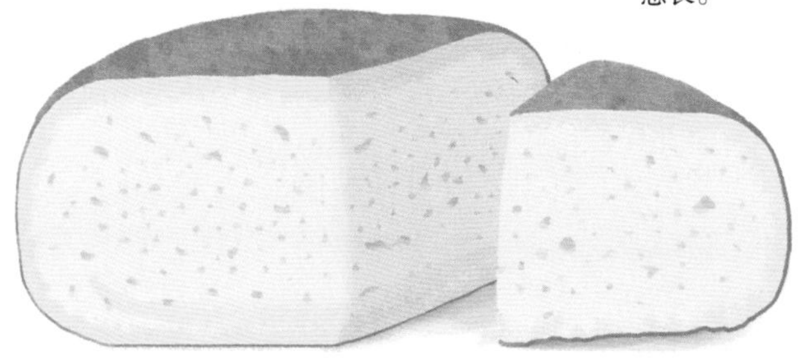

赛莱纳绵羊奶酪（Queso de la Serena）西班牙：埃斯特雷马杜拉

奶：生绵羊奶
奶酪大小：直径10—24厘米，厚度4—8厘米
重量：750—2000克
脂肪含量：28%

地图：pp. 202—203

16、17世纪时，教会发布的指令要求养殖户们每年要将第一批赛莱纳绵羊奶酪上缴给每个城市的神父作为税收。赛莱纳绵羊奶酪的质地根据不同的熟成期，有柔软和半硬的区别。最佳品尝时机是当它处于融化的阶段或呈奶油质时，加在饼类面食或蛋糕中作为馅（torta）食用。这时候它会为口腔带来绵羊奶特有的微酸味，同时也会释放出干草和秸秆的香味。你也可以感觉到奶牛棚的气息和草香味。

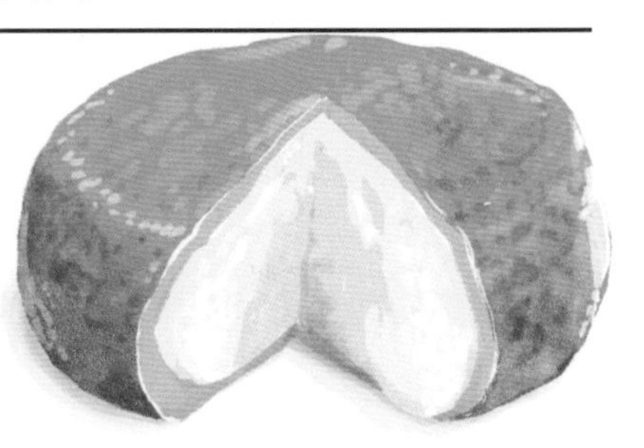

穆尔西亚山羊奶酪（Queso de Murcia）西班牙：穆尔西亚

奶：生山羊奶
奶酪大小：直径12—20厘米，厚度7—20厘米
重量：250—3000克
脂肪含量：24%

地图：pp. 202—203

穆尔西亚山羊奶酪有两种不同的熟成度：新鲜的（fresco）和熟成的（curado）。前者没有表皮，但是表面有皱纹，让人想起秸秆。新鲜的穆尔西亚山羊奶酪有白色的光泽，散发着乳酸的香气。它柔软且湿润，带有不少小孔洞。从口感上来说，它的咸味很低调，带着少许酸味和草本植物的香味。熟成的穆尔西亚山羊奶酪有一层光滑的表皮，色泽介于蜡黄色和赭色之间，质地紧密，入口有沙砾感。闻起来，它有着黄油香，以及动物和植物气息。这是一款很有特色的奶酪，散发着乳酸香、果香和烘烤香。如果熟成期较长的话，它还会有些刺激性。

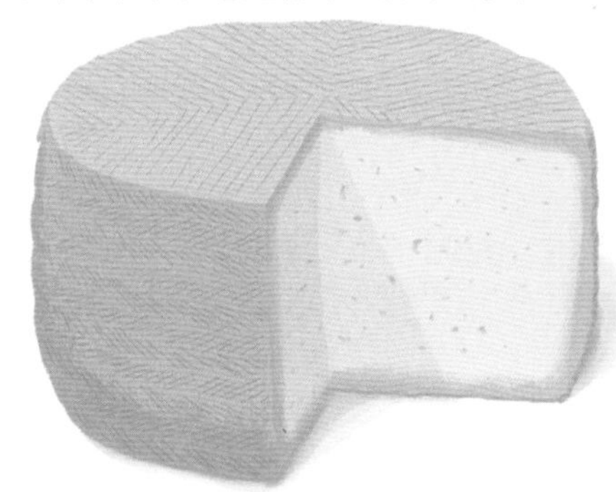

穆尔西亚酒洗山羊奶酪（Queso de Murcia al vino）西班牙：穆尔西亚

奶：生山羊奶
奶酪大小：直径12—19厘米，厚度7—10厘米
重量：300—2600克
脂肪含量：24%

地图：pp. 202—203

这款奶酪基于穆尔西亚山羊奶酪制作而成，洗皮的液体是用穆尔西亚地区所产的慕合怀特葡萄生产的葡萄酒。它的表皮光滑，颜色呈石榴红色，质地有弹性。闻起来，它带着红葡萄酒的香味，还有些山羊奶的香味，以及窖藏的味道。入口后微酸，带着咸香。

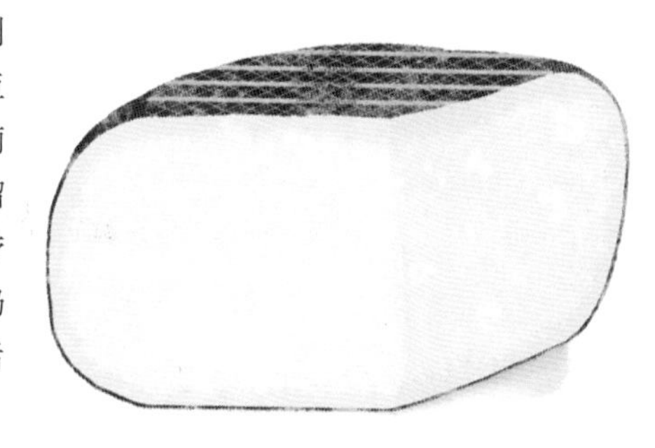

依波莱斯羊奶酪（Queso Ibores）西班牙：埃斯特雷马杜拉

AOP
2005年

奶：生山羊奶
奶酪大小：直径11—15厘米，厚度5—9厘米
重量：650—1200克
脂肪含量：24%

地图：pp. 202—203

自1465年7月14日以来，这款奶酪每个星期四都会在特鲁希略（Trujillo）市场上售卖，这是因为当年卡斯蒂利亚（Castille）的亨利四世特许这个市场可以免税销售日常生活用品。后来虽然取消了免税政策，但是该奶酪依然热销不止。依波莱斯羊奶酪的表皮常用辣椒和橄榄油搓洗，光滑紧密。根据不同的熟成期，颜色从黄色到赭色不等。它非常易碎，象牙白色的质地带有油腻感。它是一款口感相对柔和的奶酪，散发着山羊奶特有的精致香味。入口后，带着轻微的酸味和山羊奶味，还有点咸。

洛斯贝尤斯奶酪（Queso Los Beyos）西班牙：阿斯图里亚斯

IGP
2013年

奶：生牛奶/生绵羊奶/巴氏杀菌山羊奶
奶酪大小：直径9—10厘米，厚度6—9厘米
重量：250—900克
脂肪含量：30%

地图：pp. 200—201

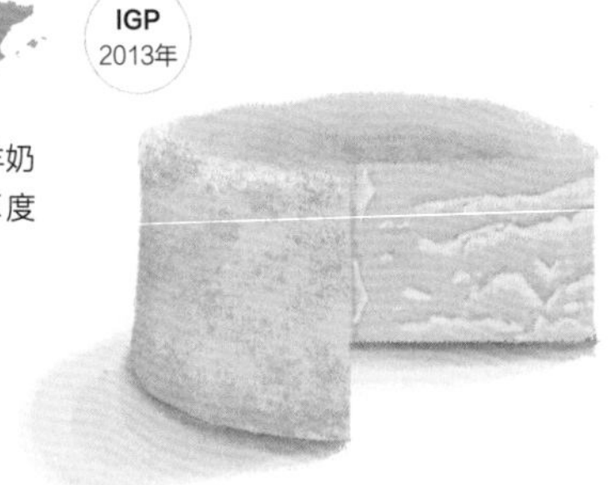

根据制作时使用的奶水不同，洛斯贝尤斯奶酪表皮的颜色也不同，可以是奶油黄色、淡黄色，或者是褐色的。该奶酪的质地是半硬或硬质的，切割时易碎。它闻起来以奶香为主，尤其是用山羊奶或绵羊奶制作的时候。这是一款口感丰富的奶酪，但没有太浓烈的咸味或酸味。

富埃特文图拉岛奶酪（Queso majorero）西班牙：加那利群岛

AOP
1999年

奶：生山羊奶/生山羊奶和生绵羊奶（至多15%）
奶酪大小：直径15—35厘米，厚度6—9厘米
重量：1000—6000克
脂肪含量：24%

地图：pp. 202—203

Majorero一词是指富埃特文图拉岛（Fuerteventura）上的居民，该岛也是奶酪的产地。Majorero这个名词源于岛上牧羊人脚上穿的自制羊皮鞋（majos）。根据不同的熟成度，这款奶酪的表皮颜色可以从白色过渡为夹带着几处淡黄色的褐色。有时奶酪的表皮会用辣椒、橄榄油和烘烤过的玉米粒搓洗，这也会改变表皮的外观。入口后，它易融化，释放出奶油感，同时具有轻微的刺激性和微酸的香味。它还带有山羊奶特有的香味，但并不强烈。

曼彻格奶酪（Queso manchego）西班牙：卡斯蒂利亚-拉曼恰

奶： 生绵羊奶/巴氏杀菌绵羊奶
奶酪大小： 直径不超过22厘米，厚度不超过12厘米
重量： 1000—4000克
脂肪含量： 25%

地图：pp. 202—203

这是西班牙奶酪中最广为人知且销量最大的品种！它只能用当地曼彻格品种绵羊的全脂奶制作。它的表皮带着皱纹，颜色介于灰色和黑色之间。曼彻格奶酪的表皮也可以使用蜡封或者用橄榄油搓洗。它是一款质地紧密的奶酪，散发着乳酸香，且带着一定酸度。入口后，它的味道浓郁，带着轻微的酸味、草本植物香和绵羊奶香。熟成时间较长的话，它会更为干燥，且带有刺激性。

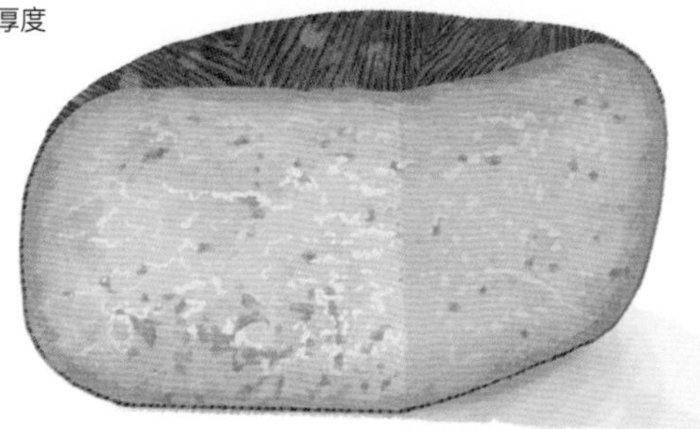

坎塔布利亚奶油奶酪（Queso nata de Cantabria）西班牙：坎塔布利亚

AOC 1984年 AOP 2007年

奶： 巴氏杀菌牛奶
重量： 400—2800克
脂肪含量： 24%

地图：pp. 200—201

1647年的文献中就提到了这款奶酪，当时它是该地区村与村之间交易的商品。坎塔布利亚奶油奶酪的形状为圆柱体或长方体，表皮细腻且柔嫩。其质地易融化，有些黄油感。入口后，它的味道很柔和，带着酸味和草本植物的香味。

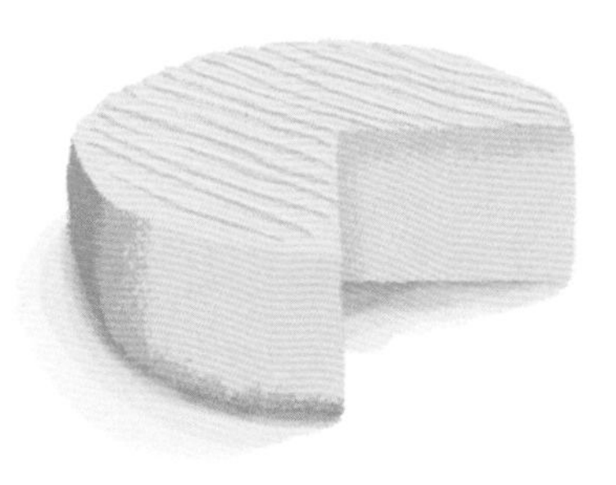

棕榈人奶酪（Queso palmero）西班牙：加那利群岛

奶： 生山羊奶
奶酪大小： 直径12—60厘米，厚度6—15厘米
重量： 最大15 000克
脂肪含量： 26%

地图：pp. 202—203

棕榈人奶酪有一层白色的表皮，经过烟熏处理后会变为灰色。在奶酪的熟成期，表皮会用橄榄油、大麦面粉或玉米面搓洗。它的质地比较紧密，入口易融化，口感会因是否经过烟熏而有所不同。它在常温下味道饱满，但不算强烈。入口后，山羊奶的微酸、蘑菇的香味和坚果香味会释放出来。经过烟熏处理后，这些味道都会消失，取而代之的是烟熏香味和酸味。

萨莫拉诺奶酪（Queso Zamorano）西班牙：卡斯蒂利亚-莱昂

奶： 生绵羊奶
奶酪大小： 直径18—24厘米
厚度8—14厘米
重量： 1000—4000克
脂肪含量： 24%

地图：pp. 200—201

这款多姆奶酪熟成期越长，越会释放出它的坚果香和核桃香。当奶酪熟成期很短时，质地柔软，入口带着油腻感。随着熟成时间延长，奶酪会变硬，带有颗粒感，且易碎。这时，它主要散发出奶液凝乳后的香气和坚果的香味。

列巴纳混合奶酪（Quesucos de Liébana）西班牙：坎塔布利亚

奶： 生牛奶、生绵羊奶和生山羊奶
奶酪大小： 直径8—10厘米，厚度3—10厘米
重量： 400—600克
脂肪含量： 25%

地图：pp. 200—201

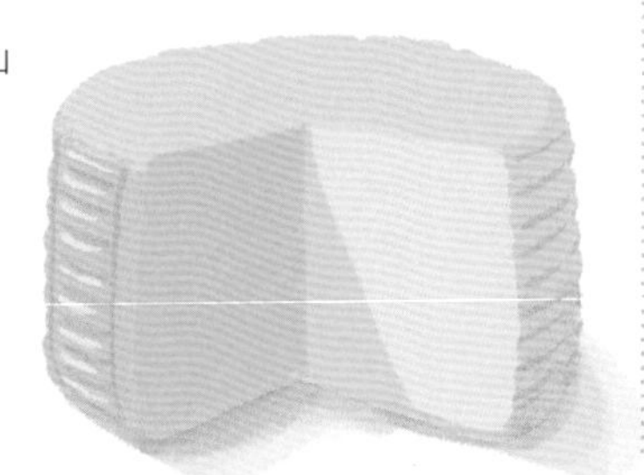

这款带有AOP标识的奶酪是为数不多的同时使用三种奶液制作的奶酪。奶液来自阿尔卑斯棕色奶牛、弗利颂奶牛和图当卡奶牛，以及拉卡绵羊和比利牛斯山羊。这款坎塔布利亚出产的小型奶酪有新鲜、熟成和烟熏三种状态，三种状态的奶酪口感完全不同。在新鲜和熟成的状态下，它的口感很平和，带着轻微的黄油香、草本植物香和微酸。经过烟熏工艺后，它偏向动物气息和油脂的香味，入口后回味悠长，但同时也失去了清爽。

萨瓦拉克莱特奶酪（Raclette de Savoie）法国：奥弗涅-罗讷-阿尔卑斯

奶： 生牛奶/牛奶（加温工艺）
奶酪大小： 直径28—34厘米，厚度6—7.5厘米
重量： 6000克
脂肪含量： 28%

地图：pp. 192—193

这款奶酪诞生于中世纪，最初是在夏季食用的，那时牧人会将半个奶酪用炭火烤化后食用。到了20世纪，萨瓦拉克莱特奶酪才逐渐进入冬季食谱。它的名字源自racler，是指牧人刮掉被炭火融化的一层奶酪并放到自己餐盘上的动作。该奶酪表皮湿润，带有淡粉色到褐色过渡的光泽。它的质地紧密，易融化，受热容易拉伸。在烘烤过程中，这款奶酪不会释放出很多油脂；如果油脂很多，就肯定不是纯正的萨瓦拉克莱特奶酪。

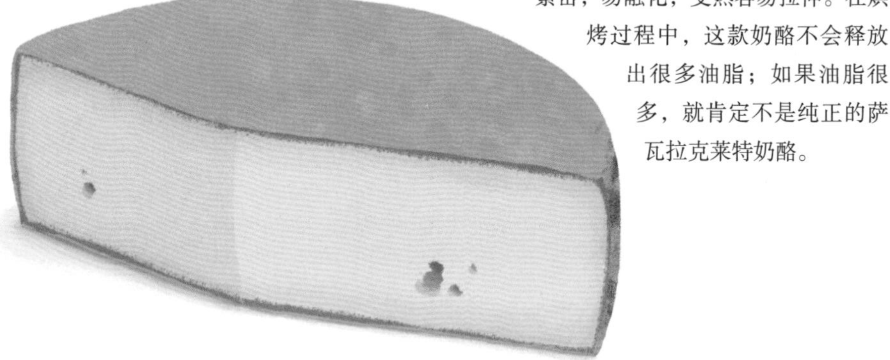

瓦莱州拉克莱特奶酪（Raclette du Valais）瑞士：瓦莱州

奶：生牛奶
奶酪大小：直径29—32厘米，厚度6—7厘米
重量：4600—5400克
脂肪含量：27%

地图：pp. 216—217

这款奶酪表皮的颜色介于褐色和橙色之间，摸起来还有点黏。该奶酪质地光滑，带着少量因发酵而产生的孔洞。入口后易融化，会散发出乳酸香、果香和植物气息，口感清爽。

拉古萨诺奶酪（Ragusano）意大利：西西里岛

奶：生牛奶
重量：6000—12 000克
脂肪含量：27%

地图：pp. 208—209

根据西西里岛保存的史料记载，拉古萨诺奶酪的历史可以追溯到14世纪。这款大块长方体奶酪内部为圆角，表皮细腻，颜色从浅黄色到米白色过渡。它的内部质地柔软，有弹性，颜色在象牙白色与淡黄色之间。当熟成时间更长时，奶酪很容易碎，所以会搓碎用于日常料理。它的口感平和，带有少许酸味和草本植物香。熟成后，它通常带着香料味，在品尝收尾时还有轻微的刺激性。它也可以用橄榄油洗皮，或烟熏处理，但香味和口感丝毫不会改变。

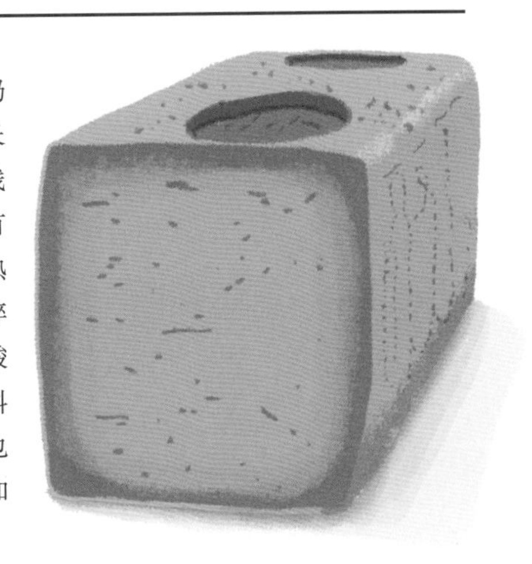

拉施切拉奶酪（Raschera）意大利：皮埃蒙特

奶：生牛奶/生牛奶和生绵羊奶/生山羊奶
奶酪大小：方形边长28—40厘米，厚度7—15厘米；圆形直径30—40厘米，厚度6—9厘米
重量：5000—10 000克
脂肪含量：28%

地图：p. 204

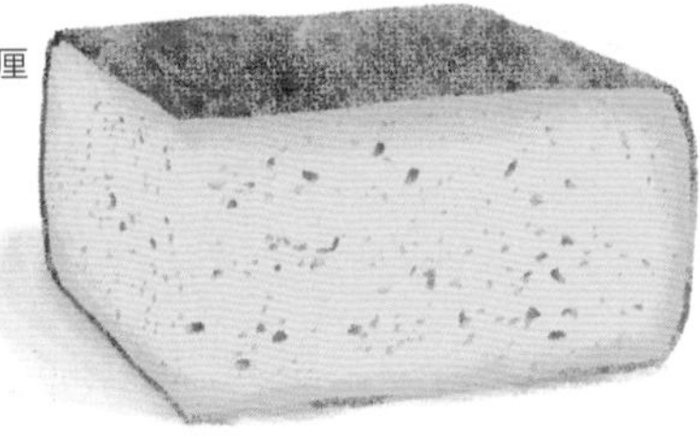

这款来自皮埃蒙特的多姆奶酪，其表皮是灰白色或淡红色的，有时还会带有少许黄色光泽。它的表面有点粗糙，实际上内部呈象牙白色，质地紧密且易融化，还有少许小孔洞。无论是闻起来还是尝起来，都能感觉到奶香，品尝收尾有时还会感到一丝刺激性。

瑞布罗申奶酪（Reblochon）法国：奥弗涅-罗讷-阿尔卑斯

AOC 1958年　AOP 1996年

奶： 生牛奶
奶酪大小： 直径9—14厘米，厚度3—3.5厘米
重量： 280—550克
脂肪含量： 25%

地图：pp. 192—193

瑞布罗申奶酪的诞生与一起诈骗行为有关。在14世纪时，萨瓦地区的一个养殖产奶农户租了一片地作为草场喂养自家牲畜，租金是与当时的产奶量成比例的。当地主到现场检查农户的产奶量时，农户没有把当日奶牛的奶全部挤完，等地主走了以后，他又继续挤奶（奶酪名的意思是当日第二次挤奶）。第二次挤出的奶液就是用于制作奶酪的，该奶酪由此得名！到了18世纪，这种奶酪的存在开始广为人知，从那时起土地的租金改为定额，支付方式也改为可以用现金或等值奶酪支付。瑞布罗申奶酪不仅是一款日常料理时可用的奶酪，也是餐桌上的大明星。它的表皮是橙红色的，带着一层白色的丝绒菌。带着油脂感、呈象牙白色的核心部位会有少许小孔洞。它闻起来有奶牛棚和树丛的气味，附着黄油感和奶油香。这是一款相当柔和的奶酪，入口后带有榛子香和奶油香。如果是农庄款的瑞布罗申奶酪，味道会更偏动物气息，在口中余味悠长。它有两种规格：大瑞布罗申奶酪和小瑞布罗申奶酪。

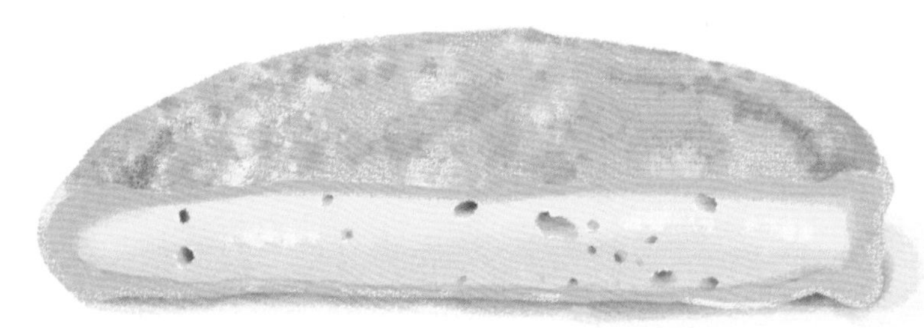

红莱彻斯特奶酪（Red Leicester）英国：英格兰中部地区

奶： 巴氏杀菌牛奶
奶酪大小： 直径25厘米，厚度8厘米
重量： 3600克
脂肪含量： 29%

地图：pp. 210—211

这款奶酪诞生于17世纪，当时的农户们想制作出一款与众不同的奶酪，于是用一种天然的橙红色色素给自己的奶酪染色。在覆盖红莱彻斯特奶酪的亚麻布下，隐藏着乍一看容易令人想起米莫雷特奶酪的表皮，但它的纹路和易融化的特点更让人想起切达奶酪。入口后，人们会最先尝到焦糖的香味或果酱的味道，但随后会转为浓郁的黄油香和榛子香。

脊线奶酪（Ridge Line）美国：北卡罗来纳州

奶： 生牛奶
奶酪大小： 直径30厘米，厚度8厘米
重量： 6000克
脂肪含量： 28%

地图：pp. 222—223

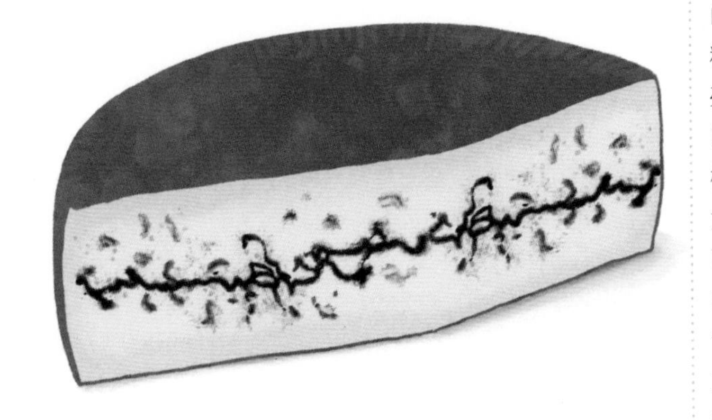

由于夹杂着帕普利卡辣椒粉，这款奶酪的表皮鲜亮，带有橙红色的光泽，闻起来以浓郁的牛奶香和榛子香为主。入口后，有黄油香和花香，收尾时还可以尝到一丝甜咸混合的味道。仔细观察会发现，该奶酪内部中间有一条烟灰线，令人想起法国莫尔碧叶奶酪。

龙卡尔奶酪（Roncal）西班牙：纳瓦拉

AOC 1981年 AOP 2003年

奶： 生绵羊奶
奶酪大小： 直径20厘米，厚度8—12厘米
重量： 2000—3000克
脂肪含量： 24%

地图：pp. 200—201

这款多姆奶酪是纯手工制作的，带着皱纹的表皮呈淡蓝灰色。奶酪微酸，带着草本植物香。如果熟成时间比较短的话，入口清爽。熟成的时间越长，它的特点越突出，味道也更强劲，会在品尝收尾时带着一丝刺激。

圣耐克泰尔奶酪（Saint-nectaire）法国：奥弗涅-罗讷-阿尔卑斯

AOC 1955年 AOP 1996年

奶： 生牛奶/加温工艺牛奶/巴氏杀菌牛奶
奶酪大小： 大号直径20—24厘米，厚度3.5—5.5厘米；小号直径12—14厘米，厚度3.5—4.5厘米
重量： 大号小于1850克，小号不到650克
脂肪含量： 28%

地图：pp. 196—197

这款奶酪从中世纪开始就存在了，因为当时的农户们缴税时是可以通过交换奶酪实物，即俗称的黑麦奶酪（黑麦奶酪至今依然存在，这种奶酪的熟成过程因在黑麦秸秆上完成而得名）来完成的。圣耐克泰尔奶酪可以是农户生产的，也可以是奶农产品。用肉眼可以识别出用酪蛋白制作的小铭牌等标识，方形小板代表奶农奶酪，农户奶酪则是椭圆小板。圣耐克泰尔奶酪散发着泥土的气息，有湿润的窖藏味、腐殖质的气味和蘑菇的香味。入口后，它释放出奶油和坚果的香味，还有黄油香和榛子味。它的表皮可薄可厚，或多或少地呈现出灰色或橙色，表面的霉菌斑块或多或少。这款奶酪在2017年的产量为14 000吨，是欧洲产量最大的具备AOP标识的奶酪。

萨莱斯奶酪（Salers）法国：奥弗涅-罗讷-阿尔卑斯

AOC 1961年　AOP 2003年

奶： 生牛奶
奶酪大小： 直径38—48厘米，厚度30—40厘米
重量： 30 000—50 000克
脂肪含量： 26%

地图：pp. 196—197

这是一款有着上千年历史的农户奶酪，其味道源自它的容器。那是一种圆柱形木桶，农户们把挤出来的带着余温的奶水倒进去，然后在桶里加入凝乳剂，用一个大木勺搅拌。每一块萨莱斯奶酪上都有一个铝制的铭牌，上面打印着 SA（salers的缩写）、年份、省份、邮政编码、制作人的识别编号和奶酪成形日期。每年有超过3万个这样的铭牌被贴在奶酪上，以保证它们的可追踪性。萨莱斯奶酪分为两类：萨莱斯奶酪和萨莱斯传统奶酪。后者只能用萨莱斯奶牛的奶制作。这款大号的多姆奶酪，其表皮又厚又粗糙，有不少小突起和霉菌，有些还有红色或橙色的斑点。闻起来，它带有湿润窖藏的味道，黄油香和香料味占据主体。它质地紧密，易融化，金黄色的奶酪给味觉细胞带来草本植物香味、黄油香、果香和动物气味。

这款具有AOP标识的奶酪是由农户在每年的4月15日至11月15日之间生产的。

克莱姆的萨尔瓦奶酪（Salva cremasco）意大利：伦巴第大区

奶： 生牛奶
奶酪大小： 长度17—19厘米，宽度11—13厘米，厚度 9—15厘米
重量： 1300—5000克
脂肪含量： 29%

地图：pp. 204—205

制作这款奶酪的初衷是不浪费生产其他奶酪后多余的牛奶（salva源自salvare，意为节约）。这款几乎呈正方体的奶酪，其表面印有名字的缩写字母SC。该奶酪表面有皱纹，颜色从米白色到浅灰色或灰色过渡，带着几处发白的斑点，还有少许颗粒感。奶酪易融化，闻起来有新鲜蘑菇的气味，还有湿润的窖藏和灌木丛的气息。入口后，它以新鲜的奶香、轻微的酸味、咸味和草本植物的气味为主。该奶酪质地易碎，某些时候还会给口腔带来干硬的感觉。

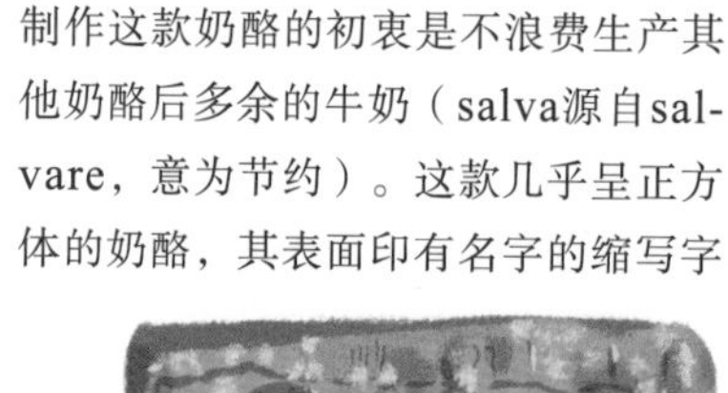

圣米查利奶酪（San Michali）希腊：南爱琴海

奶：巴氏杀菌牛奶
脂肪含量：26%

地图：pp. 220—221

圣米查利奶酪的产地是基克拉泽斯（Cyclades）的锡罗斯岛。其形状为矮圆柱体，表皮的颜色介于象牙白色和奶白色之间。它质地紧密且干燥，有些大小不一的孔洞，入口后还有点发涩。主导香味是胡椒味，同时也很咸。经过一个较长的熟成期后，它会变得有刺激性。

柯斯达圣西蒙奶酪（San Simón da Costa）西班牙：加利西亚

奶：生牛奶/巴氏杀菌牛奶
奶酪大小：水滴状，高度10—18厘米
重量：400—1500克
脂肪含量：25%

地图：pp. 200—201

这款外形独特、经过烟熏工艺的奶酪是凯尔特人的后裔制作的，他们曾经在罗马征服高卢时期（公元前2世纪）定居在加利西亚。在那个时期，柯斯达圣西蒙奶酪经常被送往罗马，凭借口感和易存储的特点深得当地人喜欢。该奶酪有两种大小，对应两种不同的熟成期：小号30天，大号45天。这款奶酪的表皮呈金黄色，这是用去皮后的桦木烟熏的结果。它闻起来有着自然的烟熏香味和油脂香，还带着微酸和乳酸香。入口后，这些香味会在口腔中再次出现。这是一款质地柔软、富有弹性的奶酪。

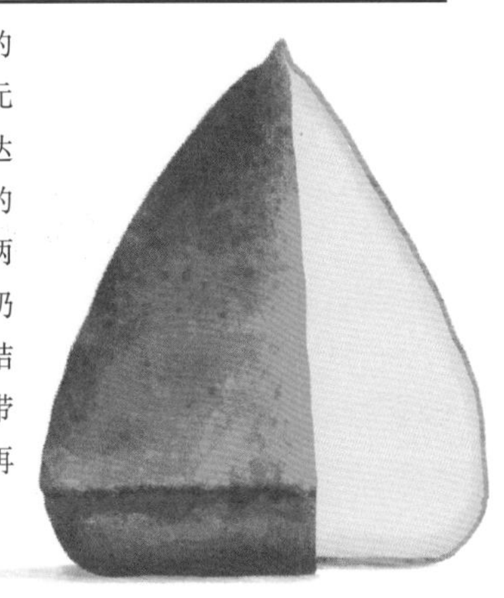

科里辛斯基家常奶酪（Ser koryciński swojski）波兰：波德拉谢

奶：生牛奶
奶酪大小：直径最大30厘米
重量：2500—5000克
脂肪含量：25%

地图：pp. 218—219

这款貌似被压扁的圆球奶酪，表皮上有网格，这是凝乳阶段沥水定型器留下的印记。根据不同的熟成期，奶酪的表皮颜色从奶油色到秸秆黄色不等。该奶酪的特殊之处是嚼的时候会发出嘎吱嘎吱的声响。它入口清爽，带着奶油质感和黄油的口感。熟成时间长的话，还会释放出核桃味与咸香。在制作过程中的凝乳阶段，也可以在其中加入其他香料（胡椒、辣椒）或者香草调料（罗勒、莳萝、欧芹、薄荷、野蒜、牛至等）。无论它是新鲜的还是干燥的，食用起来都很美味。

斯菲拉奶酪（Sfela）希腊：伯罗奔尼撒

AOP 1996年

奶：生绵羊奶和（或）生山羊奶

地图：pp. 220—221

这款多姆奶酪的特殊之处在于，它必须在盐水中熟成至少3个月，这也给它带来了一层有着颗粒感的象牙白色表皮。该奶酪易融化，有沙砾感，带着咸味和持续的微酸味。这款奶酪通常是用作辅助食材或做菜时的调味料。

西尔德奶酪（Silter）意大利：伦巴第大区

AOP 2015年

奶：生牛奶
奶酪大小：直径34—40厘米，厚度8—10厘米
重量：10 000—16 000克
脂肪含量：27%

地图：pp. 204—205

这款山区奶酪的特别之处在于，奶酪的底部有仿雕刻的人形图案和两朵雪绒花，这使它很容易识别。这款经过搓油的大型多姆奶酪，其表皮的颜色在秸秆黄色与褐色之间过渡。该奶酪质地紧密，内部还有小孔洞。这是一款偏酸的奶酪，带着干草料和发酵奶液的香味。入口后，它以苦涩的香味、坚果香和黄油香为主。

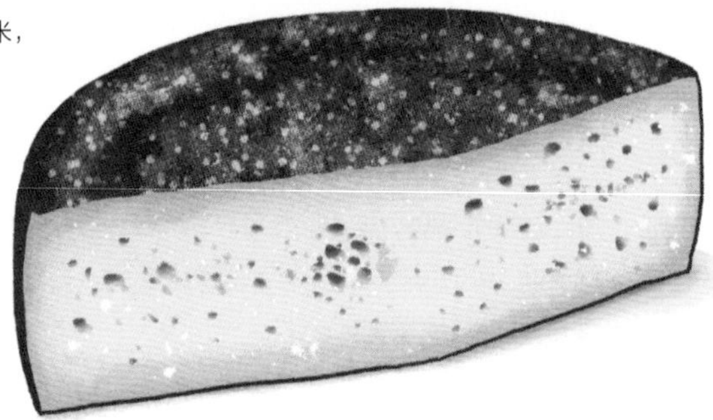

单格洛斯特奶酪（Single Gloucester）英国：英格兰西南

AOP 1996年

奶：生牛奶/巴氏杀菌牛奶
重量：6000—7000克
脂肪含量：28%

地图：pp. 210—211

由于第二次世界大战结束时用于制作奶酪的牛奶被征收，用于军人及民众的供给，这款奶酪差点失传。1994年，硕果仅存的两位农户奶酪制作人决定在国外宣传推广这款奶酪。正是因为他们的努力和坚持，单格洛斯特奶酪于1996年获得了属于它的AOP标识。它只能用单格洛斯特奶牛产的奶制作，凝乳的奶液来自两次挤奶：晚上的牛奶要去脂后使用，早上的奶液则是全脂的。这是一款带着乳酸香气和黄油香味的奶酪，质地如奶油，易融化。

斯洛伐克烟熏奶酪（Slovenský oštiepok）斯洛伐克

IGP
2008年

奶：生绵羊奶和（或）生牛奶或巴氏杀菌牛奶
脂肪含量：27%

地图：pp. 218—219

历史上，有关这款奶酪最早的记载是在18世纪，但是它的工业化生产是在1921年。斯洛伐克中部城市代特瓦（Detva）的高尔巴瓦（Galbavá）家族重新定义了这款奶酪。这款奶酪在成形时会有三种不同的形状：蛋形、松锥形和椭圆形。它可以用蜡封，也可以加上烟熏工艺。正因如此，三者的形状、表皮、气味和口感都不同。其表皮的颜色在金黄色到褐金色之间过渡，内部的颜色在白色和象牙白色之间。该奶酪质地紧密，但易碎，闻起来有轻微的烟熏味。入口后，它以乳酸香和烟熏味为主。

玖底卡里耶压制奶酪（Spressa delle Giudicarie）意大利：特伦蒂诺-上阿迪杰

AOP
2003年

奶：生牛奶
奶酪大小：直径30—35厘米，厚度8—11厘米
重量：7000—10 000克
脂肪含量：32%

地图：pp. 204—205

早在1249年斯皮纳勒及玛奈兹农区社团（Comunità delle Regole di Spinale e Manez）的准则里就提到了玖底卡里耶压制奶酪。这是一款半硬的奶酪，表皮呈灰褐色或赭色。根据熟成时间的不同，奶酪或带着弹性，或干硬，颜色从浅秸秆黄色到金秸秆黄色（最老的则是象牙白色）过渡。熟成期短时，它口感平和，带有乳酸香；熟成期比较长的话，这款奶酪则会有苦味，口感也更为强劲。它的表皮有沙砾感，易融化。

斯塔福德奶酪（Staffordshire Cheese）英国：英格兰中部

AOP
2007年

奶：生牛奶和巴氏杀菌奶油
重量：8000—10 000克
脂肪含量：31%

地图：pp. 210—211

这款奶酪最早是由里克修道院（Leek Abbey）的西多会修士于13世纪制作的。斯塔福德奶酪可以看成是一种加了奶油的农庄切达奶酪。正因如此，这款奶酪在多姆家族中也是一个特例：无论熟成期长短，大块的奶酪总是能保持它易融化的特点。这一点在品尝时也得到了很好的体现，同时散发出乳酸香和奶油香。

斯泰尔维奥奶酪（Stelvio）意大利：特伦蒂诺-上阿迪杰

AOP
2007年

奶：生牛奶
奶酪大小：直径34—38厘米，厚度8—11厘米
重量：8000—10 000克
脂肪含量：33%

地图：pp. 204—205

斯泰尔维奥奶酪也写作Stilfser，这是因为其制作方法在1914年诞生于tilf小镇上的一家奶酪厂，小镇位于意大利东北部的博尔扎诺（Bolzano）。斯泰尔维奥奶酪充分反映出当地的风土情况，口感丰富。在品尝收尾时，它会展现出刺激性。

斯维呷奶酪（Svecia）瑞典：约塔兰

IGP
1997年

奶：巴氏杀菌牛奶
奶酪大小：直径35厘米，厚度10—12厘米
重量：12 000—15 000克
脂肪含量：28%

地图：pp. 214—215

这款浅黄色的奶酪质地柔软，有弹性，还有很多小孔洞。它是瑞典历史上第一款获得IGP标识的食品。它有着奶油的味道，带着一丝微酸。在凝乳期间，法律允许加入丁香或小茴香作为调味品。这不仅改变了奶酪的质地和口感，甚至还让它换了名字：斯维呷奶酪变成了五香克里多斯奶酪（Kryddost）。

斯韦尔代尔奶酪（Swaledale Cheese）英国：英格兰约克郡

AOP
1996年

奶：生牛奶
重量：1000—2500克
脂肪含量：29%

地图：pp. 210—211

这款历史悠久的奶酪之所以能留传下来，全都是隆斯戴夫（Longstaff）夫妇的功劳。在20世纪80年代，他们是仅有的会制作这款奶酪的工匠。先生去世后，隆斯戴夫太太将奶酪的配方交给了李德（Reed）夫妇。李德夫妇在1987年成立了斯韦尔代尔奶酪公司（Swaledale Cheese Company）。于是这款英国多姆奶酪得以留传下来。该奶酪有两种表皮：蓝灰色的天然表皮，和用黄色亚光蜡封装的表皮。奶酪上有零星孔洞，质地有颗粒感且易融化。入口后，斯韦尔代尔奶酪清爽又平和，通常以些许酸味收尾。

斯韦尔代尔绵羊奶酪（Swaledale Ewes Cheese）英国：英格兰约克郡

AOP
1996年

奶：生绵羊奶
重量：1000—2500克
脂肪含量：31%

地图：pp. 210—211

这是斯韦尔代尔奶酪公司于20世纪80年代开始生产的产品，也是该公司第二款具有AOP标识的产品。配方与斯韦尔代尔奶酪一致，唯一不同的是用绵羊奶代替了牛奶。无论是表皮、质地还是颜色，这两款奶酪都很相似。但绵羊奶酪更白、颜色更透彻，口感也更细腻、更酸且更清爽。

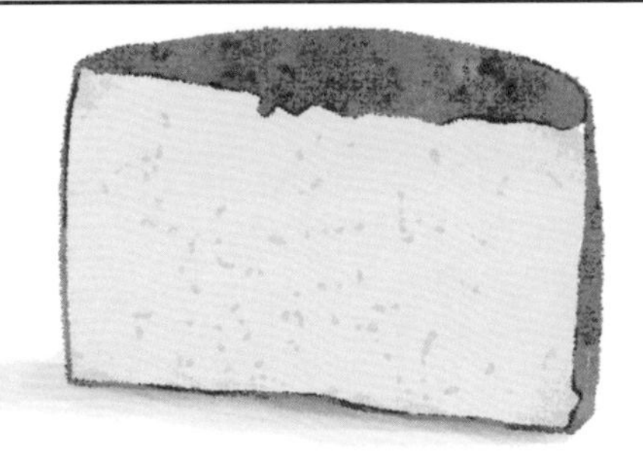

塔雷吉欧奶酪（Taleggio）意大利：伦巴第，皮埃蒙特，威尼托

AOP
1996年

奶：巴氏杀菌牛奶
奶酪大小：方形边长18—20厘米，厚度4—7厘米
重量：1700—2200克
脂肪含量：29%

地图：pp. 204—205

关于这款奶酪的文字记载始于10世纪，当时它是意大利西北部城市贝尔加莫（Bergame）附近塔雷吉欧谷（Val Taleggio）商品交易中的一种商品。这款漂亮的方砖形奶酪的表皮呈粉色或灰色，通常长有一些白色绒毛。奶酪上印有四个被圈住的大写字母T。在有少许颗粒感的表皮下，奶酪内部质地统一、光滑、柔软，可以闻到低调的窖藏气息、新鲜牛奶的香味、乳酸的香味和蘑菇味。入口后，颗粒细腻且精致，散发出轻微的酸味和恰到好处的咸味。

特科夫地区萨拉米奶酪（Tekovský salámový syr）斯洛伐克：尼特拉，班斯卡-比斯特里察

IGP
2011年

奶：巴氏杀菌牛奶
奶酪大小：圆柱直径9—9.5厘米，高度30—32厘米
脂肪含量：30%

地图：pp. 218—219

这款奶酪最终的形状是在1921年确定下来的，很像萨拉米香肠。其香味和口感都带着烟熏油脂的香气。入口后，它会散发出轻微的酸味、咸味和牛奶香。奶酪的质地柔软，由于制作时使用了不少木屑，所以表皮呈金黄色。与其他的多姆奶酪不同，无论是AOP、IGP还是STG，这款奶酪的包装都是一层食品级薄膜，上面印有其是否经过烟熏处理的标识。

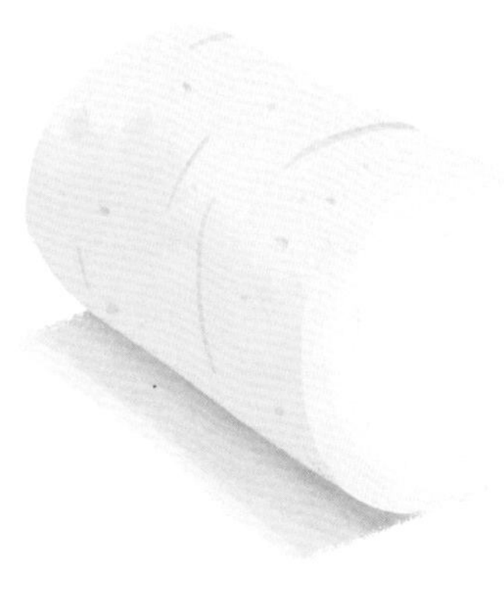

特维奥特戴尔奶酪（Teviotdale Cheese）英国：英格兰东北，英格兰与苏格兰边界

IGP
1998年

奶：生牛奶
奶酪大小：直径14厘米，厚度10厘米
重量：1100克
脂肪含量：30%

地图：pp. 210—211

特维奥特戴尔奶酪诞生于1983年，由伊斯特·文斯农庄奶酪坊制作。他们也是邦切斯特奶酪的制作者。这款奶酪用的是泽西奶牛的奶液，表皮呈淡白色。奶酪的核心部分呈秸秆黄色，质地紧密。它入口即化，味道浓郁，很咸且辛辣。

多尔明科奶酪（Tolminc）斯洛文尼亚：戈雷尼，戈里卡

AOP
2012年

奶：生牛奶/加温工艺牛奶
奶酪大小：直径23—27厘米，厚度8—9厘米
重量：3500—5000克
脂肪含量：33%

地图：pp. 216—217

13世纪的财务史料中就有对这款奶酪的描述，当时它是作为一种支付方式而存在的。1750年，多尔明科奶酪还以“多尔米诺奶酪”（Formaggio di Tolmino）之名在意大利东北部城市乌迪内的市场上销售。它的表皮呈秸秆黄色。奶酪质地偏柔软，有的地方还会出现豆子大小的孔洞。这是一款味道相对平和的奶酪，但在品尝收尾时会逐渐呈现刺激性。

皮埃蒙特多姆奶酪（Toma piemontese）意大利：皮埃蒙特

AOP
1996年

奶：生牛奶
奶酪大小：直径15—35厘米，厚度6—12厘米
重量：1800—9000克
脂肪含量：29%

地图：pp. 204—205

这款多姆奶酪的表皮颜色在浅秸秆黄色和红褐色之间。奶酪质地柔软，有弹性，还有些小孔洞。熟成时间短的奶酪会释放出柔和的香味、乳酸香，带有轻微的酸味。熟成时间长的话，口感更为浓郁，带着奶油和黄油的层次感。品尝收尾时，它会释放出十分浓郁的咸味。

博格多姆奶酪（Tome des Bauges）法国：奥弗涅-罗讷-阿尔卑斯

AOC 2002年　AOP 2007年

奶：生牛奶
奶酪大小：直径18—20厘米，厚度3—5厘米
重量：1100—1400克
脂肪含量：24%

地图：pp. 192—193

多姆奶酪的拼写中只有一个字母m。在博格奶酪的技术规范书中，多姆（Tomme）一词特别标明写作Tome。这种写法据说是源自萨瓦地区最早的土语toma，意思是“在高山牧场上制作的奶酪”。博格奶酪的制作者们申请AOP标识时，一致要求使用Tome字样，以区别于其他多姆奶酪。博格多姆奶酪的品种较多，比如普罗旺斯地区历史最为悠久的阿尔勒多姆（Tome d'Arles）、法意边境罗亚谷的布里格多姆（Tome de la Brigue）、奥弗涅地区特有的雪花奶多姆（Tome des neiges la Mémée）和法国与意大利中间地带马尔康杜（Mercantour）的韦叙比多姆（Tome de la Vésubie）等。

最初，博格多姆奶酪仅为当地农民所食用，制作时使用的奶液也是用于制作黄油的“乳脂”。很长时间以后，这个产品才成为商品。如今，有两个不同的标识来区分奶农们制作的奶酪（红色标识）和农户奶酪（绿色标识）。博格多姆奶酪那起伏的漂亮表皮呈灰褐色，带有淡黄色或淡白色的斑点。其表皮下是紧密柔软的金黄色奶酪，其中还有些小孔。闻起来，博格多姆奶酪带有蘑菇、湿润窖藏和灌木丛的气味。入口后，它以乳酸香、果香和烘烤香为主。品尝收尾时，先前闻到的蘑菇香味会再次出现。

工匠多姆奶酪（Tomme aux artisons）法国：奥弗涅-罗讷-阿尔卑斯

奶：生牛奶
奶酪大小：直径10厘米，厚度5厘米
重量：300克
脂肪含量：25%

地图：pp. 196—197

这款奶酪也被称为Artisous tomme。其表皮看上去就好像是月球表面，带着因为虫子的存在而产生的裂缝和凸起。这款奶酪的成功，完全仰赖熟成师的耐心和专注。由奶酪熟成师“控制”虫子在奶酪表皮上统一的工作，以获得这款内外均衡的奶酪。这款奶酪闻起来有湿润的窖藏味道。入口后，它有着令人惊讶的清爽和酸度，同时还带着一丝烟熏的味道。

白垩多姆奶酪（Tomme crayeuse）法国：奥弗涅-罗讷-阿尔卑斯

奶：生牛奶/巴氏杀菌牛奶
奶酪大小：直径18—20厘米，厚度4—6厘米
重量：1500—2000克
脂肪含量：24%

地图：pp. 192—193

从外观上看，这款产自萨瓦地区的带有争议的多姆奶酪是比较粗糙的。有争议是因为相比于其他的多姆奶酪，这款奶酪的产地是大西洋沿岸的旺代省（La Vendée），不过熟成过程则是在萨瓦地区完成的。它的表皮上带着皱纹，呈淡灰色或白色。切开后，人们往往会被表皮下奶油色的黄油层所感动，奶酪的石灰岩色核心部分被黄油层包裹，易融化。想要获得这样的质地，需要在两种储存窖进行熟化：先在温度高、湿度高的地方熟成，然后在清凉的储存环境下完成制作。闻起来，它以窖藏和蘑菇的气息为主。这是一款符合大多数人口味的奶酪，带着微酸、乳酸香、奶油香和草本植物气息。

里亚克多姆奶酪（Tomme de Rilhac）法国：新阿基坦

奶：巴氏杀菌牛奶
奶酪大小：直径20厘米，厚度 8.5厘米
重量：2700克
脂肪含量：28%

地图：pp. 196—197

这款奶酪的外表看起来有些粗糙，有一层带着颗粒感和灰尘的表皮，颜色在褐色、米色和栗色之间，表皮下掩藏的是质地精细的奶酪。无论是闻起来还是品尝，它散发的都是黄油、生奶油、洋葱、麝香和坚果混合在一起的复杂香味。它那易融化的特质让人想起康塔尔和萨莱斯这两款奥弗涅地区知名的奶酪，但它没有这两种奶酪具有的浓郁气息和酸味。

萨瓦多姆奶酪（Tomme de Savoie）法国：奥弗涅-罗讷-阿尔卑斯

IGP
1996年

奶： 生牛奶
奶酪大小： 直径18—21厘米，厚度5—8厘米
重量： 1200—2000克
脂肪含量： 10%—30%

地图：pp. 192—193

这款萨瓦多姆奶酪诞生在阿尔卑斯山北部，当时农户们用制作黄油后多余的脱脂奶液制作了这款奶酪，供自家食用。萨瓦多姆奶酪的表皮呈灰白色，带有一些白色斑点。当熟成期较长时，表皮会变得更不均匀。奶酪的颜色从亚光白色到秸秆黄色过渡，带着少许孔洞。它质地柔软，易融化，以乳酸香味、微酸感和草本植物气息为主。如果延长熟成期的话，会在品尝收尾时出现一丝苦味。该奶酪表面有一个酪蛋白标识，用于保证来源，但通常因为被表皮覆盖而看不到。如果标识为红色，就表明这是奶农的奶酪；如果标识是绿色，则为农户奶酪。

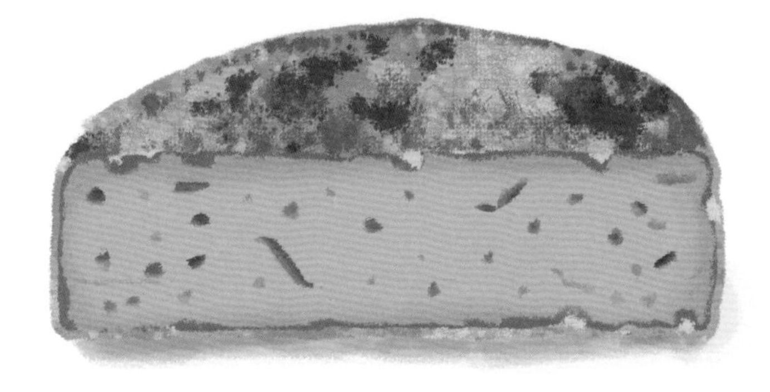

萨瓦多姆奶酪是少数几种可以提供不同脂肪含量的奶酪之一，有10%、15%、20%、25%和30%等几种不同的脂肪含量。

比利牛斯山多姆奶酪（Tomme des Pyrénées）法国：奥克西塔尼

IGP
1996年

奶： 巴氏杀菌牛奶
奶酪大小： 直径21—24厘米，厚度5—8厘米
重量： 3500—4500克
脂肪含量： 28%

地图：pp. 196—197

关于这款奶酪最早的记载是在12世纪，当时已经有文字表明这款奶酪诞生于圣吉龙附近的阿里耶治村（Ariège）。这款奶酪的表皮颜色在金色和黑色之间。奶酪核心部分布满了各种大小的孔洞（从米粒大小到豆子大小），颜色呈奶油白色、象牙白色或秸秆黄色，质地柔软，易融化。入口后，比利牛斯山多姆奶酪带来的是柔和的感觉，带着乳酸香和一定的酸味，最后还会有一丝苦味。

马洛特多姆奶酪（Tomme marotte）法国：奥克西塔尼

奶：加温工艺绵羊奶
奶酪大小：直径12厘米，厚度9.5厘米
重量：1200克
脂肪含量：28%

地图：pp. 196—197

这是一款漂亮的多姆奶酪，在它带着黄色斑点的白色表皮下掩藏着质地统一、呈秸秆黄色、有着黄油质感且易融化的主体。秸秆味和奶油香会轻微刺激嗅觉。入口后，它以干草料、鲜草和黄油的香气为主，还有一丝榛子香在收尾时表现出来。马洛特多姆奶酪仅由拉尔扎克牧羊人合作社（La coopérative des Bergers du Larzac）生产，合作社里大概有20位奶酪制作者。

卡萨尔饼状奶酪（Torta del Casar）西班牙：埃斯特雷马杜拉

奶：生绵羊奶
奶酪大小：小号直径8—10厘米，厚度4—6厘米；中号直径11—13厘米，厚度5—7厘米；大号直径14—17厘米，厚度5—7厘米
重量：小号200—500克，中号501—800克，大号801—1100克
脂肪含量：26%

地图：pp. 202—203

1291年时，距离马德里50多千米的卡萨尔村（El Casar）的农户们从当时的西班牙国王桑切斯四世处获得村周边的一块地，用于饲养自家的牲畜。这也是这款奶酪正式制作的开始。卡萨尔饼状奶酪使用的是植物凝乳剂，所以素食者也可以食用。它那半硬的表皮带着从黄色到赭色过渡的光泽。食用时，要小心地从顶部切开，这样便可以看到从白色到黄色过渡的奶酪上布满了小孔洞，它们也给奶酪带来了牲畜棚的强烈气息。这是一款油润感强的奶酪，细致且带着动物气息，最后还有一丝苦味。

传统艾尔郡邓禄普奶酪（Traditional Ayrshire Dunlop）英国：苏格兰，思克莱德

IGP
2015年

奶： 生牛奶/巴氏杀菌牛奶
奶酪大小： 直径9—38厘米，厚度7.5—23厘米
重量： 350—20 000克
脂肪含量： 29%

地图：pp. 210—211

这款奶酪最早的配方是由芭芭拉·吉尔穆尔（Barbara Gilmour）制作的。为躲避宗教迫害，她于1660年躲到了爱尔兰。几年后回到苏格兰，她开始显露制作奶酪的才华，这是她避难时学会的技能。邓禄普奶酪得名于她丈夫的名字，外观仿若大理石，表皮颜色在淡黄色到金黄色之间过渡，质地非常柔软。新鲜时，它很柔和，带有榛子香。熟成时间长时，它更有特点，偏奶油香，带着微酸和特定的坚果香。

传统威尔士卡菲利奶酪（Traditional Welsh Caerphilly）英国：威尔士

IGP
2018年

奶： 生牛奶/巴氏杀菌牛奶
奶酪大小： 直径20—25厘米，厚度6—12厘米
重量： 2000—4000克
脂肪含量： 26%

地图：pp. 210—211

这是产自威尔士的唯一一款奶酪！白色的传统威尔士卡菲利奶酪质地紧密，但很易碎。熟成时间短时，它有着清爽的口感，带着柠檬味。熟成时间长时，它会更有特点，但永远不会过于强劲或带有刺激性。

弗里堡瓦什酣奶酪（Vacherin fribourgeois）瑞士：弗里堡

AOP
2005年

奶： 生牛奶
奶酪大小： 直径30—40厘米，厚度6—9厘米
重量： 6000—10 000克
脂肪含量： 29%

地图：pp. 216—217

这款奶酪的名字源自拉丁语vaccarinus，意思是“小牛郎”。它摸起来或光滑平坦或有起伏，表皮拦腰被一条纱布或云杉木带捆扎。这款奶酪质地半硬，有些粘手。它闻起来以黄油香与果香为主，入口后，依然能够品尝到这些香味，口感上更偏向奶油质，易融化，带有少许颗粒感。

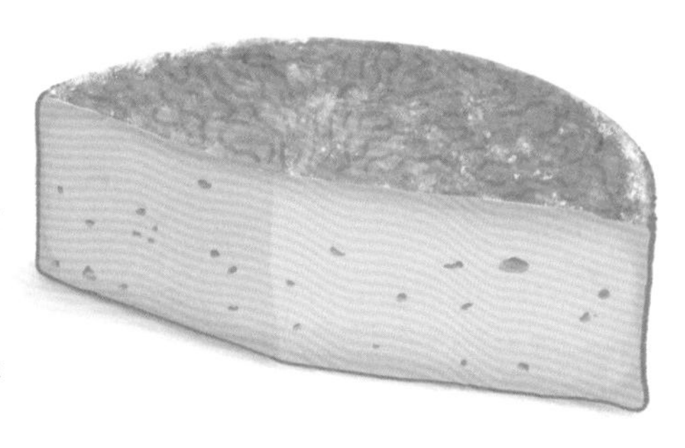

瓦莱达奥斯塔硬奶酪（Valle d'aosta Fromadzo）意大利：瓦莱达奥斯塔

奶：生牛奶（偶尔加生山羊奶）
奶酪大小：直径最大30厘米，厚度6—8厘米
重量：1000—7000克
脂肪含量：27%

地图：pp. 204—205

这款多姆奶酪的原料来自瓦莱达奥斯塔山区的两种奶牛：红斑瓦尔多斯坦（valdostaine）和黑斑瓦尔多斯坦，有时候也会加入山羊奶。凝乳后，奶酪匠通常会加入一些鲜草丝、杜松子、小茴香或茴香来增强奶酪的口感。这款奶酪非常易融化，香气四溢，带着发酵奶液的味道、黄油香和干草的气息。如果它的熟成期延长的话，品尝收尾时会释放出少许辛辣感。

瓦尔泰利纳半脱脂奶酪（Valtellina Casera）意大利：皮埃蒙特

奶：生牛奶
奶酪大小：直径30—45厘米，厚度8—10厘米
重量：7000—12 000克
脂肪含量：28%

地图：pp. 204—205

瓦尔泰利纳半脱脂奶酪诞生于16世纪。这款奶酪有一层较厚的表皮，根据不同的熟成期，颜色从秸秆黄色到金黄色不等。奶酪内部呈乳白色，有弹性，有很多小孔洞，带有柔和的香味和乳酸香。品尝收尾时，会出现一些鲜花香味，还带着轻微的酸味。熟成期延长时，奶酪质地会变得易碎，口感强劲，甚至有些刺激性。

万嘉贝卡奶酪（Wangapeka）新西兰：塔斯曼

奶：巴氏杀菌牛奶
奶酪大小：直径15—20厘米，厚度6—10厘米
重量：2000—3000克
脂肪含量：29%

地图：p. 227

万嘉贝卡农庄成立于2000年，从一开始就执行有机农业原则。这款多姆奶酪外表粗糙，表皮凹凸不平。它具有奶油质感，口感很清爽，有乳酸香和一定的酸味。

西部农家切达奶酪（West Country Farmhouse Cheddar Cheese）英国：英格兰，西南部

奶：生牛奶/巴氏杀菌牛奶
重量：500—20 000克
脂肪含量：27%

地图：pp. 210—211

这款英格兰最具代表性的奶酪最近重新受到了奶酪爱好者的青睐，尤其是那些想了解“纯正”的切达奶酪的爱好者。确实，切达奶酪已经脱离了原产地概念，世界各地都有生产（切达是世界上销售最多的奶酪种类）。西部农家切达奶酪必须熟成至少9个月。它的形状呈方块形或圆柱形，其表皮有助于保持奶酪的湿度，内部易融化。闻起来，它有窖藏和霉菌的气息。该奶酪呈秸秆黄色或金黄色，质地紧密，并不均匀，有点像康塔尔奶酪或萨莱斯奶酪。入口后，西部农家切达奶酪的口感有些粗糙，有奶油质感，带着动物气息和草本植物的香气。

在1170年，英国国王亨利二世将西部农家切达奶酪推选为“王国内最佳奶酪”。

约克郡温斯利戴尔奶酪（Yorkshire Wensleydale）英国：英格兰，约克郡

奶：生牛奶/巴氏杀菌牛奶
重量：500—21 000克
脂肪含量：28%

地图：pp. 210—211

这款奶酪的诞生要归功于法国西多会的修士们，他们于11—12世纪来到这里，并带来了奶酪制作技艺。最初，他们制作的是绵羊奶酪。到了16世纪，绵羊奶被牛奶取代，这与亨利八世解散修道院有关。这款奶酪的熟成期在2个星期到12个月之间。不同的熟成期，奶酪的外形和味道也不相同。当熟成期短时，它的表皮呈象牙白色；随着熟成期延长，会趋于黄色。它的质地紧密，但易碎，颗粒感强。约克郡温斯利戴尔奶酪在熟成期短时偏清爽，带有轻微的酸味；熟成期长的话，味道则更为强劲，且酸度更高。入口后，熟成期为2个星期的奶酪口感清爽，乳酸味浓郁；如果延长熟成期的话，它会散发出更复杂的香味，同时带有蜂蜜味、黄油香和切割的鲜草香。

07 硬质成熟奶酪

这是奶酪家族中的大分支，通常有磨盘大小，单个重量达几十千克。这种奶酪与多姆奶酪的区别在哪儿呢？这种硬质奶酪是熟的，在制作过程中的某一环节是熟的（温度50℃左右）。不过这种奶酪一点也不粗糙。另外，这是用高山牧场奶牛的奶制作的奶酪，通常可供农户全家过冬。

阿邦当斯奶酪（Abondance）法国：奥弗涅-罗讷-阿尔卑斯

AOC 1990年

AOP 1996年

奶：生牛奶
奶酪大小：直径38—43厘米，厚度7—8厘米
重量：6—12千克
脂肪含量：33%

地图：pp. 192—193

阿邦当斯奶酪在11世纪时诞生于同名的修道院，因为修士们终于明白奶酪可以作为商贸交易物，于是，他们在当地开创了制作奶酪的传统。但这种奶酪的出名则要感谢教皇克莱蒙七世，因为1381年在他于阿维尼翁主持的枢机主教大会上，这款奶酪才有机会出现在枢机主教的餐桌上。这款奶酪的表皮有粉色的、金色的和琥珀色的，这是因为在熟成期，熟成师会用盐水搓洗表皮。奶酪的凹角处有褶皱，这是用亚麻布给凝乳沥水定型时留下的痕迹。该奶酪很柔软，易融化，会有几个豆子大小的孔洞。闻起来，窖藏和蘑菇的味中夹杂着一丝龙胆草味。入口后，奶酪释放出水果（菠萝和杏）香味、乳酸香和榛子香，品尝到最后则会感到一丝苦味。

这款奶酪诞生于距阿邦当斯村不远的阿邦当斯修道院，用于制作奶酪的奶液必须是阿邦当斯奶牛的奶。

阿尔高高山奶酪（Allgäuer Bergkäse）德国：巴登-符腾堡州，巴伐利亚州

AOP 1997年

奶：生牛奶
奶酪大小：直径40—90厘米，厚度8—10厘米
重量：15—50千克
脂肪含量：34%

地图：pp. 212—213

该奶酪的表皮带着少许粉色和灰色，还有少量的白色绒毛。这款呈亚光黄色的奶酪质地柔软，有几个小孔洞。入口后，以奶香味和鲜草的香味为主，最后会有一丝苦味。

阿尔高埃曼塔尔奶酪（Allgäuer Emmentaler）德国：巴登-符腾堡州，巴伐利亚州

AOP
1997年

奶：生牛奶
奶酪大小：直径90厘米，厚度110厘米
重量：80千克
脂肪含量：33%

地图：pp. 212—213

它与瑞士埃曼塔尔奶酪真是太像了。这是一款外表鼓起来的奶酪，因为在温热的储藏窖中熟成，引起了丙酸发酵，导致奶酪中出现大孔洞。它质地紧密且柔软，入口后，以奶香与黄油香为主。

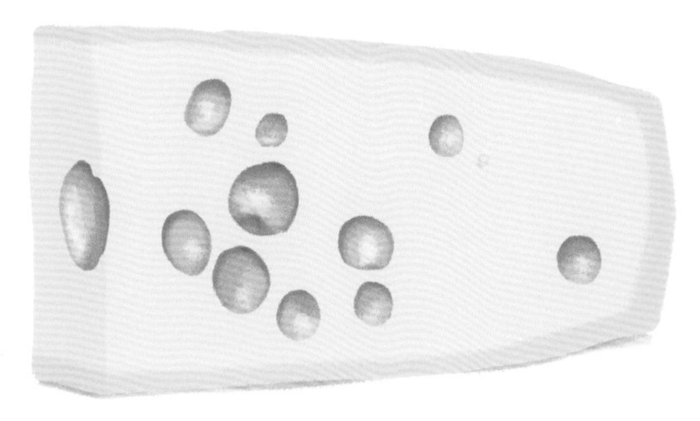

阿尔高阿尔卑斯山奶酪（Allgäuer Sennalpkäse）德国：巴登-符腾堡州，巴伐利亚州

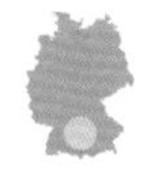

AOP
2016年

奶：生牛奶
奶酪大小：直径30—70厘米，厚度至多15厘米
重量：5—35千克
脂肪含量：34%

地图：pp. 212—213

这是一款纯正的手工高山牧场奶酪。它的制作期是每年的5月到10月，产地在德国南部阿尔高地区那些种植了果树的高山上。这款奶酪表皮比较干燥，颜色在橙黄色到褐色之间过渡。该奶酪呈象牙色或黄色，质地紧密、柔软，带有少许小孔。闻起来，它有湿润窖藏和干草料的气味。入口后，在黄油和奶油香的基础上，还会散发出令人吃惊的核桃香味。这款磨盘大的奶酪如果经过更长的熟成时间，还会有烟熏的味道。

安嫩奶酪（Annen）瑞士：伯尔尼，弗里堡

奶：生牛奶
奶酪大小：直径55—60厘米，厚度10—12厘米
重量：30—40千克
脂肪含量：34%

地图：pp. 216—217

这款瑞士奶酪不怎么出名，因为它的产量远不如瑞士格鲁耶尔奶酪（Gruyère Suisse）、埃曼塔尔奶酪（Emmentaler），甚至不如莱提瓦兹奶酪（L’Étivaz）。但是从口感来说，安嫩奶酪绝对不输于这些奶酪。这款呈象牙白色、质地紧密、易融化且带着黄油质感的奶酪，在口中释放出细腻得令人惊讶的水果香、奶油香和乳酸味。这是一款绝对不会让人无动于衷的奶酪！

博福尔奶酪（Beaufort）法国：奥弗涅-罗讷-阿尔卑斯

AOC 1968年 AOP 2003年

奶：生牛奶
奶酪大小：直径35—75厘米，厚度11—16厘米
重量：20—70千克
脂肪含量：33%

地图：pp. 192—193

博福尔奶酪诞生于中世纪，当时修士们和村民们在山上开辟了牧场饲养产奶的牛羊。当时奶水是用于制作重量为十几千克的瓦石兰奶酪（Vachelins）的，它是博福尔奶酪的先祖。但瓦石兰奶酪的块头太小，不足以在冬季供给当地的居民。于是在17世纪，瓦石兰奶酪体量变大（40千克），且改名为“格罗威尔”（Grovire）。得益于变大的体积，它才能够让居民更好地度过整个冬季，同时也走出了当地山区。1865年，Grovire这个名字被正式放弃，奶酪更名为博福尔奶酪。这里要区分三种博福尔奶酪：冬春季博福尔，11月到次年5月制作；夏季博福尔，6月到10月制作，奶水源自不同的奶牛群；高山牧场博福尔（最为少见），产于6月到10月，但来自同一群奶牛产的奶。这款体积庞大的奶酪有一个被亚麻布勒出的凹角，表皮在浅褐色与橙黄色之间过渡，带着金黄色或秸秆黄色的光泽，质地光滑。奶酪上偶尔会出现少量小孔洞。闻起来，木香、黄油香和花香混在一起。它质地紧密，入口后易融化，散发出乳酸香、果香和榛子香，带着轻微的咸味。

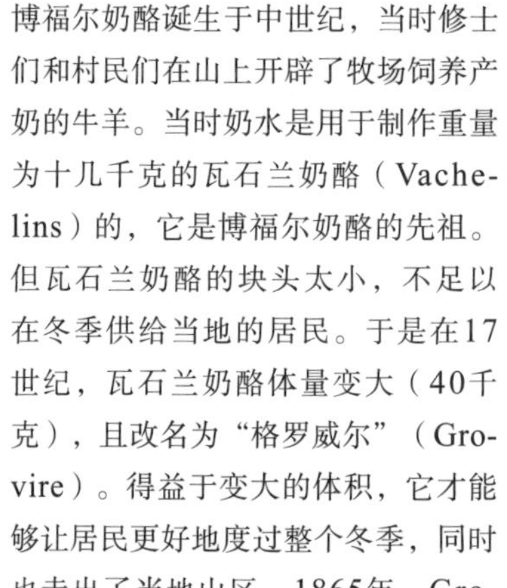

博福尔奶酪边缘凹角是有历史说明的，奶酪会因为这个凹角更好地固定在骡马等牲畜背上，同时也避免了在熟成期使奶酪下垂。

贝蒙图瓦奶酪（Bémontois）瑞士：伯尔尼，汝拉

奶：生牛奶
奶酪大小：直径35—45厘米，厚度12—15厘米
重量：15—25千克
脂肪含量：34%

地图：p. 216

贝蒙图瓦奶酪有两个出名的“邻居”，分别为著名的瑞士格鲁耶尔奶酪和僧侣头奶酪（Tête de Moine）。无论是大小还是样子，贝蒙图瓦奶酪与瑞士格鲁耶尔奶酪更相似。但是入口后，贝蒙图瓦奶酪的香味更加细腻，只是黄油香味减弱了，咸度也降低了。这款奶酪可以做成烤奶酪或奶酪火锅。

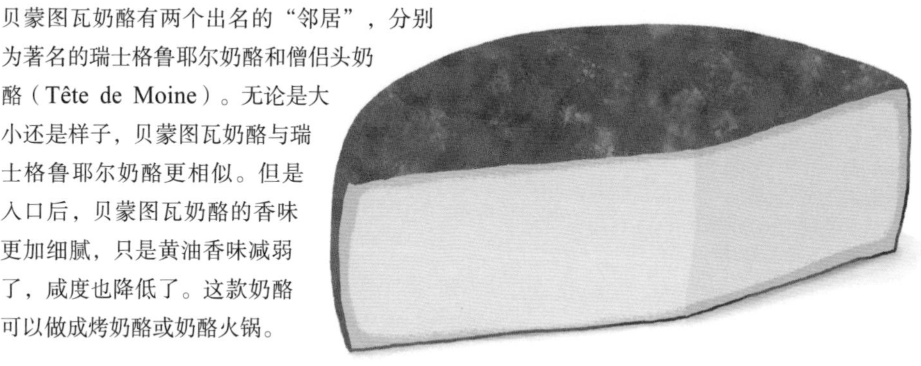

伯尔尼阿尔卑斯奶酪（Berner Alpkäse）瑞士：伯尔尼

AOP
2004年

奶：生牛奶
奶酪大小：直径28—48厘米
重量：5—14千克
脂肪含量：32%

地图：pp. 216—217

有关这款奶酪最早的历史记载见于1548年，记载中也包括对它的同伴伯尔尼切片奶酪（Berner Hobelkäse）的描述。这是一款只在特定季节生产的奶酪，每年从5月10日到10月10日生产。在6个月的熟成期内，它会被盐水多次搓洗并翻来翻去。闻起来，伯尔尼阿尔卑斯奶酪很酸，带着植物和动物气息。入口后，易融化，释放出浓郁的香料味且带有辛辣感。

伯尔尼切片奶酪（Berner Hobelkäse）瑞士：伯尔尼

AOP
2004年

奶：生牛奶
奶酪大小：直径28—48厘米
重量：5—14千克
脂肪含量：32%

地图：pp. 216—217

伯尔尼切片奶酪其实是经过长时间熟成的伯尔尼阿尔卑斯奶酪。闻起来，它有很浓郁的酸味，带着香料味。为了品尝这款奶酪，人们往往需要一把专用的奶酪刨刀。这款奶酪饱含酪氨酸晶体，口感丰富，很咸，带着牛奶的香味和一丝低调的烟熏味。

比图奶酪（Bitto）意大利：伦巴第大区

AOP
1996年

奶：生牛奶和山羊奶（至多10%）
奶酪大小：直径30—50厘米，厚度8—12厘米
重量：8—25千克
脂肪含量：34%

地图：pp. 204—205

比图奶酪是一款高山牧场奶酪，生产期为每年的6月1日到9月30日。它质地紧密，体积小，易融化。随着熟成期的延长，它会变得更脆且易碎。它的口感偏咸，带着黄油香，强劲却不辛辣。比图奶酪的熟成期可长达10年，这也使它成为一款难得一见且备受追捧的奶酪。

孔泰奶酪（Comté）法国：勃艮第-弗朗什-孔泰，奥弗涅-罗讷-阿尔卑斯

AOC 1958年 AOP 1998年

奶： 生牛奶
奶酪大小： 直径55—75厘米，厚度8—13厘米
重量： 32—45千克
脂肪含量： 34%

地图：pp. 192—193

关于这款奶酪最初的文字记载与农户们的“牛奶收集站”有关，牛奶收集站即为这些大块头奶酪的制作者。1264—1280年的文字记载证明，当年德斯维莱（Déservillers）和勒维埃（Levier）这两个村庄都曾进行过大批量的奶酪制作。不同的养殖农户将自家的奶交给牛奶收集站，由收集站制作出大块头的、供全家在严冬食用的奶酪。可以说，这些牛奶收集站是后来合作社的前身。

这款奶酪的表皮有轻微的颗粒感，颜色从浅米色到栗色过渡。它的内部十分细腻，从象牙白色到奶油色过渡，甚至可以是秸秆黄；质地易融化、很细致。入口后，根据不同的熟成期，带着油润感的奶酪释放出黄油香、奶油香、鲜草香、坚果香、花香或皮革香。从储存窖中取出之前，每个奶酪的凹处都要再做一次标识。如果标识是绿色的，就证明奶酪是符合AOP技术规范的。如果标识是砖褐色的，则说明它已经被降级，售价必须低于“绿标”孔泰奶酪。

猫牙山奶酪（Dent du chat）法国：奥弗涅-罗讷-阿尔卑斯

奶： 生牛奶
奶酪大小： 直径50厘米，厚度15厘米
重量： 40千克
脂肪含量： 30%

地图：pp. 192—193

猫牙山奶酪是一款萨瓦磨盘奶酪，产地就在萨瓦山区一座叫猫牙山的山脚下，制作这款奶酪的是一个叫作岩内（Yenne）的奶产品合作社。猫牙山奶酪的表皮颜色从淡粉色过渡到米白色，内部的颜色从淡黄色到秸秆黄色过渡，带着黄油质地，且易融化。入口后，猫牙山奶酪有着浓郁的水果香，平和中带着细致的乳酸香。品尝收尾时，它会释放出一丝咸味来增强口感。

萨瓦埃曼塔尔奶酪（Emmental de Savoie）法国：奥弗涅-罗讷-阿尔卑斯

IGP
1996年

奶：生牛奶
奶酪大小：直径72—80厘米
厚度14—32厘米
重量：至少60千克
脂肪含量：34%

地图：pp. 192—193

这款大块头、带着鼓凸的奶酪，略厚的表皮颜色在黄色和褐色之间过渡。表皮下的奶酪质地均匀、紧密且柔软；核心部位的孔洞从樱桃大到核桃大，不尽相同。这是一款带着乳酸味、果香与平和感的奶酪，还有一丝酸味。奶酪中的孔洞（无论是法国、瑞士还是德国产的埃曼塔尔奶酪）是在熟成期温热的窖藏阶段形成的。

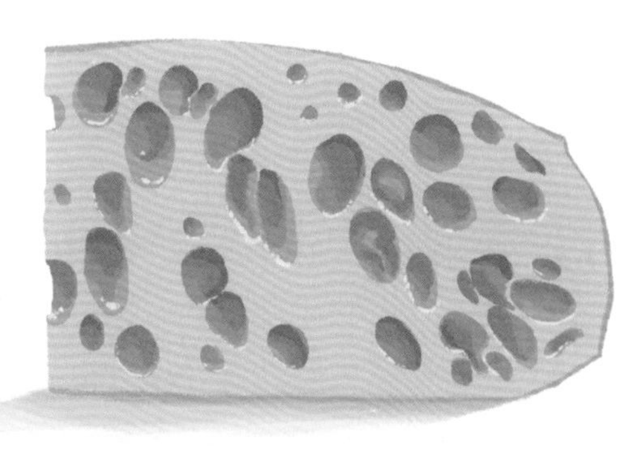

瑞士埃曼塔尔奶酪（Emmentaler）瑞士：伯尔尼，阿尔高，格拉鲁斯，卢塞恩，施维茨，索洛图恩，圣加仑，图尔高，楚格，苏黎世

AOP
2006年

奶：生牛奶
奶酪大小：直径80—100厘米，厚度16—27厘米
重量：75—120千克
脂肪含量：34%

地图：pp. 216—217

瑞士埃曼塔尔奶酪有四种不同的熟成期：经典（classique，最多4个月）、窖藏（réserve，4—8个月）、超长窖藏（extra，至少12个月）和洞藏（grotte，至少窖藏12个月，然后在自然山洞中存储至少6个月）。这是一款质地柔软、易融化的奶酪，带着牛奶气息，以及黄油、奶油和鲜草的香味。

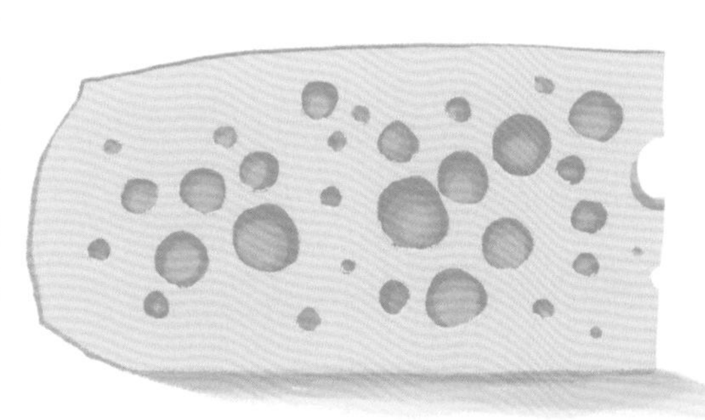

法国中东部埃曼塔尔奶酪（Emmental français est-central）法国：奥弗涅-罗讷-阿尔卑斯，勃艮第-弗朗什-孔泰，大东部

IGP
1996年

奶：生牛奶
奶酪大小：直径70—100厘米，厚度14厘米
重量：60—130千克
脂肪含量：33%

地图：pp. 191—194

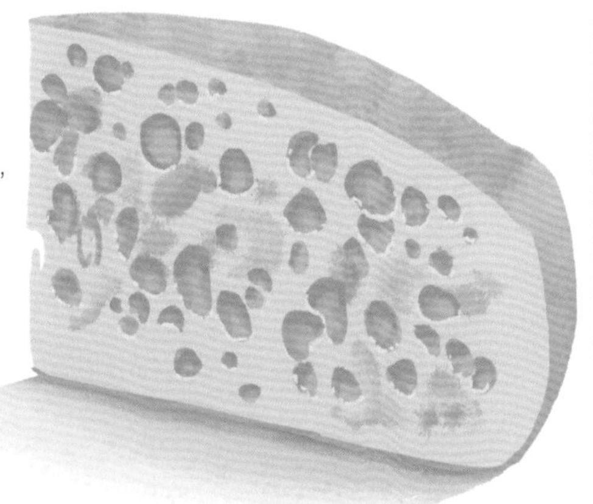

这款体积庞大的磨盘奶酪有着秸秆黄或浅褐色的表皮，表面有鼓凸。这款带有黄色光泽的奶酪很柔软，易融化。其内部有很多大小不一的孔洞——小到樱桃大，大至核桃大。入口后，它带着很好的乳酸香和果香，十分温和。与萨瓦埃曼塔尔奶酪相比，这款奶酪的口感更为浓郁。

美国埃弗顿奶酪（Everton）美国：印第安纳州

奶：生牛奶
奶酪大小：直径40厘米，厚度7.5厘米
重量：10千克
脂肪含量：28%

地图：pp. 222—223

这款奶酪的熟成期是8到12个月［高级窖藏级（Everton Premium Reserve）则通常窖藏18个月］，其表皮的颜色在浅黄色到浅米色之间过渡。它质地紧密，易融化，入口后，它会释放出黄油香和榛子香，余味悠长。而熟成期更长的高级窖藏级，不仅口感更为饱满，香味也更加浓郁。同时，因为含有酪氨酸结晶，它还有良好的颗粒感。

阿拉齐瓦巴纳斯山硬奶酪（Formaella Arachovas Parnassou）希腊：中部

AOP
1996年

奶：山羊奶和（或）巴氏杀菌绵羊奶
奶酪大小：直径5—10厘米，长度25—30厘米
重量：0.5—1千克
脂肪含量：30%

地图：pp. 220—221

这款硬质成熟奶酪因其形状和使用的奶水品种（山羊奶或绵羊奶）不同而有所区别。其表皮的颜色为秸秆黄色或金黄色，带着凝乳在柳条筐中沥水成形而产生的皱纹。奶酪的核心部位是白色的，质地紧密且油脂感强，还有一丝颗粒感。入口后，奶酪口感平和，带着乳酸香和一定的酸度，还有少许的草本植物香气，以及山羊奶或绵羊奶的气息。

盖尔山谷高山奶酪（Gailtaler Almkäse）奥地利：蒂罗尔，克恩顿州

AOP
1997年

奶：生牛奶/牛奶和生山羊奶（至多10%）
重量：0.5—35千克
脂肪含量：31%

地图：pp. 216—217

关于这款奶酪最早的文字记载可以追溯到1375—1381年，当时戈里齐亚省（Gorizia）的记录中提到过它。盖尔山谷高山奶酪只能在盖尔山谷的高山牧场上制作。它那天然形成的表皮比较干燥，颜色为金色。奶酪内部呈淡黄色，质地柔软，还有很多小孔洞，孔洞的大小介于绿豆和榛子之间。这是一款口感柔和的奶酪，带着少许黄油香、奶油香和鲜草香。

格拉娜帕达诺奶酪（Grana Padano）意大利：艾米利亚-罗马涅，伦巴第，皮埃蒙特，威尼托，特伦蒂诺-上阿迪杰

AOP
1996年

奶： 生牛奶
奶酪大小： 直径35—45厘米，厚度18—25 厘米
重量： 24—40千克
脂肪含量： 32%

地图：pp. 204—205

格拉娜帕达诺奶酪经常与它的表亲帕马森奶酪（Parmigiano Reggiano）混淆，不过它的口感其实更为干爽，而且表皮底部从头到尾都印着名字。它的表皮厚度可达4—8毫米，颜色呈褐色、金色或深黄色，有效地保护了秸秆黄色的内部。它的质地具有较强的颗粒感（grana的意思是颗粒）且易融化，口感以少许咸味、黄油香和花香为主。熟成期超过20个月后，格拉娜帕达诺奶酪就升级为珍藏级（riserva），珍藏级标识必须烙印在奶酪底部。

阿格拉法格拉维拉奶酪（Graviera* Agrafon）希腊：色萨利

AOP
1996年

奶： 绵羊奶/绵羊奶和巴氏杀菌山羊奶
重量： 8—10千克
脂肪含量： 30%

地图：pp. 220—221

这款奶酪的表皮颜色并不均匀，从米色到灰色不等。闻起来主要是窖藏的气味和酸味。该奶酪呈白色，随处可见孔洞，易碎，释放着黄油香味和少许甜味。如果在制作时使用一些山羊奶，在品尝收尾时会有清爽感，可以体会到草本植物的特点。

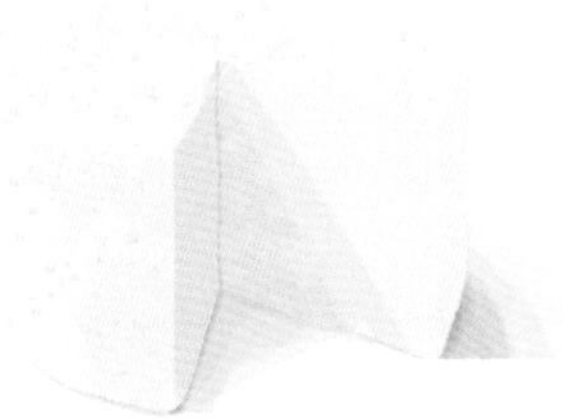

* Graviera常翻译为格拉维拉，此为音译，但实际上它是希腊当地的一种类似瑞士格鲁耶尔奶酪质地的奶酪，在欧洲被称为“希腊格鲁耶尔”，用山羊奶或绵羊奶制作。——译者注

克里特岛格拉维拉奶酪（Graviera Kritis）希腊：克里特岛

AOP
1996年

奶： 绵羊奶和（或）绵羊奶与巴氏杀菌山羊奶
重量： 14—16千克
脂肪含量： 29%

地图：p. 221

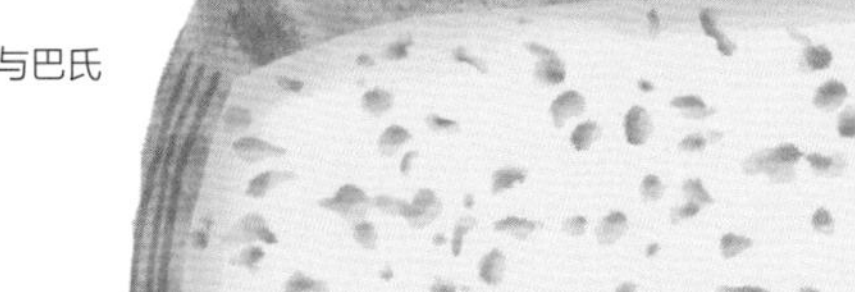

这是一个在整个克里特岛上都能生产的奶酪，它与希腊大陆上的表亲阿格拉法格拉维拉奶酪很相似，二者唯一的区别是使用的羊奶品种不同。尽管两种奶酪很相似，但克里特岛格拉维拉奶酪的质地更为柔软，口感上会凸显出绵羊奶或山羊奶的浓郁味道，咸味也更为突出。

纳克索斯格拉维拉奶酪（Graviera Naxou）希腊：纳克索斯岛

奶： 巴氏杀菌牛奶/巴氏杀菌牛奶和山羊奶（至多20%）
脂肪含量： 25%

地图：pp. 220—221

纳克索斯格拉维拉奶酪有一层金黄色或秸秆黄色的表皮，上面有很多小孔洞，质地紧密，易融化。它闻起来有饲养棚的气息和干草料的香味。口感上，这款奶酪在平和中带着草本植物香。通常，它会在品尝收尾时显露出一丝苦味。当它的熟成期比较长时，会有一丝辛辣味。

瑞士格鲁耶尔奶酪（Gruyère Suisse）瑞士：伯尔尼，弗里堡，汝拉，沃州，纳沙泰尔

奶： 生牛奶
奶酪大小： 直径55—65厘米，厚度9.5—12 厘米
重量： 25—40千克
脂肪含量： 34%

地图：pp. 216—217

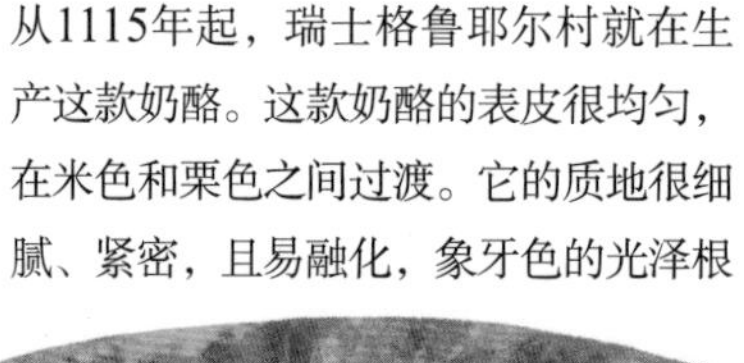
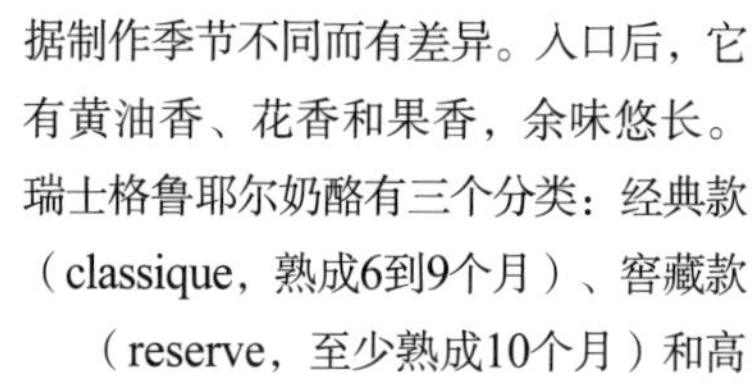

从1115年起，瑞士格鲁耶尔村就在生产这款奶酪。这款奶酪的表皮很均匀，在米色和栗色之间过渡。它的质地很细腻、紧密，且易融化，象牙色的光泽根据制作季节不同而有差异。入口后，它有黄油香、花香和果香，余味悠长。瑞士格鲁耶尔奶酪有三个分类：经典款（classique，熟成6到9个月）、窖藏款（reserve，至少熟成10个月）和高山牧场款（alpage，高海拔，仅在5月到10月之间制作）。

法国格鲁耶尔奶酪（Gruyère français）法国：奥弗涅-罗讷-阿尔卑斯，勃艮第-弗朗什-孔泰，大东部

奶： 生牛奶
奶酪大小： 直径53—63厘米，厚度13—16厘米
重量： 42千克
脂肪含量： 35%

地图：pp. 192—193

与它的瑞士表亲不同，法国格鲁耶尔奶酪有（必须有）些小孔洞，最小的如豆子大小，最大的不过榛子大小。它那淡米色的表皮上常有白色绒毛，保护了奶酪本身。奶酪的颜色从纯白到淡象牙白不等，质地紧密且易融化。入口后，这款平和的奶酪带来的主要是乳酸香味。

韩岱克奶酪（Handeck）加拿大：安大略

奶：巴氏杀菌牛奶
奶酪大小：直径50厘米，厚度10厘米
重量：25千克
脂肪含量：31%

地图：p. 224

作为从20世纪起就定居在加拿大安大略省的荷兰奶酪匠的后人，谢浦·伊塞尔斯坦（Shep Ysselstein）曾在瑞士的韩岱克村学习奶酪的制作。这款奶酪之所以被命名为韩岱克奶酪，正是因为谢浦要向这个瑞士乡村致敬。韩岱克奶酪质地紧密，有黄油质感，通常释放着榛子香、奶油香和黄油香。安大略省伍斯托克地区甘恩山（Gunn's Hill）的农庄提供的是12个月熟成期的奶酪，同时农庄的奶酪熟成师也在准备推出熟成期长达2—3年的奶酪。

海迪奶酪（Heidi）澳大利亚：塔斯马尼亚

奶：生牛奶
奶酪大小：直径55厘米，厚度10厘米
重量：30千克
脂肪含量：35%

地图：p. 226

这款奶农制作的奶酪采用的是法国格鲁耶尔奶酪的制作工艺。正因如此，奶酪的表皮根据不同的熟成度从淡米色到浅褐色过渡。该奶酪内部的颜色从秸秆黄到金黄色不等，质地紧密，摸起来如丝般光滑，闻起来有鲜草和黄油的味道。入口后，海迪奶酪很易融化，释放出黄油香、榛子香和花香。当它的熟成期更长时，酪氨酸结晶会带来清脆的口感，在口中余味悠长。

亨利四世奶酪（Henri IV）法国：新阿基坦

奶：生山羊奶
奶酪大小：直径30厘米，厚度15厘米
重量：10—30千克
脂肪含量：32%

地图：p. 196

旺达勒（Vandaële）家族在比利牛斯山区建立朗塞特（Lanset）农庄已经超过30年了，这些在当地饲养山羊并制作奶酪的人于2000年初期制作了一款极其少见的奶酪——亨利四世，一款硬质成熟山羊奶酪！闻起来，它带有强烈的山羊奶气味，同时散发着草本植物香味和花香。入口后，质地紧密，易融化，带着黄油感。同时，山羊奶的特点、轻微的酸味和咸味实现完美结合。

卡赛利奶酪（Kasséri）希腊：西马其顿区，色萨利，北爱琴海

AOP
1996年

奶：巴氏杀菌绵羊奶/巴氏杀菌绵羊奶和山羊奶（至多20%）
奶酪大小：直径25—30厘米，厚度7—10厘米
重量：1—7千克
脂肪含量：22%

地图：pp. 220—221

这款经过揉制的半硬奶酪有着淡白色和灰白色的光泽，质地紧密并富有弹性。卡赛利奶酪散发出经过发酵的羊奶香气，入口后则以苦味和轻微的酸味为主，带有典型的绵羊奶或山羊奶的气息。在日常生活中，人们常把它磨碎做菜。

莱提瓦兹奶酪（L' Étivaz）瑞士：沃州

奶：生牛奶
奶酪大小：直径30—65厘米，厚度8—11厘米
重量：10—38千克
脂肪含量：33%

地图：pp. 216—217

莱提瓦兹奶酪是在高海拔（1000—2000米）地区制作的，制作时间为每年5月10日到10月10日之间。这款硬质成熟奶酪的特点在于，收集到的牛奶要在一口用木柴加热的大铜锅里完成凝乳过程。正是因为这个特殊的古老工艺，无论是闻起来还是尝起来，莱提瓦兹奶酪都有烟熏的味道。它的表皮呈棕色，且干燥，略带颗粒感。切开后，这款奶酪最初会释放出令人惊讶的菠萝香味，随后是果香、草本植物香和烟熏的气味。入口后，它那易融化且带有油脂感的内部会带来黄油香、轻微的榛子香和烟熏的味道。在制作过程中，最好的磨盘奶酪会被手工挑选出来，然后刷油，并垂直储藏在一个通风的阁楼里，储存时间至少3个月，使之完全干燥。完成全部的步骤后，这款“干燥莱提瓦兹奶酪”（L' Étivaz à rebibes）就诞生了。

帕马森奶酪（Parmigiano reggiano）意大利：艾米利亚-罗马涅，伦巴第

AOP
1996年

奶： 生牛奶
奶酪大小： 直径35—45厘米，厚度20—26厘米
重量： 至少30千克
脂肪含量： 30%

地图：pp. 204—205

帕马森奶酪的金色表皮上刻印着奶酪的名字，以确保它的纯正。在这层6毫米厚的表皮的保护下，这款颗粒感十足、呈秸秆黄色的奶酪释放出柑橘味、果香和奶油香。它易融化，具有浓郁的黄油香和恰到好处的咸味。品尝收尾时则会带来少许的甜味。经过两年的熟成期，帕马森奶酪会失去初始重量的四分之一！

先锋奶酪（Pionnier）加拿大：魁北克

奶： 生绵羊奶和生牛奶
奶酪大小： 直径55厘米，厚度12厘米
重量： 40千克
脂肪含量： 34%

地图：pp. 224—225

这款奶酪的生产工艺完全符合瑞士磨盘奶酪的传统，但有一个决定性的区别：绵羊奶中加入了牛奶。这款呈象牙白色、易融化且带着油脂感的奶酪，入口后表现出强劲的酸味和清爽，同时也保留了黄油的香味、坚果香（澳大利亚坚果）和花香。在品尝收尾时，有一丝类似红糖的香味表现出来。这款先锋奶酪于2017年被评为魁北克最佳奶酪。

愉快山脊奶酪（Pleasant Ridge）美国：威斯康星州

奶： 生牛奶
奶酪大小： 直径30厘米，厚度10厘米
重量： 6千克
脂肪含量： 28%

地图：pp. 222—223

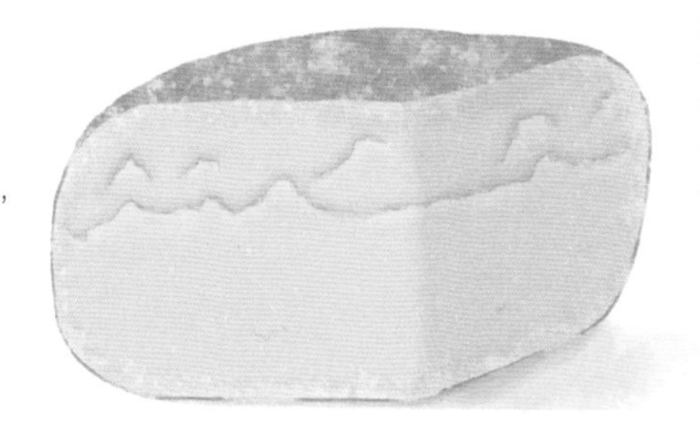

这款奶酪的制作时间是每年牧草丰美的5月到10月。它有新鲜牛奶的香味和榛子香，充满黄油的香气和花香，质地容易让人想起黄油的油脂感。该奶酪的熟成期可长达14个月，被称为“愉快山脊珍藏奶酪”（Pleasant Ridge Reserve），带有令人愉悦的酪氨酸结晶。

斯布林兹奶酪（Sbrinz）瑞士：卢塞恩，施维茨，楚格，上瓦尔登，尼德瓦尔登，阿尔高，伯尔尼

AOP
2002年

奶： 生牛奶
奶酪大小： 直径45—65厘米，厚度14—17厘米
重量： 25—45千克
脂肪含量： 34%

地图：pp. 216—217

根据伯尔尼地区的一份史料记载，斯布林兹奶酪的名字源自16世纪喜欢收购这款奶酪的一个意大利人对布里恩茨市（Brienz）的称谓。斯布林兹奶酪的表皮通常用抹布擦干，以进行表面干燥，这也有助于它的表面形成一层油脂。当油脂层足够厚的时候，奶酪会被放入低温的储存窖存放16个月。出窖后，奶酪的质地会变得很紧密（甚至坚硬）且易碎。这款奶酪闻起来会有奶油香味和玉米香。从口感上来说，黄油香味、花香、动物气息几乎与香料味合成一体。斯布林兹奶酪可以切成小块或片状直接食用，弄碎后可用于日常料理。

僧侣头奶酪（Tête de moine）瑞士：伯尔尼，汝拉

AOP
2001年

奶： 生牛奶
奶酪大小： 直径10—15厘米，厚度7—15厘米
重量： 0.7—2千克
脂肪含量： 32%

地图：pp. 216—217

这款奶酪粗糙的表皮下是象牙白色到淡黄色过渡的核心部分，质地均匀且密度大，带着奶油感。入口后，它会很快融化，释放出牛奶的香味，同时带有干草料香和蘑菇香。在品尝收尾阶段，它会释放出一丝咸味和轻微的刺激性。这款奶酪与20世纪80年代发明的切割工具关系密切：用奶酪刨花刀（Girolle）在奶酪表面刮出一层层奶酪制作成一朵花，看上去像是一株鸡油菌！

蒂罗尔高山奶酪（Tiroler Almkäse）奥地利：蒂罗尔

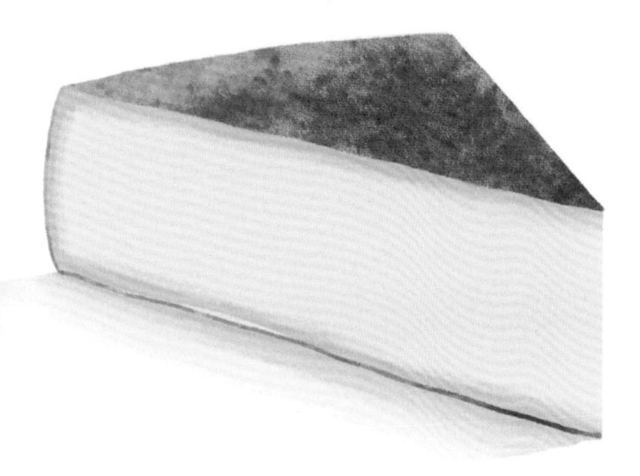

AOP
1997年

奶： 生牛奶
重量： 30—60千克
脂肪含量： 35%

地图：p. 217

早在1544年，在蒂罗尔的地方文献中就提到了这款奶酪，它也被称为"蒂罗尔阿尔卑斯奶酪"。这款高山牧场奶酪（制作于每年的5月到10月）的表皮干燥，质地紧密，带有油脂感，入口即化，口感温和且带着奶香。经过长时间熟成后，它会更有特点，带着辛辣的香味和动物气息。

蒂罗尔山区奶酪（Tiroler Bergkäse）奥地利：蒂罗尔

AOP
1997年

奶： 生牛奶
重量： 至少12千克
脂肪含量： 34%

地图：pp. 216—217

蒂罗尔山区奶酪出现于19世纪40年代。它的表皮十分油腻，颜色在黄褐色到褐色之间过渡。奶酪内部的颜色从象牙白色到淡黄色过渡，富有光泽。闻起来，以花香和草本植物香味为主，随后会有一些奶油香和黄油香味。这款奶酪质地柔软，易融化，入口后有着轻微的酸味和丰富的黄油香，在品尝收尾时偶尔会出现一丝刺激性。

福拉尔贝格阿尔卑斯奶酪（Vorarlberger Alpkäse）奥地利：福拉尔贝格州

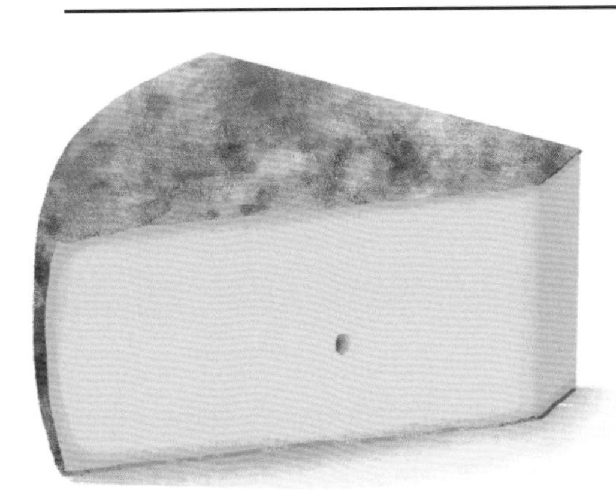

AOP
1997年

奶： 生牛奶
奶酪大小： 直径35厘米，厚度10—12厘米
重量： 至多35千克
脂肪含量： 33%

地图：pp. 216—217

这款奶酪仅在高山牧场制作，从18世纪起使用“福拉尔贝格阿尔卑斯奶酪”这个名字。它的表皮干燥，有颗粒感，质地柔软，易融化，还带有少许小孔洞。这是一款口感柔和的奶酪，带有奶香和轻微的酸味。当熟成期更长时，它的质地会变得易碎，也会带有更多的刺激性和牛奶的香气。

福拉尔贝格山区奶酪（Vorarlberger Bergkäse）奥地利：福拉尔贝格州

AOP
1997年

奶： 生牛奶
奶酪大小： 直径50厘米，厚度10—12厘米
重量： 50千克
脂肪含量： 34%

地图：pp. 216—217

这款奶酪的表皮粗厚，颜色从黄褐色到褐色不等；内部颜色从浅黄色到象牙白色过渡，有光泽，还有几个绿豆大小的孔洞。它的质地柔软，易融化。该奶酪的口感还算柔和，入口后带着蜂蜜的香味，以及鲜草香和奶油香。熟成时间长的话，福拉尔贝格山区奶酪会带有更浓郁的咸味和牛奶的气味。

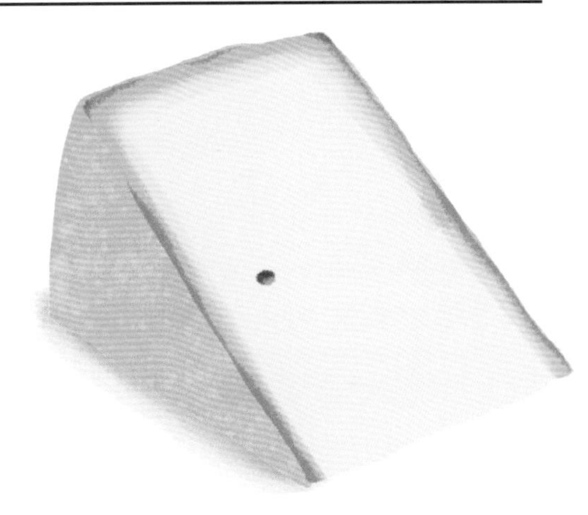

08 纹路奶酪

这是一个让人发怵的奶酪家族，或至少不会让人觉得舒服，因为它们的表面大多长着各种霉菌。事实上，是人们刻意让霉菌在奶酪中生长的。与常人想象的不同，这个家族的奶酪口感不全是强劲的，有时甚至偏差很大！

蔚蓝海湾奶酪（Bay Blue）美国：加利福尼亚州

奶：巴氏杀菌牛奶
奶酪大小：直径25厘米，厚度15厘米
重量：5千克
脂肪含量：27%

地图：pp. 222—223

瑞思点农夫奶酪公司（Point Reyes Farmstead Cheese Company）始创于1904年，到了21世纪，他们开始按照有机农业的原则进行手工奶酪生产。从那以后，蔚蓝海湾奶酪多次在美国品鉴比赛的相应级别中获奖，特别是在2014年，它在美国萨卡门托奶酪协会主办的比赛中获奖。与它的英国表亲斯蒂尔顿奶酪（Stilton Cheese）的质地相近，它也易融化，散发着黄油香，同时还有本地风土的特点。品尝收尾时，它通常带着一丝咸味和焦糖的香味。

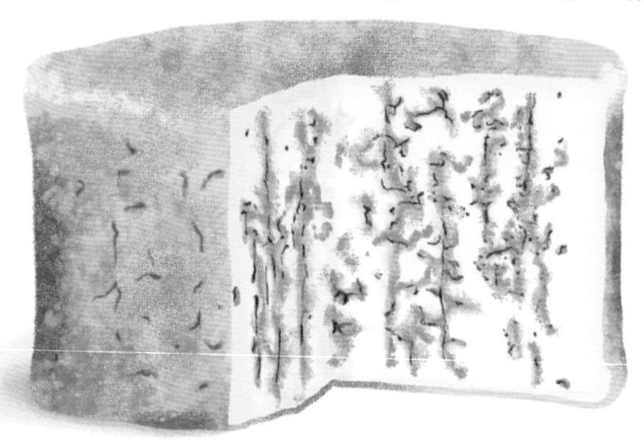

黑与蓝奶酪（Black & Blue）美国：马里兰州

奶：巴氏杀菌山羊奶
奶酪大小：直径20厘米，厚度10厘米
重量：3千克
脂肪含量：31%

地图：pp. 222—223

黑与蓝奶酪的特别之处在于：它是为数不多的用蜡封装的纹路奶酪！黑色的蜡封是奶酪名字中“黑”的由来。这款奶酪基于植物凝乳剂制作，很适合素食者。它那柔软易融化的质地中，蕴藏着漂亮、清爽且细致的强劲。得益于山羊奶酪的特点，品尝收尾时，它通常带有一定的酸味和一丝咸味。此外，黑与蓝奶酪在出窖后一年内都能保证良好的口感。

奥弗涅蓝纹奶酪（Bleu d'Auvergne）法国：奥弗涅-罗讷-阿尔卑斯，新阿基坦，奥克西塔尼

AOC 1975年　AOP 1996年

奶： 加温工艺或巴氏杀菌牛奶
奶酪大小： 直径19—23厘米，厚度8—11厘米
重量： 2—3千克
脂肪含量： 28%

地图：pp. 196—197

2018年时通过了新的技术标准，这个新标准将原有的产区数量从1158个村缩减到630个村。

这款奶酪历史悠久，外观有些粗糙。它在19世纪时无论是配方、形状还是口感都有了一个新的起点，这得益于安东万·鲁塞尔（Antoine Roussel），是他最先从带着霉菌的黑麦面包中提取出微生物并对凝乳进行催化［这里用的是灰绿青霉（Penicillium glaucum）］。经过几年的试验，他终于明白，这些霉菌的繁殖是需要空气的。于是他用毛衣针在奶酪上扎孔。1860年，他与一个名叫克莱尔蒙（M. Clermont）的人共同发明了奶酪植菌器械。从那时起，奥弗涅蓝纹奶酪的霉菌数量和分布就更容易掌握了。这款奶酪的表皮带有白色、灰色、绿色、蓝色甚至黑色的霉菌斑点。它易融化，且质地非常油润，颜色从白色到象牙白色过渡，带着有规律且一致的蓝色和绿色花纹。入口后，可以感受到强劲和柔顺的奶油质之间的平衡。该奶酪口味偏咸，带有苦味的口感中夹杂着灌木和蘑菇的味道。

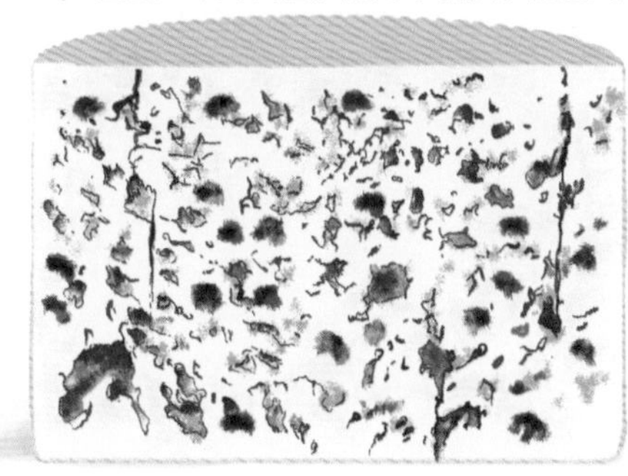

博恩瓦勒蓝纹奶酪（Bleu de Bonneval）法国：奥弗涅-罗讷-阿尔卑斯

奶： 生牛奶
奶酪大小： 直径22厘米，厚度10厘米
重量： 2.4—2.8千克
脂肪含量： 26%

地图：pp. 192—193

这款奶酪是用阿邦当斯奶牛和塔林奶牛的奶水制作的，由莫列讷山谷（La vallée de la Maurienne）附近的博恩瓦勒村（Bonneval-sur-Arc）奶酪合作社生产。奶酪的表皮是灰白色的，带着白色绒毛，有黑色光泽。闻起来，它释放出窖藏的气息，以及灌木丛和蘑菇的气味。象牙色的表皮有着蓝绿色的霉菌纹路，紧密且带着油脂感。当奶酪熟成时间更长时，它会变得更干燥且易碎。入口后，这款蓝纹奶酪以奶油香和香菇的味道为主。

热克斯蓝纹奶酪（Bleu de Gex）法国：勃艮第-弗朗什-孔泰，奥弗涅-罗讷-阿尔卑斯

AOC 1977年 AOP 1996年

奶：生牛奶
奶酪大小：直径31—35厘米，厚度8—10厘米
重量：6—9千克
脂肪含量：28%

地图：pp. 192—193

有史料显示，热克斯蓝纹奶酪是神圣罗马帝国君主查理五世最爱吃的奶酪。

热克斯蓝纹奶酪也被称为“塞普特蒙塞蓝纹奶酪”（Septmoncel），从13世纪起就由汝拉山区圣克劳德修道院（Abbaye de Saint-Claude）的修士们制作，但如今这座修道院已经成了一片废墟。这款奶酪用的是蒙贝利亚奶牛或西门塔尔奶牛的奶液，表皮干燥，有面粉感，颜色从白色到浅黄色过渡，表皮上必须带有凹陷的GEX字样作为来源保证。它是一款口感平顺的奶酪，质地紧密且易碎，入口后带着乳酸香、少许香草甜，以及香料味和蘑菇的味道。品尝收尾时，它通常会带来一丝苦味。

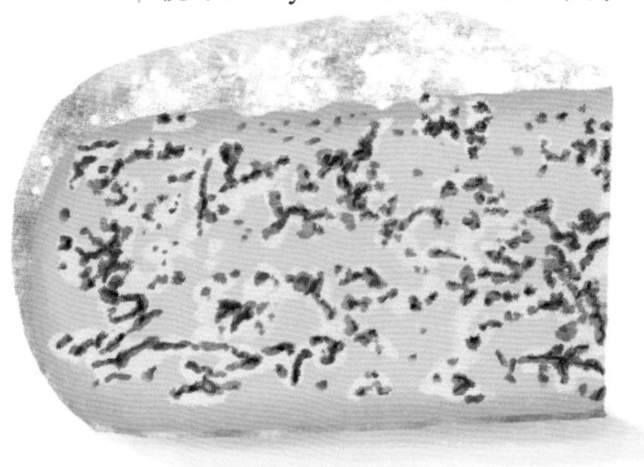

拉布瓦希尔蓝纹奶酪（Bleu de La Boissière）法国：法兰西岛区

奶：巴氏杀菌山羊奶
奶酪大小：直径17—18厘米，厚度9—10厘米
重量：2—2.5千克
脂肪含量：28%

地图：pp. 190—191

这款奶酪由伊夫林省朗布依埃的特朗布莱耶（Tremblaye）农庄生产，它也是法兰西岛区（大巴黎地区）为数不多的蓝纹奶酪之一。这个农庄从1967年起就本着对环境的尊重和对牲畜生存状态的重视，开始了奶酪的制作生产。拉布瓦希尔蓝纹奶酪没有天然表皮，因为它是用锡纸包装的，这样做妨碍了奶酪表皮的形成。青霉菌生成的蓝色、灰色、绿色甚至黑色菌纹与白色的奶酪对比鲜明。它易融化，带着黄油感，是一款口感细腻、带着微妙的蘑菇香味和少许酸味的奶酪。在品尝收尾时，山羊奶给这款奶酪提供了良好的清爽感。

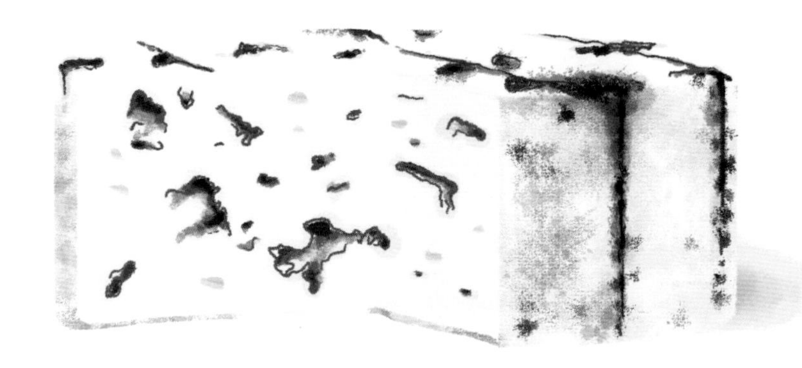

塞弗拉克蓝纹奶酪（Bleu de Séverac）法国：奥克西塔尼

奶： 生绵羊奶
奶酪大小： 直径12—13厘米，厚度8—9厘米
重量： 1—1.1千克
脂肪含量： 27%

地图：pp. 196—197

这是瑟甘家族生产的第一款奶酪，他们也生产皮楚奈特绵羊奶酪和勒屈特奶酪。塞弗拉克蓝纹奶酪已有40多年的历史，其制作是从瑟甘的母亲西蒙娜开始的。这款奶酪有一层灰白的表皮，泛着黑色的光泽。闻起来，它带着湿润窖藏的气息和蘑菇的香味。它的质地油润，有黄油感，且易融化。它带有细腻且精致的蓝纹，入口后会释放出奶油香和蘑菇的味道。

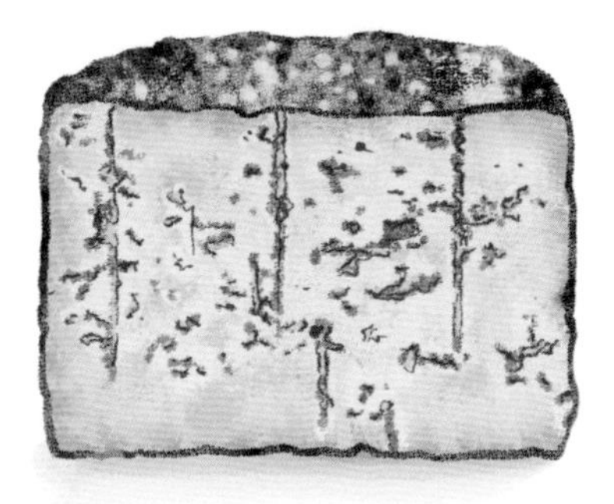

高斯蓝纹奶酪（Bleu des Causses）法国：奥克西塔尼

AOC 1953年 AOP 1996年

奶： 生牛奶
奶酪大小： 直径20厘米，厚度8—10厘米
重量： 2.3—3千克
脂肪含量： 27%

地图：pp. 196—197

这款奶酪与洛克福蓝纹奶酪一样历史悠久，历史发展进程紧随这款知名的绵羊奶奶酪。高斯蓝纹奶酪的诞生要归功于高斯地区的农户们，他们习惯将奶酪存放在布满钟乳石的溶洞中，那里空气湿润凉爽。从环境上看，它与洛克福蓝纹奶酪的生产环境极其相似。这款奶酪最初被命名为阿韦龙蓝纹奶酪，1941年更名为高斯蓝纹奶酪，后于1953年获得了AOC标识并以该形式被固定了下来。这是一款没有表皮的奶酪，有着象牙色的表皮和分布均匀的霉菌纹。闻起来，它释放出浓郁的动物气息和蘑菇味。这款奶酪易融化，带着油脂和黄油感，在口中释放出的是令人欣喜的味道及奶油香。

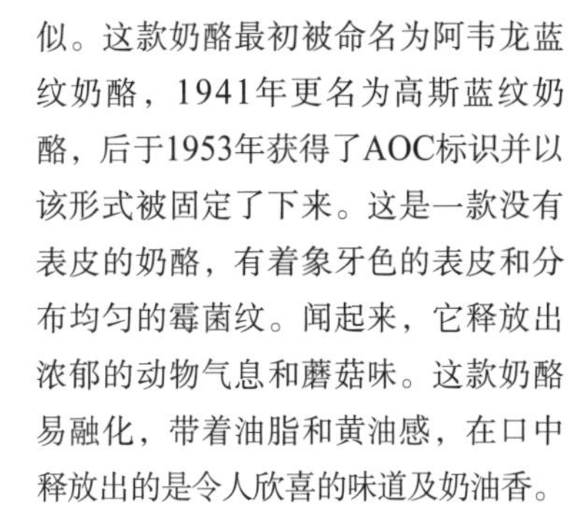

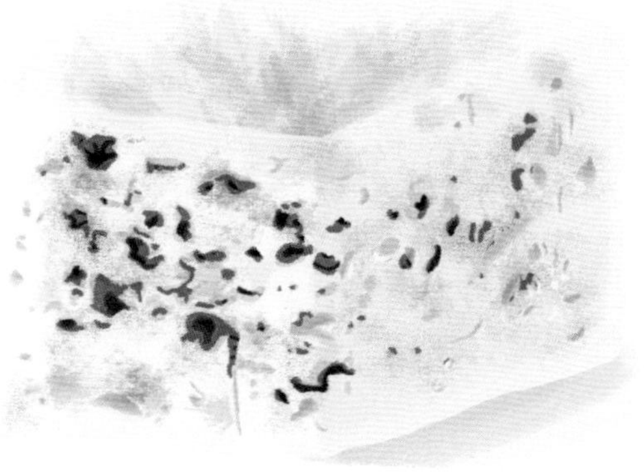

特米农蓝纹奶酪（Bleu de Termignon）法国：奥弗涅-罗讷-阿尔卑斯

奶：生牛奶
奶酪大小：直径27—28厘米，厚度15厘米
重量：7.3—7.7千克
脂肪含量：28%

地图：*pp. 192—193*

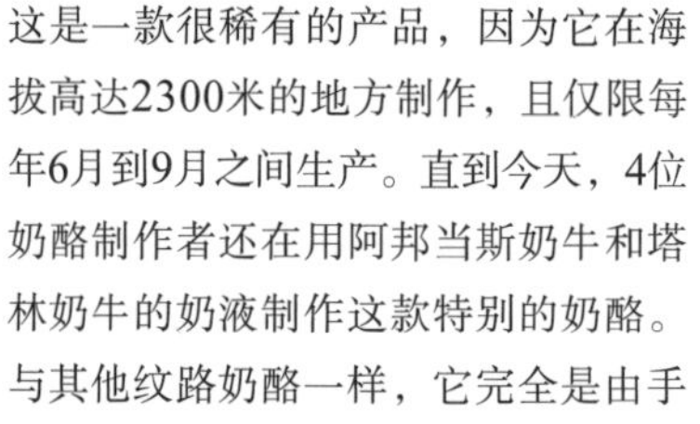

这是一款很稀有的产品，因为它在海拔高达2300米的地方制作，且仅限每年6月到9月之间生产。直到今天，4位奶酪制作者还在用阿邦当斯奶牛和塔林奶牛的奶液制作这款特别的奶酪。与其他纹路奶酪一样，它完全是由手工制作的，唯一的区别在于没有接种青霉菌。这款蓝纹奶酪的成形得益于它自身的特性以及奶酪的针刺技术。通过针刺，奶酪中会出现很多与空气流通的孔洞，有助于氧化。特米农蓝纹奶酪的表皮从栗色到米色过渡，有赭石色光泽和颗粒感，同时散发着湿润窖藏的气息。切开后，可以看到表皮下有一层黄油质，随后是易碎且带有颗粒感的内部。入口后，特米农蓝纹奶酪带着饲养棚和干草料的气味。在品尝收尾的时候，它会释放出极佳的酸味，给品尝者带来清爽的口感。

韦科尔-萨瑟纳格蓝纹奶酪（Bleu du Vercors-Sassenage）法国：奥弗涅-罗讷-阿尔卑斯

AOC 1998年　AOP 2001年

奶：生牛奶
奶酪大小：直径27—30厘米，厚度7—9厘米
重量：4—4.5千克
脂肪含量：28%

地图：*pp. 194—195*

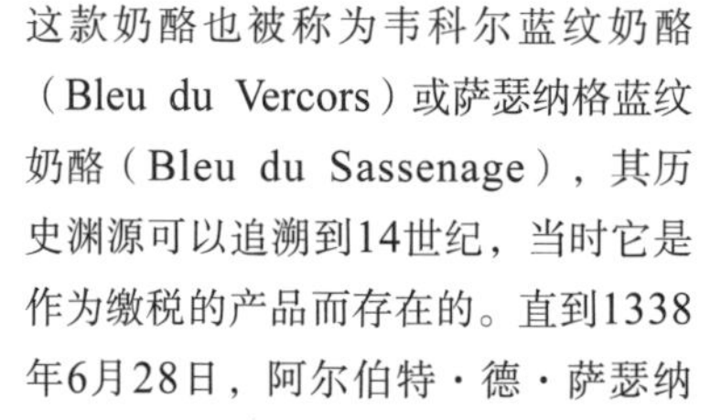

这款奶酪也被称为韦科尔蓝纹奶酪（Bleu du Vercors）或萨瑟纳格蓝纹奶酪（Bleu du Sassenage），其历史渊源可以追溯到14世纪，当时它是作为缴税的产品而存在的。直到1338年6月28日，阿尔伯特·德·萨瑟纳格（Albert de Sassenage）男爵允许辖区内的农户自由销售这种奶酪，韦科尔-萨瑟纳格蓝纹奶酪的知名度才有所提升，产量也得到提高。这是一款扁圆柱形奶酪，带着一层白色绒毛，以及淡黄色、象牙白色或橙色的皱纹。闻起来，这款蓝纹奶酪释放出鲜奶的香味和蘑菇的气味。它的质地光滑、柔软，布满了灰蓝色的斑点和纹路。韦科尔-萨瑟纳格蓝纹奶酪口感温和，带着乳酸香、植物香味、精致的榛子香和蘑菇香。

巴克斯顿蓝纹奶酪（Buxton Blue）英国：英格兰，中部

AOP
1996年

奶：巴氏杀菌牛奶
奶酪大小：直径20厘米，厚度19—22厘米
重量：8千克
脂肪含量：28%

地图：pp. 210—211

巴克斯顿蓝纹奶酪的颜色其实是偏橙色的，这是因为在凝乳时加入了胭脂红或其他食品色素。如同血管网络一样的蓝色霉菌表明，在这款奶酪的制作过程中采用了霉菌种植工艺。它质地紧密，随着熟成期延长而越来越易融化。从口感来说，巴克斯顿蓝纹奶酪有黄油感，且带着一层苦味和果香。这使得它成为一款有特点的奶酪，只是口感并不强烈。这款奶酪是使用植物凝乳剂制作而成的，因此素食者也可放心食用。

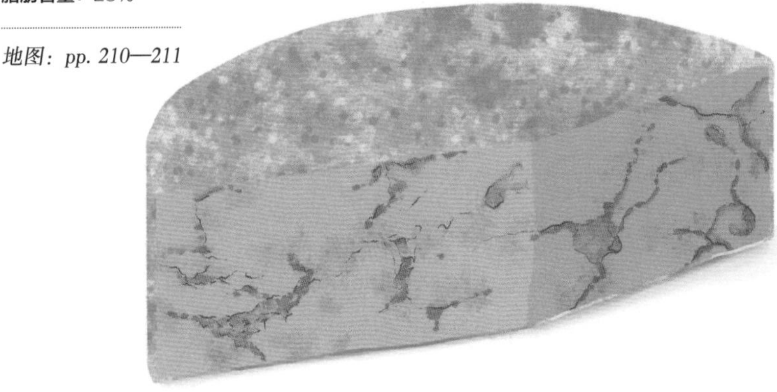

卡夫拉莱斯蓝纹奶酪（Cabrales）西班牙：阿斯图里亚斯

AOP
1996年

奶：生牛奶和（或）生山羊奶和（或）生绵羊奶，或三者混合
奶酪大小：厚度7—15厘米
脂肪含量：27%

地图：pp. 200—201

卡夫拉莱斯蓝纹奶酪的用料完全使用当时收集到的奶液，因此冬季制作的奶酪与那些在初夏至秋末间制作的奶酪会有所不同。在冬季，原料主要是牛奶，当中会添加一些山羊奶或绵羊奶。而在夏季，原料主要为山羊奶和绵羊奶。卡夫拉莱斯蓝纹奶酪的表皮柔软，有油腻感，带着灰色的光泽和橙黄色的大块斑点。它的质地柔软，但会出现易碎的地方，白色的内部有着绿色和蓝色的脉络。从凝乳阶段开始，这款奶酪就一直在山洞里熟成，至少要两个月。根据使用的奶液不同（是否有山羊奶或绵羊奶），奶酪的口感也不同，或有特点，或更中性，味道或弱或强。但无论怎样，它都是一款口感丰富的奶酪，还会在品尝中出现一些刺激性。

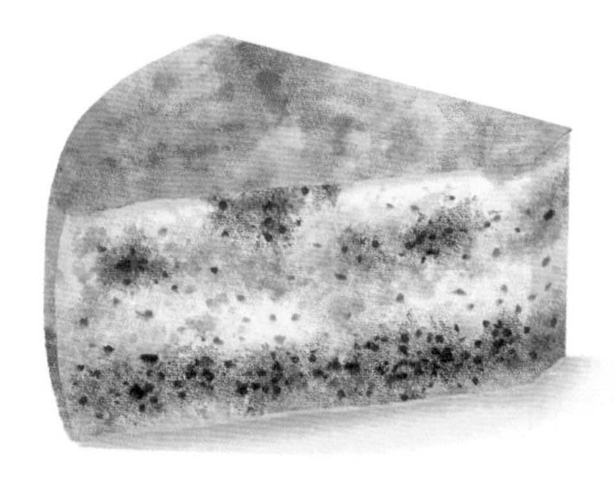

据资料记载，卡夫拉莱斯蓝纹奶酪以前是用栗树叶或枫树叶包裹的。为了达到现代卫生标准，这种包装方式已经消失了。

卡舍尔蓝纹®奶酪（Cashel Blue®）爱尔兰：芒斯特

奶： 巴氏杀菌牛奶
奶酪大小： 直径12—13厘米，厚度8—9厘米
重量： 1.5千克
脂肪含量： 28%

地图：pp. 210—211

从1984年起，在爱尔兰蒂珀雷里郡的卡舍尔镇，格鲁博（Grubb）家族就开始用植物凝乳剂生产这款蓝纹奶酪。这个家族同时也生产主教牧杖蓝纹®奶酪（Crozier Blue®）。卡舍尔蓝纹®奶酪经过6到10个星期的窖藏后才可上市。这款奶酪口感细腻，其质地油润、紧密，会在品尝收尾时出现令人愉悦的刺激感。

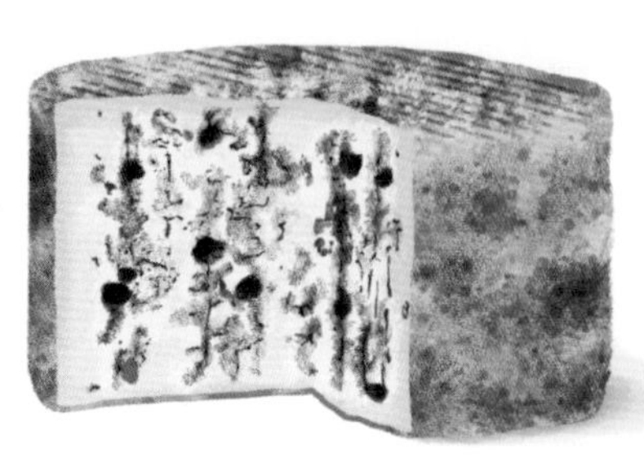

卡斯泰勒玛侬蓝纹奶酪（Castelmagno）意大利：皮埃蒙特

AOP 1996年

奶： 生牛奶，可添加生山羊奶或生绵羊奶（至多20%）
奶酪大小： 直径15—24厘米，厚度12—20厘米
重量： 2—7千克
脂肪含量： 27%

地图：pp. 204—205

关于卡斯泰勒玛侬蓝纹奶酪的记载最早出现在1100年。与特米农蓝纹奶酪一样，这款奶酪也是没有经过霉菌培植的，但是它的制作完全遵循了纹路奶酪的程序。

该奶酪的核心部位有着白色奶油质感，易碎且有颗粒感。它的表皮比较粗糙，带着短杆菌亚种造成的突起和黑色、白色的霉菌斑点。卡斯泰勒玛侬蓝纹奶酪容易让人想起饲养棚和储藏窖。切开后，它释放出奶香和鲜草的气味；入口后则会释放出极佳的清爽感和微酸，但并不是很咸。它最大的特点会在品尝收尾时展现。

主教牧杖蓝纹®奶酪（Crozier Blue®）爱尔兰：芒斯特

奶： 巴氏杀菌绵羊奶
奶酪大小： 直径12—13厘米，厚度8—9厘米
重量： 1.5千克
脂肪含量： 29%

地图：pp. 210—211

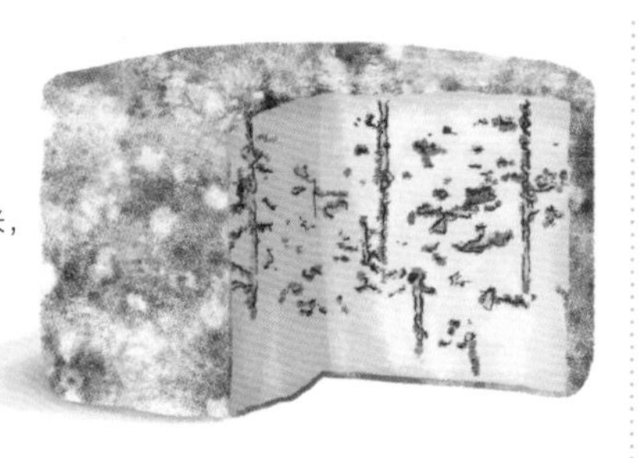

这是爱尔兰唯一的绵羊奶纹路奶酪。主教牧杖蓝纹®奶酪的熟成时间要比卡舍尔蓝纹®奶酪更长（主教牧杖蓝纹®奶酪的熟成需要12个星期，卡舍尔蓝纹®奶酪则为6到10个星期）。灰白色且带着蓝色光泽的表皮包着白色的核心部分，同时带有纹路和大小不一的孔洞。入口后，它会表现出极佳的油润感，易融化，微酸，且带有草本植物香和花香。这些特点使它成为一款口感柔和、容易令人接受的奶酪。

丹麦蓝纹奶酪（Danablu）丹麦

奶：加温工艺或巴氏杀菌牛奶
奶酪大小：圆柱直径20厘米；长方体长度30厘米，宽度12厘米
重量：3—4千克
脂肪含量：27%

地图：pp. 214—215

丹麦蓝纹奶酪呈圆柱状或长方体，没有表皮，但是它的表面颜色可以是白色、黄色甚至是浅褐色的。奶酪内部也是同样的颜色，布满了蓝绿色的花纹和脉络。扎通风孔的痕迹通常可以用肉眼看到。这款奶酪的质地很柔和，且有黄油质感。入口后，它带来的感觉很直接，有点刺激性，主要是源自青霉菌。在品尝收尾时，它通常会散发出一丝苦味。

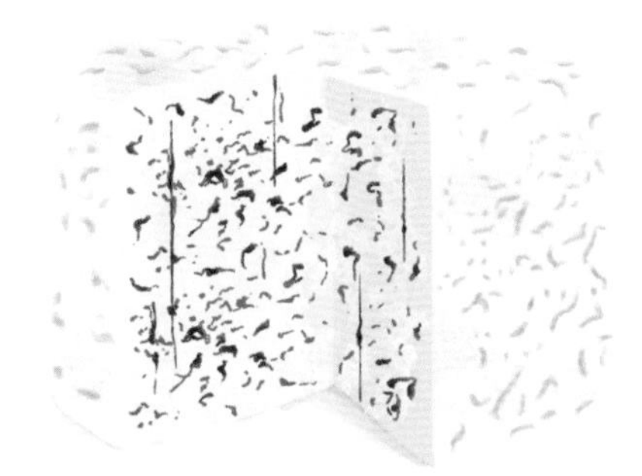

卓越蓝纹奶酪（Distinction Blue）新西兰：奥克兰

奶：巴氏杀菌牛奶
脂肪含量：27%

地图：p. 227

普霍易山谷（Puhoi Valley）农场一直采用植物凝乳剂制作这款奶酪，所以它适合素食者食用。这款奶酪的特点在于，窖藏中一旦达到成熟要求，奶酪就会被一层黑色的蜡封装出售，这个技术也保证了它易融化等特点。从口感来说，这是一款奶油感十足且十分温和的蓝纹奶酪，品尝收尾时会有轻微的辛辣感。

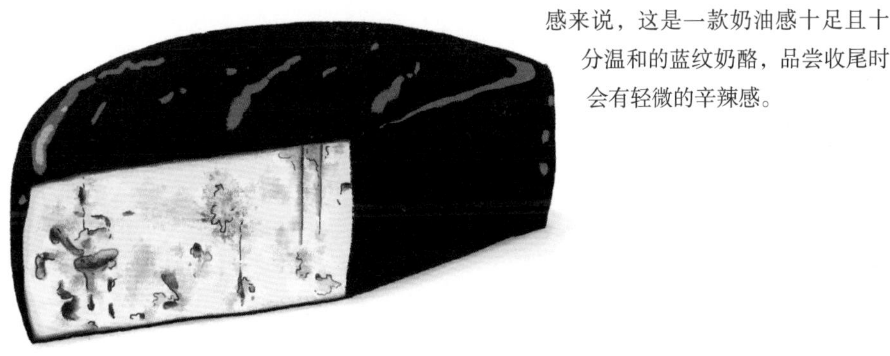

多塞特郡蓝纹奶酪（Dorset Blue Cheese）英国：英格兰西南

IGP
19[illegible]年

奶：巴氏杀菌牛奶
脂肪含量：28%

地图：pp. 210—211

这款奶酪在制作过程中的凝乳环节会被轻微地压一下，所以质地要比其他蓝纹奶酪更为密实。多塞特郡蓝纹奶酪的表皮可以是栗色、赭石色或褐色的，带着强烈的窖藏味和蘑菇味。奶酪的颜色从象牙白色到淡黄色过渡，蓝绿色纹路并无规律。从口感来说，多塞特郡蓝纹奶酪的口感在初期很温和，随后会出现辛辣味和胡椒味。

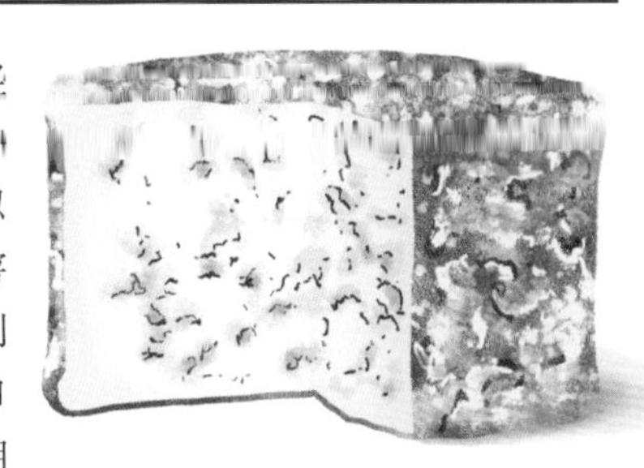

多弗戴尔奶酪（Dovedale Cheese）英国：英格兰中部

奶：巴氏杀菌牛奶
奶酪大小：直径20厘米，厚度7厘米
重量：2.5千克
脂肪含量：27%

地图：pp. 210—211

它的表皮会呈现出粉色、象牙白色或灰蓝色，质地柔软，易融化。这款奶酪会释放出牛奶的香味、湿润的窖藏味和蘑菇味。入口后，奶酪很温和，因为它在储藏窖的熟成时间是3到4个星期。从口感上来说，它释放的是乳酸香和奶油香，同时还带有轻微的酸味。

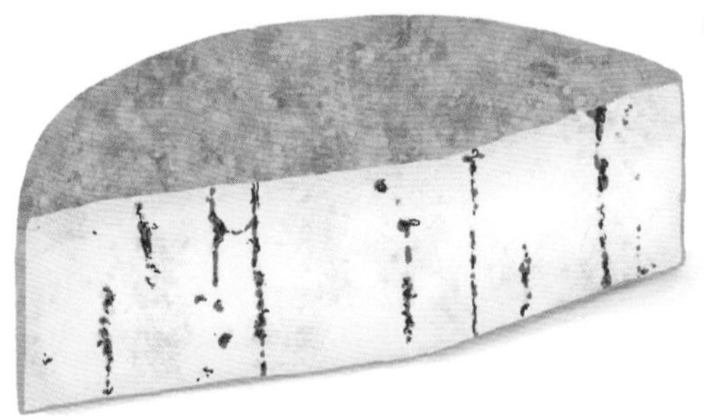

圣雷米蓝星奶酪（Étoile bleue de Saint-Rémi）加拿大：魁北克

奶：巴氏杀菌绵羊奶
重量：1.5千克
脂肪含量：29%

地图：pp. 224—225

从2013年起，这款奶酪由圣雷米德汀维克（Saint-Rémi-de-Tingwick，在蒙特利尔市与魁北克市之间）的居莎莫（Ducharme）奶酪坊制作。这家奶酪坊由奥利威尔·居莎莫创建，现在也生产牛奶奶酪等。它使用的奶液并非全部自产，也会接受魁北克当地奶农提供的奶液。圣雷米蓝星奶酪呈象牙白色，带着蓝灰色的斑点。该奶酪有着颗粒感和奶油感，入口后释放出绵羊奶的香味，微酸且带有少许榛子香，还能尝到一丝咸味。

埃克斯穆尔蓝纹奶酪（Exmoor Blue Cheese）英国：英格兰，西南部

奶：生牛奶
奶酪大小：直径12—13厘米，厚度8—9厘米
重量：1.25千克
脂肪含量：34%

地图：pp. 210—211

这款鲜黄色的奶酪只能用泽西奶牛的奶制作。从淡白色到淡黄色过渡的超薄表皮下，是非常有奶油感、易融化的奶酪。入口后，这款纹路奶酪还是相当柔和的，夹杂着黄油香、乳酸香和一点因为青霉菌而产生的酸味。这款奶酪的窖藏熟成时间是4到6个星期。

福尔姆-昂贝尔奶酪（Fourme d'Ambert）法国：奥弗涅-罗讷-阿尔卑斯

奶：生牛奶/巴氏杀菌牛奶
奶酪大小：直径17—21厘米，厚度12.5—14厘米
重量：1.9—2.5千克
脂肪含量：27%

地图：pp. 196—197

这款传统奶酪的配方是在中世纪时最终确定下来的，尽管有史料记载在此之前有过类似的奶酪，如在8世纪兴建的沙尔梅教堂（L'Eglise de La Chaulme）的石雕上就可以看到福尔姆-昂贝尔奶酪。18世纪时，它甚至还曾用作租用三合一（居住、饲养牲畜和奶酪制作）农舍的租金。它灰色的表皮上会有白色、黄色或红色的霉菌斑点，泛着蓝色的光泽。奶酪的颜色在白色和奶油色之间过渡，蓝绿色纹路的分布也比较均匀。它质地柔软，易融化。熟成期短的福尔姆-昂贝尔奶酪会释放出窖藏气息和新鲜黄油的香味。随着熟成期的延长，香气会变为花香和香料香味。可以说这是一款柔和的蓝纹奶酪，有着奶油香味和灌木气息，入口后余味悠长。

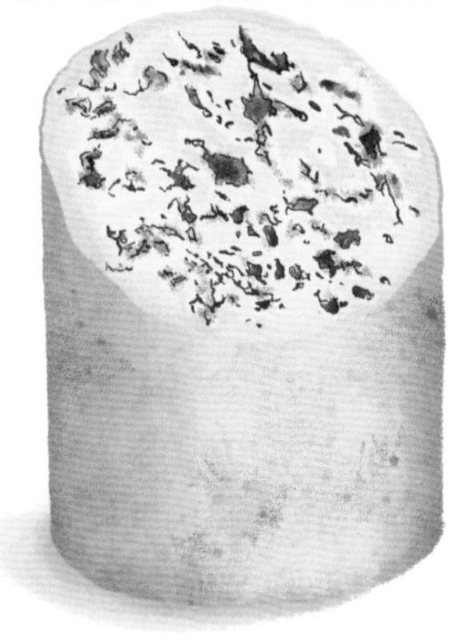

传说在高卢-罗马时代，德鲁伊教祭司们在福雷山脉的最高峰皮埃尔峰（Pierre-sur-Haute）进行宗教庆典时，用的就是福尔姆-昂贝尔奶酪。

蒙布里松圆桶奶酪（Fourme de Montbrison）法国：奥弗涅-罗讷-阿尔卑斯

奶：生牛奶/巴氏杀菌牛奶
奶酪大小：直径11.5—14.5厘米，厚度17—21厘米
重量：2.1—2.7千克
脂肪含量：27%

地图：pp. 196—197

1972年，AOC标识在制定过程中，同时认可了福尔姆-昂贝尔奶酪和蒙布里松圆桶奶酪，但是这两款奶酪的区别还是很大的：福尔姆-昂贝尔奶酪是在奶酪表面撒盐，而蒙布里松圆桶奶酪是在奶酪内部撒盐；在熟成过程中，蒙布里松圆桶奶酪是横置在云杉木板上的，而福尔姆-昂贝尔奶酪则不是。2002年，这两款圆桶奶酪分别有了自己的制作规范。

因为是在木板上熟成的，蒙布里松圆桶奶酪的表皮呈橙黄色，凹凸起伏。奶酪质地紧密，易融化。当熟成时间长时，它会变得易碎。入口后，给人一种沙砾在舌头上融化的舒服感觉，并释放出乳酸香、果香和其他香气。

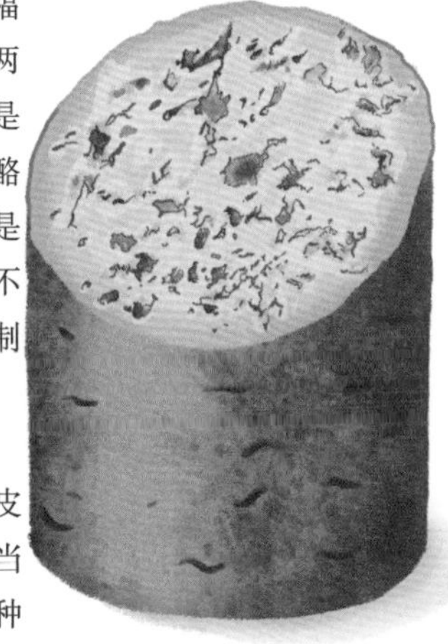

伽蒙内欧奶酪（Gamonedo）西班牙：阿斯图里亚斯

AOP
2008年

奶：生牛奶和（或）生绵羊奶和（或）生山羊奶，或三者混合
奶酪大小：直径10—30厘米，厚度6—15厘米
重量：0.5—7千克
脂肪含量：24%

地图：pp. 200—201

伽蒙内欧奶酪有一道烟熏工艺，烟熏时可以使用白蜡木、石楠花、山毛榉木，也可以使用在阿斯图里亚斯地区生长的其他木种，但不能带树脂。伽蒙内欧奶酪闻起来有烟熏的味道，且十分浓郁。品尝收尾时，它通常带着一丝榛子味。与特米农蓝纹奶酪一样，伽蒙内欧奶酪也没有接种青霉菌，而是完全在通风的状态下与空气接触，使奶酪自生青霉菌的。

戈贡佐拉干酪（Gorgonzola）意大利：伦巴第，皮埃蒙特

AOP
1996年

奶：巴氏杀菌牛奶
奶酪大小：直径20—32厘米，厚度至少13厘米
重量：5.5—13.5千克
脂肪含量：29%

地图：pp. 204—205

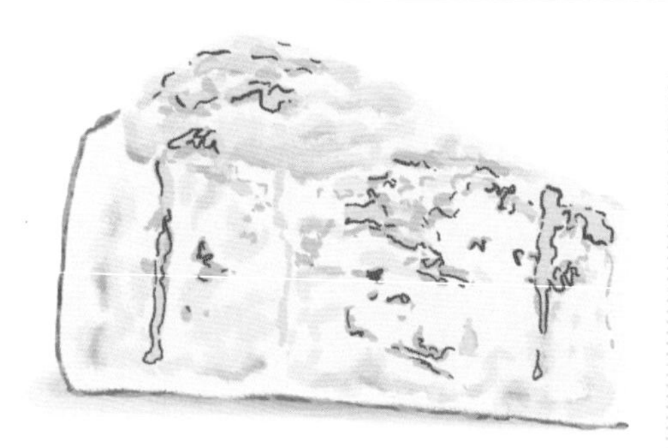

这款奶酪在市场上有两种形态，其一是带有奶油感，流质，表皮柔和且呈粉色［著名的柔和戈贡佐拉干酪（Gorgonzola dolce）］；另外一种则是质地紧密、味道辛辣的戈贡佐拉辛辣干酪（Gorgonzola piccante）。它有两种规格，青霉菌在柔和版中被稀释，而在辛辣版中表现强劲。

格雷文布洛克奶酪（Grevenbroecker）比利时：林堡

奶：牛牛奶
奶酪大小：直径25厘米，厚度20厘米
重量：4.5千克
脂肪含量：30%

地图：pp. 212—213

建在一座废弃修道院里的卡塔林纳达勒奶酪坊（La Fromagerie Catharinadal），制作的这款格雷文布洛克奶酪也被称为阿切尔蓝纹奶酪（Bleu d’Achel），并在2009年被评选为世纪最佳手工奶酪。获奖让这款奶酪的市场需求大增，然而布能兄弟（Boonen）两人并不想扩大生产规模，于是它便成为一款很少见的、珍贵的奶酪！与其他的蓝纹奶酪不同，格雷文布洛克奶酪须经过反复的凝乳与青霉菌种植才能制成。它的质地很紧密，易融化，与鹅肝相似。入口后，熟成期短的格雷文布洛克奶酪柔和，具有奶油质感，散发出奶香及微酸；熟成期延长的话，它会带出更为强劲的口感和一定的辛辣味。

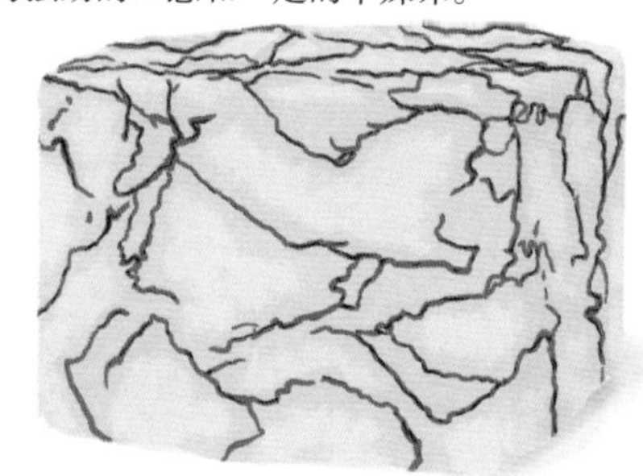

伊莎苏奶酪（Itxassou）法国：新阿基坦

奶：巴氏杀菌绵羊奶
奶酪大小：直径28—30厘米，厚度7.5厘米
重量：5千克
脂肪含量：30%

地图：pp. 196—197

这款奶酪也被称为巴斯克蓝纹奶酪（Bleu des Basque），其带皱纹的表皮呈灰白色，奶酪底部为淡白色。它的表皮散发着轻微的蘑菇味和窖藏气息。切开奶酪，可以看到霉菌斑均匀地布满其中，颜色介于象牙色和奶油色之间，易融，且有黄油感。伊莎苏奶酪很清爽，带着草本植物的味道和细腻的绵羊味，收尾时会有一丝微妙的酸味。

南波希米亚蓝纹/南波希米亚金牌蓝纹奶酪（Jihočeská Niva/Jihočeská Zlatá Niva）捷克：南波希米亚

奶：巴氏杀菌牛奶
奶酪大小：直径18—20厘米，厚度10厘米
重量：2.8千克
脂肪含量：26%—29%

地图：pp. 218—219

南波希米亚蓝纹奶酪的表皮有奶油感，呈浅褐色，内部有着粗细不一的蓝绿色纹路，质地易碎，入口即化。从口感上来说，它的咸味和苦味都很明显。南波希米亚金牌蓝纹奶酪的情况与前者基本一致，只是脂肪含量要稍微高一些（后者为29%，前者为26%）。

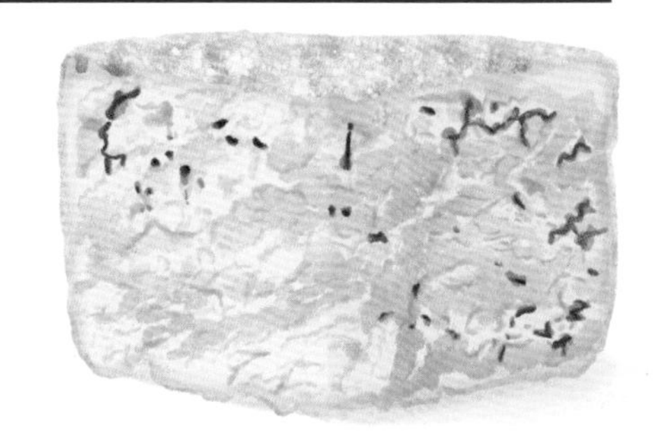

克帕尼斯提奶酪（Kopanisti）希腊：南爱琴海

奶：生牛奶和（或）生绵羊奶和（或）生山羊奶，或巴氏杀菌山羊奶
脂肪含量：27%

地图：pp. 220—221

这款产自基克拉泽斯群岛的奶酪可以用一种奶液制作，也可以用两种或三种奶液混合制作。其颜色从淡黄色到灰白色过渡，质地有着奶油感，带着香料味和胡椒的香味，同时也很咸。制作时先把凝乳放入一个敞口容器中，然后将容器放置在湿度大的地方，青霉菌会在这种情况下自然生成，该奶酪的口感也因此而变得十分丰富。之后再揉制凝乳，这样做可以让青霉菌群更均匀地分布在凝乳里。此外，也可以在凝乳里混入基克拉泽斯群岛黄油（不超过15%），只不过这样做的话，它的口感不会那么丰富，也不会有太强的奶油质感，但依然可以涂抹。

米拉瓦蓝纹奶酪（Milawa Blue）澳大利亚：维多利亚

奶：牛奶和巴氏杀菌牛奶油
奶酪大小：半径17厘米，切为一半后宽度约9厘米，厚度9厘米
重量：1千克
脂肪含量：28%

地图：p. 226

这款奶酪使用的是植物凝乳剂，很符合素食者的要求。米拉瓦蓝纹奶酪质地柔软，易融化，温和的霉菌群与奶油质感达成完美的平衡。这款奶酪是以柔和版戈贡佐拉干酪的口感为标准制成的，从质地方面来说，它更接近福尔姆-昂贝尔奶酪。

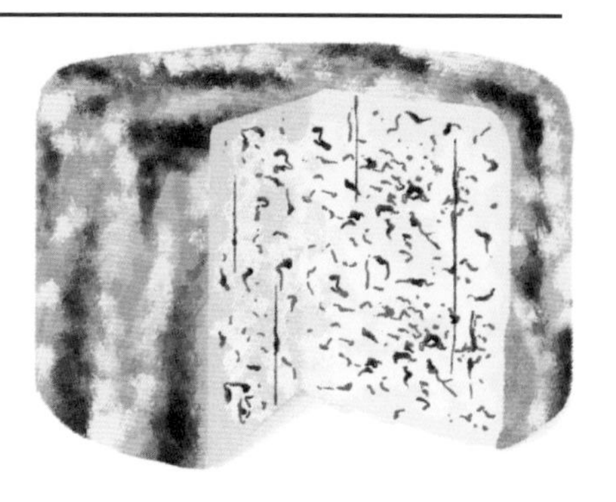

橡树蓝纹奶酪（Oak Blue）澳大利亚：维多利亚

奶：巴氏杀菌牛奶
奶酪大小：直径20厘米，厚度13厘米
重量：5千克
脂肪含量：28%

地图：p. 226

这款奶酪之所以被命名为“橡树蓝纹”，是因距离贝里斯溪（Berrys Creek）奶酪坊不远的莫斯维勒（Moss Vale）森林公园中有很多橡树。在奶酪的厚重感上，它与柔和版戈贡佐拉干酪有些类似，但它的质地更为紧密，蓝绿色菌群也更为突出。橡树蓝纹奶酪需要3个月熟成期，入口后以奶油香和黄油香为主，口感清爽。

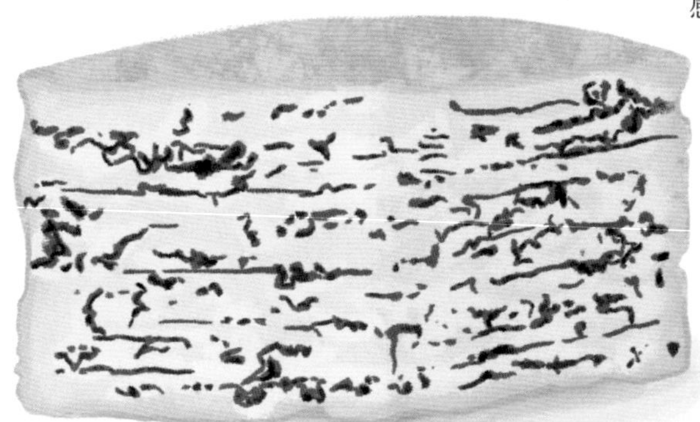

蒂涅纹路奶酪（Persillé de Tignes）法国：奥弗涅-罗讷-阿尔卑斯

奶：生山羊奶（75%）和生牛奶（25%）
奶酪大小：直径11厘米，厚度11—13厘米
重量：0.8千克
脂肪含量：27%

地图：pp. 192—193

这款奶酪在8世纪时就已经被查理曼大帝品尝并深受其喜爱，但在今天，只有一家奶酪作坊在做这款极具特点、细腻精致的奶酪，即宝莱特·玛莫坦（Paulette Marmotta）。与特米农蓝纹奶酪一样，它的制作工艺与其他的纹路奶酪相同，只是少了霉菌种植这一工序。正因如此，该奶酪才能拥有白色的质地，并有颗粒感。其表皮颜色可以是棕色、褐色、赭石色或淡白色的，粗糙且凹凸不平。闻起来，蒂涅纹路奶酪带有窖藏味，以及灌木丛和蘑菇的气息。入口后，有颗粒感的奶酪迅速融化，释放出微酸的山羊奶味道。此外，制作该奶酪时，须谨慎用盐。不得不说，它真是一款美味的奶酪！

皮孔·贝褐斯-泰斯微索奶酪（Picón Bejes-Tresviso）西班牙：坎塔布利亚

AOP
1996年

奶：生牛奶、生山羊奶和生绵羊奶混合
奶酪大小：直径15—20厘米，厚度7—15厘米
重量：0.7—2.8千克
脂肪含量：28%

地图：pp. 200—201

这款奶酪浅褐色的表皮下掩藏着白色的核心部分（尽管有些黄色），孔洞不多，易融化，且带颗粒感。入口后，它散发出浓郁的饲养棚味和动物气味，收尾时可能会有刺激性。

最初，皮孔·贝褐斯-泰斯微索奶酪是用枫树叶子包裹的，如今主要是用食品级铝箔包裹。这款奶酪的另一个特点是，它的熟成是在海拔500到2000米之间的天然岩洞中完成的。

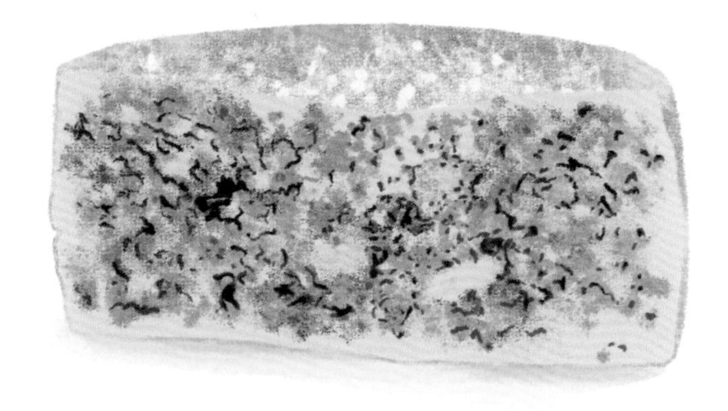

瓦尔德翁奶酪（Queso de Valdeón）西班牙：卡斯蒂利亚-莱昂

IGP
2004年

奶：牛奶/牛奶和绵羊奶和（或）生山羊奶/巴氏杀菌山羊奶
重量：0.5—3千克
脂肪含量：29%

地图：pp. 200—201

这款奶酪可以整块或分割后端上饭桌。它那薄薄的表皮是淡黄色的，带有灰白色的光泽。切开后，奶酪有光泽，颜色从象牙白趋于奶油色，如果熟成时间长的话，还会带有光晕。霉菌斑点的颜色在蓝色和绿色之间。该奶酪有颗粒感，易融化。入口后，口感十足，品尝收尾时往往会带着刺激性和轻微的烧灼感。

罗格河蓝纹奶酪（Rogue River Blue）美国：俄勒冈州

奶：生牛奶
奶酪大小：直径20厘米，厚度10厘米
重量：3千克
脂肪含量：24%

地图：pp. 222—223

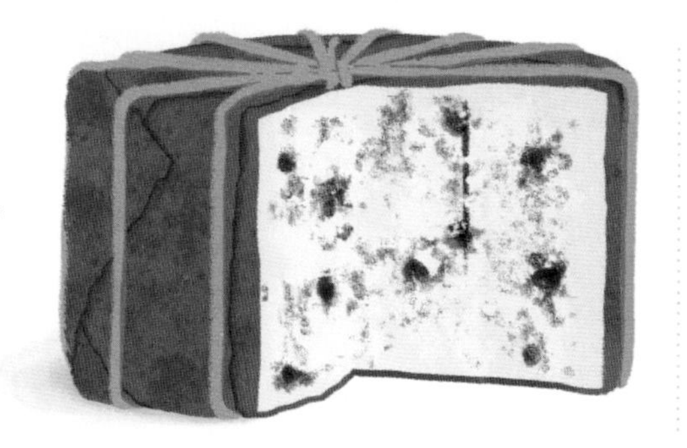

罗格河蓝纹奶酪是出口到欧洲的第一款美国制作的生奶奶酪。这款奶酪仅在秋季制作，熟成过程中会用到葡萄叶，且葡萄叶都必须用梨汁蒸馏出的高度酒浸泡过才可使用。入口后，仿佛是一次香味的爆发，夹杂着香料、甘草、巧克力、坚果甚至烟熏油脂的香味。此外，它颗粒感很强，且入口即化。

洛克福蓝纹奶酪（Bleu de Roquefort）法国：奥克西塔尼

AOC 1925年　AOP 2008年

奶：生绵羊奶
奶酪大小：直径19—20厘米，厚度8.5—11.5厘米
重量：2.5—3千克
脂肪含量：28%

地图：pp. 196—197

据说，很久以前有一个牧羊人为了追寻一位贵族小姐，将自己看守的羊群和粮食（面包和凝乳）全都遗弃在一个天然山洞里。回到山洞后，他发现凝乳都长毛了。因为舍不得扔，他便尝了一口，发现尽管口感强烈，但味道很好，而且让人精神焕发。洛克福蓝纹奶酪就此诞生！到了9世纪，在作战结束的回程途中，查理曼大帝在一位神父那里偶然吃到了这款奶酪，非常喜欢，要求每年送两箱到亚琛。1411年对洛克福蓝纹奶酪来说是具有重大意义的一年，因为法国国王查理六世将这款奶酪的熟成交给洛克福村（Roquefort-sur-Soulzon，阿韦龙省）的村民们完成。国王的这个决定预示了未来洛克福蓝纹奶酪原产地命名控制（AOC）的技术规范的诞生。1925年，洛克福蓝纹奶酪成为第一款得到AOC标识的奶酪，技术要求如下：必须使用拉科讷绵羊的奶液，且必须在洛克福村的天然山洞中熟成。这里的山洞拥有青霉菌生长繁殖最为理想的条件——通风良好，以及适宜的湿度和温度。之所以通风，是因为山洞石壁上有缝隙（被当地人称为开花缝），有助于气体流通。

卡尔勒（Carles）是最后一家坚持用传统工艺制作洛克福蓝纹奶酪的工坊。所谓的传统工艺，就是将黑麦面包磨成粉，自制青霉菌。他们将黑麦面包粉撒到凝乳中，让它自然发霉。这款奶酪成品细腻精致，不太咸，味道很均衡，口感也很丰富。它的表皮一定要很新鲜，颜色从象牙白色到淡粉色过渡。该奶酪湿软且呈白色，青霉菌纹理明显，闻起来是极具活力的香味，带着微酸。其质地紧密，易融化，易碎。入口后，它以绵羊奶香味为主，口感清爽，各种香味恰到好处。

洛克福蓝纹奶酪是世界上第一款获得AOC标识的奶酪。

什罗普郡奶酪（Shropshire）英国：苏格兰高地

奶： 巴氏杀菌牛奶
奶酪大小： 直径20厘米，厚度30厘米
重量： 5—6千克
脂肪含量： 29%

地图：pp. 210—211

这款奶酪诞生于20世纪70年代，由安迪·威廉姆逊（Andy Williamson）制作，制作地点在苏格兰的因弗内斯（Inverness），因此最初它也被称为因弗内斯蓝纹奶酪或斯图尔特蓝纹奶酪。奶酪的表皮颜色为橙黄色，这是因为制作过程中使用了胭脂红作为色素。该奶酪质地均匀且易碎，它那漂亮的霉菌纹理堪比大理石花纹。入口后，其易融的质地表现得并不强劲，带着浓郁的奶油香和饲养棚的气味。

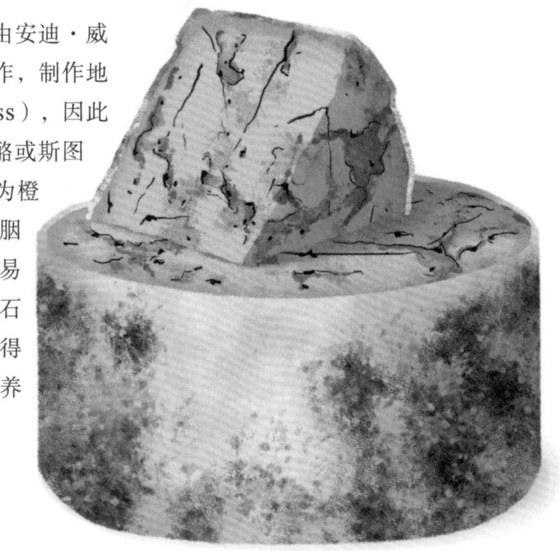

与奶酪名字暗示的正相反，这款奶酪从未在英格兰什罗普郡生产过。

俄勒冈烟熏蓝纹奶酪（Smokey Oregon Blue）美国：俄勒冈州

奶： 生牛奶
奶酪大小： 直径20厘米，厚度10厘米
重量： 3千克
脂肪含量： 27%

地图：pp. 222—223

俄勒冈烟熏蓝纹奶酪使用的是植物凝乳剂，由遵循有机原则的罗格奶酪坊制作，是世界上极其少见的使用烟熏工艺的纹路奶酪，因为在烟熏过程使用了榛子壳，所以在它那黄油质感的表皮下，烟熏的香味与经过烘烤的坚果香味及奶油香气混合在一起。真是一款令人惊叹的奶酪！

斯蒂尔顿奶酪（Stilton Cheese）英国：英格兰中部

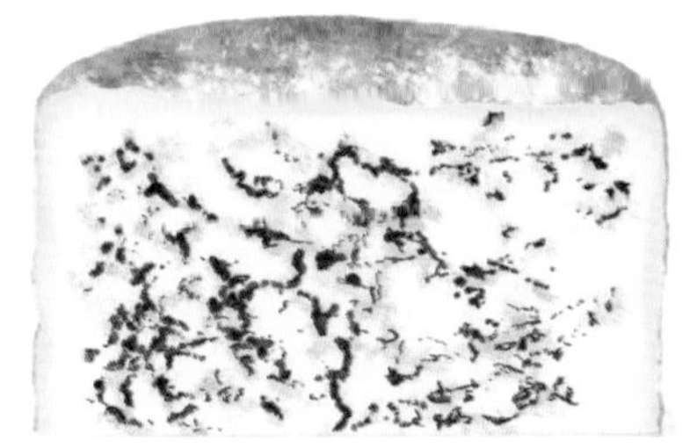

AOP
1996年

奶： 巴氏杀菌牛奶
奶酪大小： 直径15厘米，厚度25厘米
重量： 4—5千克
脂肪含量： 28%

地图：pp. 210—211

斯蒂尔顿奶酪有三个小分类：斯蒂尔顿蓝纹奶酪（Blue Stilton），熟成时间短；新鲜的白斯蒂尔顿奶酪（White Stilton），熟成期至少15个星期；熟成斯蒂尔顿蓝纹奶酪（Vintage Blue Stilton），也有超过15个星期的熟成期。斯蒂尔顿奶酪的表皮凹凸起伏，易融化，质地柔软，有颗粒感。它的香味很均衡，混杂着黄油香和奶油香，余味悠长。在品尝收尾时，口中会有因青霉菌而产生的清爽感。很多奶酪爱好者在食用这款奶酪时，都会伴以一杯波尔图烈酒。

斯特拉齐图恩特奶酪（Strachitunt）意大利：伦巴第大区

AOP
2014年

奶：生牛奶
奶酪大小：直径25—28厘米，厚度10—18厘米
重量：4—6千克
脂肪含量：29%

地图：pp. 204—205

斯特拉齐图恩特奶酪有一层略微粗糙的表皮，表皮上还会有一些轻微的霉菌斑点。它闻起来充满了湿润窖藏的气息和蘑菇的香味。该奶酪质地紧密，入口即化，继而让你忽略了奶酪的皱纹和蓝绿色的霉菌纹。虽说它入口味道浓郁，但称不上口感强劲，除非延长熟成期。这款奶酪的香味包含着奶油香、蘑菇香和鲜草香。

蒂罗尔灰奶酪（Tiroler Graukäse）奥地利：蒂罗尔

AOP
1996年

奶：生牛奶/巴氏杀菌牛奶
重量：1—4千克
脂肪含量：27%

地图：pp. 216—217

这款纹路奶酪可以在凝乳期就开始青霉菌的培养。也正因此，肉眼看去，蒂罗尔灰奶酪的纹路不是奶酪界常说的蓝色，而是淡白色或象牙色的。它那带着颗粒感的质地和易融化的特点，容易令人联想到经典蓝纹奶酪。

城市蓝纹奶酪（Urban Blue）加拿大：新斯科舍

奶：巴氏杀菌牛奶
奶酪大小：长度20厘米，宽度10 厘米，厚度8厘米
重量：1.5千克
脂肪含量：34%

地图：pp. 224—225

城市蓝纹奶酪由林戴尔·芬德莱（Lyndell Findlay）主持的蓝色港湾（Blue Harbour）奶酪坊制作。这款通过加入奶油增强味道的方砖形奶酪，让人想起意大利的戈贡佐拉干酪。它那带着皱纹的灰白色表皮被一层薄薄的绒毛覆盖。闻起来，饲养棚和灌木丛的气息占主体。城市蓝纹奶酪入口即化，释放出奶油和蘑菇的气味。在品尝收尾阶段，这款美味的奶酪还会散发出一丝带着微酸的清爽感。

蓝色维纳斯奶酪（Venus Blue）澳大利亚：维多利亚

奶： 巴氏杀菌绵羊奶
奶酪大小： 长度20厘米，厚度10厘米
重量： 2.1千克
脂肪含量： 24%

地图：p. 226

蓝色维纳斯奶酪用植物凝乳剂制作，表皮有些皱纹，甚至有点脆，释放出灌木丛和蘑菇的气味。奶酪的核心部位比洛克福蓝纹奶酪更易融化。入口后，青霉菌带来的清爽伴随着绵羊奶的酸度，在口感上达到美妙的平衡。

威尔金®奶酪（Verzin®）意大利：利古里亚

奶： 生牛奶/巴氏杀菌山羊奶
奶酪大小： 直径18—20厘米，厚度13—15厘米
重量： 2千克
脂肪含量： 30%

地图：pp. 204—205

威尔金®奶酪由佩皮诺·奥切利（Beppino Occelli）负责熟成并注册了商标。这个注册商标的设计原型是弗拉博撒市（Frabosa）被称为verzino或verdolino的大理石。奶酪中霉菌的纹路也确实与大理石类似。该奶酪表面呈灰白色或淡粉色，底部有不少皱纹。切开后可以看出，这是一款质地柔软的奶酪，奶油感极强，呈白色，带着灰绿色的青霉菌斑点。无论是以牛奶还是以山羊奶为原料，入口后，威尔金®奶酪始终易融化，且美味十足，带着奶油的香味、鲜奶香和鲜草香。它的余味很细腻，如果用山羊奶制作的话，还会带着轻微的酸味。

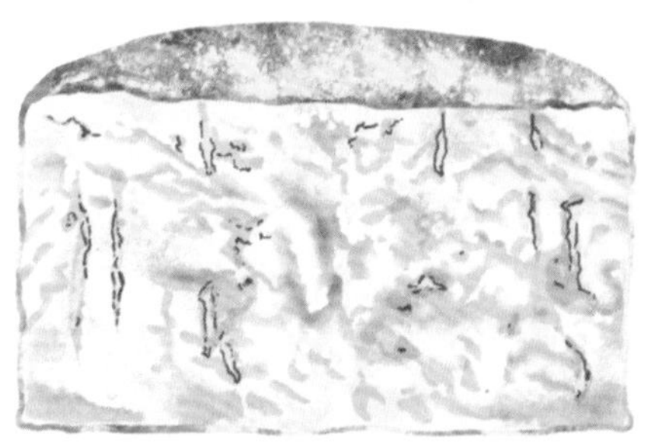

温莎蓝纹奶酪（Windsor Blue）新西兰：奥塔哥

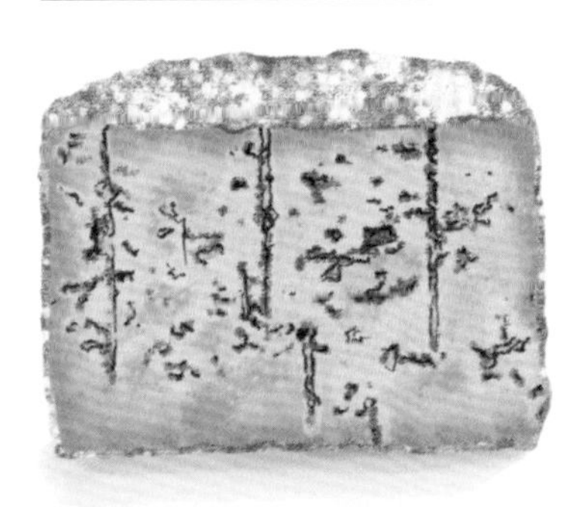

奶： 巴氏杀菌牛奶
重量： 1.8千克
脂肪含量： 28%

地图：p. 227

这款新西兰奶酪有着灰蓝色的表皮（算是相当厚），释放出窖藏、灌木丛和蘑菇的气息。奶酪的颜色从象牙白色到淡黄色过渡，中间夹杂着均匀的灰蓝色青霉菌纹路和斑点。这款奶酪质地紧密，光滑，易融化。入口后，它释放出黄油香、奶油香和轻微的蘑菇香味。随着熟成期延长，它的口感也会越发刺激，但不辛辣。

09 拉伸奶酪

拉伸奶酪家族容易让人想起美好的时光，无论是制作这种奶酪的时间段还是食用的时间，都是每年气候最好的时候。 拉伸奶酪最常见的食用方式是用一点橄榄油调味，搭配一杯白葡萄酒或者桃红葡萄酒。

安德里亚布拉塔奶酪（Burrata di Andria）意大利：普利亚

IGP
2016年

奶：生牛奶和巴氏杀菌奶油
重量：100—1000克
脂肪含量：30%

地图：pp. 207—209

* 一种意大利夹心黄油奶酪。把凝乳放入一个小布袋，然后在凝乳核心部分挖出小洞，放入黄油，再冷却保存。传说是洛伦佐·比安齐诺将拉伸奶酪放入一个小布袋，中间放入一些家里剩余的奶油或其他奶酪，然后用两根稻草封口。——译者注

关于安德里亚布拉塔奶酪的诞生，还有一个传说，据说它是由一位叫作洛伦佐·比安齐诺（Lorenzo Bianchino）的农民研制的。有一年，雪下得很大，他没法将自家生产的奶液送到附近的城镇里加工。为了不浪费奶液，他决定仿照曼泰克（Manteche）*的做法，用拉伸凝乳制成的包装保存黄油。他如法炮制，不过是用奶油代替了黄油，于是安德里亚布拉塔奶酪就这样诞生了！这款奶酪带着乳白色光泽的表皮证明了它的新鲜度。其质地呈海绵状，易融化。入口后会发现它口感丰富，包含了奶油香、奶香、黄油香和草本植物的气息。

西拉高原马背奶酪（Caciocavallo silano）意大利：巴西利卡塔，坎帕尼亚，卡拉布里亚，莫利塞，普利亚

AOP
2003年

奶：生牛奶
重量：1000—2500克
脂肪含量：21%

地图：pp. 207—209

不能将西拉高原马背奶酪与马背奶酪*相提并论，马背奶酪是一款并无生产规范的奶酪，而西拉高原马背奶酪从古罗马时代就已经广为人知，是一种半硬拉伸奶酪，呈椭圆形或圆锥形。“Caciocavallo silano”的字样必须用热铁烙在奶酪上。该奶酪质地紧密，有弹性。入口后，它散发出少许酸味和草本植物气息。熟成时间更长时，西拉高原马背奶酪的口感会变得有些辛辣。

* 在马背奶酪（caciocavallo）一词中，cacio在意大利语中是奶酪的意思，cavallo是马鞍的意思。它是把凝乳分成两半，分别挂在马鞍两侧制成的。所以它既是奶酪的名字，也是对制作方式的说明。——译者注

山城迈措翁奶酪（Metsovone）希腊：伊庇鲁斯

AOP
1996年

奶：巴氏杀菌牛奶/巴氏杀菌牛奶和绵羊奶（至多20%）/巴氏杀菌牛奶和山羊奶（至多20%）
奶酪大小：直径10厘米，厚度40厘米
脂肪含量：26%

地图：pp. 220—221

山城迈措翁奶酪是一款很少见的希腊拉伸奶酪，它首先被拉伸，然后放入模具成形；之后经过风干过程，并用细绳捆绑后继续熟成至少3个月；最后是在出窖前烟熏2到3天。在它的坚硬表皮下，隐藏着质地紧密、偏咸、辛辣的奶酪。

马苏里拉奶酪（Mozzarella）意大利

STG
1998年

奶：生牛奶/巴氏杀菌牛奶
重量：20—250克
脂肪含量：18%

地图：pp. 204、207—208

这款著名的球形奶酪在意大利全境都有生产。与它的表亲坎帕尼亚马苏里拉水牛奶酪不同，这款奶酪是用牛奶制作的，口感也没有那么细腻。马苏里拉奶酪的表皮是光滑且具有光泽的。它那极具纤维感的质地包含了大量的水分，状如奶液。有时，它内部的小孔洞中还会充满水分。入口后，这款奶酪很柔和，带着乳酸香和清爽的酸味。

坎帕尼亚马苏里拉水牛奶酪（Mozzarella di bufala campana）意大利：坎帕尼亚，拉齐奥，莫利塞，普利亚

AOP
1996年

奶：生水牛奶/巴氏杀菌水牛奶
重量：10—3000克
脂肪含量：21%

地图：pp. 206—209

从历史角度讲，坎帕尼亚马苏里拉水牛奶酪的生产始于12世纪。它可以有不同的形状：大球形、小球形、编织形、珍珠形、樱桃形、小结形或小蛋形。其表皮是光滑的瓷器白色，厚度小于1毫米。严格来说，奶酪主体中不能有小窟窿或圆孔。闻起来，它散发出清新的香气，夹带着草本植物香和酸味。入口后，它易融化，有咸味和酸味，口感细腻清爽。

mozzarella一词源自意大利语的动词mozzare，意思是用食指和拇指将一块奶酪掰开。

奥拉瓦鞭子奶酪（Oravský korbáčik）斯洛伐克：吉里纳

IGP
2011年

奶：生牛奶/巴氏杀菌牛奶
奶酪大小：长度10—50厘米，厚度0.2—1厘米
脂肪含量：21%

地图：pp. 218—219

这款奶酪产自山区，制作工艺则是从头到尾都完全由手工完成的。它的编织感外形是女工们用蒸熟的凝乳做出的。这款奶酪从奶油色到象牙白色过渡，经过烟熏工艺后表面会变成金黄色。得益于它的纤维结构，这款奶酪质地紧密，入口即化。无论是口感还是气味，它都带有轻微的酸味和咸味。如果在制作过程中添加烟熏工艺的话，它还会带有烟熏风味。

摩纳哥波洛夫罗奶酪（Provolone del Monaco）意大利：坎帕尼亚

AOP
2010年

奶： 生牛奶
重量： 2500—8000克
脂肪含量： 21%

地图：pp. 206—209

这款半硬质拉伸奶酪的表皮是淡黄色的，细腻光滑，有时还会带有几道酒椰纤维绳子勒过的痕迹，这是因为在熟成期，奶酪匠曾用这种绳子将奶酪捆绑在一起。它质地紧密，富有弹性，还可能有几个小孔洞。这是一款柔和、带着酸味、用盐谨慎的奶酪，如果熟成期更长的话，会在口中出现一些刺激性。

瓦尔帕达纳波洛夫罗奶酪（Provolone Valpadana）意大利：伦巴第，艾米利亚-罗马涅，特伦蒂诺

AOP
1996年

奶： 生牛奶/巴氏杀菌牛奶
脂肪含量： 28%

地图：pp. 204—205

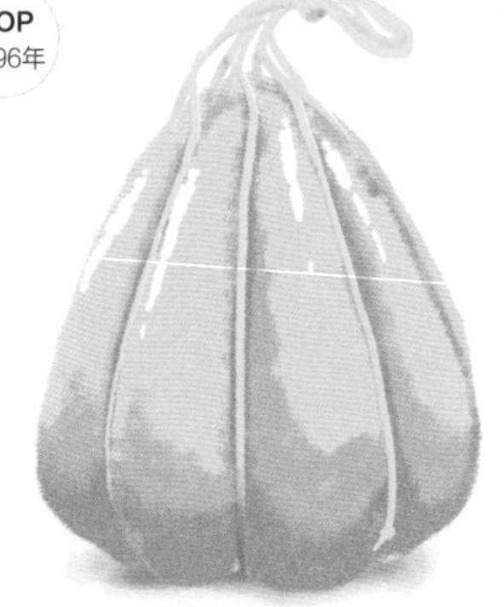

瓦尔帕达纳波洛夫罗奶酪的外形多种多样，有香肠形、梨形、圆锥形、瓜形等。它光滑的表皮有着从淡黄色到黄褐色的光泽。这款奶酪质地紧密，有时会有小洞，其熟成期从10天到8个月不等。根据不同的熟成期，奶酪的口感可以是温和、微酸及清爽的，有时也会展现出烟熏味、牛奶香和刺激性。

加利西亚特提拉奶酪（Queso Tetilla）西班牙：加利西亚

AOP
1996年

奶： 生牛奶/巴氏杀菌牛奶
奶酪大小： 直径9—15厘米，厚度9—15厘米
重量： 500—1500克
脂肪含量： 28%

地图：pp. 200—201

这款奶酪的外形像乳房，表皮很薄，不超过3毫米，颜色从秸秆黄到金黄色过渡。该奶酪质地柔软，呈奶油质，颜色从象牙白到淡黄色过渡。闻起来，加利西亚特提拉奶酪很平和，带有少许酸味，也会释放出一些酵母香味。它入口即化，带有乳酸香、微酸和咸味。

高山牧场奶酪（Redykołka）波兰：西里西亚，小波兰

AOP
2009年

奶：生绵羊奶/生绵羊奶和生牛奶（至多40%）
重量：30—300克
脂肪含量：30%

地图：pp. 218—219

Redyk在波兰语中的意思是那些夏季经过高山牧场喂养的绵羊。这款奶酪的外形多样，可以是动物形状、心形或是纺锤形。这款拉伸奶酪会经过烟熏工艺，因此它表皮的颜色介于秸秆黄和浅褐色之间。它通常以烟熏的气息为主，而且还会有一些绵羊奶特有的微酸。

贝里斯山谷绵羊奶酪（Vastedda della valle del Belice）意大利：西西里岛

AOP
2010年

奶：生绵羊奶
奶酪大小：直径15—17厘米，厚度3—4厘米
重量：500—700克
脂肪含量：31%

地图：pp. 208—209

贝里斯山谷绵羊奶酪是西西里岛唯一的以绵羊奶为原料制作的拉伸奶酪。必须在很新鲜的时候品尝，才能体会到它的美味。它的表面光滑，颜色是象牙白色，质地均匀，没有任何孔洞。闻起来，它散发着秸秆香味，以及干草和鲜草香味。最后，这些香味也会在味觉上表现出来，收尾时还带着一丝酸味。

札兹里娃手拉奶酪（Zázrivské vojky）斯洛伐克：吉里纳

IGP
2014年

奶：生牛奶/巴氏杀菌牛奶
奶酪大小：长度10—70厘米，厚度0.2—1.6厘米
重量：100—1000克
脂肪含量：27%

地图：pp. 218—219

这款多纤维的拉伸奶酪可以经过烟熏处理。如果没有烟熏的话，它的颜色通常是白色或奶白色的。烟熏后，它会呈现出淡黄色到金黄色的层次。该奶酪由软硬不同的纤维组成，散发出乳酸香和酸味。当札兹里娃手拉奶酪经过烟熏后，烟熏的气息和口感会在奶酪中充分体现。在斯洛伐克，有另外一种IGP标识产区可以划分与札兹里娃手拉奶酪完全相同的奶酪，就是札兹里娃鞭子奶酪（Zázrivský korbáčik）。两者的区别仅为大小的不同（最短50厘米，厚度10毫米）。

10 融化奶酪

这个家族的奶酪通常被认为是那些工业化生产的涂抹奶酪，比如波尔斯因®奶酪（Boursin®）、乐芝牛®奶酪（La Vache qui rit®）或凯芮®奶酪（Kiri®）等。事实上，还有很多地区的特产或手工级融化奶酪，它们都很有特色！

康库瓦约特奶酪（Cancoillotte）法国：勃艮第-弗朗什-孔泰，大东部

奶： 生牛奶/巴氏杀菌牛奶
脂肪含量： 5%

地图：pp. 192—193

在弗朗什-孔泰地区，这款奶酪被戏称为胶水，这是因为它的质地很像胶水。

康库瓦约特奶酪是弗朗什-孔泰地区的土特产之一，它是用脱脂奶制作的凝乳，加水和黄油而制成的，某些配方中还要加入白葡萄酒和蒜。这款奶酪的质地有油脂感，但也有呈水质的情况，带着淡黄色或淡绿色的光泽。这是一款既可以冷食也可以热食的奶酪。从口感来说，它带有轻微的酸味和黄油味，口感丰富。当它与大蒜混拌时，味道十分强劲。

贝郡堡垒奶酪（Fort de Béthune）法国：上法兰西

奶： 生牛奶/巴氏杀菌牛奶

地图：pp. 190—191

贝郡堡垒奶酪出现在19世纪，那时当地还有很多煤山和矿工，它是矿工、穷人和工人们常备的午餐。它是用残余的奶酪制作的，主要是马罗瓦勒奶酪，然后加入香料（比如胡椒、小茴香等）、白葡萄酒和黄油，有时候还会加入高度餐后酒。把所有材料混合在一起（混合物颜色为淡白色、淡绿色或灰白色）后，放置于陶罐中发酵。过一段时间后，贝郡堡垒奶酪就可以享用了。它带有油润感，气味强烈，口感强劲。

福尔马杰奶酪（Fourmagée）法国：诺曼底

奶： 生牛奶/巴氏杀菌牛奶

地图：pp. 188—189

这款奶酪诞生于17世纪，是混合了剩余软奶酪和乳酸凝乳后经过揉制而成的。除此之外，还要在其中加入苹果气泡酒、香味调料和胡椒。在一个密封罐中密闭一段时间，开始发酵过程。几个月后，福尔马杰奶酪就可以食用了。它的颜色从淡黄色到灰白色过渡，释放出丰富的气味，口感强劲且有辛辣感。

德国涂抹奶酪（Kochkäse）德国：巴登-符腾堡州，巴伐利亚州

奶：生牛奶/巴氏杀菌牛奶

地图：pp. 212—213

这款德国涂抹奶酪很容易让人想起法国的康库瓦约特奶酪。事实上，这句话也可以反着说。两者的制作方法完全一样，只是配方上的某些配料不同。从香气、质地和口感上讲，德国涂抹奶酪更为丰富，油脂感更强，带着轻微的酸味、黄油香和胡椒味，有时它也会带有辛辣味。

美让奶酪（Mégin）法国：大东部

奶：生牛奶/巴氏杀菌牛奶

地图：pp. 190—191

这款奶酪还有其他几个名字，比如Fremgeye、Frem' gin和Guéyin。它通常被认为是法国洛林地区版的康库瓦约特奶酪，但事实上，二者还是有点区别的。它的原材料并非脱脂奶的凝乳，而是新鲜凝乳。它与白奶酪有些类似，凝乳被干燥后切成块，与胡椒面、盐和茴香一起搅拌，之后会被放在干燥处长达几个月。从窖藏状态取出时，美让奶酪有些辛辣，口感丰富，因加入了茴香而有点香料味。

科西嘉泥罐奶酪（Pôt corse）法国：科西嘉岛

奶：生绵羊奶/巴氏杀菌绵羊奶
重量：罐装200克

地图：pp. 194—195

科西嘉泥罐奶酪的做法与其他几种融化奶酪基本一样，唯一的区别是它的原料为绵羊奶。当地的多种剩余奶酪混合在一起搅拌，加入白葡萄酒、香料和当地特有的灌木——香料草。它那灰白色的质地易融化，带有黄油感。这是一款香气强劲的奶酪，带着牲畜棚的气息。入口后，它的味道丰富，释放出草本植物气息和香料味，有时还会有些辛辣。

11 加工奶酪

这种“假”奶酪是在奶液中添加酪乳、黄油、奶油和（或）其他香味料（香料、鲜草等）制成的。除了那些已经标识化的融化奶酪，根据每人的不同口味，融化奶酪的配方和做法也极其多样。

阿弗加皮图奶酪（Afuega'l Pitu）西班牙：阿斯图里亚斯

AOP 2008年

奶：生牛奶/巴氏杀菌牛奶
奶酪大小：底部直径8—14厘米，厚度5—12厘米
重量：200—600克
脂肪含量：28%

地图：pp. 200—201

这款奶酪的颜色为奶油色或淡黄色（有时也会呈淡红色，因为加入了辣椒）。这款圆锥形奶酪有四种款式：白锥柱（atroncau blancu）、红锥柱（atroncau roxu）、白砥柱（trapu blancu）、红砥柱（trapu roxu）。由于淡红色的款式中加入了辣椒，无论是在嗅觉上还是在味觉上，都给它增加了辛辣感。它的质地易融化，有颗粒感。白色的款式则带着酸味，吃到最后时还会有些发涩。

阿韦讷小球奶酪（Boulette d'Avesnes）法国：上法兰西

奶：生牛奶/巴氏杀菌牛奶
奶酪大小：底部直径6—9厘米，厚度8—10厘米
重量：150—300克
脂肪含量：24%

地图：pp. 190—191

这款奶酪名不副实，说是小球，其实是圆锥形的，呈白色（较少）或红色（在帕布利卡辣椒粉中滚过）。阿韦讷小球奶酪始于18世纪末，是用酪乳或者马罗瓦勒奶酪块添加胡椒、龙蒿、欧芹和（或）丁香（根据不同配方）等制作而成的。闻起来，它释放出强烈的气味。经过浸泡发酵的香味草和香料使它口感强劲、辛辣、发涩，还带有苦味。

纺工脑花奶酪（Cervelle de canut）法国：奥弗涅-罗讷-阿尔卑斯

奶：生牛奶/巴氏杀菌牛奶

地图：pp. 192—193

19世纪的里昂纺织工很穷困，通常用白奶酪来代替当时很流行但略微昂贵的羊脑来吃。这款“穷人的肉食”是把奶酪打碎，然后加上盐、花椒以及其他多种调味品和配菜（小韭菜、青葱、洋葱、大蒜、橄榄油、白葡萄酒、醋）制成的，所以这款奶酪的配方有很多种。它的特点是口感丰富、清爽、均衡，而且可涂抹。

奥弗涅加普隆奶酪（Gaperon d'Auvergne）法国：奥弗涅-罗讷-阿尔卑斯

奶：生牛奶/巴氏杀菌牛奶
奶酪大小：底部直径5—10厘米，厚度5—9厘米
重量：250—500克
脂肪含量：24%

地图：pp. 196—197

这款奶酪的名字源自奥弗涅土语gaspe或gape，意思是酪乳，所以它是由凝乳与酪乳加工而来的。这款奶酪淡白色带着颗粒感的表皮上有时会有几个淡黄色的斑点。象牙白色或白色的质地看上去更像是硬化的慕斯，带着胡椒黑点。凝乳沥水干燥后，加入胡椒、大蒜和盐即可。这款奶酪最宜在新鲜阶段（没有形成表皮）或熟成后（带表皮）品尝，根据熟成度不同，它的口感丰富且程度不一。

圣·约翰奶酪（Jānu siers）拉脱维亚

STG
2015年

奶：生牛奶/巴氏杀菌牛奶
奶酪大小：直径8—30厘米，厚度4—6厘米
脂肪含量：24%

地图：pp. 214—215

按照字面意思来翻译，这款奶酪的名字是“圣·约翰的奶酪”（西方夏至之日），可见，它与这个传统宗教节日有关。它的形状也是如此，其圆碟形象征着太阳。关于这款奶酪最早的文字记载是在16世纪末拉脱维亚首都里加耶稣会的史料中。它的制作过程从凝乳时加入黄油、奶油、鸡蛋、盐和葛缕子开始，然后加热，放入模具中成形。奶酪质地柔软、稠密，带有少许颗粒感。藏茴香籽被均匀地撒进奶酪，因此它的口感浓郁，主要是葛缕子带来的浓郁香味。

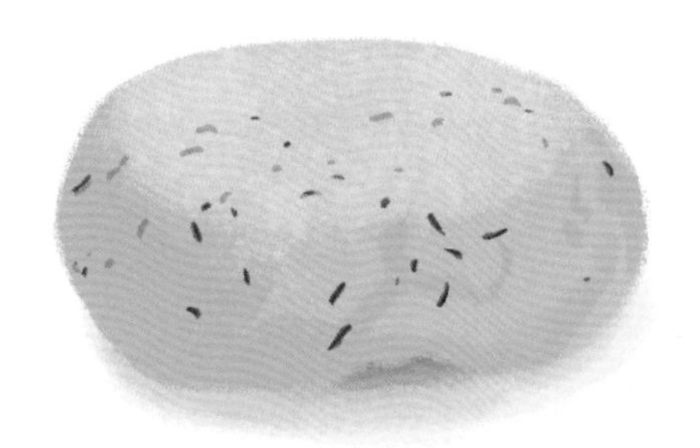

大波兰地区油炸奶酪（Wielkopolski ser smażony）波兰：卢布斯卡省

IGP
2009年

奶：生牛奶
脂肪含量：24%

地图：pp. 218—219

这款奶酪是经过油炸制成的。制作工艺中要求：经过干燥的凝乳粉碎后加入不定量的黄油、盐和小茴香籽。这款奶酪的颜色可以呈奶油色或黄色。它的口感微酸，尤其是加入小尚香籽后，味道很丰富。

风土与地域

法国（布列塔尼和诺曼底）

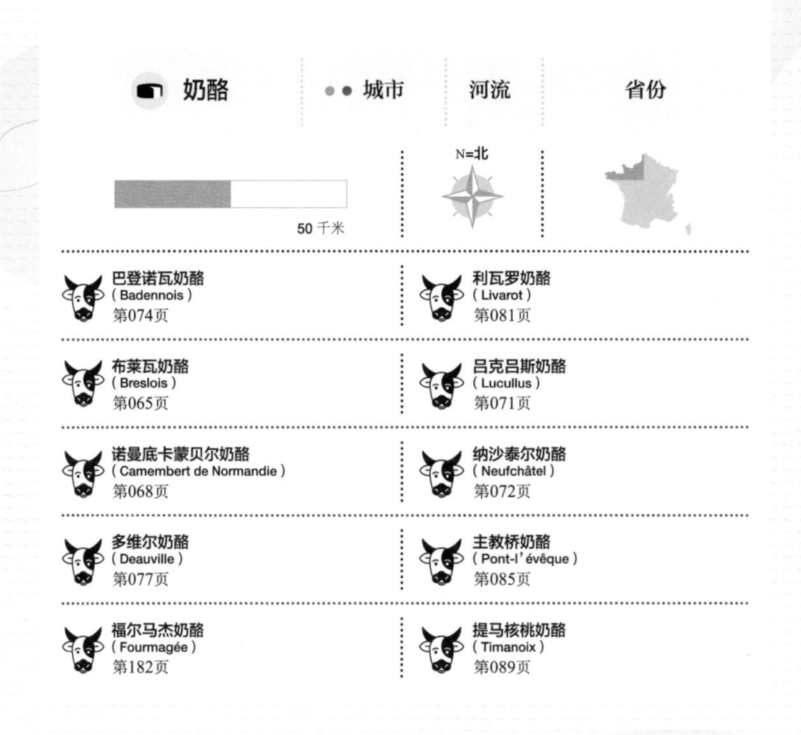

奶酪
城市
河流
省份
50 千米
N=北
巴登诺瓦奶酪（Badennois）第074页
利瓦罗奶酪（Livarot）第081页
布莱瓦奶酪（Breslois）第065页
吕克吕斯奶酪（Lucullus）第071页
诺曼底卡蒙贝尔奶酪（Camembert de Normandie）第068页
纳沙泰尔奶酪（Neufchâtel）第072页
多维尔奶酪（Deauville）第077页
主教桥奶酪（Pont-l'évêque）第085页
福尔马杰奶酪（Fourmagée）第182页
提马核桃奶酪（Timanoix）第089页

菲尼斯泰尔省
阿摩尔滨海省
提马核桃奶酪
布雷昂
巴里特
莫尔比昂省
大西洋
巴登诺瓦奶酪
巴当
瓦讷

英国
拉芒什海峡（英吉利海峡）
AOP
纳沙泰尔奶酪
索姆省
迪耶普
纳沙泰勒 - 布雷
布莱瓦奶酪
罗洛特
滨海塞纳省
AOP
诺曼底卡蒙贝尔奶酪
瑟堡
AOP
利瓦罗奶酪
多维尔奶酪
鲁昂
瓦兹省
多维尔
蓬莱韦克
卡尔瓦多斯省
厄尔省
芒什省
布瓦塞
利瓦罗
埃夫勒
吕克吕斯奶酪
卡蒙贝尔
厄尔省
伊夫林省
奥恩省
默塔涅佩尔仕
福尔马杰奶酪
AOP
主教桥奶酪
伊勒-维莱讷省
马耶讷省
厄尔-卢瓦尔省
雷恩
卢瓦雷省
萨尔特省
卢瓦-谢尔省
大西洋岸卢瓦尔省

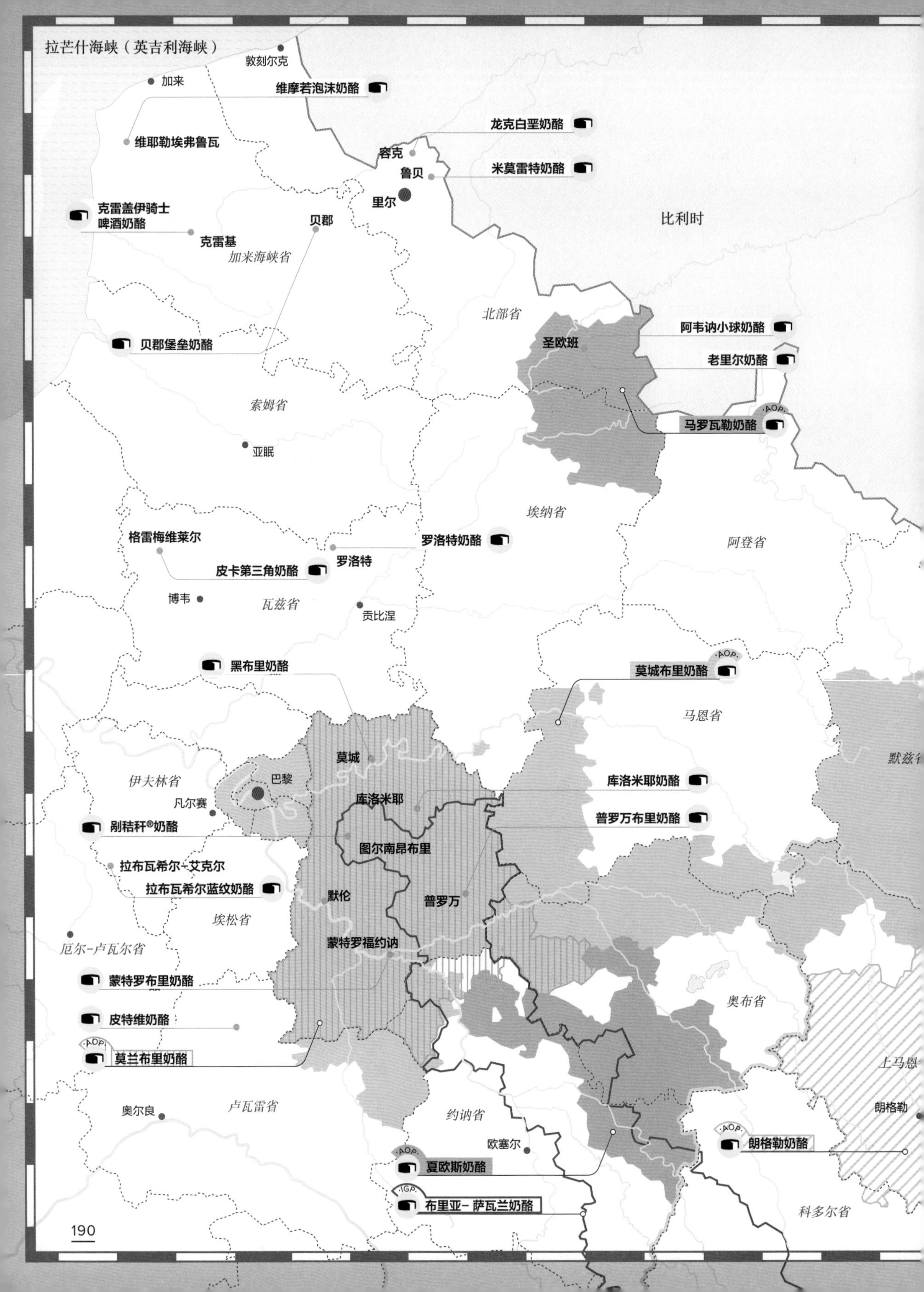

拉芒什海峡（英吉利海峡）
敦刻尔克
加来
维摩若泡沫奶酪
龙克白垩奶酪
维耶勒埃弗鲁瓦
容克
鲁贝
米莫雷特奶酪
里尔
比利时
克雷盖伊骑士
啤酒奶酪
贝郡
克雷基
加来海峡省
北部省
阿韦讷小球奶酪
圣欧班
老里尔奶酪
贝郡堡垒奶酪
索姆省
AOP
马罗瓦勒奶酪
亚眠
埃纳省
格雷梅维莱尔
罗洛特奶酪
阿登省
罗洛特
皮卡第三角奶酪
博韦
瓦兹省
贡比涅
黑布里奶酪
AOP
莫城布里奶酪
马恩省
莫城
默兹省
伊夫林省
巴黎
库洛米耶奶酪
凡尔赛
库洛米耶
普罗万布里奶酪
剐秸秆®奶酪
图尔南昂布里
拉布瓦希尔-艾克尔
拉布瓦希尔蓝纹奶酪
默伦
普罗万
埃松省
厄尔-卢瓦尔省
蒙特罗福约讷
蒙特罗布里奶酪
奥布省
皮特维奶酪
AOP
莫兰布里奶酪
上马恩
卢瓦雷省
奥尔良
约讷省
朗格勒
AOP
欧塞尔
朗格勒奶酪
AOP
夏欧斯奶酪
IGP
布里亚-萨瓦兰奶酪
科多尔省

法国（东北部）

奶酪　●●城市　河流　省份　50千米　N=北

巴尔卡斯奶酪（Bargkass）第094页	黑布里奶酪（Brie noir）第067页	贝郡堡垒奶酪（Fort de Béthune）第182页	曼斯特奶酪（Munster）第083页
拉布瓦希尔蓝纹奶酪（Bleu de La Boissière）第162页	布里亚-萨瓦兰奶酪（Brillat-savarin）第067页	剐秸秆®奶酪（Gratte-Paille®）第071页	小格瑞斯奶酪（Petit Grès）第084页
阿韦讷小球奶酪（Boulette d'Avesnes）第184页	夏欧斯奶酪（Chaource）第069页	洛林大奶酪（Gros lorrain）第079页	皮特维奶酪（Pithiviers）第072页
莫城布里奶酪（Brie de Meaux）第065页	库洛米耶奶酪（Coulommiers）第069页	朗格勒奶酪（Langres）第080页	罗洛特奶酪（Rollot）第086页
莫兰布里奶酪（Brie de Melun）第066页	龙克白垩奶酪（Crayeux de Roncq）第076页	马罗瓦勒奶酪（Maroilles）第082页	克雷盖伊骑士啤酒奶酪（Sire de Créquy à la bière）第087页
蒙特罗布里奶酪（Brie de Montereau）第066页	维摩若泡沫奶酪（Écume de Wimereux）第070页	美让奶酪（Mégin）第183页	皮卡第三角奶酪（Tricorne de Picardie）第089页
普罗万布里奶酪（Brie de Provins）第066页	法国中东部埃曼塔尔奶酪（Emmental français est-central）第151页	米莫雷特奶酪（Mimolette）第110页	老里尔奶酪（Vieux-Lille）第091页

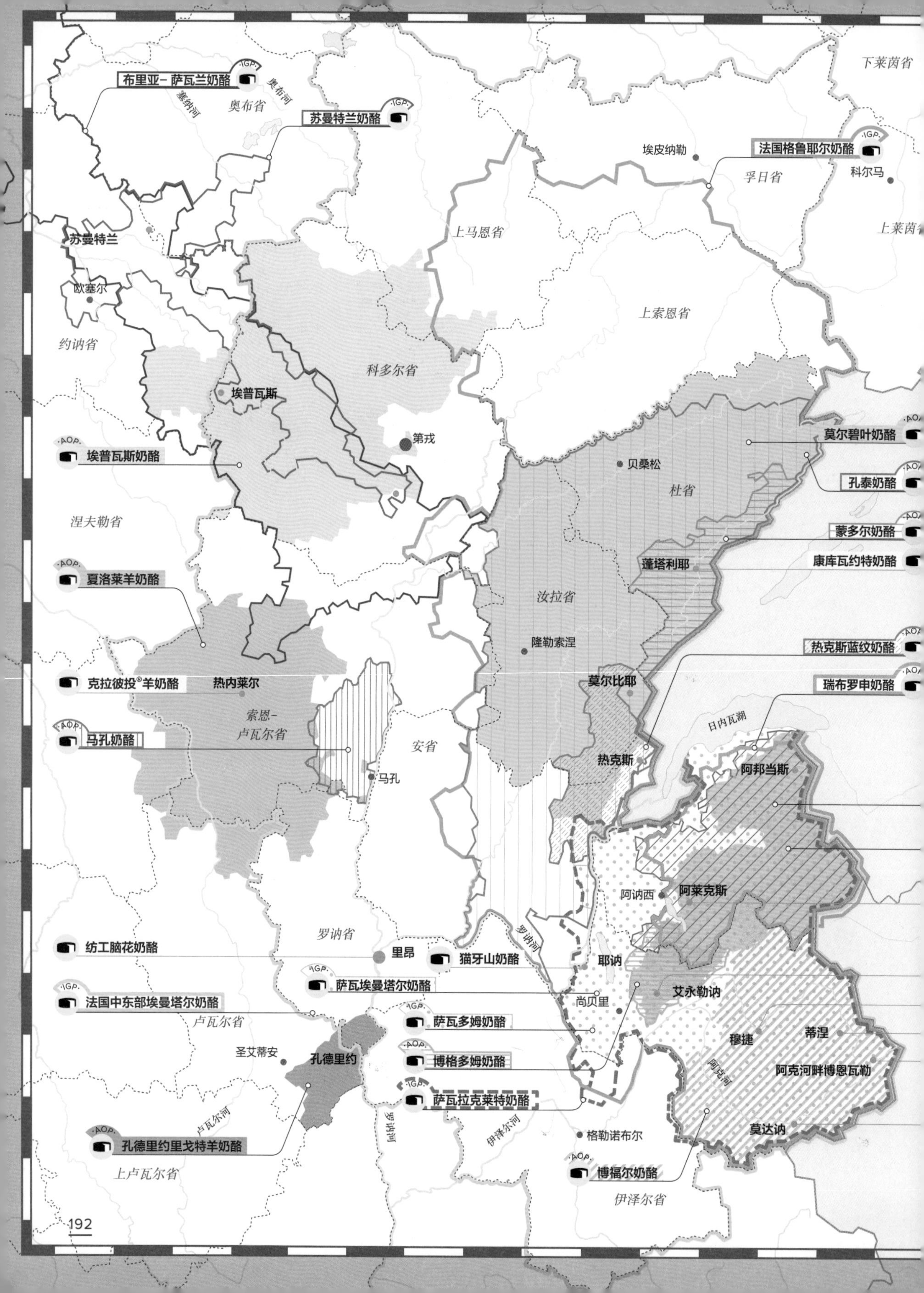

布里亚-萨瓦兰奶酪
IGP
塞纳河
奥布河
奥布省
苏曼特兰奶酪
IGP
下莱茵省
埃皮纳勒
法国格鲁耶尔奶酪
IGP
孚日省
科尔马
上马恩省
上莱茵省
苏曼特兰
欧塞尔
上索恩省
约讷省
科多尔省
埃普瓦斯
第戎
AOP
埃普瓦斯奶酪
莫尔碧叶奶酪
贝桑松
孔泰奶酪
杜省
涅夫勒省
蒙多尔奶酪
蓬塔利耶
康库瓦约特奶酪
AOP
夏洛莱羊奶酪
汝拉省
隆勒索涅
热克斯蓝纹奶酪
克拉彼投®羊奶酪
热内莱尔
莫尔比耶
瑞布罗申奶酪
索恩-卢瓦尔省
AOP
马孔奶酪
日内瓦湖
安省
热克斯
阿邦当斯
马孔
阿纳西
阿莱克斯
罗讷省
罗讷河
纺工脑花奶酪
里昂
猫牙山奶酪
耶讷
IGP
萨瓦埃曼塔尔奶酪
IGP
法国中东部埃曼塔尔奶酪
艾永勒讷
尚贝里
卢瓦尔省
IGP
萨瓦多姆奶酪
穆捷
蒂涅
圣艾蒂安
孔德里约
AOP
博格多姆奶酪
阿克河
阿克河畔博恩瓦勒
IGP
萨瓦拉克莱特奶酪
卢瓦尔河
罗讷河
伊泽尔河
莫达讷
AOP
孔德里约里戈特羊奶酪
格勒诺布尔
AOP
博福尔奶酪
上卢瓦尔省
伊泽尔省

法国（中东部）

奶酪　● ● 城市　河流　省份

50 千米

- 阿邦当斯奶酪（Abondance）第146页
- 纺工脑花奶酪（Cervelle de canut）第184页
- 埃普瓦斯奶酪（Époisses）第078页
- 孔德里约里戈特羊奶酪（Rigotte de Condrieu）第058页
-  博福尔奶酪（Beaufort）第148页
- 夏洛莱羊奶酪（Charolais）第053页
- 法国格鲁耶尔奶酪（Gruyère français）第154页
- 塞拉克奶酪（Sérac）第049页
- 博恩瓦勒蓝纹奶酪（Bleu de Bonneval）第161页
- 车夫罗丹奶酪（Chevrotin）第100页
- 马孔奶酪（Mâconnais）第055页
- 苏曼特兰奶酪（Soumaintrain）第088页
-  热克斯蓝纹奶酪（Bleu de Gex）第162页
- 克拉彼投®羊奶酪（Clacbitou®）第054页
- 蒙多尔奶酪（Mont-d'or）第082页
- 白垩多姆奶酪（Tomme crayeuse）第140页
-  特米农蓝纹奶酪（Bleu de Termignon）第164页
-  孔泰奶酪（Comté）第150页
-  莫尔碧叶奶酪（Morbier）第111页
-  萨瓦多姆奶酪（Tomme de Savoie）第141页
-  布里亚–萨瓦兰奶酪（Brillat-savarin）第067页
-  猫牙山奶酪（Dent du chat）第150页
-  蒂涅纹路奶酪（Persillé de Tignes）第172页
-  博格多姆奶酪（Tome des Bauges）第139页
-  康库瓦约特奶酪（Cancoillotte）第182页
-  萨瓦埃曼塔尔奶酪（Emmental de Savoie）第151页
-  萨瓦拉克莱特奶酪（Raclette de Savoie）第128页
-  博日瓦舍兰奶酪（Vacherin des Bauges）第090页
-  法国中东部埃曼塔尔奶酪（Emmental français est-central）第151页
-  瑞布罗申奶酪（Reblochon）第130页

AOP 阿邦当斯奶酪
AOP 车夫罗丹奶酪
白垩多姆奶酪
博日瓦舍兰奶酪
塞拉克奶酪
蒂涅纹路奶酪
博恩瓦勒蓝纹奶酪
特米农蓝纹奶酪

意大利

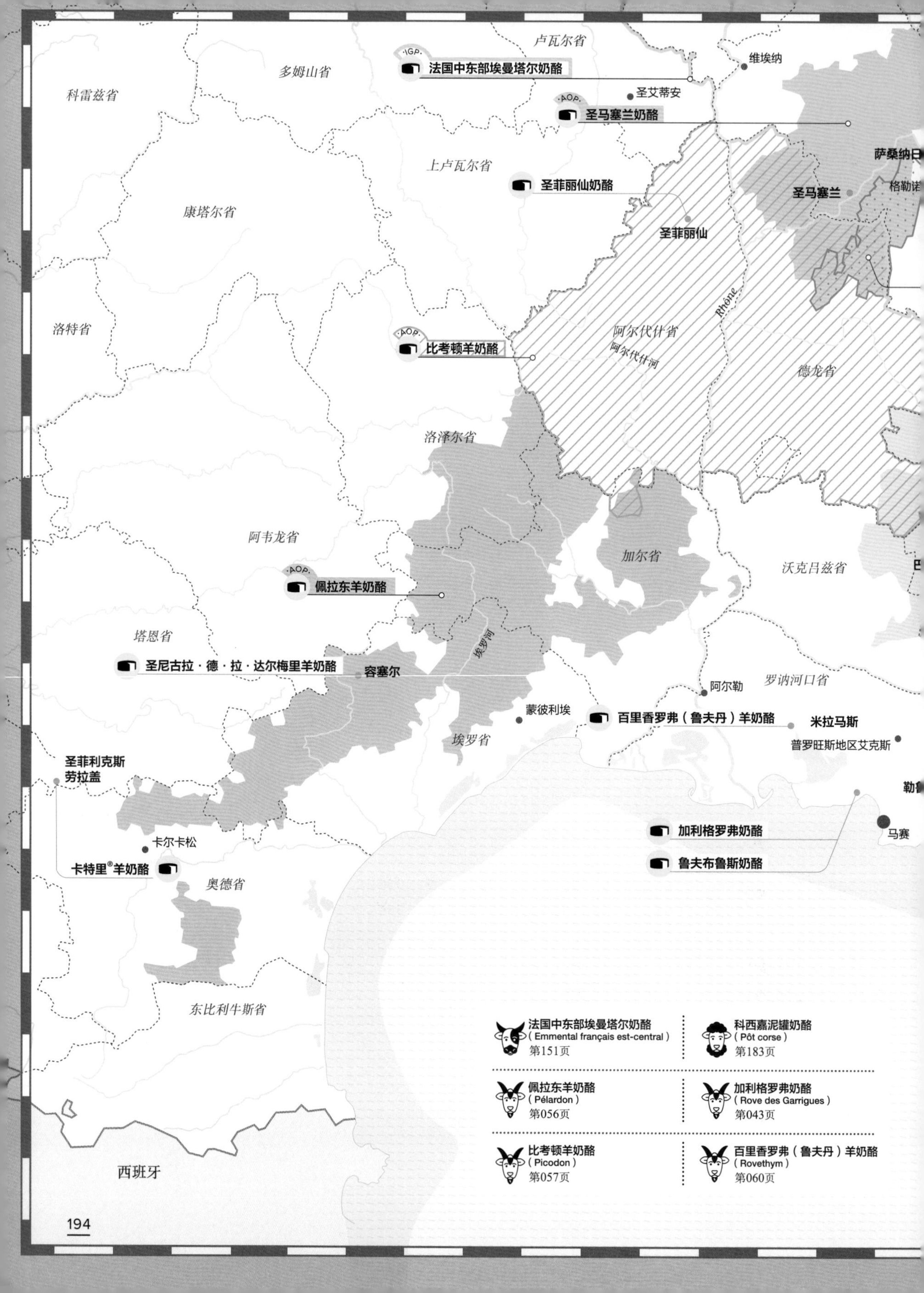
卢瓦尔省
法国中东部埃曼塔尔奶酪
维埃纳
多姆山省
科雷兹省
圣艾蒂安
圣马塞兰奶酪
萨桑纳日
上卢瓦尔省
圣菲丽仙奶酪
圣马塞兰
康塔尔省
圣菲丽仙
洛特省
阿尔代什省
阿尔代什河
Rhône
比考顿羊奶酪
德龙省
洛泽尔省
阿韦龙省
加尔省
沃克吕兹省
佩拉东羊奶酪
塔恩省
埃罗河
圣尼古拉·德·拉·达尔梅里羊奶酪
容塞尔
阿尔勒
罗讷河口省
蒙彼利埃
百里香罗弗（鲁夫丹）羊奶酪
米拉马斯
普罗旺斯地区艾克斯
埃罗省
圣菲利克斯
劳拉盖
马赛
加利格罗弗奶酪
卡尔卡松
卡特里®羊奶酪
鲁夫布鲁斯奶酪
奥德省
东比利牛斯省
西班牙
法国中东部埃曼塔尔奶酪
（Emmental français est-central）
第151页
科西嘉泥罐奶酪
（Pôt corse）
第183页
佩拉东羊奶酪
（Pélardon）
第056页
加利格罗弗奶酪
（Rove des Garrigues）
第043页
比考顿羊奶酪
（Picodon）
第057页
百里香罗弗（鲁夫丹）羊奶酪
（Rovethym）
第060页

法国（东南部）

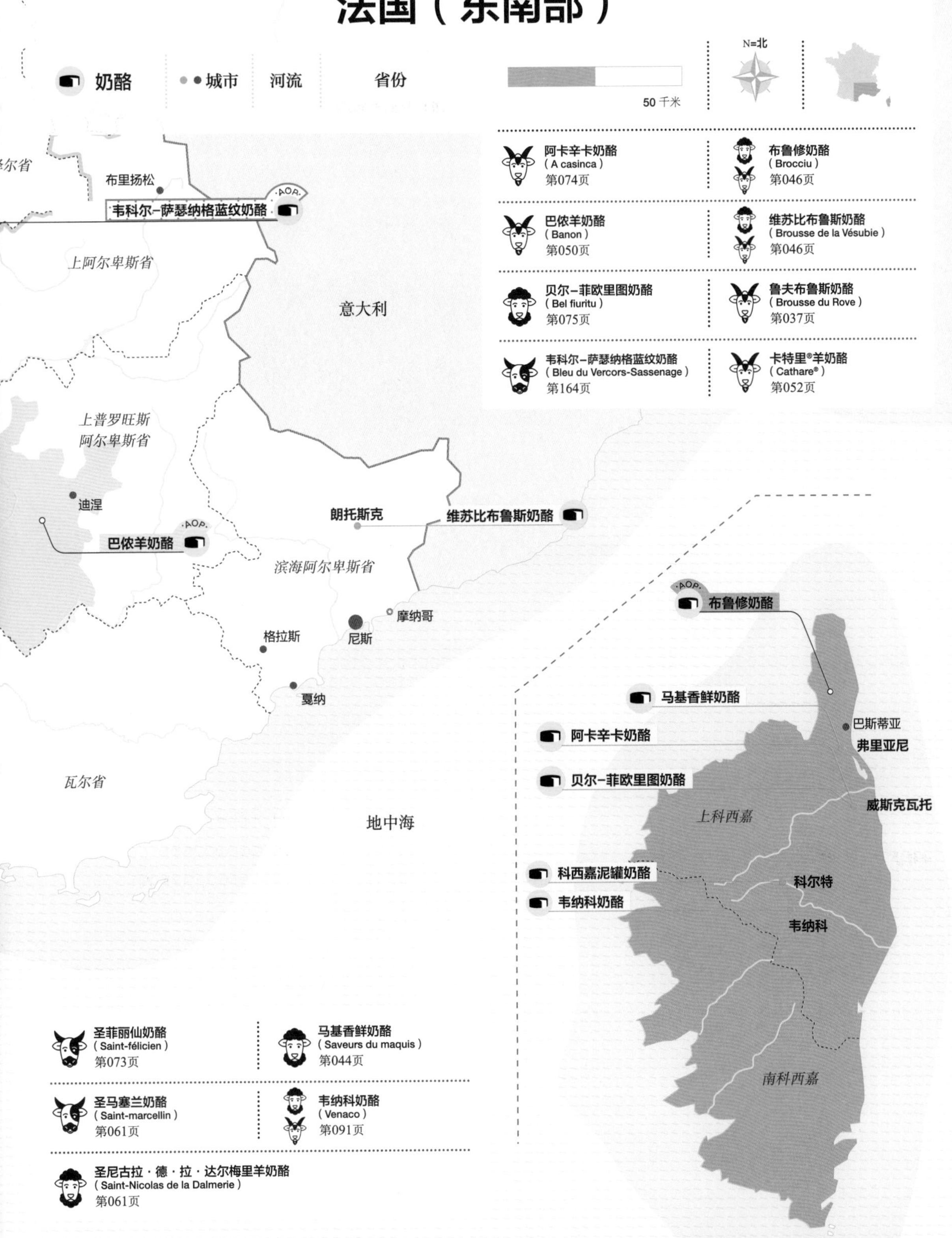

奶酪
城市
河流
省份
50 千米
N=北
阿卡辛卡奶酪
(A casinca)
第074页
布鲁修奶酪
(Brocciu)
第046页
巴侬羊奶酪
(Banon)
第050页
维苏比布鲁斯奶酪
(Brousse de la Vésubie)
第046页
贝尔–菲欧里图奶酪
(Bel fiuritu)
第075页
鲁夫布鲁斯奶酪
(Brousse du Rove)
第037页
韦科尔–萨瑟纳格蓝纹奶酪
(Bleu du Vercors-Sassenage)
第164页
卡特里®羊奶酪
(Cathare®)
第052页
布里扬松
韦科尔–萨瑟纳格蓝纹奶酪
AOP
上阿尔卑斯省
意大利
上普罗旺斯
阿尔卑斯省
迪涅
巴侬羊奶酪
朗托斯克
维苏比布鲁斯奶酪
滨海阿尔卑斯省
摩纳哥
尼斯
格拉斯
戛纳
瓦尔省
地中海
布鲁修奶酪
马基香鲜奶酪
巴斯蒂亚
弗里亚尼
阿卡辛卡奶酪
贝尔–菲欧里图奶酪
威斯克瓦托
上科西嘉
科西嘉泥罐奶酪
科尔特
韦纳科奶酪
韦纳科
南科西嘉
圣菲丽仙奶酪
(Saint-félicien)
第073页
马基香鲜奶酪
(Saveurs du maquis)
第044页
圣马塞兰奶酪
(Saint-marcellin)
第061页
韦纳科奶酪
(Venaco)
第091页
圣尼古拉·德·拉·达尔梅里羊奶酪
(Saint-Nicolas de la Dalmerie)
第061页

法国（奥弗涅与西南部）

奶酪 ● ● 城市 河流 省份

50 千米

N=北

贝特马尔奶酪（Bethmale）第095页	蒙布里松圆桶奶酪（Fourme de Montbrison）第169页	奥索–伊拉蒂奶酪（Ossau-iraty）第114页	圣耐克泰尔奶酪（Saint-nectaire）第131页
 奥弗涅蓝纹奶酪（Bleu d'Auvergne）第161页	福美松烟熏奶酪（Fumaison）第103页	派罗奶酪（Pérail des Cabasses）第057页	萨莱斯奶酪（Salers）第132页
 塞弗拉克蓝纹奶酪（Bleu de Séverac）第163页	奥弗涅加普隆奶酪（Gaperon d'Auvergne）第185页	比利牛斯山的小未婚夫奶酪（Petit fiancé des Pyrénées）第084页	工匠多姆奶酪（Tomme aux artisons）第139页
 高斯蓝纹奶酪（Bleu des Causses）第163页	黑古尔羊奶酪（Gour noir）第055页	菲伯斯奶酪（Phébus）第118页	里亚克多姆奶酪（Tomme de Rilhac）第140页
 康塔尔奶酪（Cantal）第098页	格洛易奶酪（Greuilh）第046页	皮楚奈特绵羊奶酪（Pitchounet）第119页	比利牛斯山多姆奶酪（Tomme des Pyrénées）第141页
 寇斯纳尔绵羊奶酪（Caussenard）第099页	亨利四世奶酪（Henri IV）第155页	勒屈特奶酪（Recuite）第048页	马洛特多姆奶酪（Tomme marotte）第142页
 卡拉雅克奶油奶酪（Crémeux de Carayac）第076页	 伊莎苏奶酪（Itxassou）第171页	 卡巴斯罗卡柚羊奶酪（Rocaillou des Cabasses）第058页	 旺塔都尔松露羊奶酪（Truffe de Ventadour）第063页
 丘比特奶酪（Cupidon）第077页	 拉吉奥乐奶酪（Laguiole）第108页	 罗卡马杜尔羊奶酪（Rocamadour）第059页	
 昂卡拉特奶酪（Encalat）第070页	 拉沃奶酪（Lavort）第109页	 洛克福蓝纹奶酪（Bleu de Roquefort）第174页	
 福尔姆–昂贝尔奶酪（Fourme d'Ambert）第169页	 卢·克劳稣奶酪（Lou claousou）第081页	 胡埃尔奶酪（Rouelle du Tarn）第059页	

巴斯蒂亚

AOP

奥索–伊拉蒂奶酪

巴约讷

比亚利兹

格洛易奶酪

伊莎苏

伊莎苏奶酪

比利牛斯–大西洋省

波城

艾第尤斯

西班牙

亨利四世奶酪

上比利牛

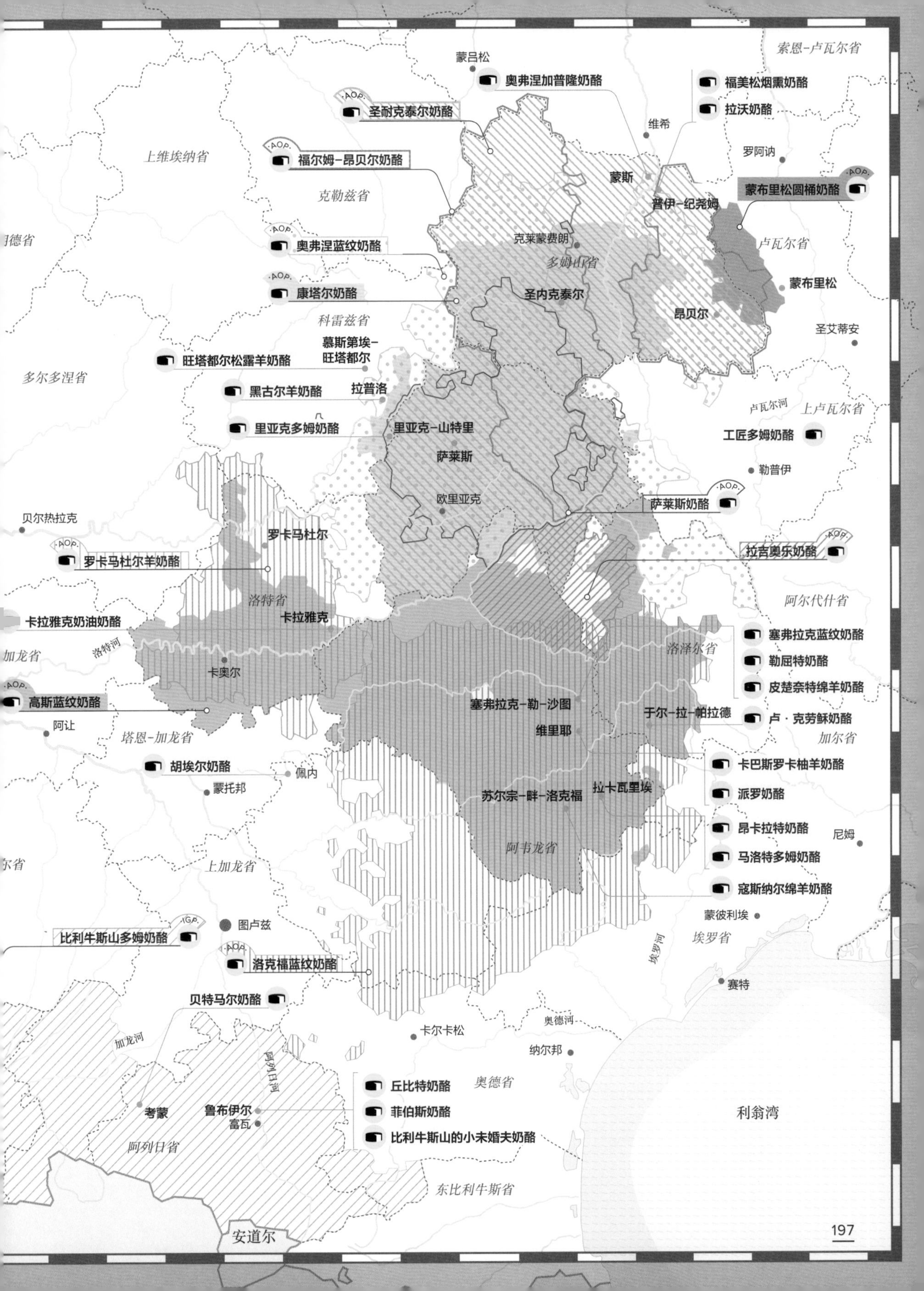
索恩-卢瓦尔省
蒙吕松
奥弗涅加普隆奶酪
福美松烟熏奶酪
拉沃奶酪
AOP
圣耐克泰尔奶酪
维希
罗阿讷
AOP
福尔姆-昂贝尔奶酪
上维埃纳省
蒙斯
AOP
蒙布里松圆桶奶酪
克勒兹省
普伊-纪尧姆
克莱蒙费朗
卢瓦尔省
AOP
奥弗涅蓝纹奶酪
多姆山省
蒙布里松
AOP
康塔尔奶酪
圣内克泰尔
昂贝尔
科雷兹省
圣艾蒂安
旺塔都尔松露羊奶酪
慕斯第埃-旺塔都尔
多尔多涅省
黑古尔羊奶酪
拉普洛
卢瓦尔河
上卢瓦尔省
里亚克多姆奶酪
里亚克-山特里
工匠多姆奶酪
萨莱斯
勒普伊
欧里亚克
AOP
萨莱斯奶酪
贝尔热拉克
罗卡马杜尔
AOP
罗卡马杜尔羊奶酪
AOP
拉吉奥乐奶酪
洛特省
阿尔代什省
卡拉雅克奶油奶酪
卡拉雅克
塞弗拉克蓝纹奶酪
加龙省
洛特河
洛泽尔省
勒屈特奶酪
卡奥尔
皮楚奈特绵羊奶酪
AOP
高斯蓝纹奶酪
塞弗拉克-勒-沙图
于尔-拉-帕拉德
卢 · 克劳稣奶酪
阿让
维里耶
塔恩-加龙省
加尔省
胡埃尔奶酪
佩内
卡巴斯罗卡柚羊奶酪
蒙托邦
苏尔宗-畔-洛克福
拉卡瓦里埃
派罗奶酪
昂卡拉特奶酪
尼姆
马洛特多姆奶酪
阿韦龙省
上加龙省
寇斯纳尔绵羊奶酪
蒙彼利埃
IGP
比利牛斯山多姆奶酪
图卢兹
埃罗省
埃罗河
AOP
洛克福蓝纹奶酪
赛特
贝特马尔奶酪
加龙河
卡尔卡松
奥德河
阿列日河
纳尔邦
丘比特奶酪
奥德省
菲伯斯奶酪
考蒙
鲁布伊尔
利翁湾
富瓦
比利牛斯山的小未婚夫奶酪
阿列日省
东比利牛斯省
安道尔

法国（中西部）

奶酪　城市　河流　省份

50 千米

N=北

伽亭酒塞羊奶酪
（Bonde de Gâtine）
第051页

栗树叶蒙泰斯羊奶酪
（Mothais-sur-feuille）
第056页

普瓦图夏匹胥山羊奶酪
（Chabichou du Poitou）
第053页

布里尼圣皮埃尔山羊奶酪
（Pouligny-saint-pierre）
第057页

无花果夹心奶酪
（Cœur de figue）
第038页

圣莫尔·都兰山羊奶酪
（Sainte-maure de Touraine）
第060页

洛什皇冠®羊奶酪
（Couronne lochoise®）
第054页

谢河畔瑟莱奶酪
（Selles-sur-cher）
第062页

沙维纽勒克罗汀羊奶酪
（Crottin de Chavignol）
第055页

沙朗特小土堆®羊奶酪
（Taupinière charentaise®）
第062页

南特神父®奶酪
（Le Curé Nantais®）
第077页

法朗塞奶酪
（Valençay）
第063页

芦苇香奶酪
（Jonchée）
第040页

大西洋岸卢瓦尔省
卢瓦尔河
南特
波尔尼克
南特神父®奶酪
拉罗什
旺代省
雷岛
拉罗谢尔
奥莱龙岛
芦苇香奶酪
罗什福尔
大西洋

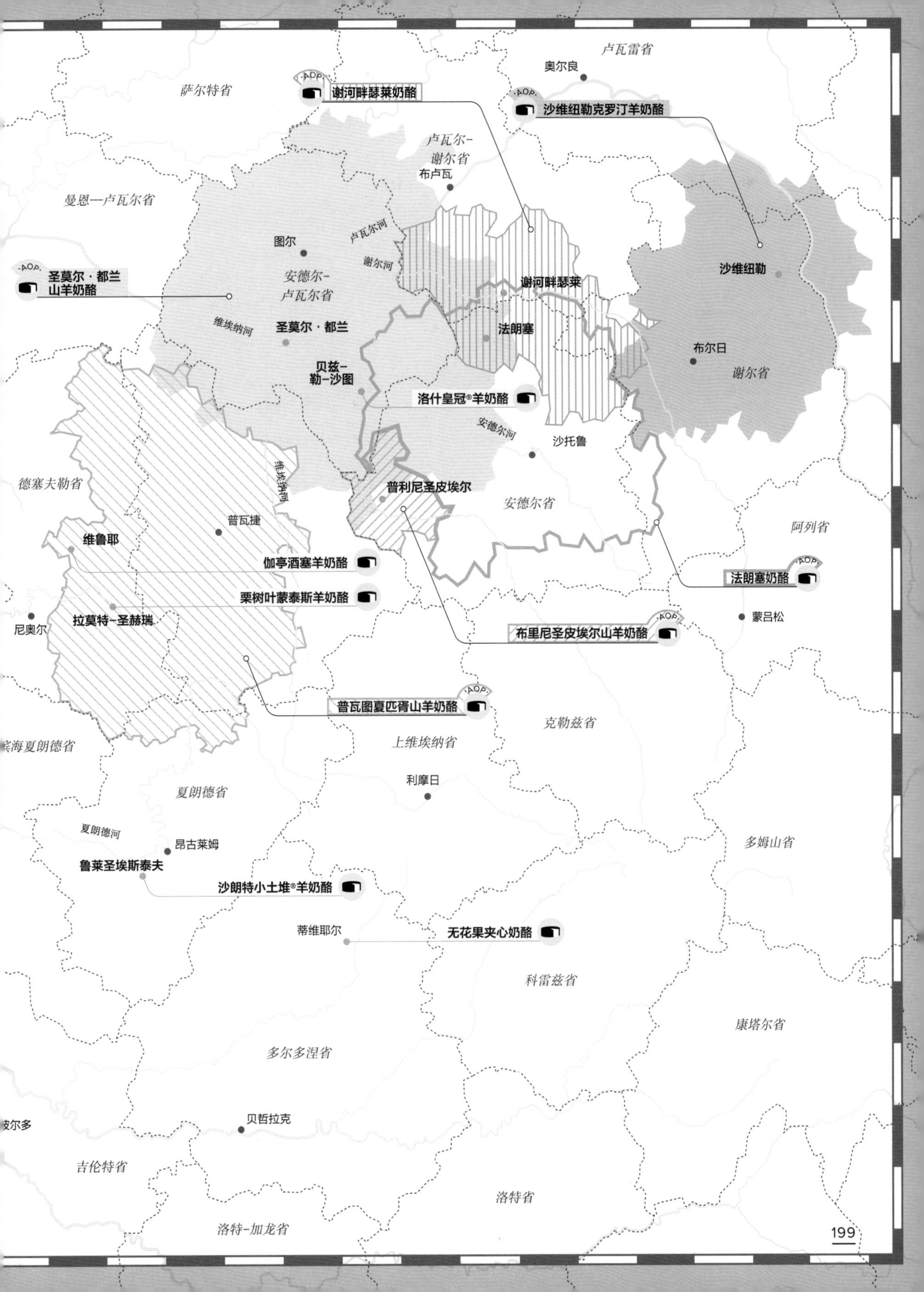

卢瓦雷省
奥尔良
萨尔特省
谢河畔瑟莱奶酪
沙维纽勒克罗汀羊奶酪
卢瓦尔-
谢尔省
布卢瓦
曼恩—卢瓦尔省
卢瓦尔河
图尔
谢尔河
沙维纽勒
圣莫尔·都兰
山羊奶酪
安德尔-
卢瓦尔省
谢河畔瑟莱
维埃纳河
圣莫尔·都兰
法朗塞
布尔日
贝兹-
勒-沙图
谢尔省
洛什皇冠®羊奶酪
安德尔河
沙托鲁
维埃纳河
德塞夫勒省
普利尼圣皮埃尔
安德尔省
普瓦捷
阿列省
维鲁耶
伽亭酒塞羊奶酪
法朗塞奶酪
栗树叶蒙泰斯羊奶酪
拉莫特-圣赫瑞
蒙吕松
尼奥尔
布里尼圣皮埃尔山羊奶酪
普瓦图夏匹胥山羊奶酪
克勒兹省
滨海夏朗德省
上维埃纳省
利摩日
夏朗德省
夏朗德河
昂古莱姆
多姆山省
鲁莱圣埃斯泰夫
沙朗特小土堆®羊奶酪
蒂维耶尔
无花果夹心奶酪
科雷兹省
康塔尔省
多尔多涅省
波尔多
贝哲拉克
吉伦特省
洛特省
洛特-加龙省

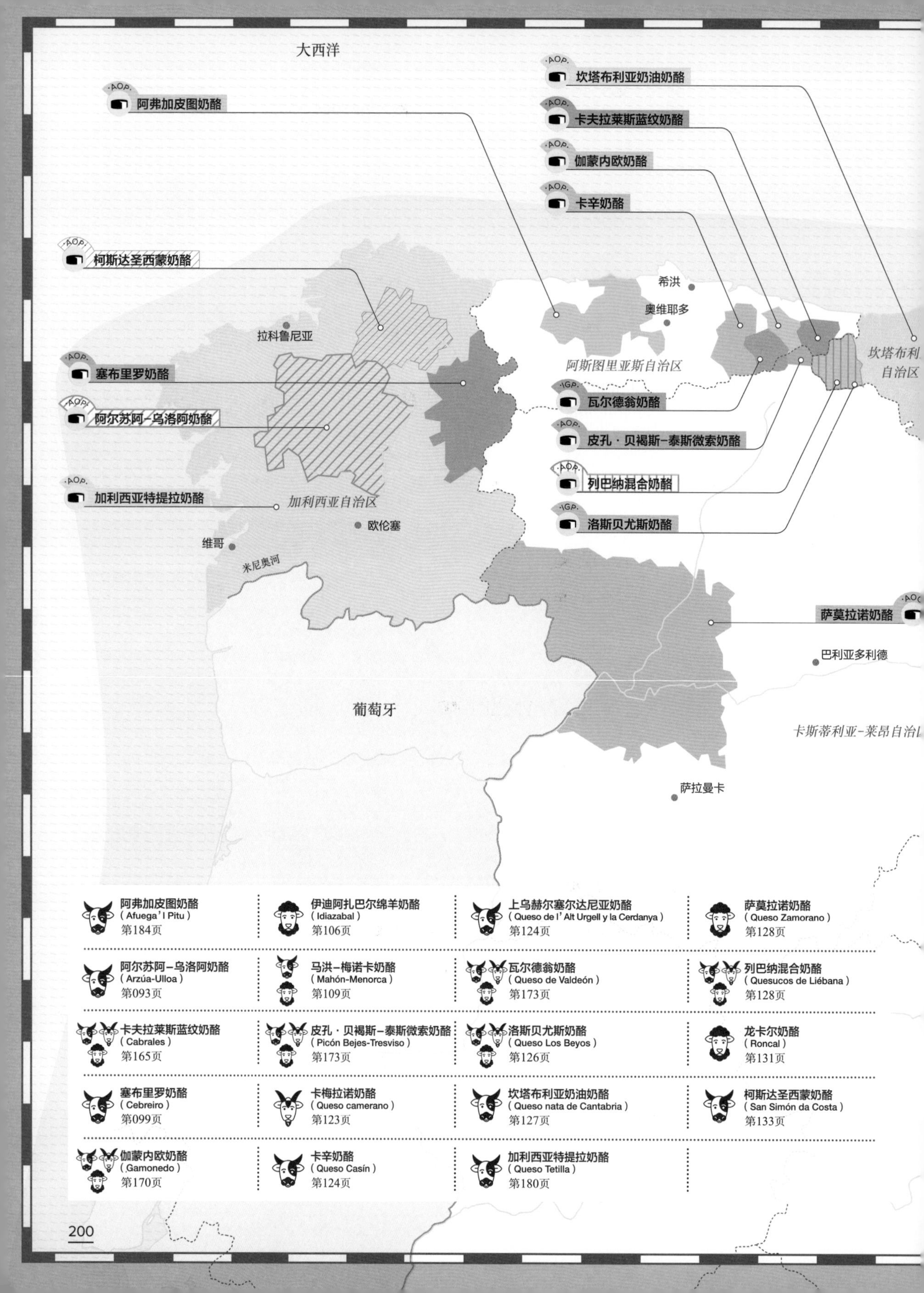
大西洋
AOP
坎塔布利亚奶油奶酪
AOP
阿弗加皮图奶酪
AOP
卡夫拉莱斯蓝纹奶酪
AOP
伽蒙内欧奶酪
AOP
卡辛奶酪
AOP
柯斯达圣西蒙奶酪
希洪
奥维耶多
拉科鲁尼亚
AOP
塞布里罗奶酪
坎塔布利
自治区
阿斯图里亚斯自治区
IGP
瓦尔德翁奶酪
AOP
阿尔苏阿-乌洛阿奶酪
AOP
皮孔·贝褐斯-泰斯微索奶酪
AOP
列巴纳混合奶酪
AOP
加利西亚特提拉奶酪
加利西亚自治区
欧伦塞
IGP
洛斯贝尤斯奶酪
维哥
米尼奥河
AOP
萨莫拉诺奶酪
巴利亚多利德
葡萄牙
卡斯蒂利亚-莱昂自治
萨拉曼卡
阿弗加皮图奶酪 (Afuega'l Pitu) 第184页
伊迪阿扎巴尔绵羊奶酪 (Idiazabal) 第106页
上乌赫尔塞尔达尼亚奶酪 (Queso de l'Alt Urgell y la Cerdanya) 第124页
萨莫拉诺奶酪 (Queso Zamorano) 第128页
阿尔苏阿-乌洛阿奶酪 (Arzúa-Ulloa) 第093页
马洪-梅诺卡奶酪 (Mahón-Menorca) 第109页
瓦尔德翁奶酪 (Queso de Valdeón) 第173页
列巴纳混合奶酪 (Quesucos de Liébana) 第128页
卡夫拉莱斯蓝纹奶酪 (Cabrales) 第165页
皮孔·贝褐斯-泰斯微索奶酪 (Picón Bejes-Tresviso) 第173页
洛斯贝尤斯奶酪 (Queso Los Beyos) 第126页
龙卡尔奶酪 (Roncal) 第131页
塞布里罗奶酪 (Cebreiro) 第099页
卡梅拉诺奶酪 (Queso camerano) 第123页
坎塔布利亚奶油奶酪 (Queso nata de Cantabria) 第127页
柯斯达圣西蒙奶酪 (San Simón da Costa) 第133页
伽蒙内欧奶酪 (Gamonedo) 第170页
卡辛奶酪 (Queso Casín) 第124页
加利西亚特提拉奶酪 (Queso Tetilla) 第180页

西班牙（北部）

奶酪　城市　河流　省份

100 千米　N=北

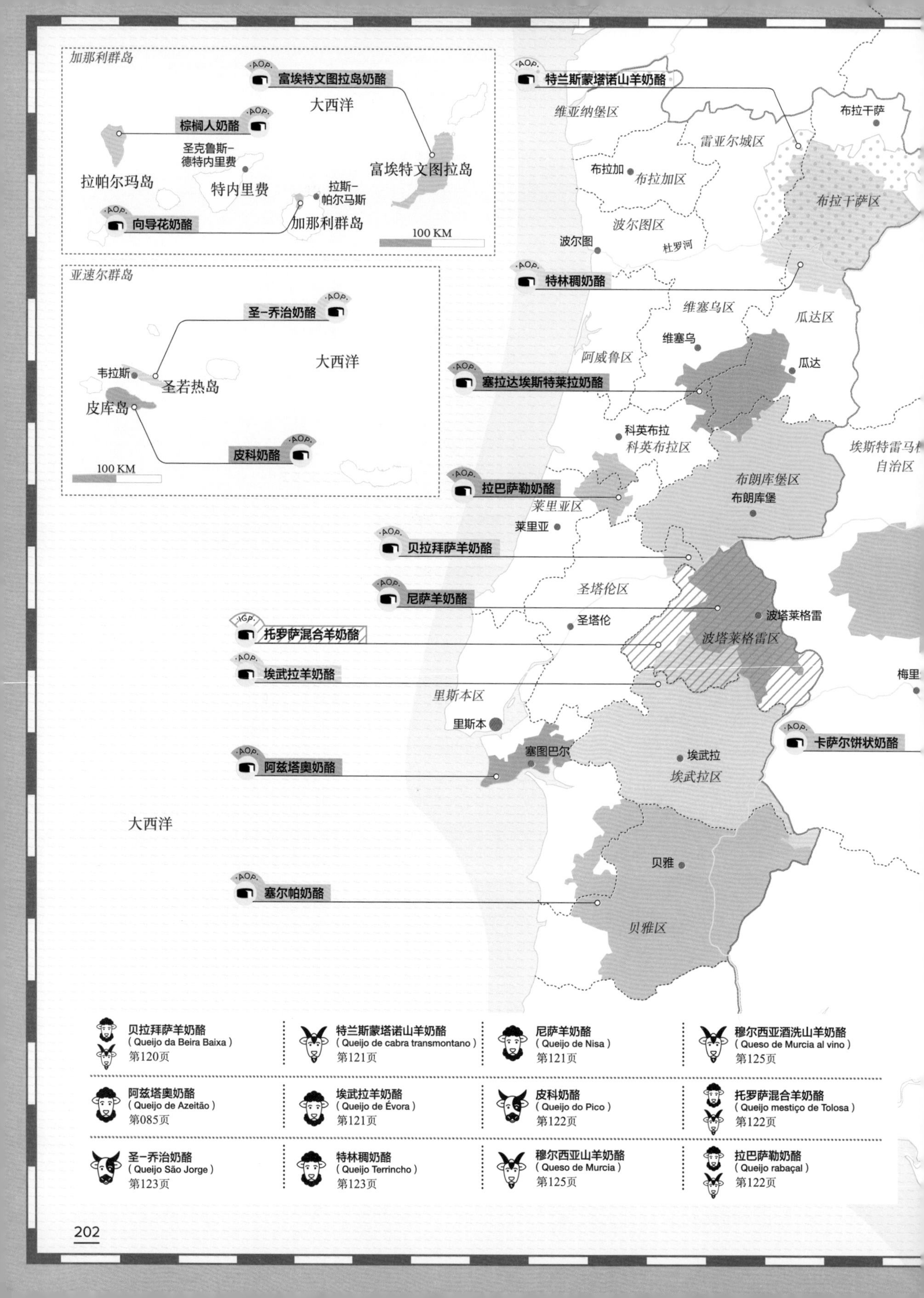

加那利群岛
AOP
富埃特文图拉岛奶酪
大西洋
AOP
棕榈人奶酪
圣克鲁斯-
德特内里费
拉帕尔玛岛
特内里费
富埃特文图拉岛
拉斯-
帕尔马斯
AOP
向导花奶酪
加那利群岛
100 KM
亚速尔群岛
AOP
圣-乔治奶酪
大西洋
韦拉斯
圣若热岛
皮库岛
AOP
皮科奶酪
100 KM
AOP
特兰斯蒙塔诺山羊奶酪
维亚纳堡区
布拉干萨
雷亚尔城区
布拉加
布拉加区
布拉干萨区
波尔图区
波尔图
杜罗河
AOP
特林稠奶酪
维塞乌区
瓜达区
维塞乌
阿威鲁区
瓜达
AOP
塞拉达埃斯特莱拉奶酪
科英布拉
科英布拉区
埃斯特雷马
自治区
AOP
拉巴萨勒奶酪
布朗库堡区
布朗库堡
莱里亚区
莱里亚
AOP
贝拉拜萨羊奶酪
圣塔伦区
AOP
尼萨羊奶酪
波塔莱格雷
圣塔伦
IGP
托罗萨混合羊奶酪
波塔莱格雷区
AOP
埃武拉羊奶酪
梅里
里斯本区
里斯本
AOP
卡萨尔饼状奶酪
塞图巴尔
埃武拉
AOP
阿兹塔奥奶酪
埃武拉区
大西洋
贝雅
AOP
塞尔帕奶酪
贝雅区
贝拉拜萨羊奶酪
（Queijo da Beira Baixa）
第120页
特兰斯蒙塔诺山羊奶酪
（Queijo de cabra transmontano）
第121页
尼萨羊奶酪
（Queijo de Nisa）
第121页
穆尔西亚酒洗山羊奶酪
（Queso de Murcia al vino）
第125页
阿兹塔奥奶酪
（Queijo de Azeitão）
第085页
埃武拉羊奶酪
（Queijo de Évora）
第121页
皮科奶酪
（Queijo do Pico）
第122页
托罗萨混合羊奶酪
（Queijo mestiço de Tolosa）
第122页
圣-乔治奶酪
（Queijo São Jorge）
第123页
特林稠奶酪
（Queijo Terrincho）
第123页
穆尔西亚山羊奶酪
（Queso de Murcia）
第125页
拉巴萨勒奶酪
（Queijo rabaçal）
第122页

西班牙（南部）与葡萄牙

奶酪
城市
河流
省份
100千米
N=北
卡斯蒂利亚—莱昂自治区
马德里自治区
瓜达拉哈拉
马德里
阿拉贡自治区
依波莱斯羊奶酪
AOP
托莱多
曼彻格奶酪
巴伦西亚
卡斯蒂利亚-拉曼恰自治区
巴伦西亚自治区
瓜地亚纳河
赛莱纳绵羊奶酪
阿利坎特
穆尔西亚自治区
穆尔西亚
瓜达尔基维尔河
科尔多瓦
穆尔西亚山羊奶酪
和穆尔西亚酒洗山羊奶酪
卡塔赫纳
安达卢西亚自治区
曼彻格奶酪
（Queso manchego）
第127页
向导花奶酪
（Queso de flor de Guía）
第124页
富埃特文图拉岛奶酪
（Queso majorero）
第126页
塞尔帕奶酪
（Queijo Serpa）
第085页
赛莱纳绵羊奶酪
（Queso de la Serena）
第125页
棕榈人奶酪
（Queso palmero）
第127页
塞拉达埃斯特莱拉奶酪
（Queijo Serra da Estrela）
第086页
依波莱斯羊奶酪
（Queso Ibores）
第126页
卡萨尔饼状奶酪
（Torta del Casar）
第142页

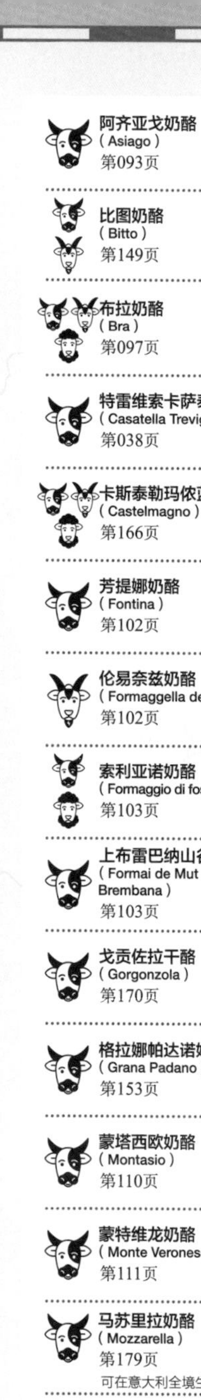

阿齐亚戈奶酪（Asiago）第093页

皮亚维奶酪（Piave）第119页

西尔德奶酪（Silter）第134页

塔雷吉欧奶酪（Taleggio）第137页

比图奶酪（Bitto）第149页

瓦尔帕达纳波洛夫罗奶酪（Provolone Valpadana）第180页

玖底卡里耶压制奶酪（Spressa delle Giudicarie）第135页

皮埃蒙特多姆奶酪（Toma piemontese）第138页

布拉奶酪（Bra）第097页

莫依纳臭奶酪（Puzzone di Moena/Spretz tzaori）第120页

罗马涅斯夸奎罗奶酪（Squacquerone di Romagna）第045页

瓦莱达奥斯塔硬奶酪（Valle d' aosta Fromadzo）第144页

特雷维索卡萨泰拉奶酪（Casatella Trevigiana）第038页

伦巴第夏末鲜奶酪（Quartirolo lombardo）第043页

斯泰尔维奥奶酪（Stelvio）第136页

瓦尔泰利纳半脱脂奶酪（Valtellina Casera）第144页

卡斯泰勒玛侬蓝纹奶酪（Castelmagno）第166页

拉施切拉奶酪（Raschera）第129页

斯特拉齐图恩特奶酪（Strachitunt）第176页

威尔金®奶酪（Verzin®）第177页

芳提娜奶酪（Fontina）第102页

罗卡韦拉诺罗比奥拉奶酪（Robiola di Roccaverano）第058页

伦易奈兹奶酪（Formaggella del Luinese）第102页

克莱姆的萨尔瓦奶酪（Salva cremasco）第132页

索利亚诺奶酪（Formaggio di fossa di Sogliano）第103页

上布雷巴纳山谷奶酪（Formai de Mut dell' alta Valle Brembana）第103页

戈贡佐拉干酪（Gorgonzola）第170页

格拉娜帕达诺奶酪（Grana Padano）第153页

蒙塔西欧奶酪（Montasio）第110页

蒙特维龙奶酪（Monte Veronese）第111页

马苏里拉奶酪（Mozzarella）第179页
可在意大利全境生产

慕拉扎诺奶酪（Murazzano）第056页

瓦尔特隆皮亚诺斯塔诺奶酪（Nostrano Valtrompia）第113页

奥索拉诺奶酪（Ossolano）第115页

帕马森奶酪（Parmigiano reggiano）第157页

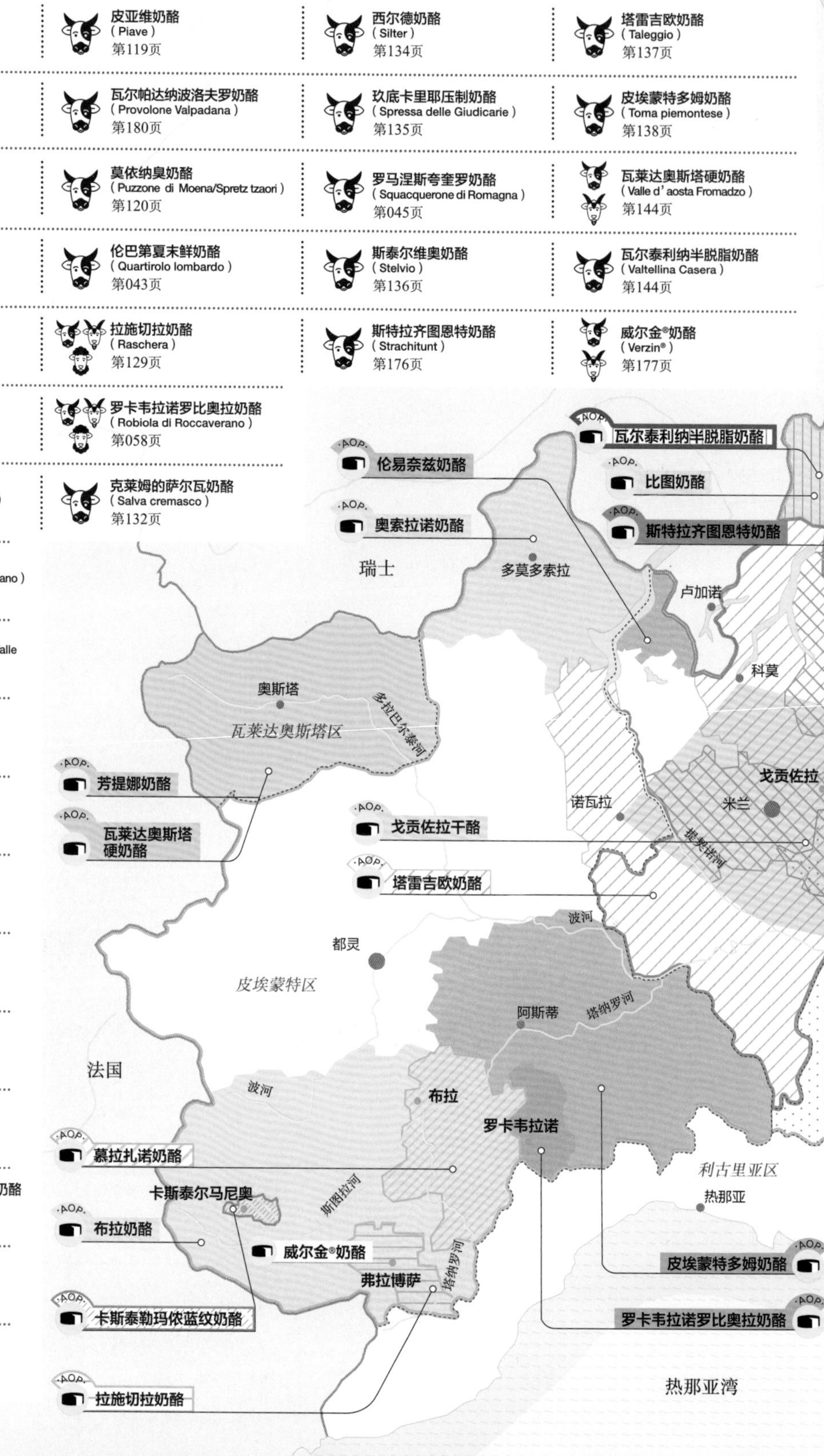

意大利（北部）

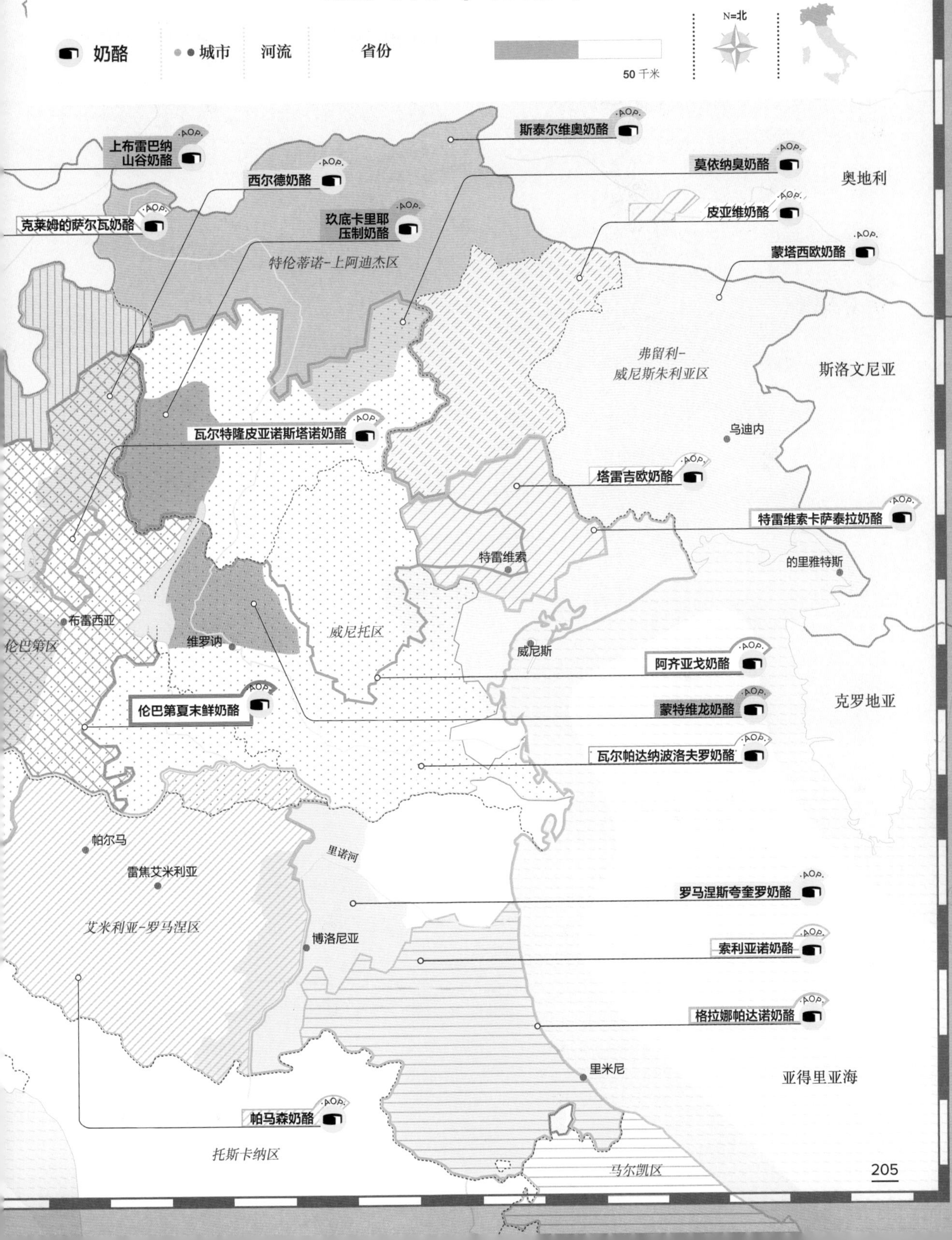

奶酪
城市
河流
省份
50 千米
N=北
斯泰尔维奥奶酪 AOP
上布雷巴纳山谷奶酪 AOP
莫依纳臭奶酪 AOP
奥地利
西尔德奶酪 AOP
克莱姆的萨尔瓦奶酪 AOP
玖底卡里耶压制奶酪 AOP
皮亚维奶酪 AOP
蒙塔西欧奶酪 AOP
特伦蒂诺-上阿迪杰区
弗留利-威尼斯朱利亚区
斯洛文尼亚
瓦尔特隆皮亚诺斯塔诺奶酪 AOP
乌迪内
塔雷吉欧奶酪 AOP
特雷维索卡萨泰拉奶酪 AOP
特雷维索
的里雅特斯
布雷西亚
伦巴第区
维罗纳
威尼托区
威尼斯
阿齐亚戈奶酪 AOP
克罗地亚
伦巴第夏末鲜奶酪 AOP
蒙特维龙奶酪 AOP
瓦尔帕达纳波洛夫罗奶酪 AOP
帕尔马
里诺河
雷焦艾米利亚
罗马涅斯夸奎罗奶酪 AOP
艾米利亚-罗马涅区
博洛尼亚
索利亚诺奶酪 AOP
格拉娜帕达诺奶酪 AOP
里米尼
亚得里亚海
帕马森奶酪 AOP
托斯卡纳区
马尔凯区

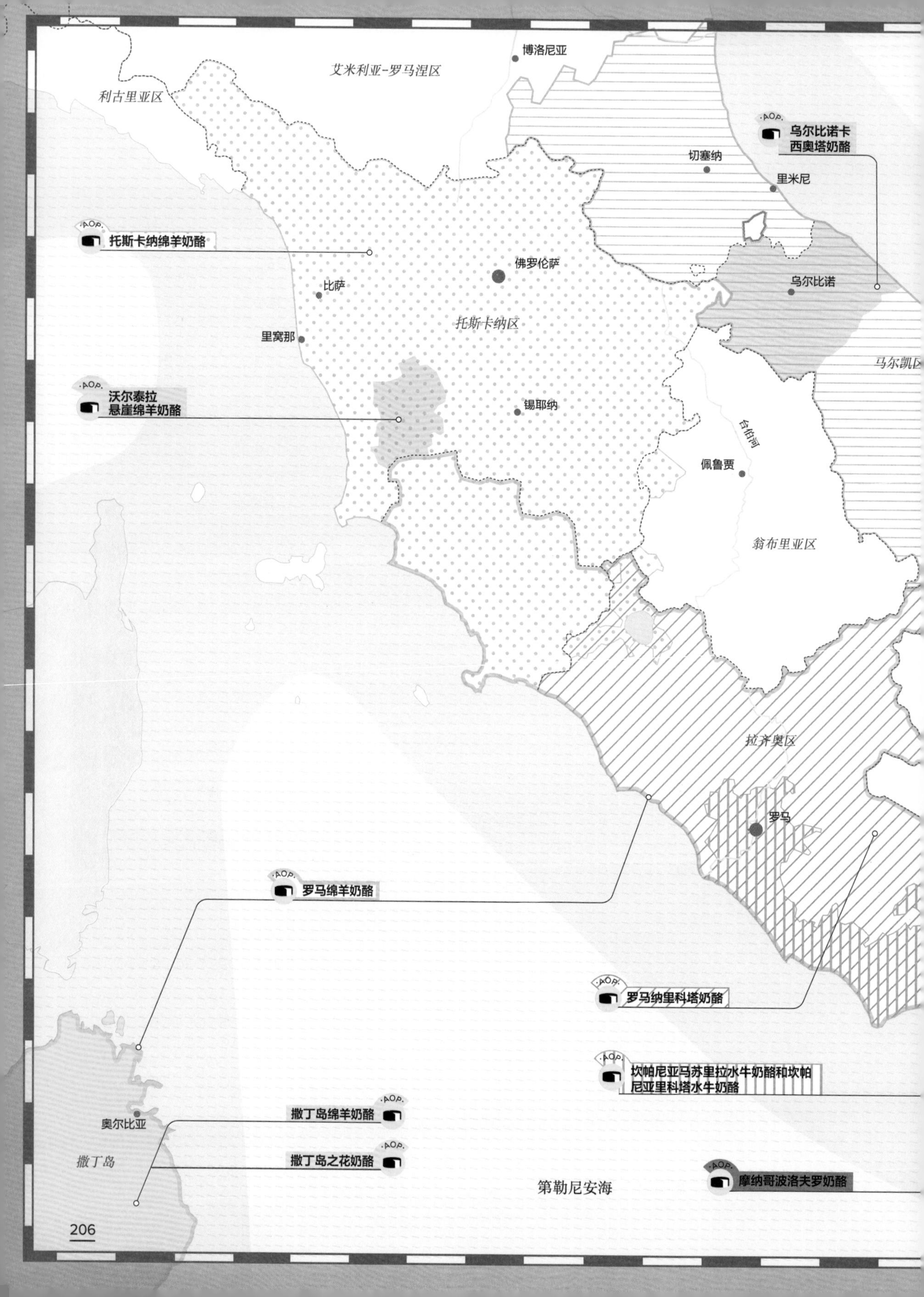
艾米利亚-罗马涅区
博洛尼亚
利古里亚区
AOP
乌尔比诺卡
西奥塔奶酪
切塞纳
里米尼
AOP
托斯卡纳绵羊奶酪
佛罗伦萨
比萨
乌尔比诺
托斯卡纳区
里窝那
马尔凯区
AOP
沃尔泰拉
悬崖绵羊奶酪
锡耶纳
台伯河
佩鲁贾
翁布里亚区
拉齐奥区
罗马
AOP
罗马绵羊奶酪
AOP
罗马纳里科塔奶酪
AOP
坎帕尼亚马苏里拉水牛奶酪和坎帕
尼亚里科塔水牛奶酪
奥尔比亚
AOP
撒丁岛绵羊奶酪
AOP
撒丁岛之花奶酪
撒丁岛
第勒尼安海
AOP
摩纳哥波洛夫罗奶酪

意大利（中部）

奶酪　城市　河流　省份

50 千米

N=北

安德里亚布拉塔奶酪
（Burrata di Andria）
第178页

撒丁岛之花奶酪
（Fiore Sardo）
第101页

沃尔泰拉悬崖绵羊奶酪
（Pecorino delle Balze volterrane）
第116页

撒丁岛绵羊奶酪
（Pecorino sardo）
第117页

西拉高原马背奶酪
（Caciocavallo silano）
第178页

索利亚诺奶酪
（Formaggio di fossa di Sogliano）
第103页

菲利亚诺绵羊奶酪
（Pecorino di Filiano）
第116页

托斯卡纳绵羊奶酪
（Pecorino toscano）
第118页

普利亚篮子奶酪
（Canestrato Pugliese）
第097页

马苏里拉奶酪
（Mozzarella）
第179页
可在意大利全境生产

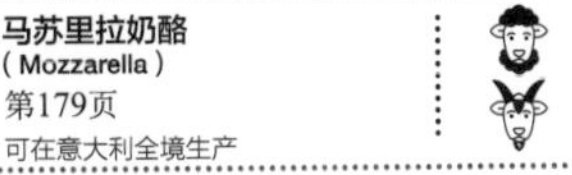
皮西尼思科羊奶酪
（Pecorino di Picinisco）
第116页

摩纳哥波洛夫罗奶酪
（Provolone del Monaco）
第180页

乌尔比诺卡西奥塔奶酪
（Casciotta d'Urbino）
第098页

坎帕尼亚马苏里拉水牛奶酪
（Mozzarella di bufala Campana）
第179页

罗马绵羊奶酪
（Pecorino romano）
第117页

坎帕尼亚里科塔水牛奶酪
（Ricotta di bufala Campana）
第048页

罗马纳里科塔奶酪
（Ricotta romana）
第049页

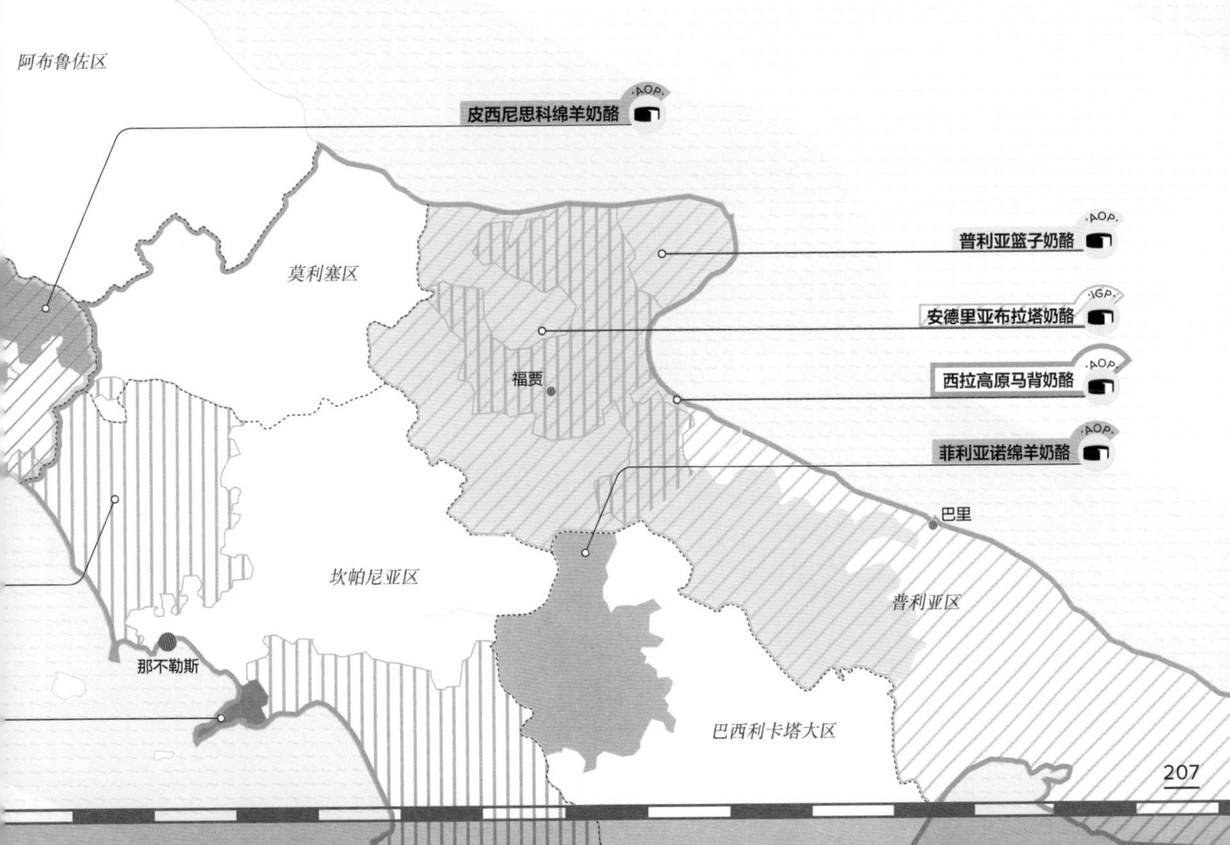

意大利（南部）

奶酪　●●城市　河流　省份　50千米　N=北

安德里亚布拉塔奶酪（Burrata di Andria）第178页

马苏里拉奶酪（Mozzarella）第179页 可在意大利全境生产

罗马绵羊奶酪（Pecorino romano）第117页

摩纳哥波洛夫罗奶酪（Provolone del Monaco）第180页

西拉高原马背奶酪（Caciocavallo silano）第178页

坎帕尼亚马苏里拉水牛奶酪（Mozzarella di bufala Campana）第179页

撒丁岛绵羊奶酪（Pecorino sardo）第117页

拉古萨诺奶酪（Ragusano）第129页

普利亚篮子奶酪（Canestrato Pugliese）第097页

克罗托内绵羊奶酪（Pecorino crotonese）第115页

西西里岛绵羊奶酪（Pecorino siciliano）第117页

坎帕尼亚里科塔水牛奶酪（Ricotta di bufala Campana）第048页

撒丁岛之花奶酪（Fiore Sardo）第101页

菲利亚诺绵羊奶酪（Pecorino di Filiano）第116页

恩纳皮亚桑提努绵羊奶酪（Piacentinu ennese）第118页

贝里斯山谷绵羊奶酪（Vastedda della Valle del Belice）第181页

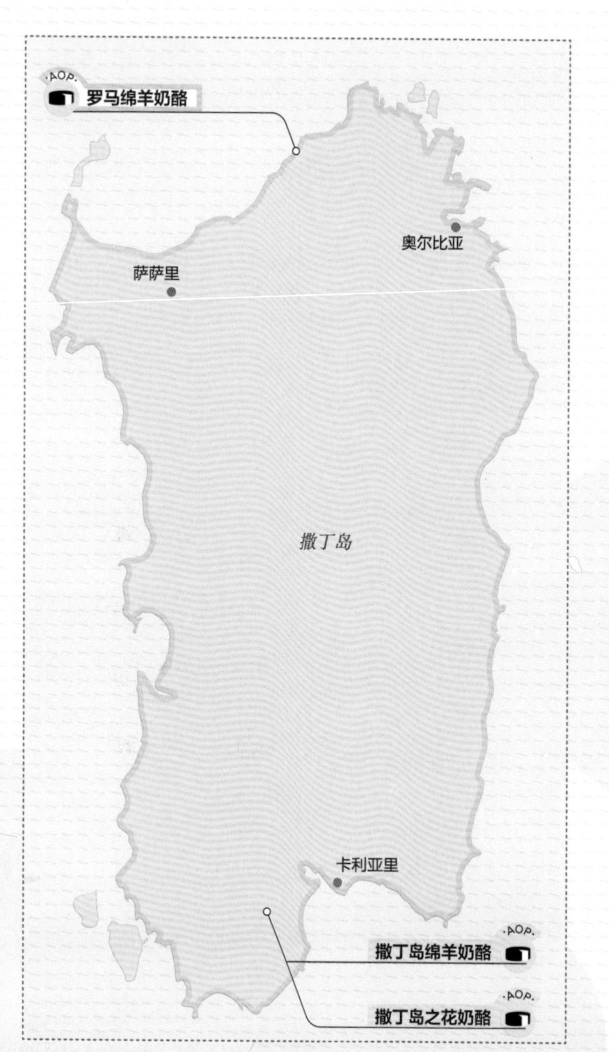

第勒尼安海

AOP 贝里斯山谷绵羊奶酪

巴勒莫

马尔萨拉

西西里岛

恩纳

AOP 恩纳皮亚桑提努绵羊奶酪

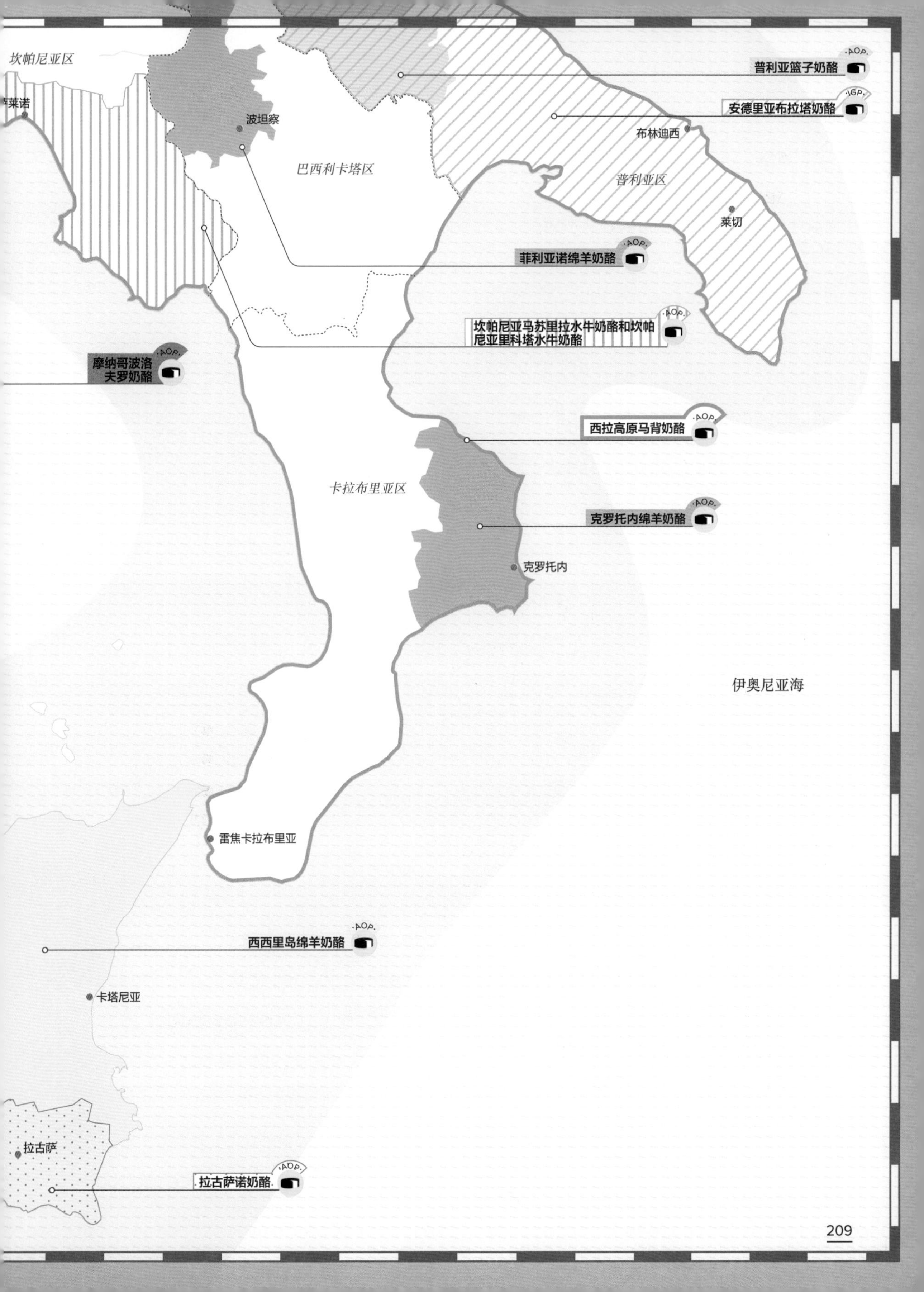
坎帕尼亚区
莱诺
波坦察
巴西利卡塔区
普利亚区
布林迪西
莱切
AOP
普利亚篮子奶酪
IGP
安德里亚布拉塔奶酪
AOP
菲利亚诺绵羊奶酪
AOP
坎帕尼亚马苏里拉水牛奶酪和坎帕尼亚里科塔水牛奶酪
AOP
摩纳哥波洛夫罗奶酪
AOP
西拉高原马背奶酪
卡拉布里亚区
AOP
克罗托内绵羊奶酪
克罗托内
伊奥尼亚海
雷焦卡拉布里亚
AOP
西西里岛绵羊奶酪
卡塔尼亚
拉古萨
AOP
拉古萨诺奶酪

英国与爱尔兰

奶酪
城市
河流
省份
200 千米
N=北
毕肯菲尔传统兰开夏奶酪
（Beacon Fell Traditional Lancashire Cheese）
第094页
红莱彻斯特奶酪
（Red Leicester）
第130页
邦切斯特奶酪
（Bonchester Cheese）
第064页
什罗普郡奶酪
（Shropshire）
第175页
巴克斯顿蓝纹奶酪
（Buxton Blue）
第165页
单格洛斯特奶酪
（Single Gloucester）
第134页
卡舍尔蓝纹奶酪®
（Cashel Blue®）
第166页
斯塔福德奶酪
（Staffordshire Cheese）
第135页
库里内奶酪
（Cooleeney）
第069页
斯蒂尔顿奶酪
（Stilton Cheese）
第175页
主教牧杖蓝纹®奶酪
（Crozier Blue®）
第166页
斯韦尔代尔奶酪
（Swaledale Cheese）
第136页
多塞特郡蓝纹奶酪
（Dorset Blue Cheese）
第167
斯韦尔代尔绵羊奶酪
（Swaledale Ewes Cheese）
第137页
多弗戴尔奶酪
（Dovedale Cheese）
第168页
特维奥特戴尔奶酪
（Teviotdale Cheese）
第138页
埃克斯穆尔蓝纹奶酪
（Exmoor Blue Cheese）
第168页
传统艾尔郡邓禄普奶酪
（Traditional Ayrshire Dunlop）
第143页
高特纳莫纳奶酪
（Gortnamona）
第070页
传统威尔士卡菲利奶酪
（Traditional Welsh Caerphilly）
第143页
依莫基利雷加多奶酪
（Imokilly Regato）
第106页
西部农家切达奶酪
（West Country Farmhouse Cheddar Cheese）
第145页
马尔岛奶酪
（Isle of Mull）
第106页
约克郡温斯利戴尔奶酪
（Yorkshire Wensleydale）
第145页
奥克尼苏格兰岛切达奶酪
（Orkney Scottish Island Cheddar）
第113页
多尼戈尔
北爱尔兰
斯莱戈
香农河
戈尔韦
爱尔兰
高特纳莫纳奶酪
库里内奶酪
卡舍尔蓝纹®奶酪
瑟勒斯
主教牧杖蓝纹®奶酪
菲乍德
沃特福德
科克
AOP
依莫基利雷加多奶酪
大西洋

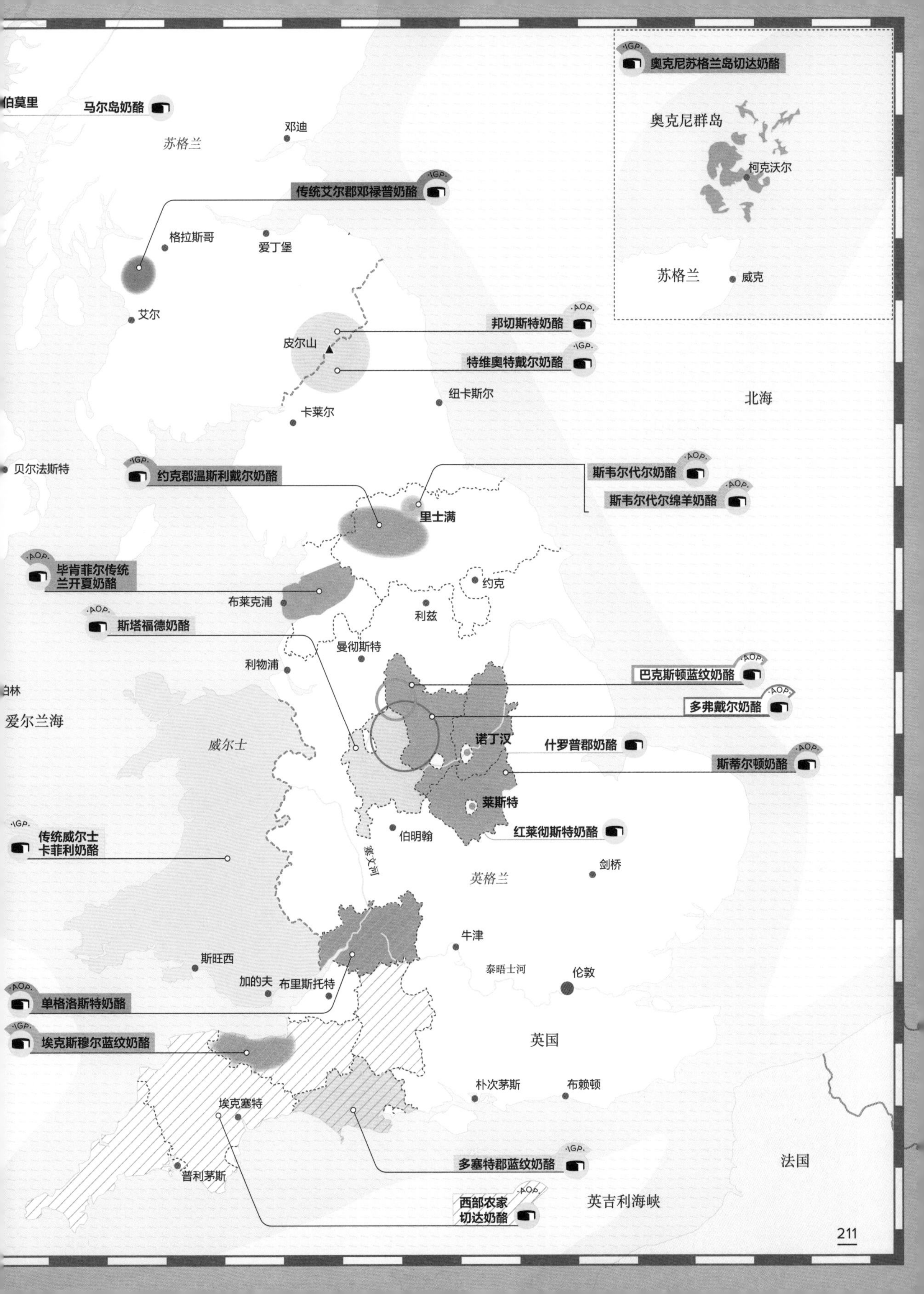

奥克尼苏格兰岛切达奶酪
IGP
奥克尼群岛
柯克沃尔
苏格兰
威克
伯莫里
马尔岛奶酪
邓迪
苏格兰
传统艾尔郡邓禄普奶酪
IGP
格拉斯哥
爱丁堡
艾尔
邦切斯特奶酪
AOP
皮尔山
特维奥特戴尔奶酪
IGP
纽卡斯尔
卡莱尔
北海
贝尔法斯特
约克郡温斯利戴尔奶酪
IGP
斯韦尔代尔奶酪
AOP
斯韦尔代尔绵羊奶酪
AOP
里士满
毕肯菲尔传统兰开夏奶酪
AOP
约克
布莱克浦
利兹
斯塔福德奶酪
AOP
曼彻斯特
利物浦
巴克斯顿蓝纹奶酪
AOP
多弗戴尔奶酪
AOP
爱尔兰海
威尔士
诺丁汉
什罗普郡奶酪
斯蒂尔顿奶酪
AOP
莱斯特
红莱彻斯特奶酪
伯明翰
传统威尔士卡菲利奶酪
IGP
塞文河
剑桥
英格兰
牛津
泰晤士河
斯旺西
伦敦
加的夫
布里斯托特
单格洛斯特奶酪
AOP
埃克斯穆尔蓝纹奶酪
IGP
英国
朴次茅斯
布赖顿
埃克塞特
普利茅斯
多塞特郡蓝纹奶酪
IGP
法国
西部农家切达奶酪
AOP
英吉利海峡

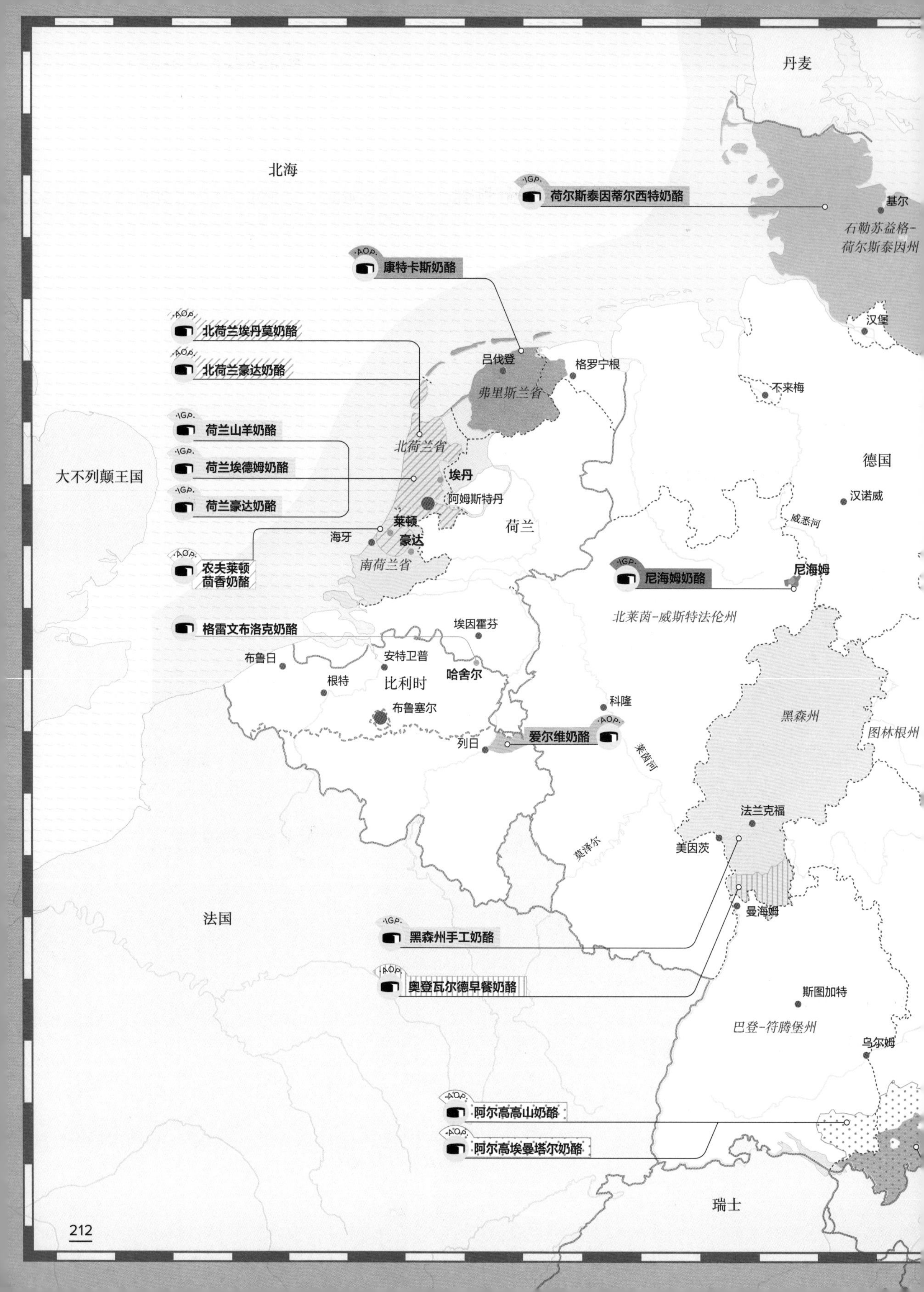

丹麦
北海
·IGP·
荷尔斯泰因蒂尔西特奶酪
基尔
石勒苏益格-荷尔斯泰因州
·AOP·
康特卡斯奶酪
·AOP·
北荷兰埃丹莫奶酪
·AOP·
北荷兰豪达奶酪
汉堡
吕伐登
格罗宁根
弗里斯兰省
不来梅
·IGP·
荷兰山羊奶酪
北荷兰省
·IGP·
荷兰埃德姆奶酪
大不列颠王国
埃丹
德国
·IGP·
荷兰豪达奶酪
阿姆斯特丹
汉诺威
莱顿
荷兰
威悉河
海牙
豪达
·AOP·
农夫莱顿茴香奶酪
南荷兰省
·IGP·
尼海姆奶酪
尼海姆
北莱茵-威斯特法伦州
格雷文布洛克奶酪
埃因霍芬
布鲁日
安特卫普
哈舍尔
根特
比利时
科隆
布鲁塞尔
黑森州
·AOP·
爱尔维奶酪
图林根州
列日
莱茵河
法兰克福
莫泽尔
美因茨
曼海姆
法国
·IGP·
黑森州手工奶酪
·AOP·
奥登瓦尔德早餐奶酪
斯图加特
巴登-符腾堡州
乌尔姆
·AOP·
阿尔高高山奶酪
·AOP·
阿尔高埃曼塔尔奶酪
瑞士

比利时、荷兰与德国

奶酪
城市
河流
省份
N=北
200 千米
阿尔高高山奶酪
(Allgäuer Bergkäse)
第146页
黑森州手工奶酪奶酪
(Hessischer Handkäse)
第047页
阿尔高埃曼塔尔奶酪
(Allgäuer Emmentaler)
第147页
荷兰山羊奶酪
(Hollandse Geitenkaas)
第105页
阿尔高阿尔卑斯山奶酪
(Allgäuer Sennalpkäse)
第147页
荷尔斯泰因蒂尔西特奶酪
(Holsteiner Tilsiter)
第105页
阿尔高威士拉可奶酪
(Allgäuer Weisslacker)
第074页
康特卡斯奶酪
(Kanterkaas)
第107页
阿尔滕堡奶酪
(Altenburger Ziegenkäse)
第064页
德国涂抹奶酪
(Kochkäse)
第183页
农夫莱顿茴香奶酪
(Boeren-Leidse met sleutels)
第096页
尼海姆奶酪
(Nieheimer Käse)
第048页
荷兰埃德姆奶酪
(Edam Holland)
第101页
北荷兰埃丹莫奶酪
(Noord-Hollandse Edammer)
第112页
荷兰豪达奶酪
(Gouda Holland)
第104页
北荷兰豪达奶酪
(Noord-Hollandse Gouda)
第112页
格雷文布洛克奶酪
(Grevenbroecker)
第170页
奥登瓦尔德早餐奶酪
(Odenwälder Frühstückskäse)
第083页
爱尔维奶酪
(Herve)
第079页
波兰
柏林
萨克森-
安哈特州
莱比锡
萨克森州
格拉
阿尔滕堡
奶酪
AOP
捷克
巴伐利亚州
雷根斯堡
多瑙河
德国涂抹奶酪
慕尼黑
奥地利
阿尔高阿尔卑斯山奶酪
AOP
阿尔高威士拉可奶酪
AOP
斯洛伐克
匈牙利

丹麦、瑞典、拉脱维亚与立陶宛

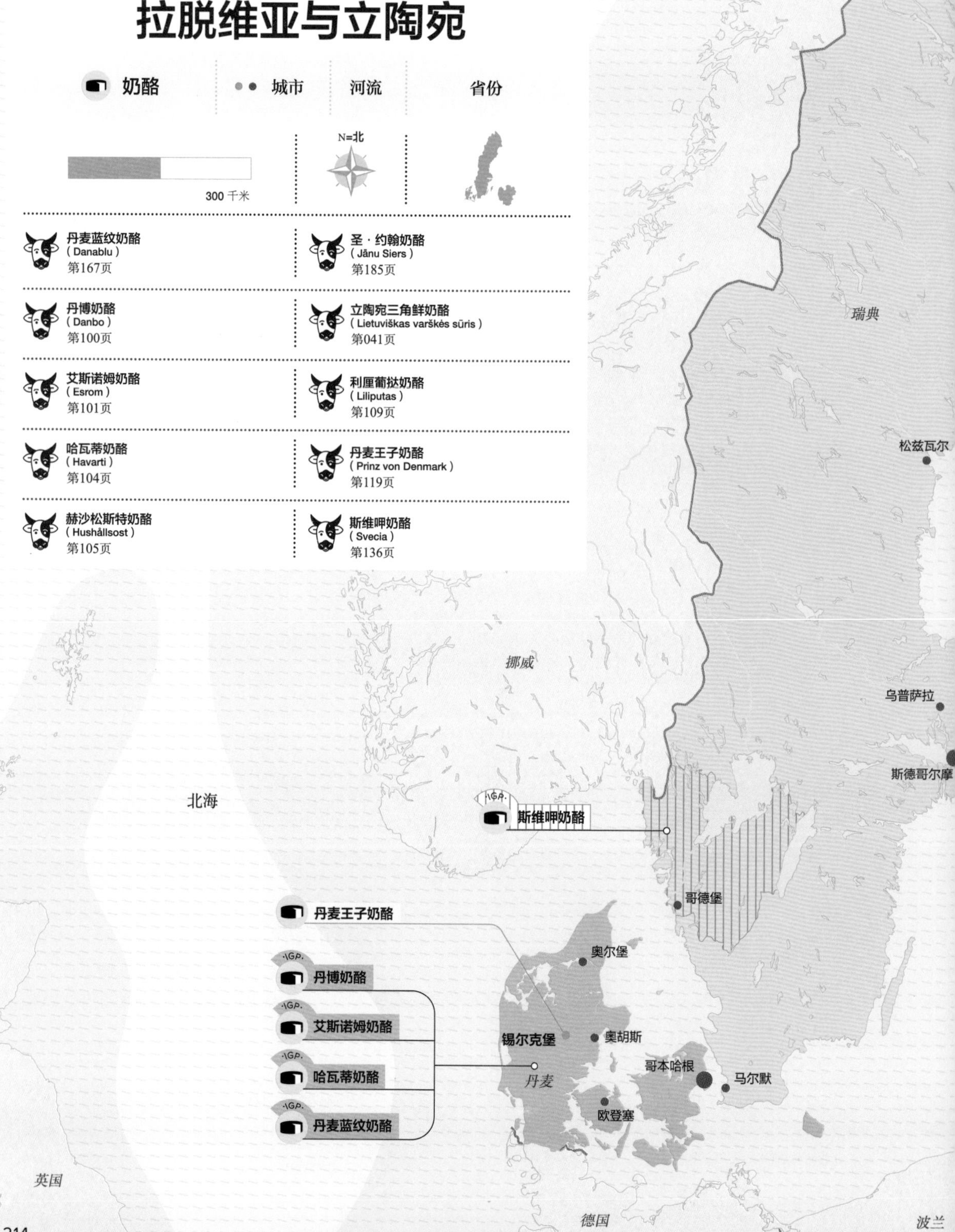

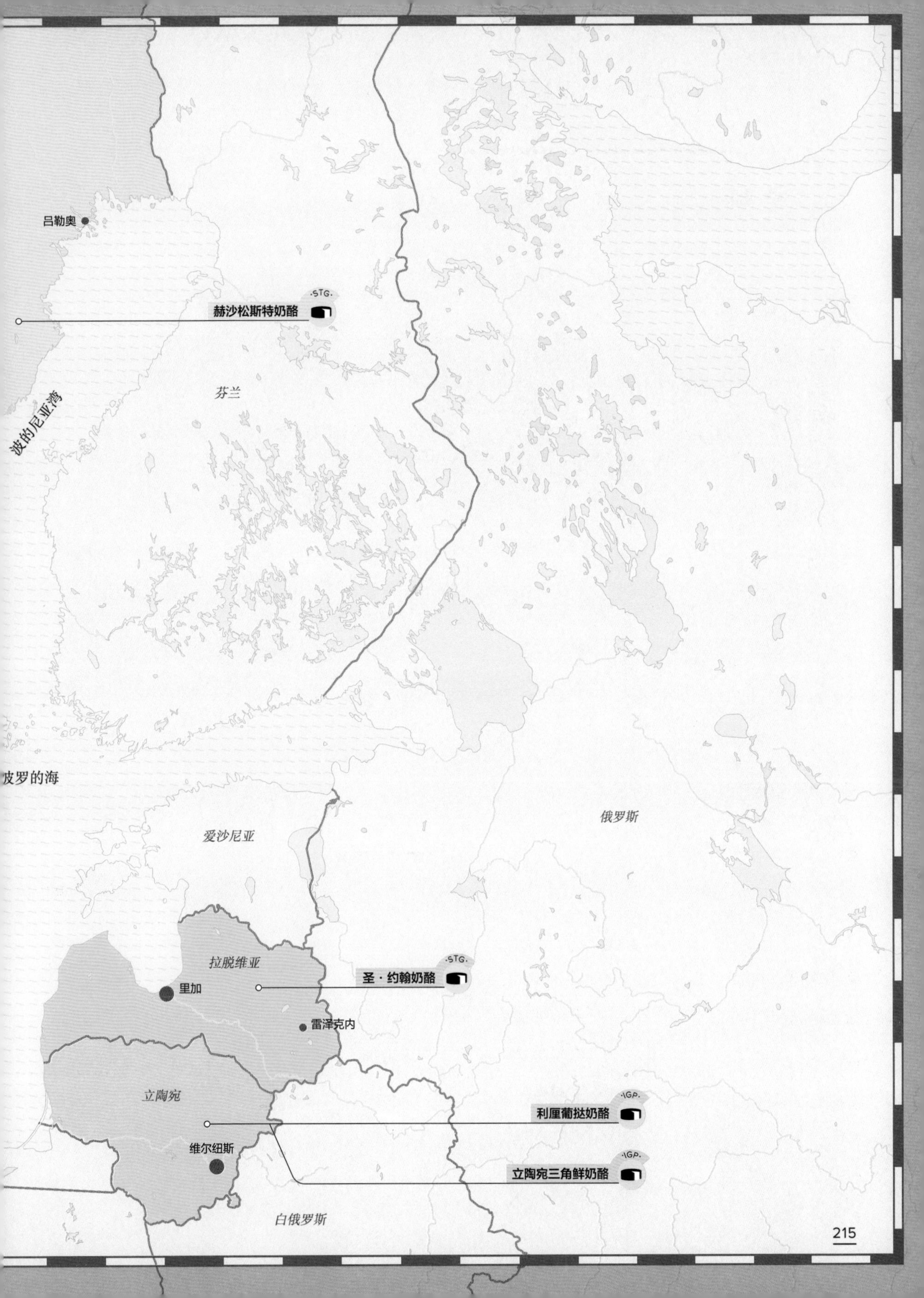
吕勒奥
STG.
赫沙松斯特奶酪
芬兰
波的尼亚湾
波罗的海
爱沙尼亚
俄罗斯
拉脱维亚
STG.
圣·约翰奶酪
里加
雷泽克内
立陶宛
IGP.
利厘葡挞奶酪
维尔纽斯
IGP.
立陶宛三角鲜奶酪
白俄罗斯

瑞士、奥地利与斯洛文尼亚

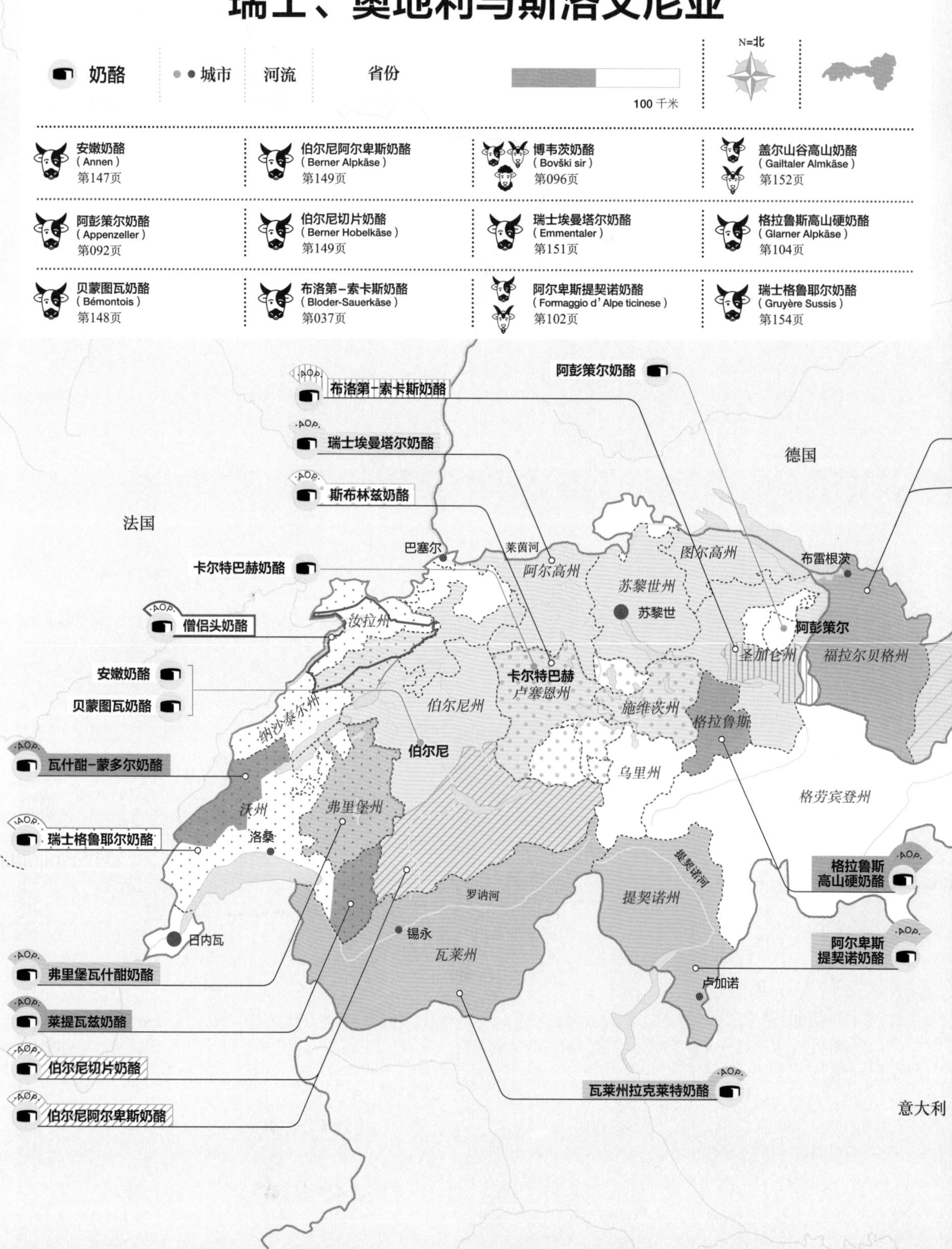

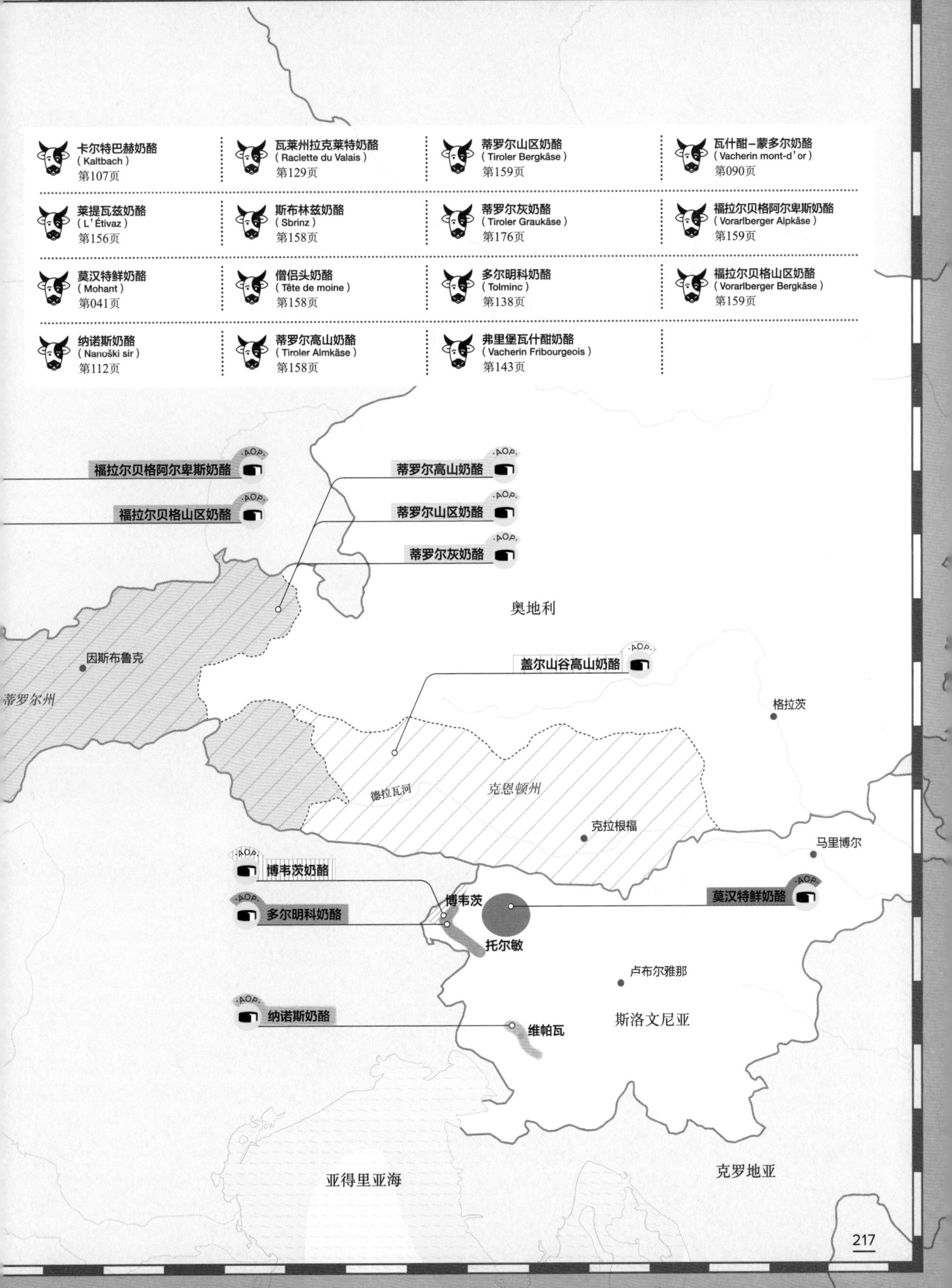

卡尔特巴赫奶酪
（Kaltbach）
第107页
瓦莱州拉克莱特奶酪
（Raclette du Valais）
第129页
蒂罗尔山区奶酪
（Tiroler Bergkäse）
第159页
瓦什酣–蒙多尔奶酪
（Vacherin mont-d'or）
第090页
莱提瓦兹奶酪
（L'Étivaz）
第156页
斯布林兹奶酪
（Sbrinz）
第158页
蒂罗尔灰奶酪
（Tiroler Graukäse）
第176页
福拉尔贝格阿尔卑斯奶酪
（Vorarlberger Alpkäse）
第159页
莫汉特鲜奶酪
（Mohant）
第041页
僧侣头奶酪
（Tête de moine）
第158页
多尔明科奶酪
（Tolminc）
第138页
福拉尔贝格山区奶酪
（Vorarlberger Bergkäse）
第159页
纳诺斯奶酪
（Nanoški sir）
第112页
蒂罗尔高山奶酪
（Tiroler Almkäse）
第158页
弗里堡瓦什酣奶酪
（Vacherin Fribourgeois）
第143页
AOP
福拉尔贝格阿尔卑斯奶酪
福拉尔贝格山区奶酪
蒂罗尔高山奶酪
蒂罗尔山区奶酪
蒂罗尔灰奶酪
奥地利
因斯布鲁克
蒂罗尔州
盖尔山谷高山奶酪
格拉茨
德拉瓦河
克恩顿州
克拉根福
马里博尔
博韦茨奶酪
多尔明科奶酪
博韦茨
托尔敏
莫汉特鲜奶酪
卢布尔雅那
纳诺斯奶酪
维帕瓦
斯洛文尼亚
亚得里亚海
克罗地亚

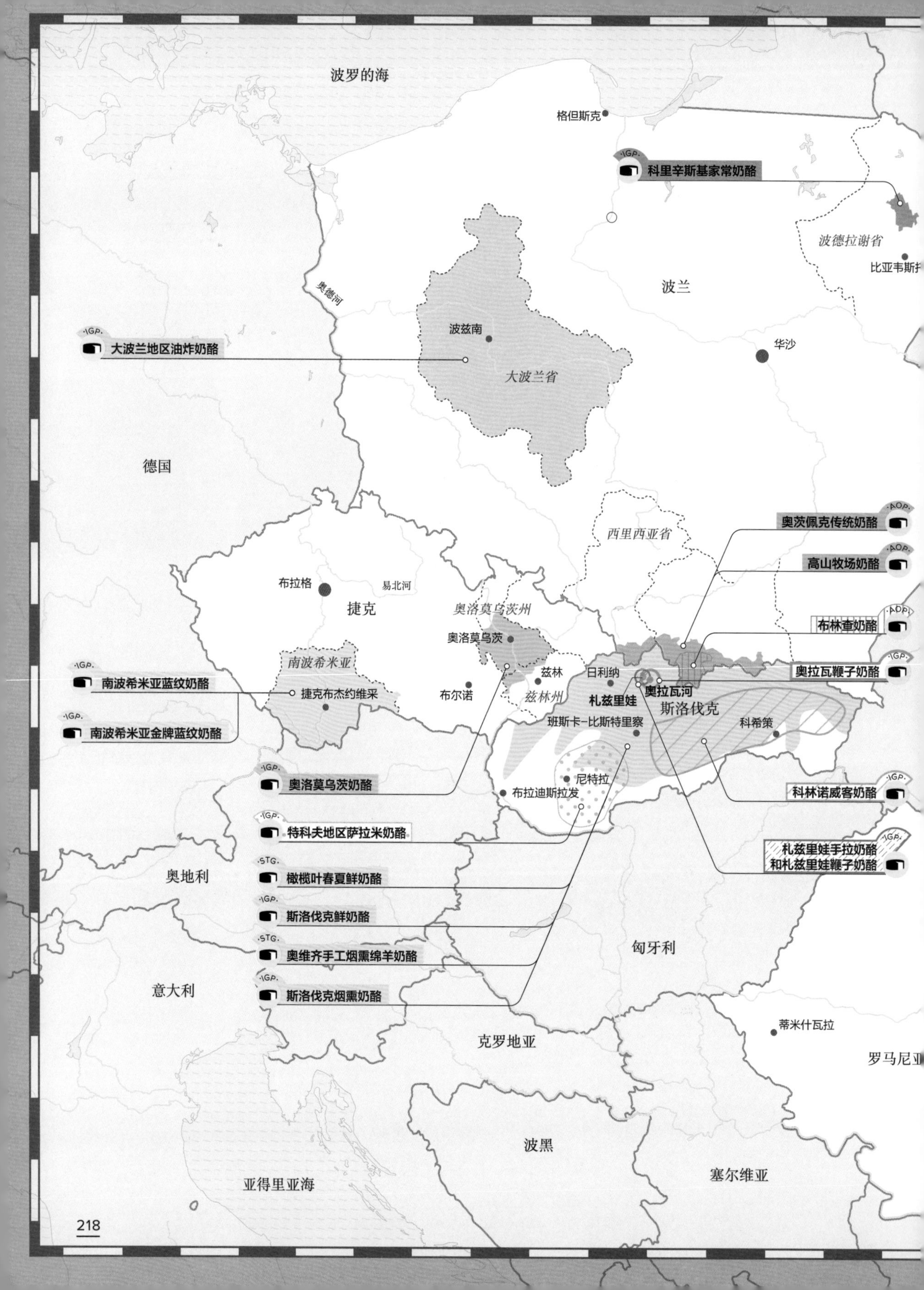
波罗的海
格但斯克
IGP
科里辛斯基家常奶酪
波德拉谢省
比亚韦斯托
奥德河
波兰
IGP
大波兰地区油炸奶酪
波兹南
大波兰省
华沙
德国
AOP
奥茨佩克传统奶酪
西里西亚省
AOP
高山牧场奶酪
布拉格
易北河
捷克
奥洛莫乌茨州
AOP
布林查奶酪
奥洛莫乌茨
南波希米亚
IGP
奥拉瓦鞭子奶酪
兹林
日利纳
IGP
南波希米亚蓝纹奶酪
捷克布杰约维采
布尔诺
兹林州
札兹里娃
奥拉瓦河
斯洛伐克
IGP
南波希米亚金牌蓝纹奶酪
班斯卡-比斯特里察
科希策
IGP
奥洛莫乌茨奶酪
尼特拉
布拉迪斯拉发
IGP
科林诺威客奶酪
IGP
特科夫地区萨拉米奶酪
IGP
札兹里娃手拉奶酪
和札兹里娃鞭子奶酪
奥地利
STG
橄榄叶春夏鲜奶酪
IGP
斯洛伐克鲜奶酪
STG
奥维齐手工烟熏绵羊奶酪
匈牙利
IGP
斯洛伐克烟熏奶酪
意大利
蒂米什瓦拉
克罗地亚
罗马尼亚
波黑
塞尔维亚
亚得里亚海

波兰、捷克共和国、斯洛伐克与罗马尼亚

- 布林查奶酪（Bryndza Podhalańska）第037页
- 科里辛斯基家常奶酪（Ser koryciński swojski）第133页
- 南波希米亚蓝纹奶酪（Jihočeská Niva）
- 南波希米亚金牌蓝纹奶酪（Jihočeská Zlatá Niva）第171页
- 斯洛伐克鲜奶酪（Slovenská bryndza）第044页
- 科林诺威客奶酪（Klenovecký syrec）第108页
- 斯洛伐克烟熏奶酪（Slovenský oštiepok）第135页
- 奥洛莫乌茨奶酪（Olomoucké tvarůžky）第113页
- 特科夫地区萨拉米奶酪（Tekovský salámový syr）第137页
- 奥拉瓦鞭子奶酪（Oravský korbáčik）第179页
- 依巴内施蒂凝乳奶酪（Telemea de Ibăneşti）第045页
- 奥茨佩克传统奶酪（Oscypek）第114页
- 大波兰地区油炸奶酪（Wielkopolski ser smażony）第185页
- 橄榄叶春夏鲜奶酪（Ovčí hrudkový syr–salašnícky）第042页
- 札兹里娃鞭子奶酪（Zázrivský korbáčik）第181页
- 奥维齐手工烟熏绵羊奶酪（Ovčí salašnícky údený syr）第115页
- 札兹里娃手拉奶酪（Zázrivské vojky）第181页
- 高山牧场奶酪（Redykołka）第181页

白俄罗斯
乌克兰
布拉索夫
布加勒斯特
多瑙河
康斯坦察
保加利亚
黑海

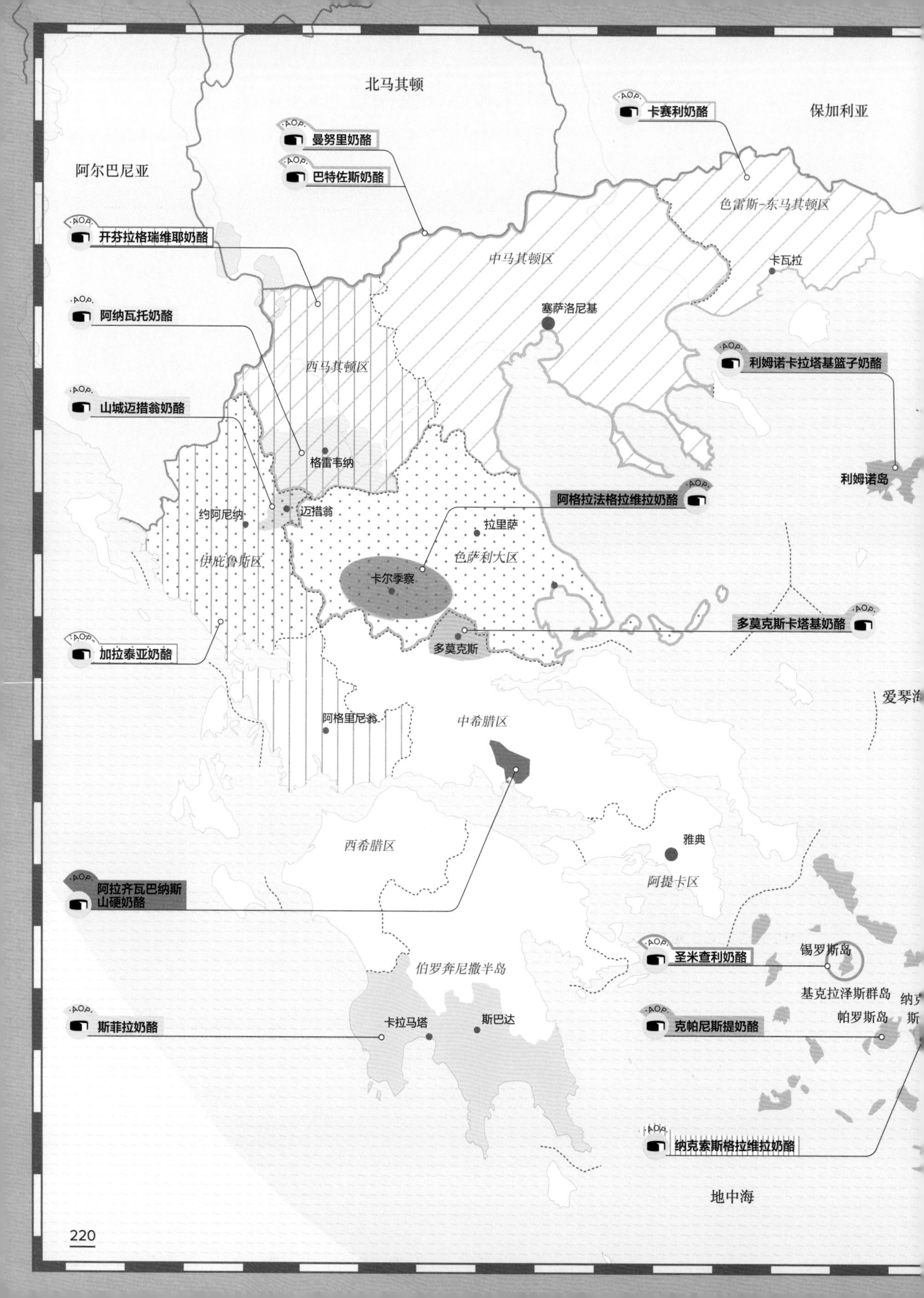
北马其顿
保加利亚
阿尔巴尼亚
AOP.
卡赛利奶酪
AOP.
曼努里奶酪
AOP.
巴特佐斯奶酪
AOP.
开芬拉格瑞维耶奶酪
AOP.
阿纳瓦托奶酪
AOP.
山城迈措翁奶酪
AOP.
加拉泰亚奶酪
AOP.
利姆诺卡拉塔基篮子奶酪
AOP.
阿格拉法格拉维拉奶酪
AOP.
多莫克斯卡塔基奶酪
AOP.
阿拉齐瓦巴纳斯
山硬奶酪
AOP.
斯菲拉奶酪
AOP.
圣米查利奶酪
AOP.
克帕尼斯提奶酪
AOP.
纳克索斯格拉维拉奶酪
色雷斯-东马其顿区
中马其顿区
卡瓦拉
塞萨洛尼基
西马其顿区
格雷韦纳
约阿尼纳
迈措翁
拉里萨
伊庇鲁斯区
色萨利大区
卡尔季察
多莫克斯
利姆诺岛
爱琴海
阿格里尼翁
中希腊区
西希腊区
雅典
阿提卡区
伯罗奔尼撒半岛
锡罗斯岛
基克拉泽斯群岛
帕罗斯岛
卡拉马塔
斯巴达
地中海

希腊与塞浦路斯

奶酪　城市　河流　省份

100千米

阿纳瓦托奶酪 (Anevato) 第036页	阿格拉法格拉维拉奶酪 (Graviera Agrafon) 第153页	卡赛利奶酪 (Kasséri) 第156页	山城迈措翁奶酪 (Metsovone) 第178页
巴特佐斯奶酪 (Batzos) 第036页	克里特岛格拉维拉奶酪 (Graviera Kritis) 第153页	多莫克斯卡塔基奶酪 (Katiki Domokou) 第040页	克里特岛干尼亚鲜奶酪 (Pichtogalo Chanion) 第042页
菲塔奶酪 (Feta) 第039页 几乎在希腊全境都生产	纳克索斯格拉维拉奶酪 (Graviera Naxou) 第154页	开芬拉格瑞维耶奶酪 (Kefalograviera) 第107页	圣米查利奶酪 (San Michali) 第133页
阿拉齐瓦巴纳斯山硬奶酪 (Formaella Arachovas Parnassou) 第152页	海路米奶酪 (Halloumi) 第039页	克帕尼斯提奶酪 (Kopanisti) 第171页	斯菲拉奶酪 (Sfela) 第134页
加拉泰亚奶酪 (Galotyri) 第039页	利姆诺卡拉塔基篮子奶酪 (Kalathaki Limnou) 第040页	拉都特里米提里尼斯奶酪 (Ladotyri Mytilinis) 第108页	锡蒂亚西加洛传统羊奶酪 (Xygalo Siteias) 第045页
		曼努里奶酪 (Manouri) 第047页	克里特乳清羊奶酪 (Xynomyzithra Kritis) 第049页

米蒂利尼

斯岛

AOP. 拉都特里米提里尼斯奶酪

土耳其

地中海

AOP. 海路米奶酪

凯里尼亚

尼科西亚

法马古斯塔

塞浦路斯

拉纳卡

帕福斯

利马索尔

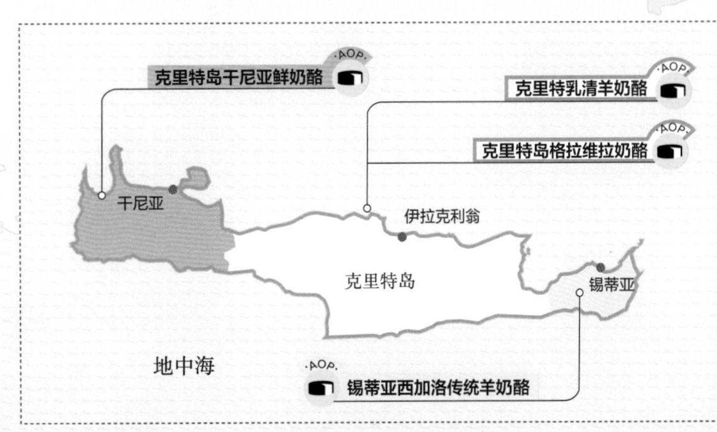

美国与加拿大

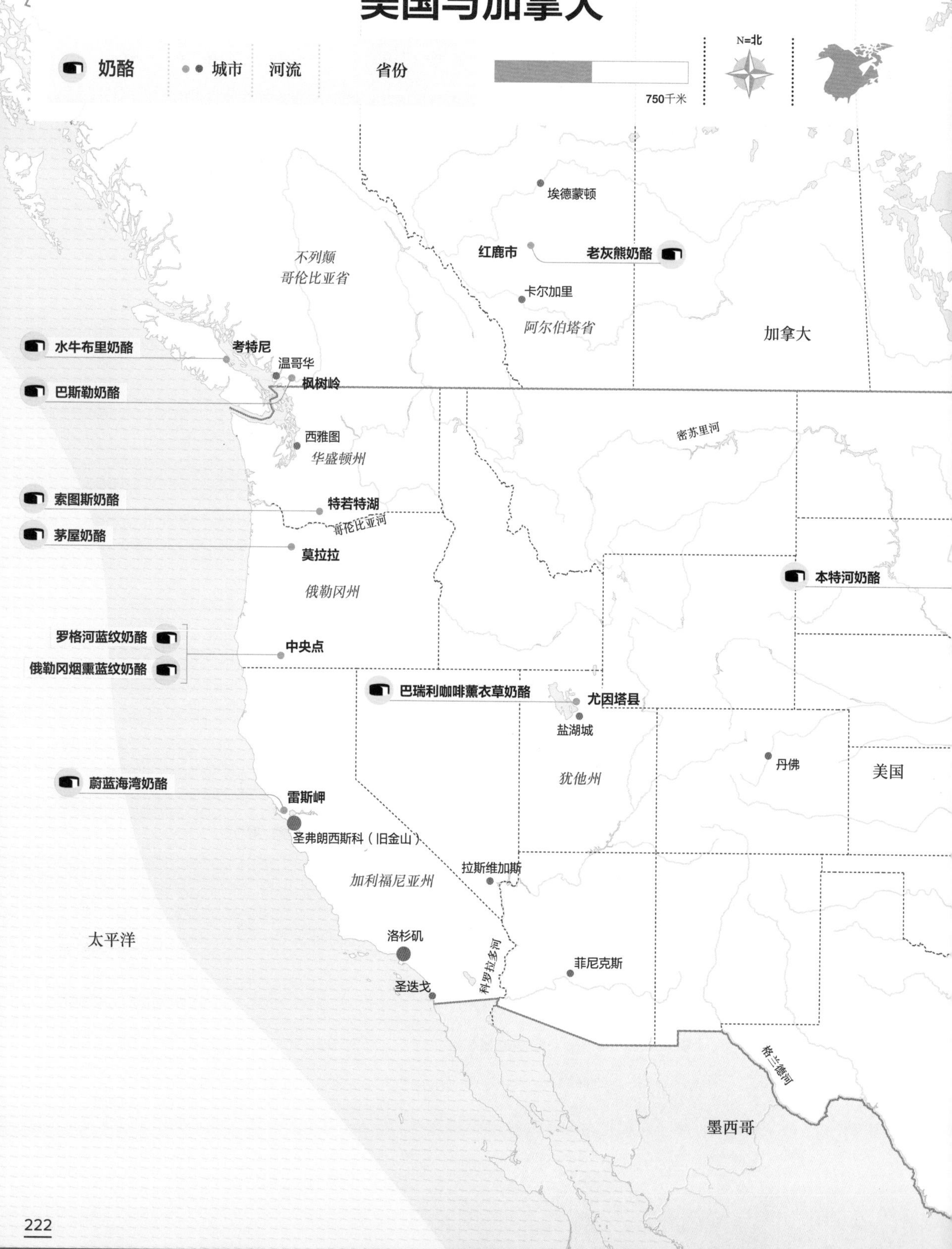

奶酪
城市
河流
省份
750千米
N=北
埃德蒙顿
红鹿市
老灰熊奶酪
卡尔加里
不列颠
哥伦比亚省
阿尔伯塔省
加拿大
水牛布里奶酪
考特尼
温哥华
枫树岭
巴斯勒奶酪
西雅图
华盛顿州
密苏里河
索图斯奶酪
特若特湖
哥伦比亚河
茅屋奶酪
莫拉拉
俄勒冈州
本特河奶酪
罗格河蓝纹奶酪
俄勒冈烟熏蓝纹奶酪
中央点
巴瑞利咖啡薰衣草奶酪
尤因塔县
盐湖城
犹他州
丹佛
美国
蔚蓝海湾奶酪
雷斯岬
圣弗朗西斯科（旧金山）
拉斯维加斯
加利福尼亚州
太平洋
洛杉矶
科罗拉多河
菲尼克斯
圣迭戈
格兰德河
墨西哥

巴瑞利咖啡薰衣草奶酪
（Barely Buzzed）
第093页
黑与蓝奶酪
（Black & Blue）
第160页
美国埃弗顿奶酪
（Everton）
第152页
火箭罗比奥拉奶酪
（Rocket's Robiola）
第059页
巴斯勒奶酪
（Basler）
第094页
博萨绵羊奶酪
（Bossa）
第075页
佐治亚甜草鲜奶酪
（Lil' Moo）
第041页
罗格河蓝纹奶酪
（Rogue River Blue）
第174页
蔚蓝海湾奶酪
（Bay Blue）
第160页
水牛布里奶酪
（Buffalo Brie）
第068页
老灰熊奶酪
（Old Grizzly）
第113页
索图斯奶酪
（Sawtooth）
第087页
贝拉维塔诺金奶酪
（Bellavitano Gold）
第095页
茅屋奶酪
（Chaumine）
第099页
愉快山脊奶酪
（Pleasant Ridge）
第157页
俄勒冈烟熏蓝纹奶酪
（Smokey Oregon Blue）
第175页
本特河奶酪
（Bent River）
第064页
舞蹈菲恩奶酪
（Dancing Fern）
第100页
脊线奶酪
（Ridge Line）
第131页
见第224—225页
魁北克
渥太华
蒙特利尔
明尼苏达州
威斯康星州
贝拉维塔诺金奶酪
曼凯托
普利茅斯
道奇维尔
愉快山脊奶酪
波士顿
底特律
芝加哥
印第安纳州
纽约
博萨绵羊奶酪
黑与蓝奶酪
康纳斯维尔
费城
维斯顿
堪萨斯城
阿克西当
华盛顿
美国埃弗顿奶酪
俄亥俄河
大西洋
密苏里州
火箭罗比奥拉奶酪
纳什维尔
雪松林
田纳西州
费尔维尤
北卡罗来纳州
脊线奶酪
孟菲斯
维斯顿
夏洛特
舞蹈菲恩奶酪
密西西比河
亚特兰大
佐治亚州
托马斯维尔
佐治亚甜草鲜奶酪
新奥尔良
墨西哥湾
迈阿密

美国与加拿大（续）

奶酪
城市
河流
省份
200千米
N=北
魁北克阿加特羊奶酪
（Agate）
第050页
克朗德斯丁（地下）奶酪
（Clandestin）
第075页
哈比逊奶酪
（Harbison）
第079页
布兰切特之蹄羊奶酪
（Sabot de Blanchette）
第060页
碧如羊奶酪
（Bijou）
第051页
科尼比克羊奶酪
（Cornebique）
第054页
绵羊雪奶酪
（Neige de brebis）
第047页
圣约翰鲜奶酪
（Saint-John）
第043页
好入口羊奶酪
（Bonne Bouche）
第051页
圣雷米蓝星奶酪
（Étoile bleue de Saint-Rémi）
第168页
风中脚奶酪
（Pied-de-vent）
第084页
简单羊奶酪
（Simply Sheep）
第062页
布法利娜水牛奶酪
（Buffalina）
第097页
韩岱克奶酪
（Handeck）
第155页
先锋奶酪
（Pionnier）
第157页
城市蓝纹奶酪
（Urban Blue）
第176页
加拿大
蒙劳里埃
科尼比克羊奶
圣伊丽莎白-德-华威奶酪
布兰切特之蹄奶酪
圣洛克-德-拉仕南
安大略省
蒙特利尔
圣约翰鲜奶酪
渥太华
圣罗伦斯河
布法利娜水牛奶酪
金斯顿
皮克顿
好入口羊奶酪
多伦多
纽约州
碧如羊奶酪
贝城
韩岱克奶酪
沃伦斯堡
密歇根州
伍斯托克
哈密尔顿
尼亚加拉瀑布城
罗切斯特
简单羊奶酪
萨尼亚
伦敦
锡拉丘兹
美国
底特律
奥尔巴尼

加斯佩
圣劳伦斯湾
风中脚奶酪
克朗德斯丁（地下）奶酪
湖上特弥斯酷阿塔
埃德蒙兹顿
魁北克省
阿弗尔-欧-梅宗
新不伦瑞克省
魁北克
圣达米安-德-布克兰德
魁北克阿加特羊奶酪
圣索菲亚-哈利法克斯
绵羊雪奶酪
蒙克顿
圣海伦-德-切斯特
圣雷米-德-亭维克
圣雷米蓝星奶酪
拉辛
先锋奶酪
新格拉斯哥
圣约翰
缅因州
班戈
新斯科舍省
哈利法克斯
哈比逊奶酪
格林斯伯勒弯
奥古斯塔
城市蓝纹奶酪
伯斯特维尔
波特兰
新罕布什尔州
康科德
大西洋
波士顿

澳大利亚与新西兰

奶酪
城市
河流
省份
250千米
N=北
澳大利亚
墨累河
阿德莱德
澳大利亚丝绸鲜奶酪
布里吉德泉羊奶酪
萨顿格兰奇
旺加拉塔
米拉瓦
维多利亚州
米拉瓦蓝纹奶酪
国王河金奶酪
塞立德温羊奶酪
海迪奶酪（工厂总部）
蓝色维纳斯奶酪
乌拉梅薄雾奶酪
帝王花奶酪
墨尔本
马尔格雷夫
莫宁顿
贝纳
菲什溪
波特兰
地平线奶酪
金指南针奶酪
纯山羊鲜奶酪
席勒之选奶酪
日出平原奶酪
橡树蓝纹奶酪
派恩加纳
派恩加纳奶酪
朗塞斯顿
塔斯马尼亚州
昆斯敦
霍巴特
印度洋
塔斯曼海
布里吉德泉羊奶酪（Brigid's Well）第052页
地平线奶酪（Horizon）第071页
纯山羊鲜奶酪（Pure Goat Curd）第042页
日出平原奶酪（Sunrise Plains）第088页
塞立德温羊奶酪（Ceridwen）第052页
国王河金奶酪（King River Gold）第080页
派恩加纳奶酪（Pyengana）第120页
蓝色维纳斯奶酪（Venus Blue）第177页
金指南针奶酪（Compass Gold）第076页
米拉瓦蓝纹奶酪（Milawa Blue）第172页
席勒之选奶酪（Shearer's Choice）第087页
帝王花奶酪（Waratah）第091页
海迪奶酪（Heidi）第155页
橡树蓝纹奶酪（Oak Blue）第172页
澳大利亚丝绸鲜奶酪（Silk）第044页
乌拉梅薄雾奶酪（Woolamai Mist）第073页

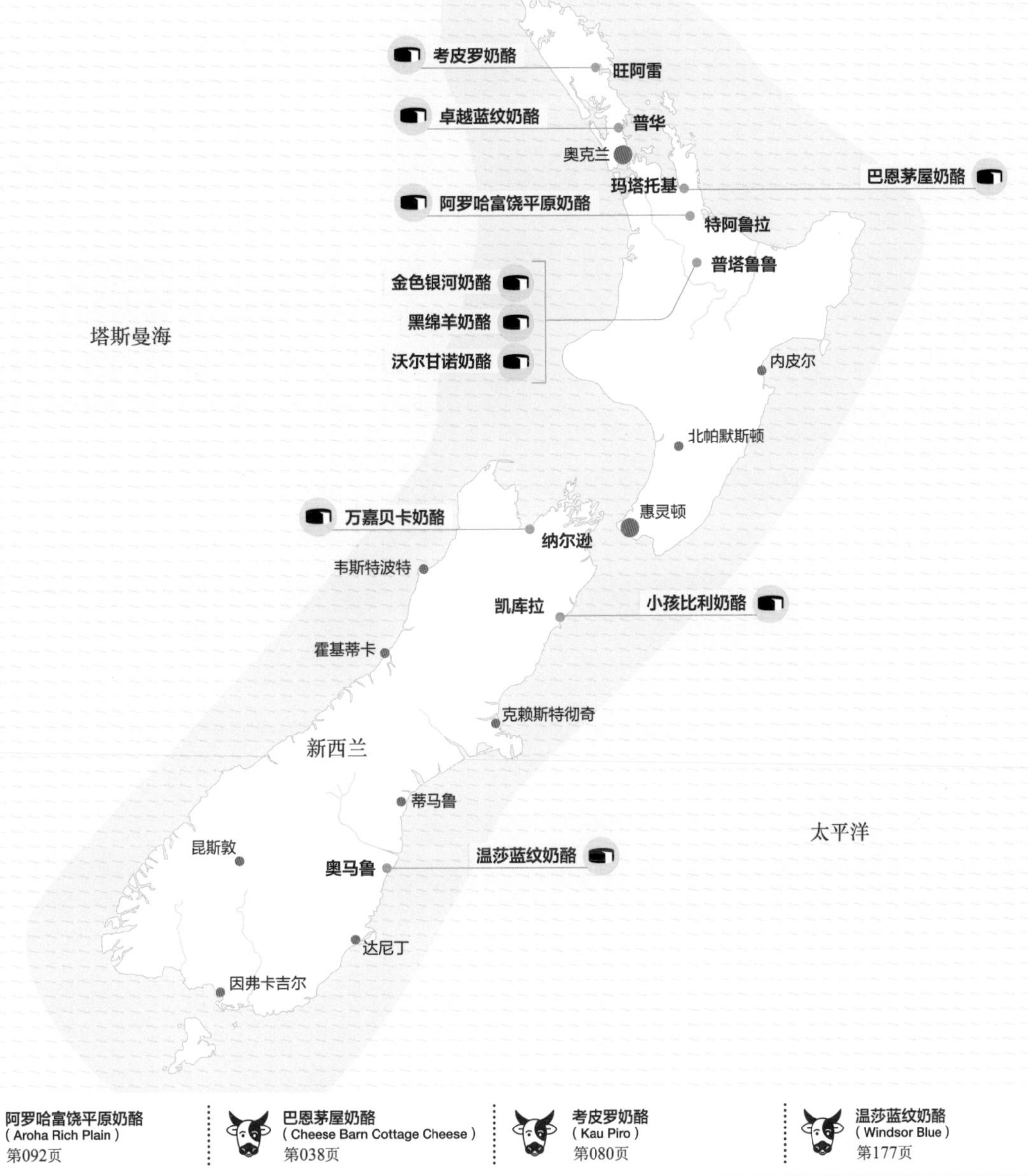

阿罗哈富饶平原奶酪
（Aroha Rich Plain）
第092页

巴恩茅屋奶酪
（Cheese Barn Cottage Cheese）
第038页

考皮罗奶酪
（Kau Piro）
第080页

温莎蓝纹奶酪
（Windsor Blue）
第177页

小孩比利奶酪
（Billy the Kid）
第095页

卓越蓝纹奶酪
（Distinction Blue）
第167页

沃尔甘诺奶酪
（Volcano）
第073页

黑绵羊奶酪
（Black Sheep）
第096页

金色银河奶酪
（Galactic Gold）
第078页

万嘉贝卡奶酪
（Wangapeka）
第144页

品鉴

味道从哪里来？

奶酪的口感和气味主要由其熟成阶段时产生的细菌群、霉菌群和酵母群主导。每一种微生物群都是独一无二的，相互之间或协同合作或彼此竞争。通常，由熟成师来保证这三种微生物与原材料之间和谐共生。

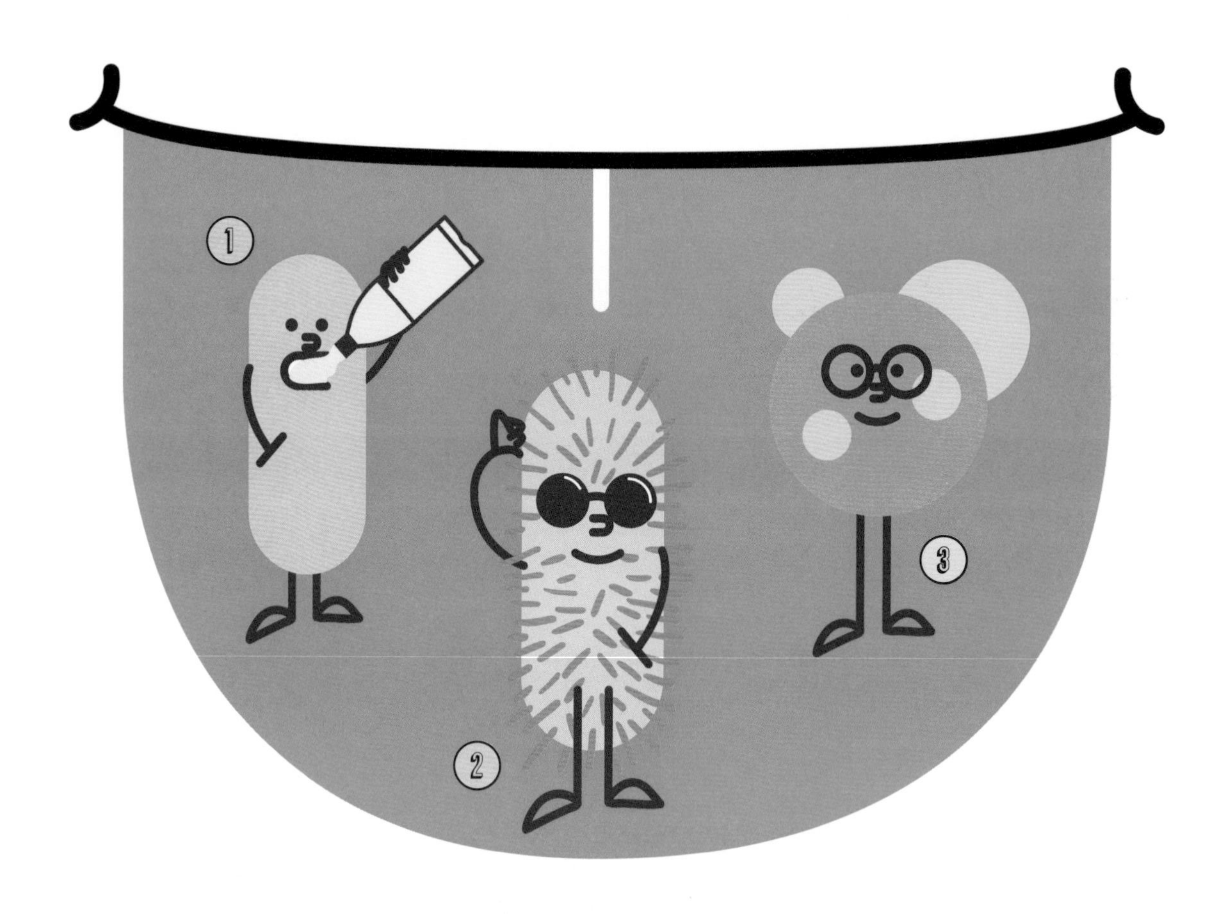

① 细菌群

它们存在于奶液中，但是也可以在制作奶酪的过程中由人工加入种群。在奶酪的世界，有三类种群：乳酸菌、丙酸细菌和表面细菌。

② 霉菌群

毫无疑问，霉菌群是奶酪世界中最广为人知的。霉菌群经常令人感到恐惧，因为它们传递的都是腐烂、病症、传染等负面信息。事实上对于生物来讲，它们起到了关键的作用。奶酪是一种活性物质，霉菌群是不可或缺的。

③ 酵母群

酵母是一种单细胞真菌，它会让一些产品产生发酵反应，比如葡萄酒、啤酒、面包和奶酪。不同的食材根据使用的酵母不同，发酵反应也不同。这需要奶酪匠熟练地掌握发酵工艺，并引导它们达到最终目标。

① 细菌群

假使一种细菌在某一种奶酪上被认为是优质的保证，但很有可能对另一种奶酪来说，它就是缺陷。这完全取决于相应的奶酪家族。举例来说，扩展短杆菌（Brevibacterium Linens）会给某些奶酪带来橙红色，比如利瓦罗奶酪或埃普瓦斯奶酪。请注意，如果这个菌种出现在其他家族的奶酪上，就很有可能造成产品缺陷。另外，还有一种一旦出现就表明是某种缺陷的表面细菌——荧光假单胞菌（Pseudomonas Fluorescens），它经常会因制作过程中的用水而令奶酪感染，同时也会给奶酪带来荧光黄色的光泽和很酸的口感。另外要注意的是深红沙雷氏菌（Serratia Rubideae），它会给奶酪带来粉红色调，会令奶酪闻起来有种红菜头的香味。但一定要小心，入口后会有因为细菌而引起的一种特别不舒服的苦味和轻微的辛辣感！

将奶液和
凝乳酸化

形成
口感

创造
一种质地

乳酸菌

它们有助于乳酸发酵，也就是将乳糖转化为乳酸。乳酸菌的功效是将奶液和凝乳乳酸化，形成口感，并让奶酪形成一种质地。它们在奶液凝固和熟成的过程中发挥作用，有助于纹路奶酪形成开口，释放出二氧化碳。

表面细菌

这一类细菌只在表面生成，它们需要有氧环境和一定的盐分。它们有助于蛋白质水解（一种有助于软化奶酪的化学现象）和脂肪分解（生物学表现，导致奶酪形成表皮下的黄油质，特别是软质自然皮奶酪和软质洗皮奶酪这两个奶酪品种）。

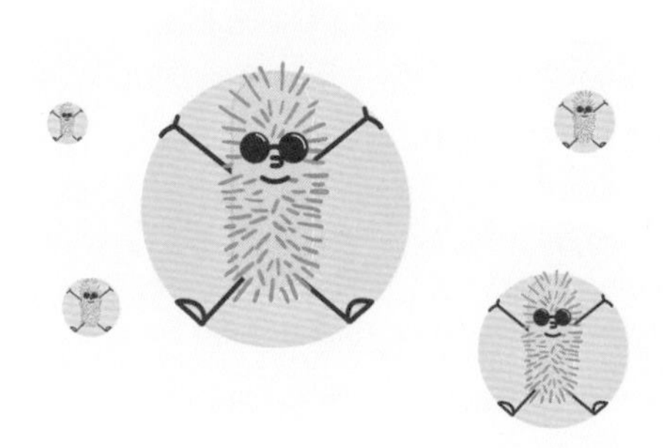

丙酸细菌

这是一种厌氧微生物，它们只能在没有氧气的情况下生长。这些细菌将乳糖转化为丙酸和乙酸，这两种酸能够帮助奶酪形成香气。在埃曼塔尔奶酪这类硬皮压制奶酪中，形成的孔洞和释放出的二氧化碳，都要归功于这些细菌。但不要把这类奶酪与瑞士格鲁耶尔奶酪或法国格鲁耶尔奶酪混淆，后者没有孔洞（但有更丰富的味道）。

有关乳清的一点说明

乳清是由每个农庄特有的细菌形成的，有特定的微生物生态系统，因此每家农庄的乳清都不同。

② 霉菌群

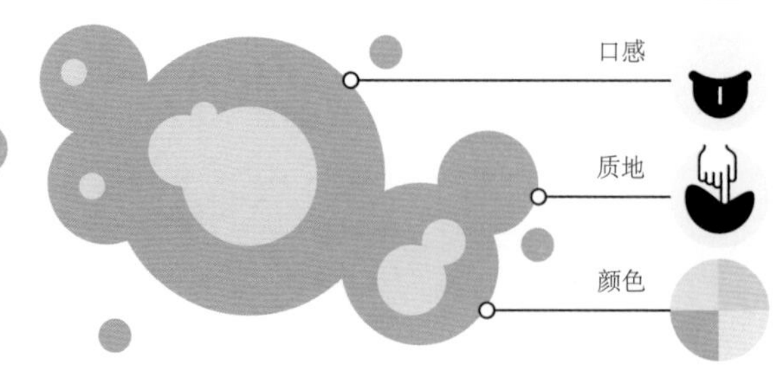

霉菌是一种微小的真菌，化学反应可以改变它的生长环境。在奶酪的世界，霉菌可以改变凝乳块的味道、质地和颜色。它们的数量成千上万，但不是所有的霉菌都可食用。对于某些奶酪而言，霉菌是其“DNA”的一部分，可以通过霉菌群轻而易举地识别它们。通常，由奶酪匠在凝乳中加入霉菌，而熟成师则要在储藏窖中创造利于霉菌的生长环境，同时还要将它们与那些不希望出现的霉菌分离出来。霉菌种类繁多，在奶酪的领域，主要可分为四大类。

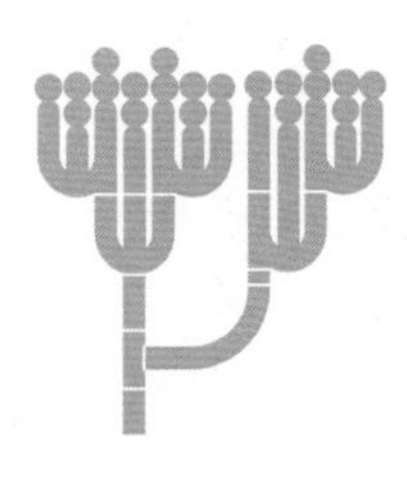

Penicillium Roqueforti
娄地青霉菌（浓味青霉）

这是洛克福蓝纹奶酪和大部分纹路奶酪中最有代表性的菌种。它的颜色在蓝灰色和淡灰色之间。当它有机会生长时，会形成一小撮绒毛和菌灰。用显微镜观察可以发现，它的外形犹如一根长毛顶着扇形排列的酒瓶。它在纹路奶酪的口感和质地形成过程中起着关键作用。

Penicillium Camemberti
卡曼贝尔青霉菌

如果卡蒙贝尔奶酪或布里奶酪的表皮是白色的，这就要感谢卡曼贝尔青霉菌！这是一种白色霉菌，带着蓝色光泽，但随着时间推移，它的颜色会越来越深。当它在表面生长时，卡曼贝尔青霉菌的外形是羊毛纤维感的绒毛，会给奶酪带来一种微咸的口感和乳酸香。如果熟成期更长的话，它就会带来灌木丛和蘑菇的气息。

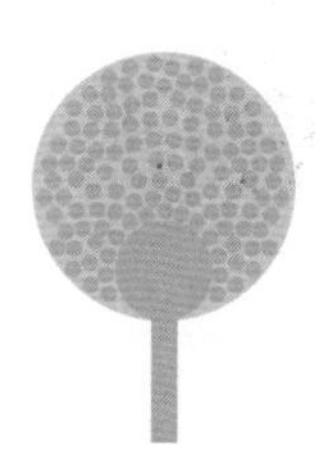

Mucor
毛霉菌

它的外号叫“猫毛”，因为这种霉菌看上去是很长的灰色、黑色或白色细丝。它生长在奶酪表面，虽然并无害处，但它会导致某些奶酪表皮迅速变质。通常奶酪或奶油销售商们会控制它是否需要生成。它的出现会带来灌木丛味和榛子香。

Sporendonema Casei
干酪乳杆菌

这种霉菌主要是在块头较大的奶酪中出现，比如康塔尔奶酪或萨莱斯奶酪，此类奶酪表皮上的细小红点就是它们。干酪乳杆菌给奶酪带来口感特点和酸度。在其他类似的多姆奶酪表面上，也可以找到它们。其颜色是鲜亮的砖红色。用显微镜观察会发现，它的外形像长纤维的神经。

霉菌与缺陷

与细菌群一样，在某一种类奶酪上表现正常的霉菌或许在别的奶酪上就是品质缺陷。比如说毛霉菌很受圣耐克泰尔奶酪欢迎，但是对那些自然皮的奶酪而言，比如布里尼圣皮埃尔山羊奶酪，它就不受欢迎。奶酪商们称它为“猫毛”。要消灭它们，只需用手简单地搓一下奶酪表皮就可以了。同样，如果卡曼贝尔青霉菌和它的小伙伴白地霉（Geotrichum Candidum）在奶酪表皮繁殖太迅猛的话，就会有被称为“癞蛤蟆皮”的问题。这就是缺陷，因为奶酪会变得过酸，且质地也会变得过于像奶油质。

③ 酵母群

在奶酪世界碰见的酵母，其名字貌似通常都很野蛮，但实际的功效还是相对简单的。

德巴利氏酵母

Debaryomyces

在奶液和奶酪中自然存在。德巴利氏酵母群可以使凝乳不那么酸，因为它们喜欢乳糖和乳酸。它们对奶酪质地的形成也有作用，同时辅助（或限制）它们的表亲——霉菌和细菌在奶酪熟成阶段更好地生成。

克鲁维酵母菌

Kluyveromices

它们的作用更多是在口感方面，或者说它们释放了自然口感——从某种意义上是这样。

念珠菌

Candida

它们在我们人类的肠道中自然存在，如果数量不多，它们是有助于消化的。在奶酪制作的过程中，它们的作用是让奶酪熟成并帮助奶酪不那么酸。

白地霉

Geotrichum Candidum

很长一段时间，它都被认为是霉菌类的微生物，现在被列为酵母类。白地霉有助于奶酪表皮的形成并为奶酪带来香味（包括在品尝食物中触摸的手感、味觉和嗅觉）。这是一种生长迅速的霉菌，可以降低凝乳的酸度并抑制毛霉菌的生长。白地霉也会在纹路奶酪、软质洗皮奶酪、软质花皮奶酪和硬质未熟奶酪等奶酪中繁殖。

使用哪种发酵方式?

与乳酸类细菌联手，酵母有助于发酵，也有助于食物的保存。在奶酪世界，有三种发酵方式。

乳酸发酵

奶液中的糖分（乳糖）被转化为乳酸。

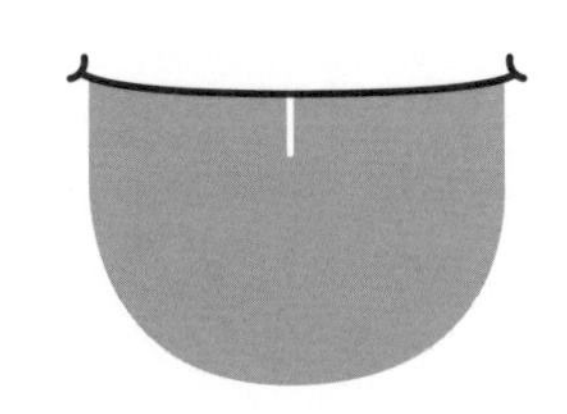

丙酸发酵

口感、孔洞和硬质成熟奶酪的质地（孔泰奶酪、埃曼塔尔奶酪、博福尔奶酪等）都是源自这种发酵方式。

丁酸发酵

当这种发酵情况出现时一定会产生缺陷，因为丁酸发酵会给奶酪或黄油带来哈喇味。

奶酪的香气和香味

与葡萄酒、咖啡和啤酒一样，奶酪也是需要用嗅觉和味觉来感受的。为了达到这一要求，奶酪不能太热，也不能太凉，简单地说，室温条件要合适。

闻起来有哪些香气？

每个人都有自己的闻香经验，所以即便是同一款奶酪，感受到的香气也会因人而异。在奶酪的世界，人们可以分列出至少（不限于）100种香气！ 这些香气还可被细分成8组。

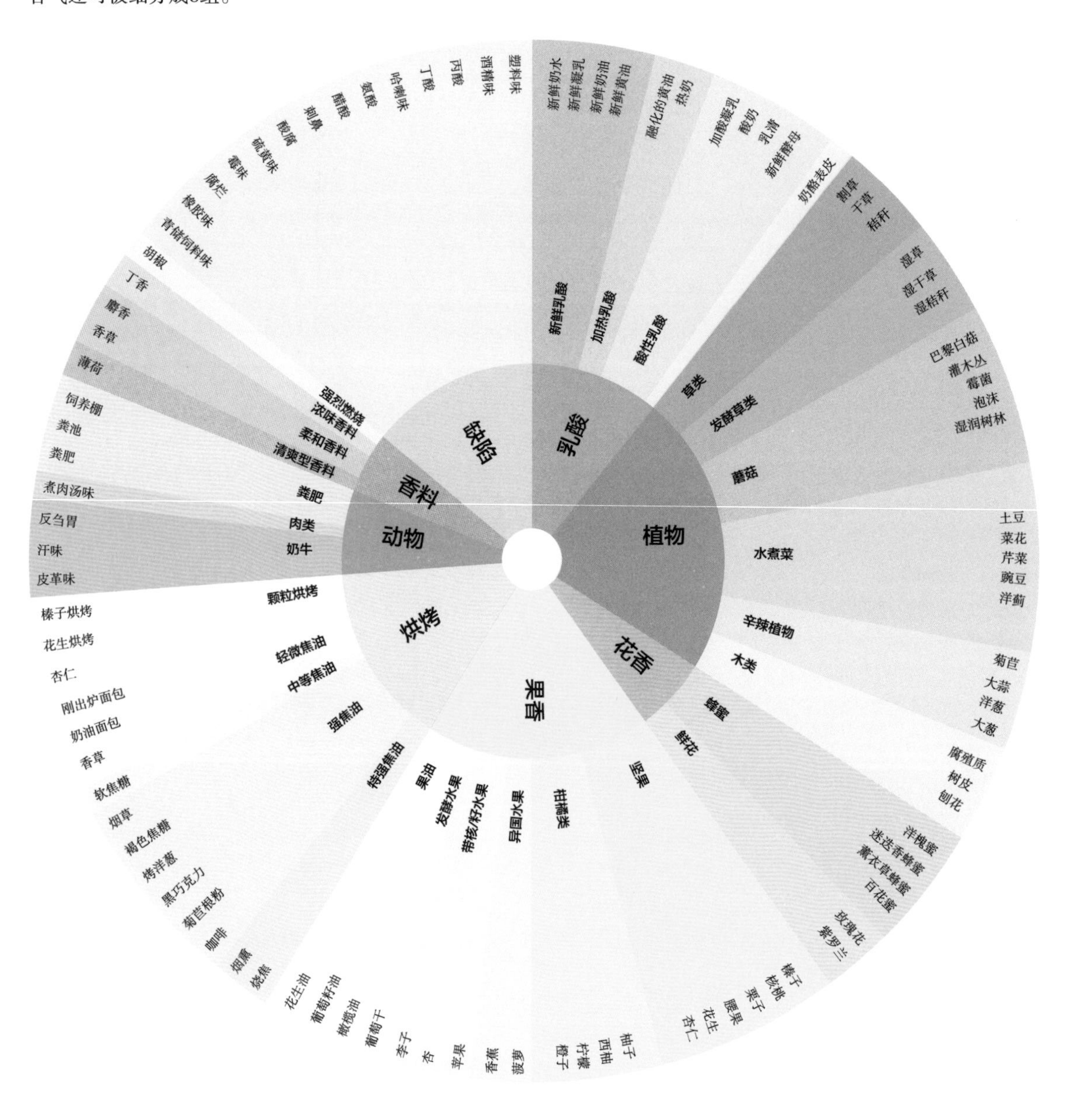

为什么有些奶酪的味道那么大？

如同我们在前面看到的，奶酪的表皮可为一群微生物（酵母、细菌、霉菌）提供生存土壤，它们相互之间是竞争关系，有些时候，某些细菌（比如扩展短杆菌，产生红色的酵母）会产出甲硫醇，这是带着硫黄元素的组合，而硫黄的挥发性和味道都很大。正是这个甲硫醇导致某些奶酪具有很强烈的气味。

入口后，会是什么味道？

口腔可以分辨出5种味道：甜、咸、苦、酸、鲜。最后一个鲜味是什么味道呢？鲜味是于1908年由东京帝国大学（现东京大学）教授池田菊苗确认的， 从文字上讲，鲜的意思就是“美味”或“鲜美”。在品尝过程中，鲜味会让所有味觉因享受而大开，而品尝的人会说出简单又真诚的一句“真是太好吃了”。鲜味令人满嘴生津，同时余味无穷。 这种味道会在经过完美熟成的奶酪中出现，特点是质地紧密且易融化，带有少许咸味。从化学角度讲，这个易溶解的味觉元素是由谷氨酸、肌苷酸和鸟苷酸组成的。除了这5种得到公认的味觉元素外，越来越多的奶酪爱好者更喜欢分出7种奶酪的表现级别，这也符合奶酪的不同浓度。

新鲜的味道
新鲜的奶酪、乳酸奶酪、熟成期很短的自然表皮奶酪

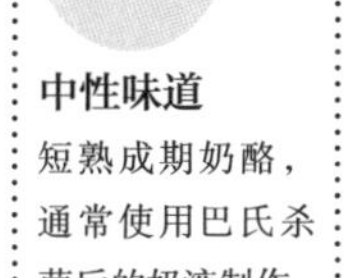

中性味道
短熟成期奶酪，通常使用巴氏杀菌后的奶液制作

柔和味道
新鲜的软质花皮奶酪、新鲜的硬皮未熟或成熟奶酪、新鲜的奶油增强型奶酪

不太强的口感
大多数软质奶酪（如果熟成期没完全结束的话）

较强口感
最佳熟成期的奶酪和新鲜的纹路奶酪

强烈口感
软质洗皮奶酪、熟成的纹路奶酪、硬质未熟奶酪、老硬质成熟奶酪

口感强劲但是带有刺激性
加工奶酪，比如阿韦讷小球奶酪、长熟成期的纹路奶酪或长期浸泡在葡萄蒸馏酒中的奶酪

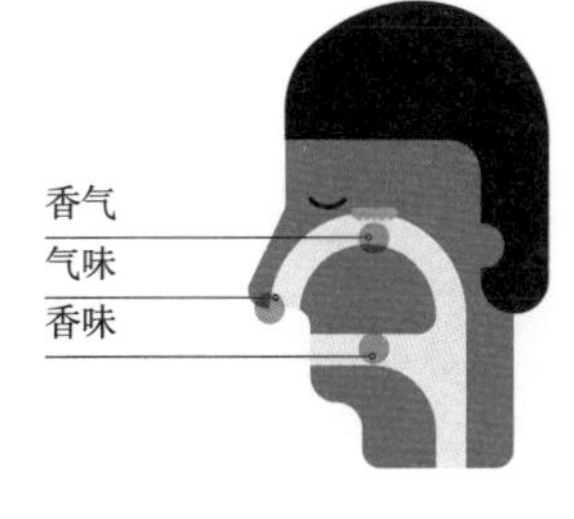

气味、香气、香味怎么区分？

气味仅能通过鼻腔来区分。我们之所以可以闻出香气，要感谢我们的嗅黏膜，它可以捕捉到与空气接触的细微差别，然后帮助嗅觉辨别。奶酪的香味是我们直接从口腔内感觉到的。

餐食搭配

该用哪种饮品搭配不同家族的奶酪呢？搭配的选择非常多，这要看每个人自己的口感和习惯。下面提供几个搭配建议，有些建议属于经典搭配，有些建议是比较别致新颖的。

葡萄酒

现如今，众多的主厨、侍酒师或者奶酪商都会建议许多传统红葡萄酒以外的更多葡萄酒与奶酪搭配组合。当然，红葡萄酒依然是不可绕过的，但是用其他颜色的葡萄酒与奶酪搭配也会产生出令人惊讶且美妙的美食感受。

新鲜奶酪、乳清奶酪和拉伸奶酪

桃红葡萄酒［普罗旺斯丘（Côtes-de-Provence）、都兰（Touraine）或鲁西永丘（Côtes-du-Roussillon）］

干白葡萄酒［布尔丘（Côtes-de-Bourg）、雅思涅尔（Jasnières）或夏布利（Chablis）］

半干白葡萄酒［武弗雷（Vouvray）、安茹（Anjou）或阿雅克休（Ajaccio）］

红葡萄酒（没有单宁物质）［科西嘉老波尔图（Porto-Vecchio）、布尔格依（Bourgueil）或都兰-昂布瓦兹（Touraine-Amboise）］

软质自然皮奶酪

桃红葡萄酒［都兰、塔维尔（Tavel）或里拉克（Lirac）］

干白葡萄酒［甘西（Quincy）、汝利（Rully）或桑赛尔（Sancerre）］搭配熟成期长些的奶酪

半干白葡萄酒［武弗雷、福基尔（Faugères）或马贡（Mâcon）］搭配熟成期更长些的奶酪

红葡萄酒［希农（Chinon）、伯恩丘（Côte-de-Beaune）或圣希尼昂（Saint-Chinian）］搭配比较新鲜的奶酪

软质花皮奶酪

白葡萄酒（果感不强）［桑赛尔、蒙路易（Mont-louis）或雅思涅尔］

红葡萄酒（果感强，无涩感）［希露伯勒（Chiroubles）、夜丘（Côtes-de-Nuits）或安茹］

硬质未熟奶酪

白葡萄酒［罗安丘（Côte Roannaise）、维雷-克莱斯（Virét Clessé）或默索尔（Meursault）］搭配新鲜的奶酪

红葡萄酒（果感强，无涩感）［索慕尔-尚皮尼（Saumur-Champigny）、利斯塔克（Listrac）、穆利斯（Moulis）、波雅克（Pauillac）或教皇新堡（Châteauneuf-du-Pape）］搭配新鲜或半熟成的奶酪

自然甜酒［莫里（Maury）、里维萨特（Rivesaltes）或班努斯（Banyuls）］搭配熟成期较长的奶酪

硬质成熟奶酪

白葡萄酒［吉弗利（Givry）、汝利（Rully）、默索尔或圣贝雷（Saint-Péray）］

汝拉黄酒

红葡萄酒［圣爱美隆（Saint-Émilion）、布尔丘、福尔内（Volnay）或伏旧园（Clos-de-Vougeot）］搭配比较新鲜的奶酪

软质洗皮奶酪

甜白葡萄酒［奥邦丝坡（Côteaux-de-L' aubance）、伯恩奏（Bonnezeaux）、莱昂坡（Côteaux-du-Layon）、汝朗松（Jurançon）或琼瑶（Gewurztraminer）］

纹路奶酪

甜白葡萄酒［索泰尔纳（Sauternes）、巴尔萨克（Barsac）、鲁比亚克（Loupiac）、武弗雷或朱朗松（Jurançon）］

干红葡萄酒，尤其是陈年且单宁分解后的［卡奥尔（Cahors）、马第宏（Madiran）或伊卢雷基（Irouléguy）］

自然甜酒［巴纽尔斯（Banyuls）、莫里或拉斯多（Rasteau）］

啤酒

啤酒与奶酪的搭配组合现在越来越受到青睐！与白葡萄酒一样，啤酒口感中的酸度（或多或少的细致）能够与奶酪中的油脂相得益彰。啤酒中的气泡可以冲洗口腔，使味觉细胞尽可能地对奶酪香味做出有效的反应。

白啤酒
酸度、精致苦味、柠檬

清爽黄啤酒
轻微谷物香味

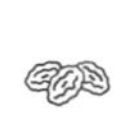

果味及重口味黄啤酒
苦味、果香

苦黄啤酒
突出的苦味

琥珀色啤酒
香气慕斯

褐色啤酒
圆润、利口酒感

白啤酒

新鲜奶酪（芦苇香奶酪、加利格罗弗奶酪或菲塔奶酪）
乳清奶酪（布鲁修奶酪、勒屈特奶酪或罗马纳里科塔奶酪）
软质自然皮奶酪（派罗奶酪、布兰切特之蹄奶酪或碧如羊奶酪）
拉伸奶酪（坎帕尼亚马苏里拉水牛奶酪或安德里亚布拉塔奶酪）

琥珀色啤酒

硬质未熟奶酪（康塔尔奶酪、豪达奶酪、罗马绵羊奶酪或其他熟成奶酪）
纹路奶酪（高斯蓝纹奶酪、蒙布里松圆桶奶酪或城市蓝纹奶酪）
软质花皮奶酪（诺曼底卡蒙贝尔奶酪、水牛布里奶酪、乌拉梅薄雾奶酪或其他熟成奶酪）
软质洗皮奶酪（埃普瓦斯奶酪、席勒之选奶酪或金色银河奶酪）

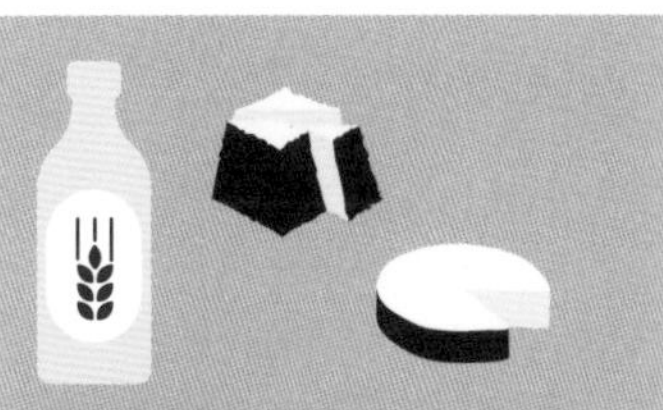

清爽黄啤酒

软质自然皮奶酪（布里尼圣皮埃尔山羊奶酪、马孔、科尼比克羊奶酪或其他半熟成期的奶酪）
软质花皮奶酪（高特纳莫纳奶酪、邦切斯特奶酪、莫城布里奶酪或比较新鲜的奶酪，目的是不盖住啤酒的味道）

苦黄啤酒

硬质成熟奶酪（博福尔奶酪、莱提瓦兹奶酪、海迪奶酪或其他熟成奶酪）
软质花皮奶酪（圣莫尔・都兰山羊奶酪、好入口羊奶酪、蔡拉扎诺奶酪或其他熟成奶酪）

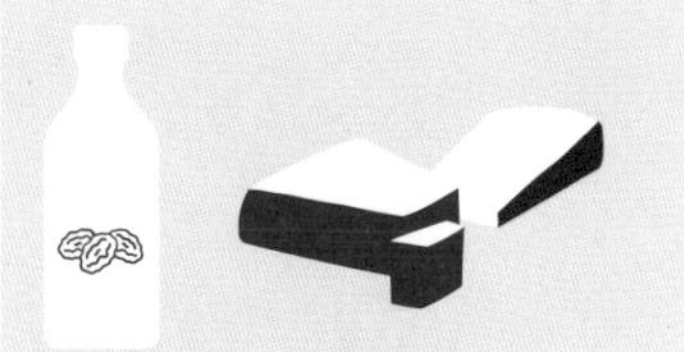

果味及重口味黄啤酒

硬皮未熟奶酪（拉沃奶酪、马洛特多姆奶酪、克莱姆的萨尔瓦奶酪或其他半熟成奶酪）
硬皮成熟奶酪（孔泰奶酪、安嫩奶酪、先锋奶酪或其他新鲜奶酪）

褐色啤酒

纹路奶酪（洛克福蓝纹奶酪、圣雷米蓝星奶酪、卡夫拉莱斯蓝纹奶酪等口感强劲的奶酪）
软质花皮奶酪（利瓦罗奶酪、曼斯特奶酪或其他熟成奶酪）

威士忌

品尝一次奶酪也许就会打开一扇通向烈酒的大门。威士忌与奶酪有多种组合可能。

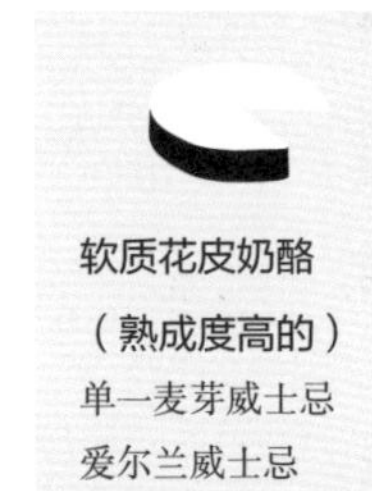

软质花皮奶酪（熟成度高的）
单一麦芽威士忌
爱尔兰威士忌

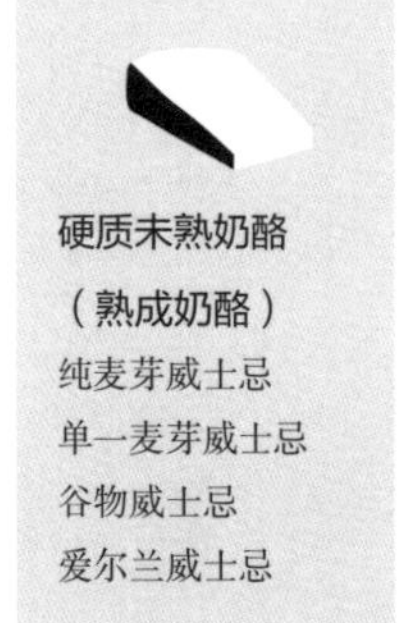

硬质未熟奶酪（熟成奶酪）
纯麦芽威士忌
单一麦芽威士忌
谷物威士忌
爱尔兰威士忌

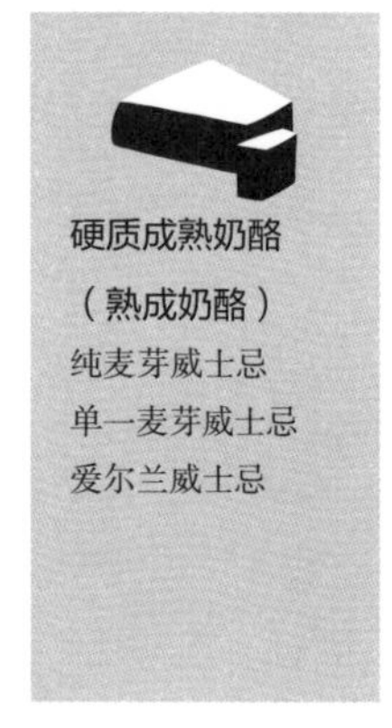

硬质成熟奶酪（熟成奶酪）
纯麦芽威士忌
单一麦芽威士忌
爱尔兰威士忌

软质洗皮奶酪
单一麦芽威士忌
纯麦芽威士忌
爱尔兰威士忌

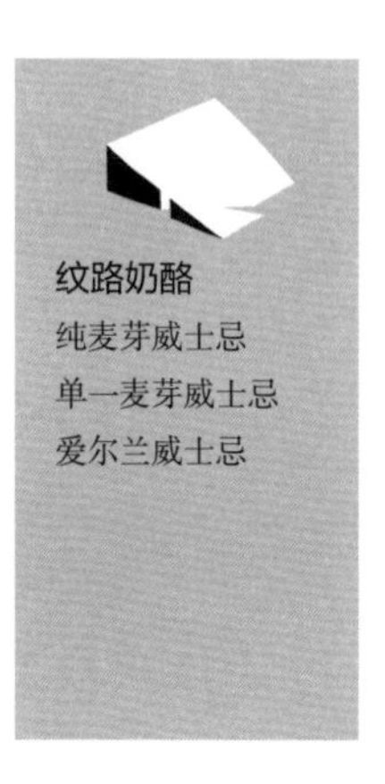

纹路奶酪
纯麦芽威士忌
单一麦芽威士忌
爱尔兰威士忌

茶

有时令性且多样，这与奶酪很相似。如今，越来越多的人喜欢用茶水搭配奶酪。

新鲜奶酪
大吉岭春茶
文山包种乌龙茶（精选）
本山乌龙

乳清奶酪
大吉岭春茶
文山包种乌龙茶（精选）
本山乌龙

软质自然皮奶酪
中国黑茶
文山包种乌龙茶（精选）
白牡丹白茶

软质花皮奶酪（新鲜奶酪）
日本番茶、焙茶
云南红茶
本山乌龙

硬质未熟奶酪
普洱茶
大吉岭夏茶
印度阿萨姆红茶
云南红茶

硬质成熟奶酪
大吉岭夏茶
印度阿萨姆红茶
云南熟普

软质洗皮奶酪
大吉岭春茶
印度红茶
印度阿萨姆红茶

纹路奶酪
云南熟普
锡兰红茶
台湾梨山润虎茶

拉伸奶酪
大吉岭春茶
文山包种乌龙茶（精选）
本山乌龙

果汁

用果汁搭配奶酪的好处在于可以与孩子、孕妇或那些对酒精过敏的人分享奶酪。需要注意的是，最好选用甜度不高且偏果香的果汁。

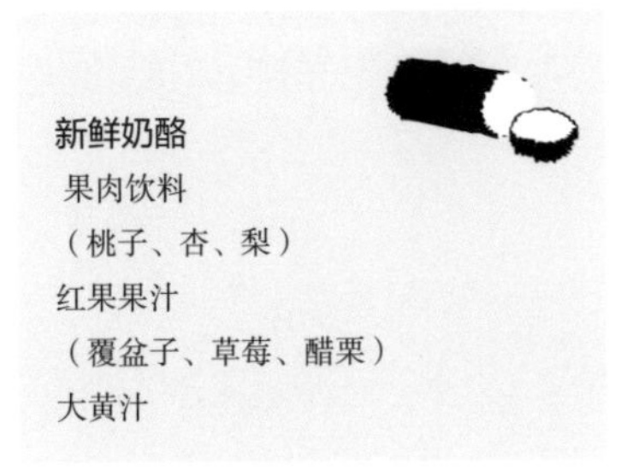

新鲜奶酪
果肉饮料
（桃子、杏、梨）
红果果汁
（覆盆子、草莓、醋栗）
大黄汁

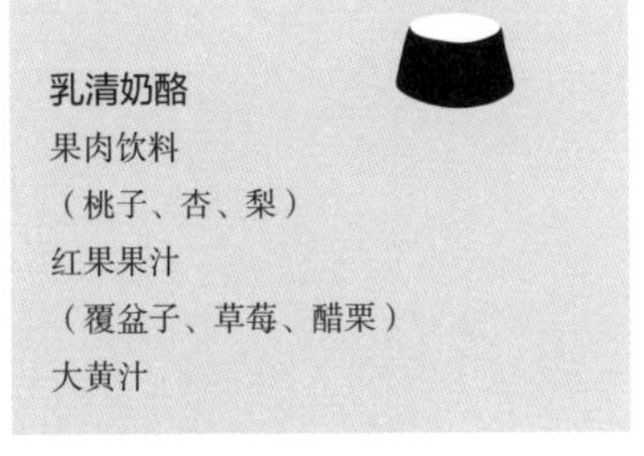

乳清奶酪
果肉饮料
（桃子、杏、梨）
红果果汁
（覆盆子、草莓、醋栗）
大黄汁

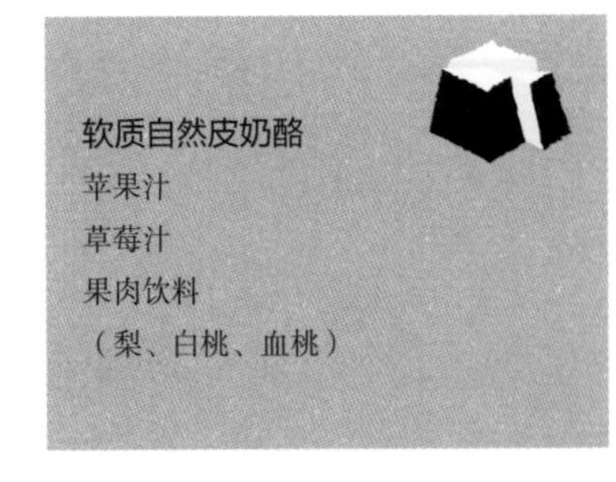

软质自然皮奶酪
苹果汁
草莓汁
果肉饮料
（梨、白桃、血桃）

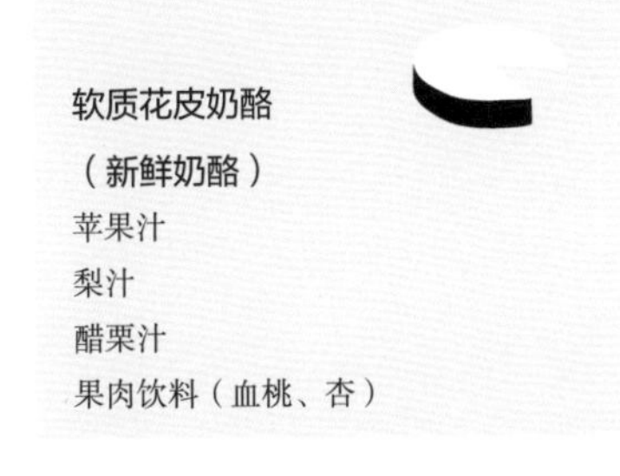

软质花皮奶酪
（新鲜奶酪）
苹果汁
梨汁
醋栗汁
果肉饮料（血桃、杏）

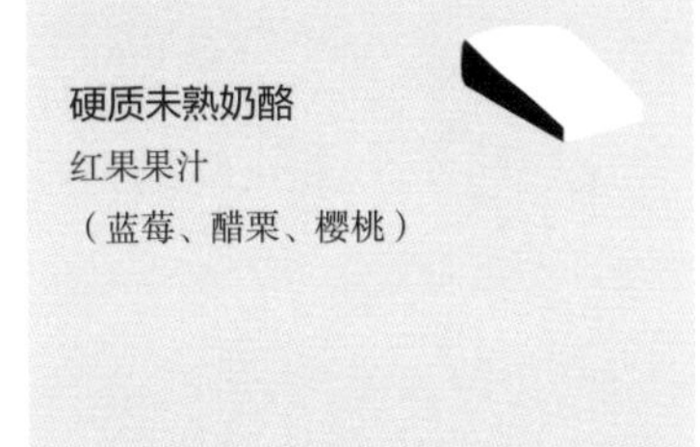

硬质未熟奶酪
红果果汁
（蓝莓、醋栗、樱桃）

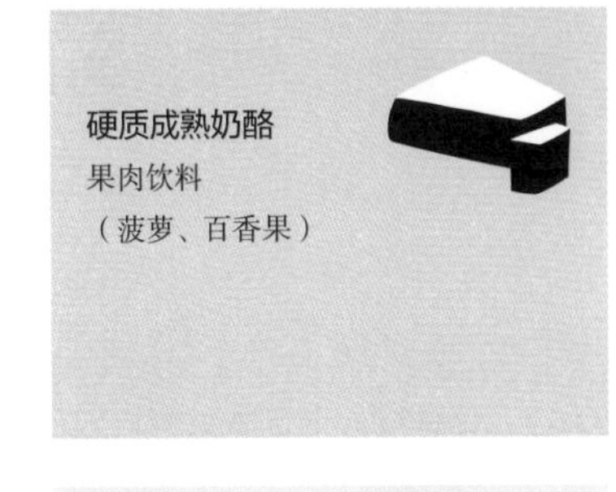

硬质成熟奶酪
果肉饮料
（菠萝、百香果）

软质洗皮奶酪
布拉斯李子汁
荔枝果汁
葡萄干汁
果肉饮料
（黄桃、杏）

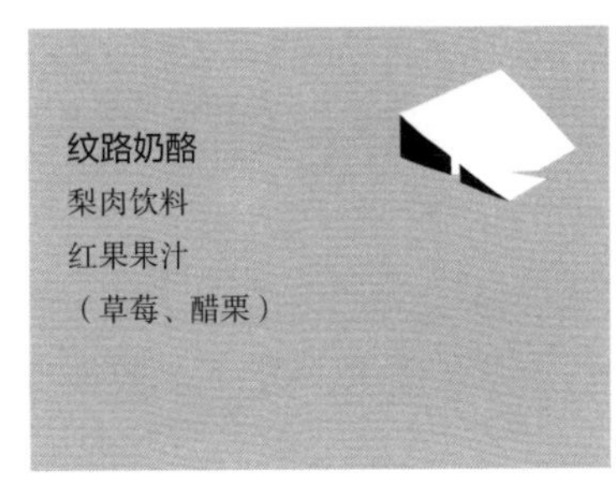

纹路奶酪
梨肉饮料
红果果汁
（草莓、醋栗）

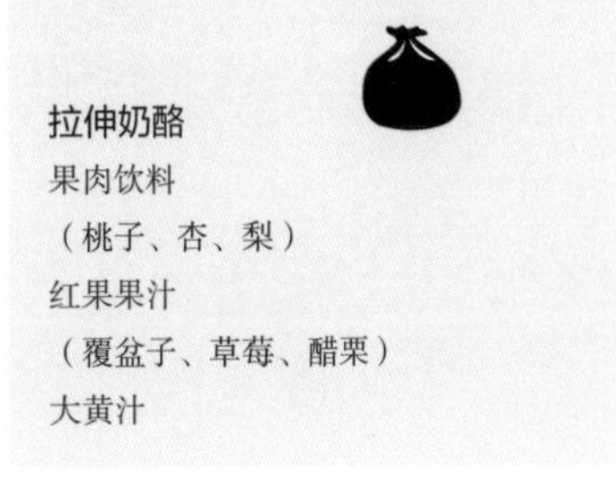

拉伸奶酪
果肉饮料
（桃子、杏、梨）
红果果汁
（覆盆子、草莓、醋栗）
大黄汁

苹果或梨汁气泡酒

很多人难以想象奶酪与苹果气泡酒或梨汁气泡酒能够搭配，但实际上这种组合通常不会令人失望。

新鲜奶酪

乳清奶酪

软质自然皮奶酪
（偏向于那些比较新鲜或半干的）

软质花皮奶酪
（完美熟成度）

软质洗皮奶酪
（比较新鲜的奶酪）

拉伸奶酪

奶酪拼盘

奶酪拼盘的搭配是有讲究的，为的是增加更多的感官乐趣。

奶酪，所有人都可以吃！

与很多流行的观念正相反，素食者、孕妇以及严格素食主义者，都可以找到符合自己食用要求的奶酪品种。

素食者

很多因素导致一部分人群成为素食者，比如信仰宗教原则或伦理原则（关爱动物的生存状态），或出于健康原因。在这种情况下，人们可以选择食用那些未使用动物凝乳剂做的奶酪。只需要向奶酪商铺提出要求就好。

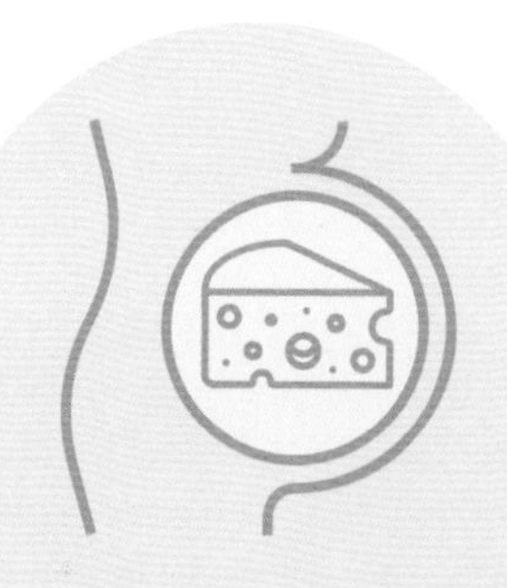

孕妇

“我怀孕了，我的医生建议我不要吃生奶奶酪。”

首先，世界上还有很多用巴氏杀菌法或加温处理后的奶液制作的美味奶酪。然后再说生奶。好吧，有一类硬质成熟奶酪就是用生奶制作的，但是奶是煮熟的！关键在于，李斯特菌只能在奶酪的潮湿表面存在。有顾虑？那就切掉表皮。还有顾虑？那就把您的奶酪加热吧，然后享受美食乐趣！

严格素食主义者

他们不食用任何源自动物或用动物加工的食品，因此吃奶酪就是不可能的了；因为奶酪源自奶液，是动物产品。但尽管如此，如今的市场上有“仿真”奶酪或“植物奶酪”，是用植物原料或/和化学成分添加制成的。虽然不是“真”奶酪，但是外观甚至口感都很相似！

一个拼盘上放多少奶酪？

如果是一次以奶酪为主题的晚宴，那就需要按照每人250至300克的量来准备。从种类上说，7种奶酪就足够，不用增加太多品种，因为这样会让口腔味觉疲劳，同时可能某一种奶酪不会让所有人都喜欢。另外，种类越多，每种分量就相应地越少。

如果不想整场晚餐都在想着奶酪的名字叫什么的话，那么最好是跟奶酪商要求用小标签标注原产地、使用哪种奶液制作等信息。

孔泰奶酪
弗朗什-孔泰
牛奶

如果奶酪只是自助晚餐的一部分，只需要准备每人150克，5至7种奶酪就可以。

如果是作为晚餐收尾时的一道菜，那么每人的量大概是80至100克，3至5种奶酪就绰绰有余。

什么时候端出来?

如同上好的葡萄酒一样，将奶酪温度与室温保持一致非常重要，这样做能激活在奶酪中沉睡的各种香味。须至少提前一小时准备。

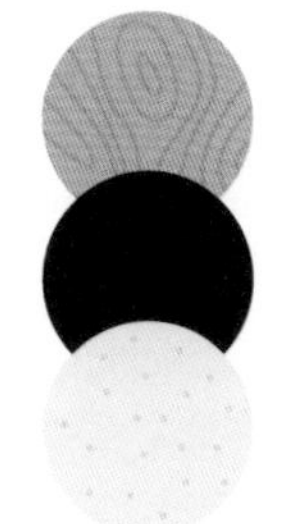

用什么器皿呢?

这个问题貌似常被忽视，但有其重要性，因为所用的器皿会衬托食材。所以尽量考虑用那些与奶酪质地有鲜明对比的材质。有些天然或貌似粗糙的材料很适合做奶酪拼盘器皿，比如木头、石板岩、陶瓷。尽量避免使用塑料或金属器皿，因为这会“串味儿”。

使用什么样的刀和工具呢?

可以用于切割和品尝奶酪的刀和工具太多了，以下介绍几个主要的种类。

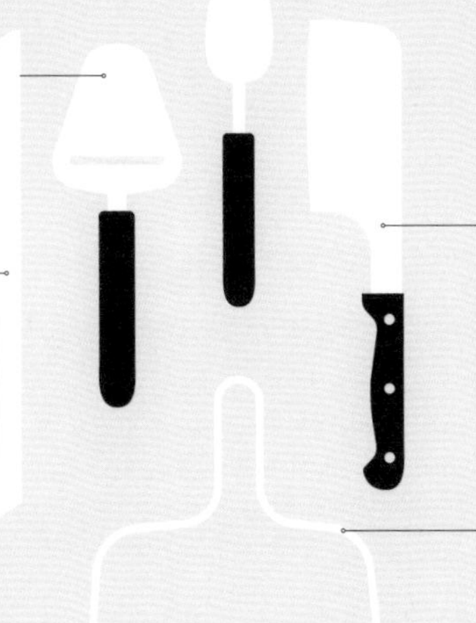

刮铲或片刀

对于那些质地干燥或有硬度的奶酪是最好的选择，可以切出很好的奶酪薄片。

布里刀

很修长，它可以切割大部分奶酪而不会破坏奶酪的质地。

餐桌服务

刀面较宽，刀身薄，这也是为了尽量不破坏奶酪分片。传统造型上有两个弯角，用来从奶酪拼盘中扎住奶酪分块递到客人的盘子中。

勺子

对于食用流质奶酪来说，是个很实用的工具，比如蒙多尔奶酪或卡萨尔饼状奶酪。

小板斧

对于巴斯克多姆或博福尔这样的硬质奶酪来说，这是最好的工具。它的斧面通常比较重，可以毫无问题地砍开奶酪。

奶酪弓（里拉琴状）

使用0.3—0.5毫米尼龙线制成的奶酪弓或洛克福弓体积有点大，建议找这样的小弓，本着一物多用的原则，也可以在切鹅肝的时候使用。

品尝奶酪有顺序吗?

品尝时，为了优化奶酪的口感，拼盘中的奶酪排列顺序要参考奶酪口感的强弱。因此，通常从新鲜奶酪开始品尝，最后到纹路奶酪（著名的蓝纹奶酪）。如果对每块奶酪的口感强度有点捉摸不定，排列顺序可以按照奶酪本身的颜色来：从最浅的到最深的，最后是蓝纹奶酪。蓝纹奶酪通常独具特色，会在品尝收尾时带来一丝清爽。另外，蓝纹奶酪有助于消化。

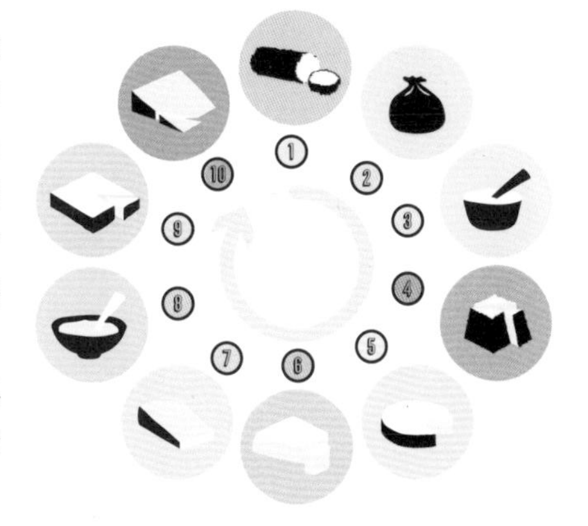

1. 新鲜奶酪
2. 拉伸奶酪
3. 融化奶酪（尽管有些配方的奶酪口感丰富）
4. 软质自然皮奶酪
5. 软质花皮奶酪
6. 硬质成熟奶酪
7. 硬质未熟奶酪
8. 加工奶酪
9. 软质洗皮奶酪
10. 纹路奶酪

切奶酪，就是切块艺术！

原则是要满足宾客，所以每块奶酪都需要带有核心部分，也得带着表皮。

圆形小块奶酪（以卡蒙贝尔奶酪为例）

切法与切蛋糕一样，每份大小都差不多，从中心到外延。

理想工具：布里刀

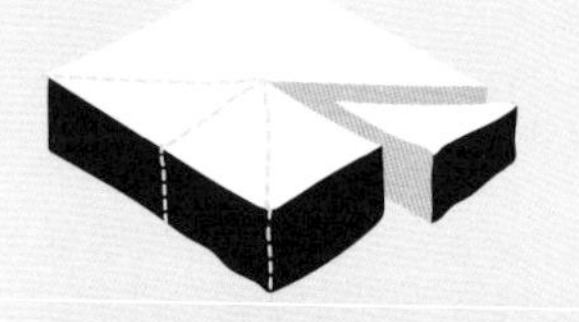

方形奶酪（以马罗瓦勒奶酪为例）

切法与圆形奶酪一样，区别是先要沿着对角线切两刀，然后再将每四分之一块切成两半。

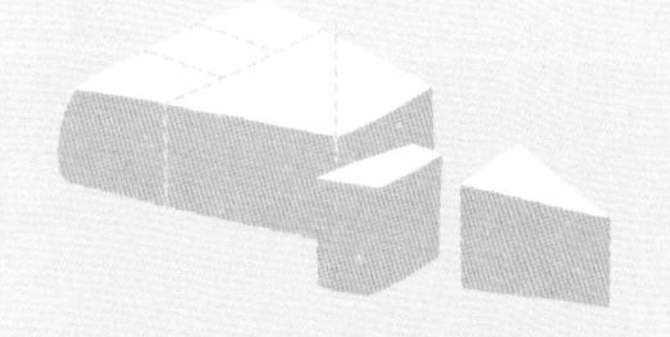

圆形大块奶酪（以布里奶酪为例）

与小圆形奶酪的切法一样，先切成扇面，然后将扇面一分为二，最后再切成大小均等的小块，注意切割时要保留一部分边缘。

理想工具：布里刀

金字塔形奶酪（以法朗塞奶酪为例）

与圆形奶酪一样，从中间切向边缘，形成扇面。

理想工具：奶酪弓（如果不习惯，可换成布里刀）

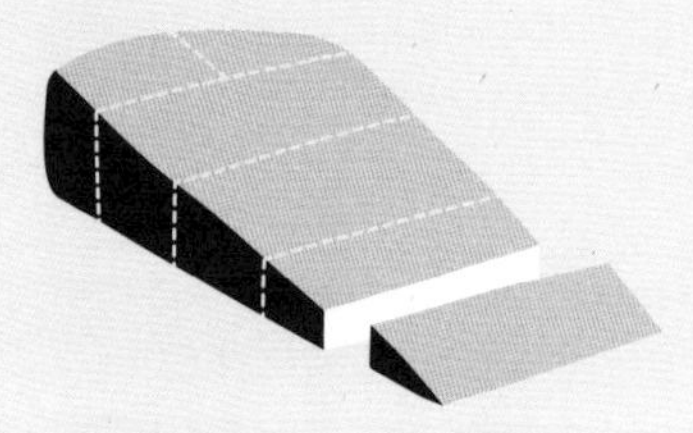

磨盘奶酪切片（以孔泰奶酪为例）

以中心为起点，切出几片平行块，然后在奶酪腰部切成扇面。

理想工具：小板斧

纹路奶酪（以洛克福蓝纹奶酪为例）

从切片的中心开始，扇面切块。

理想工具：奶酪弓

坚硬奶酪（以米莫雷特奶酪为例）

敲碎或者用刮铲。

小号圆柱形奶酪（以夏洛莱羊奶酪为例）或长圆柱形（以圣莫尔·都兰山羊奶酪为例）

小号圆柱形奶酪的切法与圆形奶酪一样，但切片更薄，须从上方切到底部。如果是长圆柱形，则须从侧面切圆片。

理想工具：奶酪弓（如果是圣莫尔·都兰山羊奶酪，中间有一根秸秆，需要先抽出秸秆，避免破坏奶酪质地）

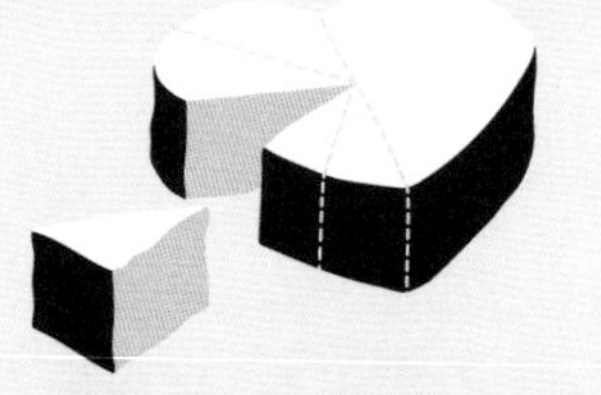

非常规形状奶酪（以纳沙泰尔奶酪为例）

从核心部分切到外边。每一块大小都不同，但品鉴的乐趣是一样的。

理想工具：布里刀

流质奶酪（以蒙多尔奶酪为例）

在奶酪表皮中心挖出一层，但不要扔掉，因为奶酪皮是可以吃的！然后用咖啡勺或汤勺分给宾客。

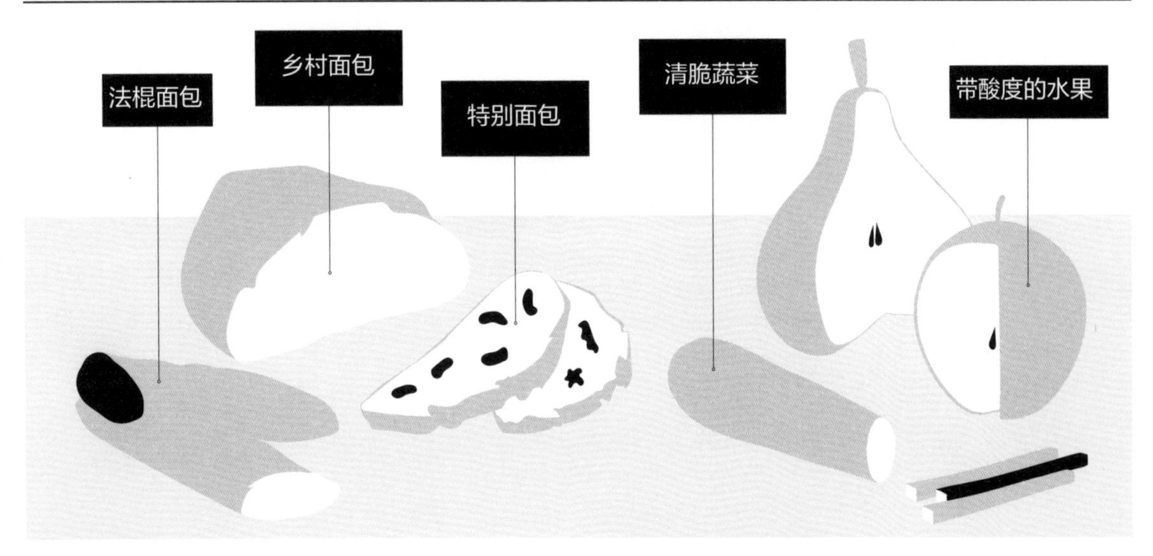

用哪种面包？

最为理想的面包是乡村面包，因为它口感为中性，可以搭配所有的奶酪品种。如果您喜欢特制面包，那么首先要考虑口感是否会出现冲突。正是出于这个理念，法棍面包比较适合软质奶酪，比如布里奶酪，但是对于质地坚硬或干燥的奶酪而言，就不建议这么搭配了。黑麦面包或夹带果实（比如葡萄干）的面包比较适合纹路奶酪，如高斯蓝纹奶酪；夹带核桃碎或榛子碎的面包与那些熟成期长的硬质成熟奶酪（博福尔奶酪、孔泰奶酪）等比较搭配。那些带着橄榄碎、番茄干或普罗旺斯香草的面包，与新鲜奶酪搭配更好。

与甜食搭配？

首先，要选择含糖量不是特别高的产品。果酱或熟果泥或甜度过高的蜂蜜都会“压住”（浪费）奶酪的香味。真想搭配甜食？选择甜度最低的。

搭配哪些水果和蔬菜？

请挑选那些甜度不高的新鲜水果，这是为了避免掩盖奶酪的香味，所以尽量挑选高酸度的苹果（绿史密斯、贝尔查德、梅尔罗斯、埃尔斯达等）或者一些微酸的梨（帕克汉姆、紫巴梨、红/青啤梨等）。含糖量低的白葡萄和柑橘类水果也没问题，因为它们的果汁带有自然酸度。脆口蔬菜，比如黄瓜、胡萝卜也会带来品尝时必需的清爽。此外，还有某些品种的番茄，与奶酪搭配特别棒。

同样，您也可以选用那些在橄榄油中浸渍过的蔬菜（青椒、茄子、西葫芦、蘑菇等）或者一个简单的绿色沙拉，仅用一点橄榄油和柠檬汁做调料即可。如果是绿色沙拉，避免挑选沙拉菜（太涩了），尽量选用菊苣或橡树叶。无论如何，水果与蔬菜的最大功效在于“重置”口腔味觉细胞，让它们能够更好地品鉴奶酪的香味。

品尝奶酪之后

打开后的奶酪如何保存？

如果您的奶酪拼盘中最后还剩余一些奶酪，怎么办？尽量用原有的包装纸包起这些奶酪，这样可以避免它们因失去水分而变干。包好后的奶酪要放在冰箱里专门储藏蔬菜的格子中。尽量避免用那些隔绝空气的保鲜盒，奶酪会呼吸困难的！

用剩余的奶酪做菜

把剩余的奶酪作为调味汁原料，或与煎蛋混合，或制作咸味蔬菜挞、舒芙蕾等料理。您甚至可以制作一个“涂抹款”奶酪，将剩余奶酪混合，加入鲜奶油、小葱头碎和一些调味鲜草（小韭菜、罗勒、莳萝等）。奶酪是一种不能丢弃的食物。

三种奶酪的经典石板拼盘

每一个拼盘的建议必须符合这些条件：6个成年人，晚餐收尾时平均每人100克。 石板岩托盘上的奶酪按照口感顺序排列，从柔和到强烈。 每个托盘上的奶酪重量未必是600克，因为有些奶酪是按块卖，也有的奶酪切块大小不等。

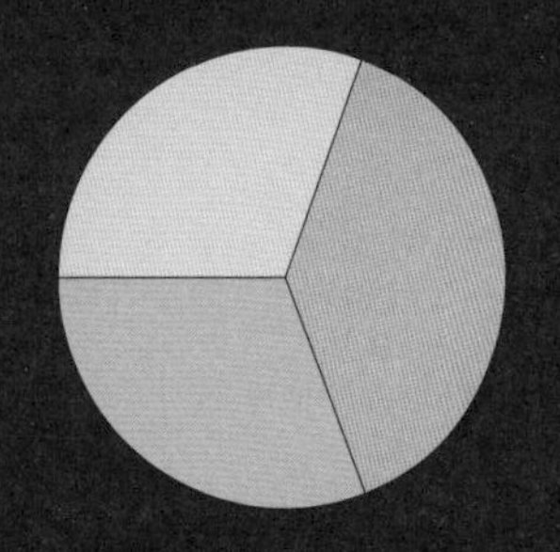

AOP石板拼盘

孔泰奶酪（200克）

圣莫尔-都兰山羊奶酪（250克）

洛克福蓝纹奶酪（200克）

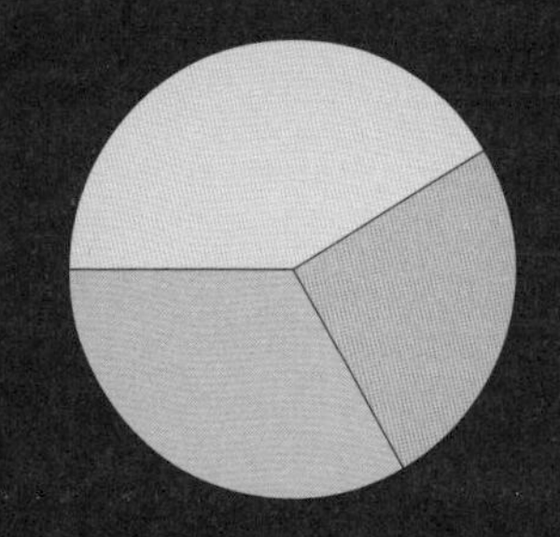

奶酪店石板拼盘

猫牙山奶酪（250克 ）

派罗奶酪（150克）

拉布瓦希尔蓝纹奶酪（200克）

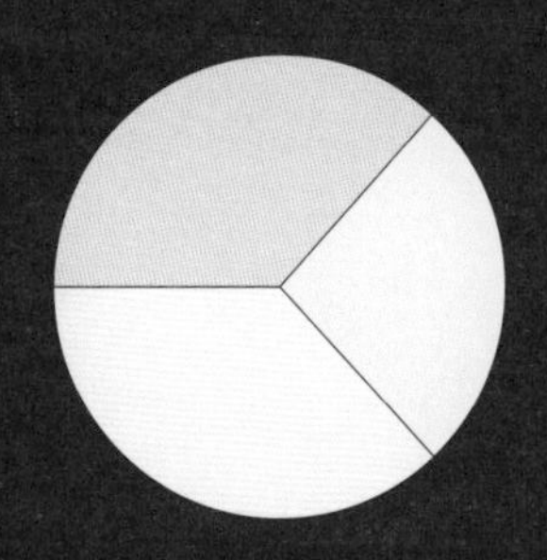

白色石板拼盘

布鲁修奶酪（250克）

加利格罗弗奶酪（2块，180克）

诺曼底卡蒙贝尔奶酪（250克）

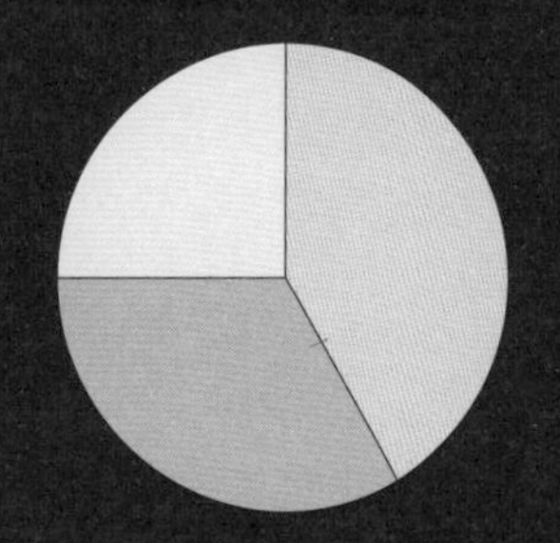

山区石板拼盘

比利牛斯山的小未婚夫奶酪（150克）

莱提瓦兹奶酪（250克）

塞弗拉克蓝纹奶酪（200克）

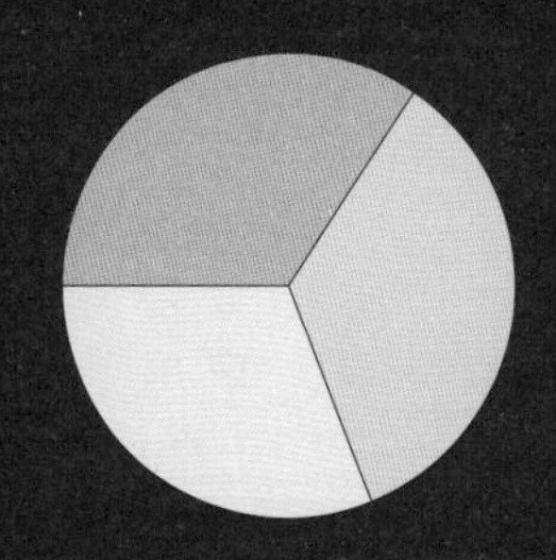

山羊100%石板拼盘

黑古尔羊奶酪（200克）

亨利四世奶酪（220克）

阿卡辛卡奶酪（180克）

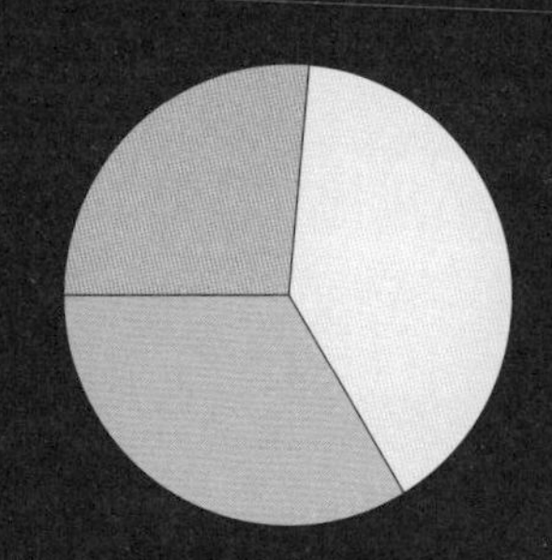

绵羊100%石板拼盘

卡巴斯罗卡柚羊奶酪（2块，160克）

曼彻格奶酪（240克）

伊莎苏奶酪（200克）

三种奶酪的新颖石板拼盘

与经典石板拼盘的要求一样：6个成年人，晚餐收尾时平均每人100克。石板岩托盘上的奶酪按照口感顺序排列，从柔和到强烈。每个托盘上的奶酪重量未必是600克，因为有些奶酪是按块卖，也有的奶酪切块大小不等。

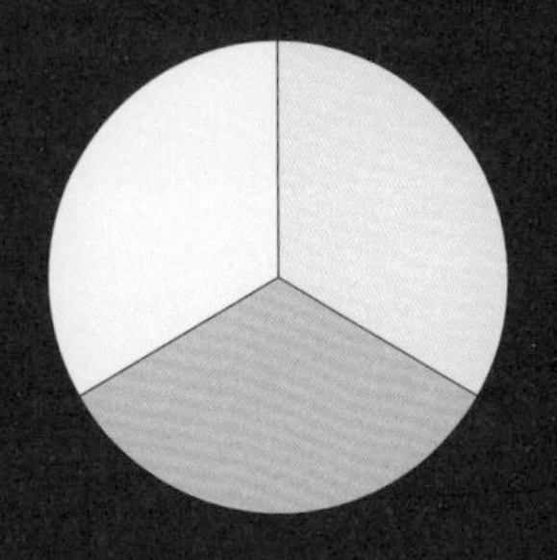

海岛奶酪石板拼盘

海路米奶酪（200克）
塞浦路斯

皮科奶酪（200克）
亚速尔群岛

主教牧杖蓝纹®奶酪（200克）
爱尔兰

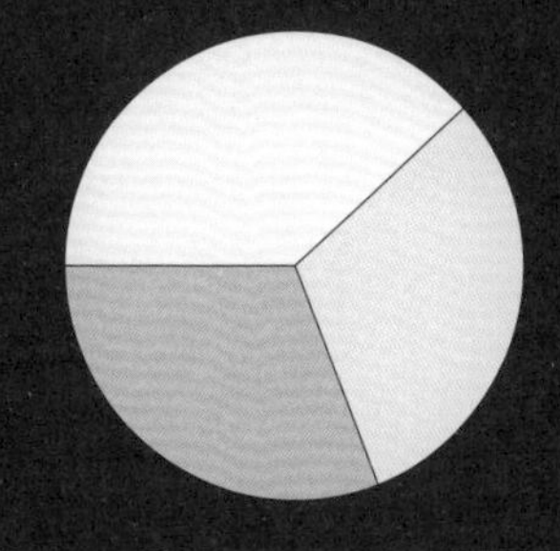

拉丁国家奶酪石板拼盘

昂卡拉特奶酪
（250克 ）

皮埃蒙特多姆奶酪
（200克）

卡夫拉莱斯蓝纹奶酪
（200克）

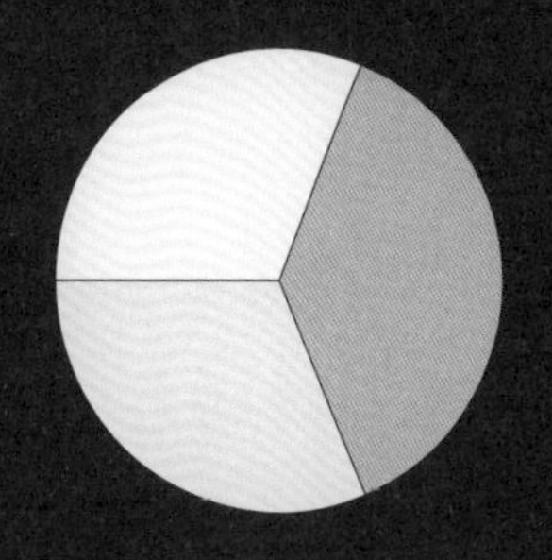

平原奶酪石板拼盘

邦切斯特奶酪
（200克）

沙维纽勒克罗汀羊奶酪
（3块，240克）

爱尔维奶酪
（200克）

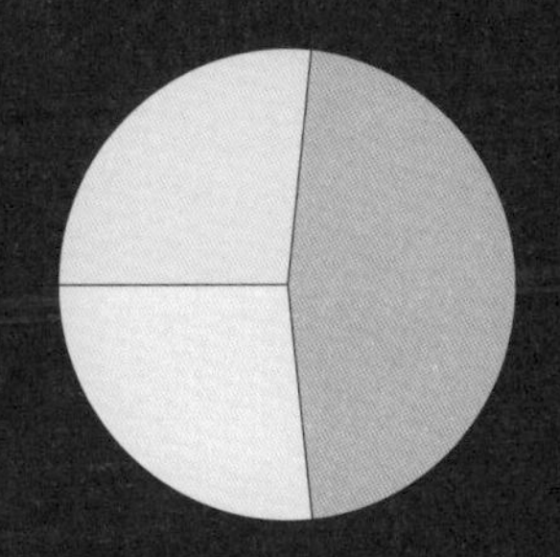

新阿基坦奶酪石板拼盘

格洛易奶酪
（200克）

旺塔都尔松露羊奶酪
（350克）

里亚克多姆奶酪
（200克）

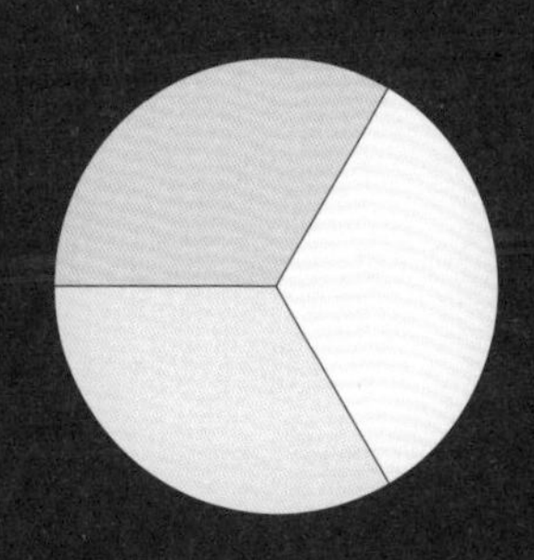

与茶搭配奶酪石板拼盘

阿邦当斯奶酪（200克）
搭配中国绿茶

地平线奶酪（200克）
搭配中国普洱茶

克罗托内绵羊奶酪（200克）
搭配大吉岭夏茶

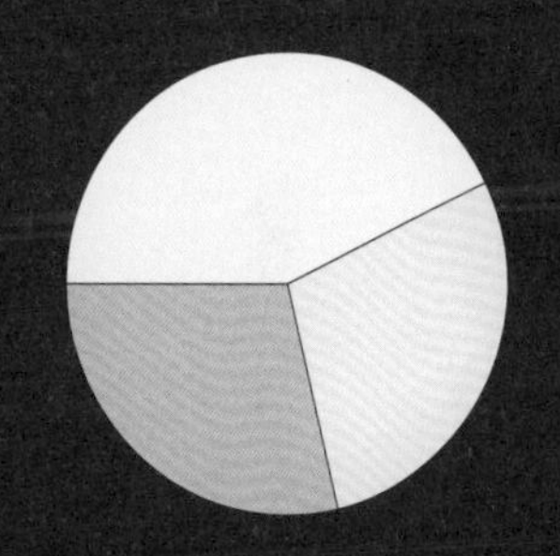

与果汁搭配奶酪石板拼盘

马基香鲜奶酪 （1/2块，300克）
覆盆子果肉饮料

曼斯特奶酪（200克）
荔枝果肉饮料

伽蒙内欧奶酪（200克）
梨味果汁饮料

五种奶酪的经典石板拼盘

每一个拼盘的建议符合这些条件：6个成年人，全餐奶酪，平均每人250克。石板岩托盘上的奶酪按照口感顺序排列，从柔和到强烈。每个托盘上的奶酪重量未必是1500克，因为有些奶酪是按块卖，或是因为有的奶酪切块大小不等。

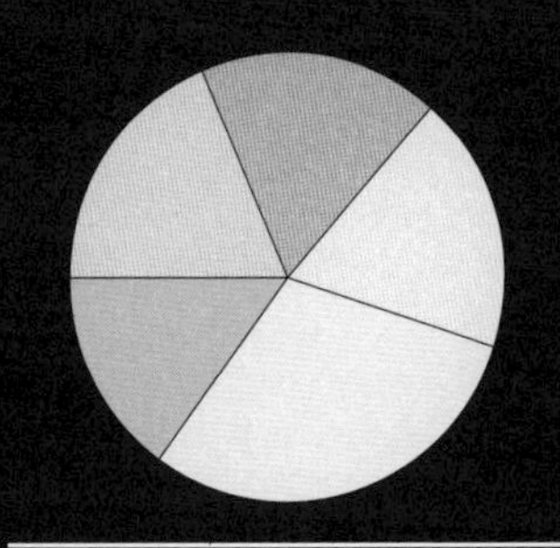

AOP石板拼

- 博福尔奶酪（250克）
- 普瓦图夏匹胥山羊奶酪（2块，240克）
- 奥索-伊拉蒂奶酪（250克）
- 马罗瓦勒奶酪（1/2块， 400克）
- 高斯蓝纹奶酪（200克）

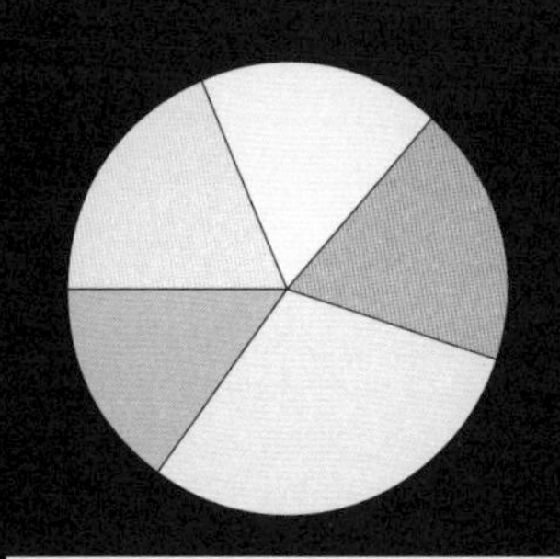

奶酪店石板拼

- 米莫雷特奶酪（250克 ）
- 圣菲丽仙奶酪（2块，240克）
- 克拉彼投®羊奶酪（250克）
- 贝尔-菲欧里图奶酪（400克）
- 博恩瓦勒蓝纹奶酪（200克）

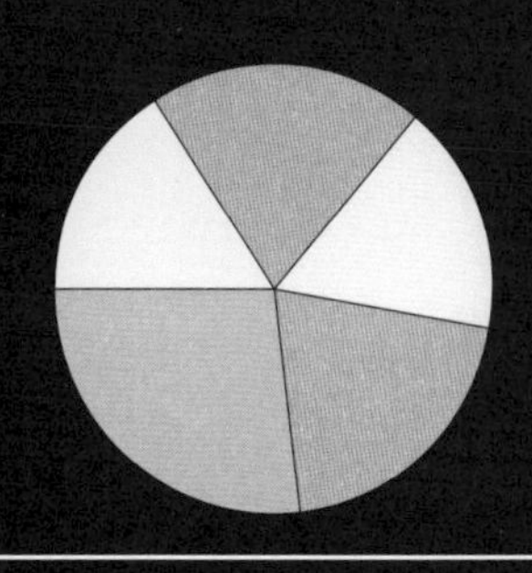

山羊100%石板拼

- 鲁夫布鲁斯奶酪（6块，240克）
- 布兰切特之蹄奶酪 （2块，300克）
- 高特纳莫纳奶酪 （250克）
- 谢河畔瑟莱奶酪（2块，300克）
- 蒂涅纹路奶酪（1/2块 ，400克）

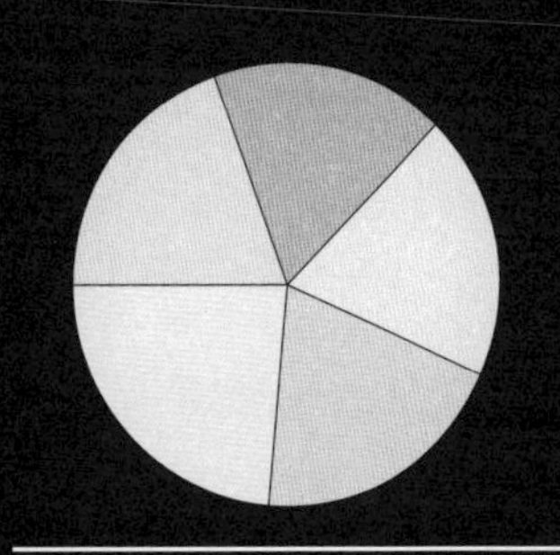

绵羊100%石板拼

- 罗马纳里科塔奶酪（250克）
- 简单羊奶酪 （225克）
- 拉沃奶酪（250克）
- 克里特岛格拉维拉奶酪（250克）
- 卡拉雅克奶油奶酪（300克）

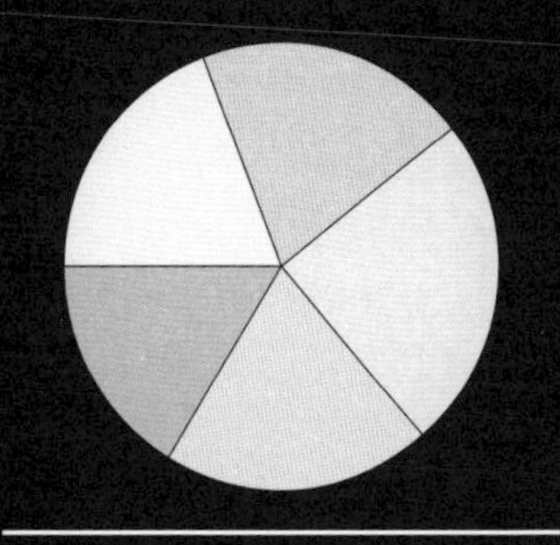

牛奶100%石板拼

- 布莱瓦奶酪（240克）
- 贝蒙图瓦奶酪（250克）
- 提马核桃奶酪（300克）
- 纺工脑花奶酪（250克）
- 格雷文布洛克奶酪（200克）

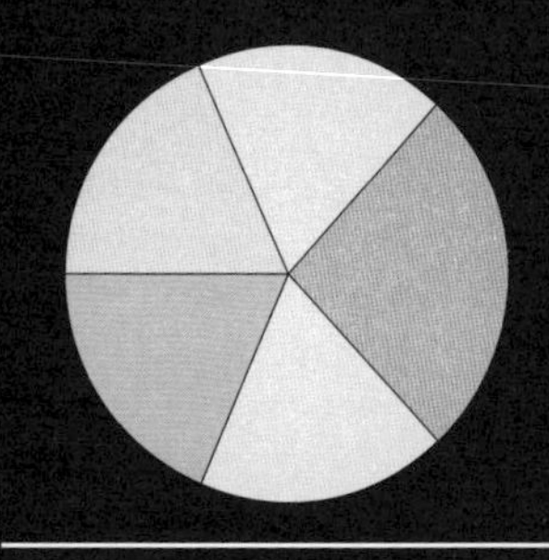

奥弗涅-罗讷-阿尔卑斯石板拼

- 塞拉克奶酪（250克）
- 圣耐克泰尔奶酪（250克）
- 比考顿羊奶酪（6块，360克）
- 福美松烟熏奶酪（250克）
- 韦科尔-萨瑟纳格蓝纹奶酪（250克）

五种奶酪的新颖石板拼盘

与经典石板拼盘的要求一样，每一个拼盘的建议必须符合这些条件：6个成年人，全餐奶酪，平均每人250克。石板岩托盘上的奶酪按照口感顺序排列，从柔和到强烈。每个托盘上的奶酪重量未必是1500克，因为有些奶酪是按块卖，有时也会出现奶酪切块大小不等的情况。

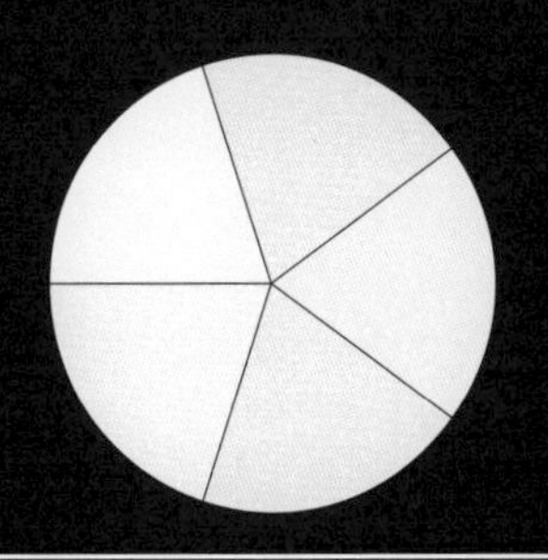

地中海奶酪石板拼

- 菲塔奶酪（250克）
- 马洪-梅诺卡奶酪（250克）
- 山城迈措翁奶酪（250克）
- 撒丁岛绵羊奶酪（250克）
- 科西嘉泥罐奶酪（250克）

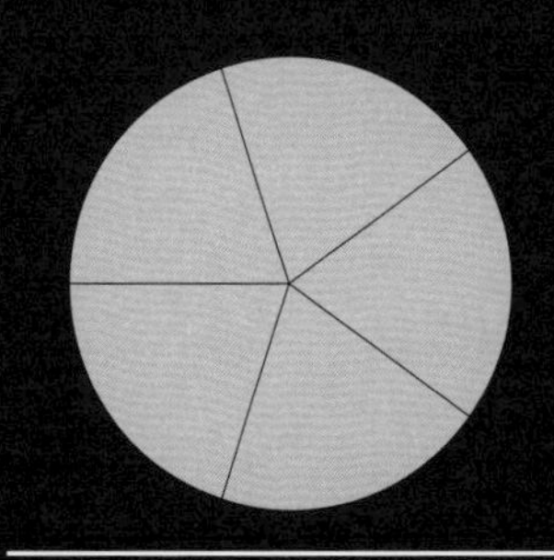

蓝纹石板拼

- 福尔姆-昂贝尔奶酪（250克）
- 温莎蓝纹奶酪（250克）
- 威尔金®奶酪（250克）
- 什罗普郡奶酪（250克）
- 黑与蓝奶酪（250克）

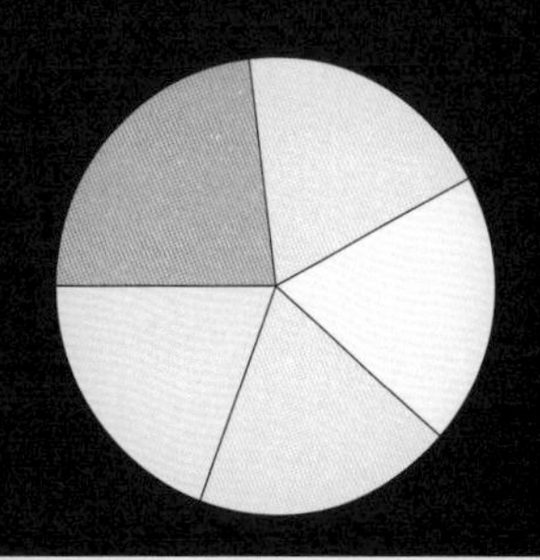

与啤酒搭配奶酪石板拼

- 科尼比克羊奶酪（2块，300克）
白啤酒
- 西西里岛绵羊奶酪（250克）
黄啤酒
- 莫兰布里奶酪（250克）
琥珀色啤酒
- 拉吉奥乐奶酪（250克）
褐色啤酒
- 风中脚奶酪（250克）
三倍啤酒

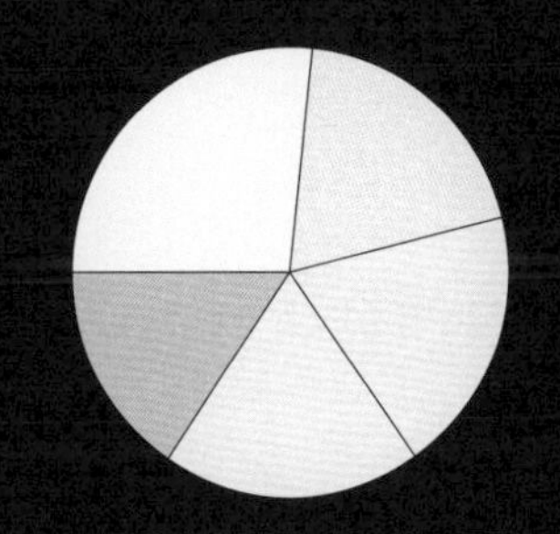

素食者石板拼

- 圣约翰鲜奶酪（350克）
- 沃尔泰拉悬崖绵羊奶酪（250克）
- 阿兹塔奥奶酪（250克）
- 国王河金奶酪（250克）
- 卡舍尔蓝纹®奶酪（200克）

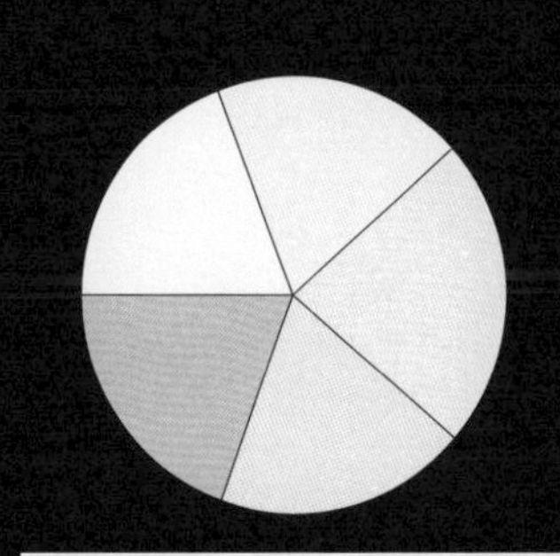

读不出名字的奶酪石板拼

- 锡蒂亚西加洛传统羊奶酪（250克）
- 札兹里娃鞭子奶酪（250克）
- 奥维齐手工烟熏绵羊奶酪（3块，300克）
- 大波兰地区油炸奶酪（250克）
- 南波希米亚蓝纹奶酪（250克）

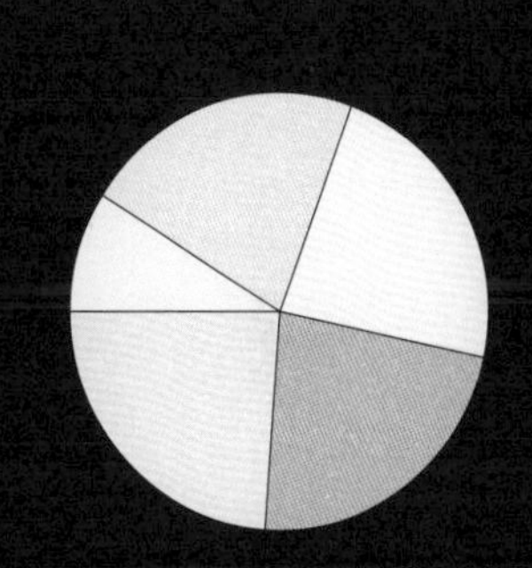

情人节石板拼

- 无花果夹心奶酪（80克）
- 皮楚奈特绵羊奶酪（1/2块，190克）
- 纳沙泰尔奶酪（200克）
- 好入口羊奶酪（200克）
- 丘比特奶酪（210克）

七种奶酪的经典石板拼盘

每一个拼盘的建议必须符合这些条件：6个成年人，饕餮奶酪全餐，平均每人350克。石板岩托盘上的奶酪按照口感顺序排列，从柔和到强烈。每个托盘上的奶酪重量未必是2100克，因为有些奶酪是按块卖，或是因为有的奶酪切块大小不等。

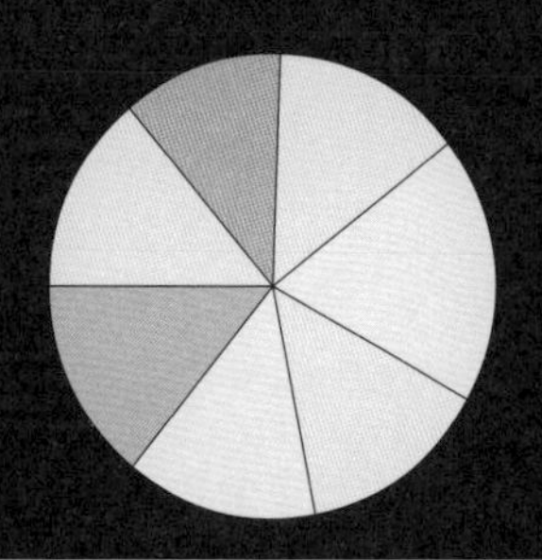

AOP石板拼

- 塔雷吉欧奶酪（300克）
- 布里尼圣皮埃尔山羊奶酪（250克）
- 特林稠奶酪（300克）
- 瓦什酣-蒙多尔奶酪（400克）
- 萨莱斯奶酪（300克）
- 曼斯特奶酪（300克）
- 奥弗涅蓝纹奶酪（300克）

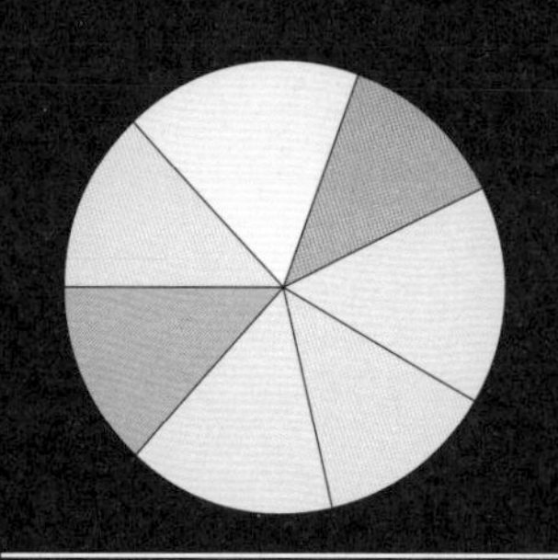

奶酪店石板拼

- 马洛特多姆奶酪（300克）
- 库洛米耶奶酪（400克）
- 伽亭酒塞羊奶酪（2块，280克）
- 博日瓦舍兰奶酪（1/4块，350克）
- 西部农家切达奶酪（300克）
- 韦纳科奶酪（350克）
- 俄勒冈烟熏蓝纹奶酪（300克）

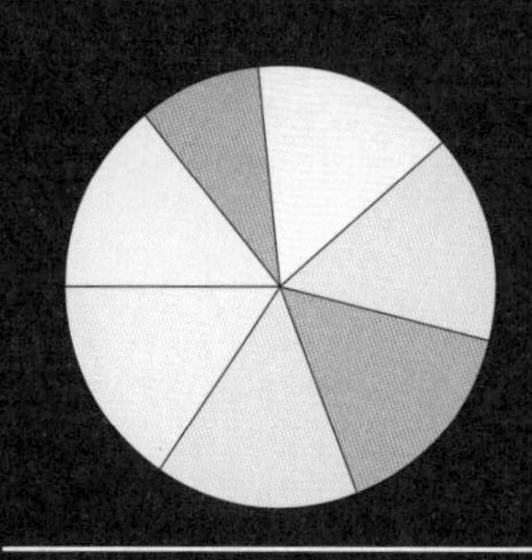

山羊100%石板拼

- 澳大利亚丝绸鲜奶酪（2块，280克）
- 魁北克阿加特羊奶酪（3块，180克）
- 荷兰山羊奶酪（300克）
- 阿拉齐瓦巴纳斯山硬奶酪（300克）
- 巴依羊奶酪（3块，300克）
- 棕榈人奶酪（300克）
- 伏旧奶酪（300克）

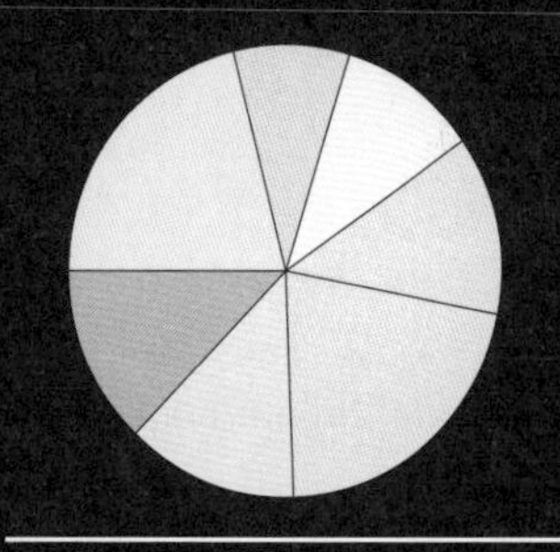

绵羊100%石板拼

- 贝里斯山谷绵羊奶酪（500克）
- 曼努里奶酪（1/4块，200克）
- 乌拉梅薄雾奶酪（250克）
- 穆尔西亚山羊奶酪（300克）
- 卡萨尔饼状奶酪（500克）
- 博萨绵羊奶酪（2块，300克）
- 圣雷米蓝星奶酪（200克）

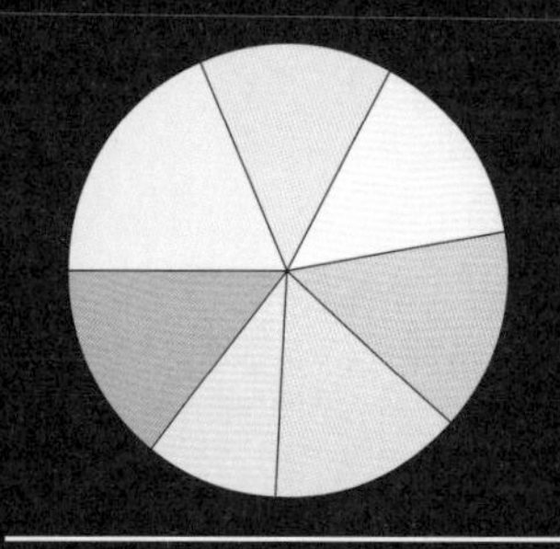

牛奶100%石板拼

- 芦苇香奶酪（3块，390克）
- 安德里亚布拉塔奶酪（300克）
- 皮特维奶酪（300克）
- 法国格鲁耶尔奶酪（300克）
- 红莱彻斯特奶酪（300克）
- 南特神父®奶酪（200克）
- 丹麦蓝纹奶酪（300克）

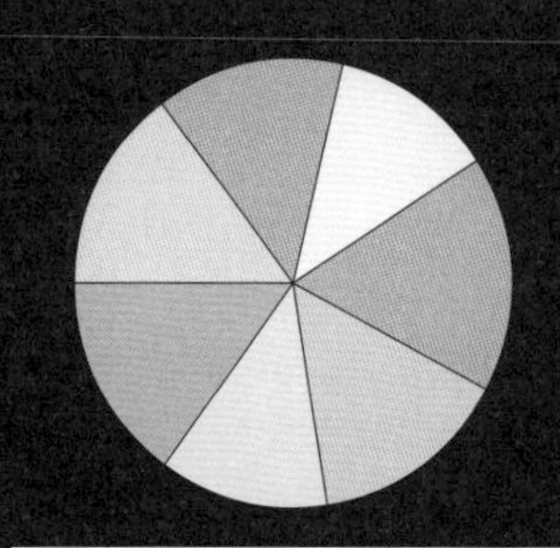

圣诞节石板拼

- 维苏比布鲁斯奶酪（300克）
- 圣尼古拉-德拉达尔梅里羊奶酪（2块，280克）
- 布里亚-萨瓦兰奶酪（250克）
- 洛什皇冠®羊奶酪（2块，340克）
- 安嫩奶酪（300克）
- 埃普瓦斯奶酪（250克）
- 斯蒂尔顿奶酪（300克）

七种奶酪的新颖石板拼盘

与经典石板拼盘的要求一样，每一个拼盘的建议必须符合这些条件：6个成年人，饕餮奶酪全餐，平均每人350克。石板岩托盘上的奶酪按照口感顺序排列，从柔和到强烈。每个托盘上的奶酪重量未必是2100克，因为有些奶酪是按块卖，或是因为有的奶酪切块大小不等。

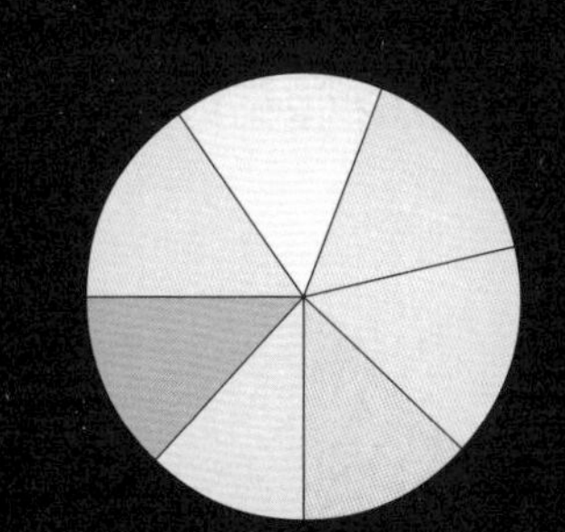

红葡萄酒搭配石板拼

- 特兰斯蒙塔诺山羊奶酪（300克）
- 蒙特罗布里奶酪（300克）
- 康塔尔奶酪（300克）
- 博格多姆奶酪（300克）
- 奥弗涅加普隆奶酪（250克）
- 帝王花奶酪（230克）
- 蒙布里松圆桶奶酪（250克）

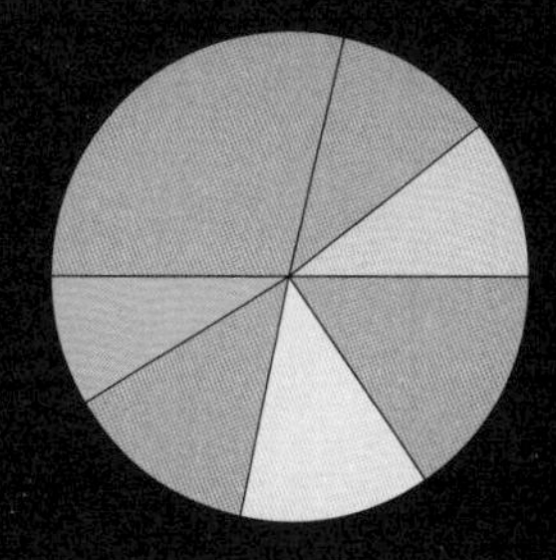

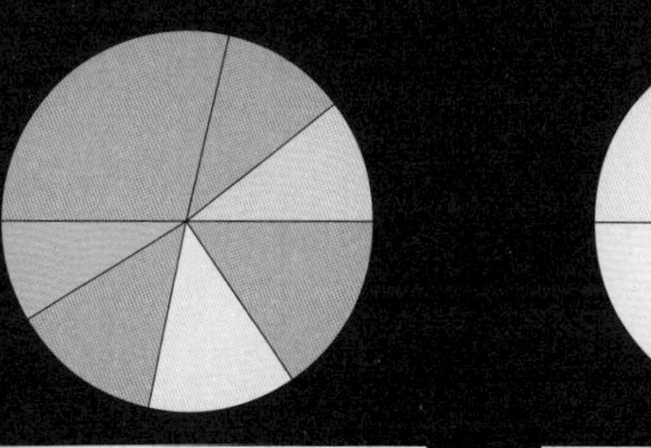

白葡萄酒搭配石板拼

- 布里吉德泉羊奶酪（670克 ）
- 法朗塞奶酪（250克）
- 法国中东部埃曼塔尔奶酪（250克）
- 佩拉东羊奶酪（6块，360克）
- 寇斯纳尔绵羊奶酪（300克）
- 马孔奶酪（6块，300克）
- 斯特拉齐图恩特奶酪 （200克）

气泡葡萄酒搭配石板拼

- 罗马绵羊奶酪（300克）
- 莫城布里奶酪（300克）
- 比图奶酪（300克）
- 夏欧斯奶酪（ 250克）
- 夏洛莱羊奶酪（250克）
- 车夫罗丹奶酪（250克）
- 龙克白垩奶酪（1/2块，240克）

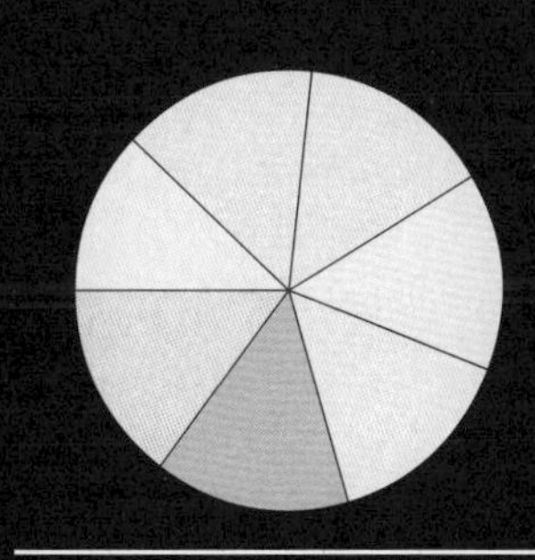

伊比利亚石板拼

- 加利西亚特提拉奶酪（1/2块，250克）
- 塞布里罗奶酪（300克）
- 伊迪阿扎巴尔绵羊奶酪（300克）
- 塞拉达埃斯特莱拉奶酪（300克）
- 卡辛奶酪（300克）
- 瓦尔德翁奶酪（300克）
- 阿弗加皮图奶酪（300克）

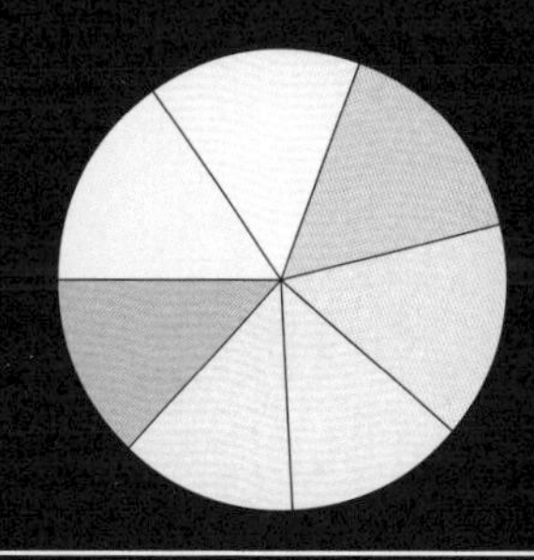

欧洲之外奶酪石板拼

- 纯山羊鲜奶酪（300克）
- 水牛布里奶酪（300克）
- 先锋奶酪 （300克）
- 巴斯勒奶酪（300克）
- 金色银河奶酪 （250克）
- 席勒之选奶酪（250克）
- 米拉瓦蓝纹奶酪（250克）

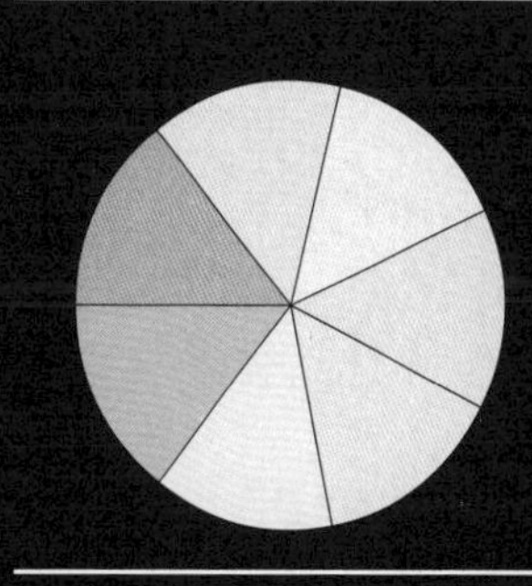

特殊食材石板拼

- 百里香罗弗（鲁夫丹）羊奶酪（3块，300克）
添加食材：百里香精油
- 穆尔西亚酒洗山羊奶酪（ 300克）
添加食材：葡萄酒
- 康库瓦约特奶酪（300克）
添加食材：白葡萄酒
- 巴瑞利咖啡薰衣草奶酪（300克）
添加食材：咖啡、薰衣草
- 农夫莱顿茴香奶酪（300克）
添加食材：小茴香
- 克雷盖伊骑士啤酒奶酪（280克）
添加食材：啤酒
- 罗格河蓝纹奶酪（300克）
添加食材：葡萄叶子、梨汁蒸馏酒

包装奶酪

包装奶酪的手法多样，每家奶酪店都有自己的包装风格和手法。尽管如此，在此还是展示几种方法，帮助您包装好您的奶酪。

圆形奶酪

（以诺曼底卡蒙贝尔奶酪为例）

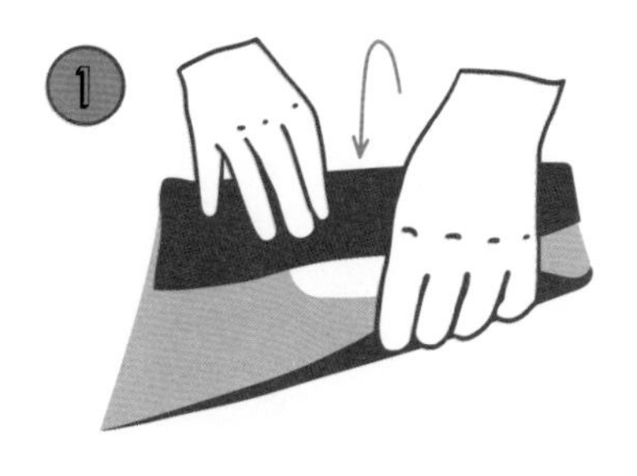

将奶酪放在包装纸中心，然后从一边包上奶酪。

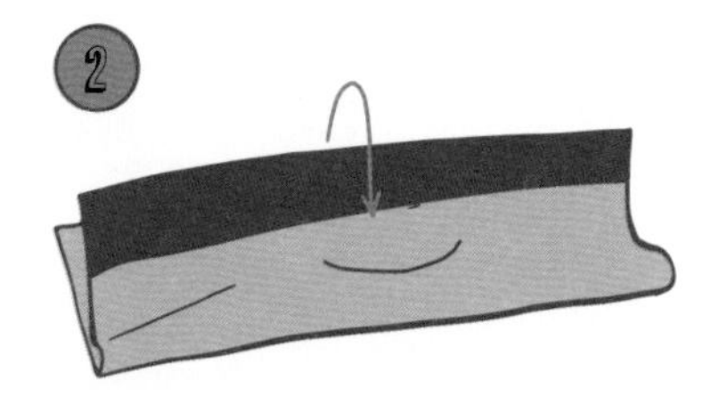

再将另外一边合上。

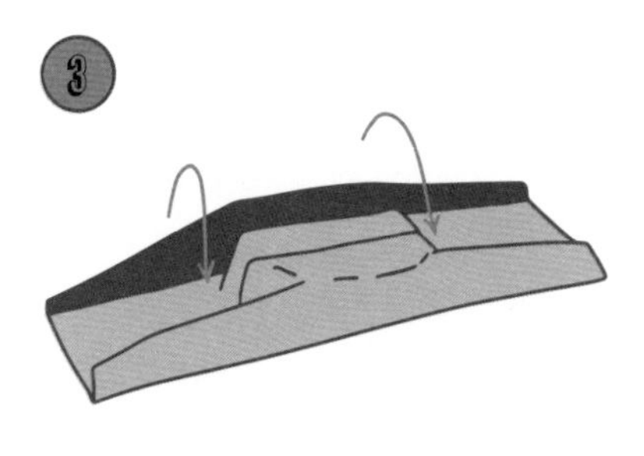

折叠包装纸两侧，再按照钱包的样式折叠。

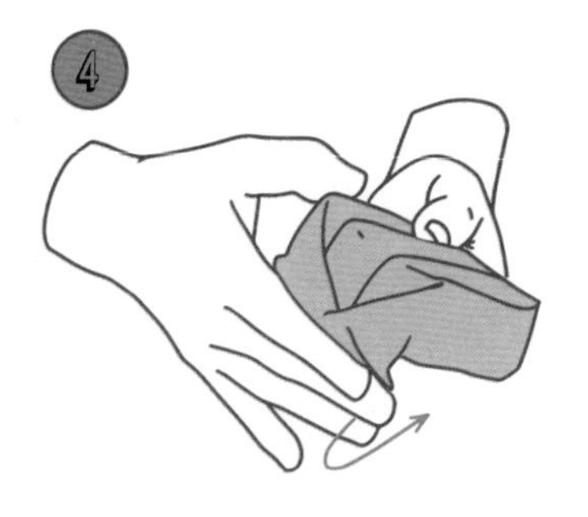

将两侧多余的纸叠到下方。

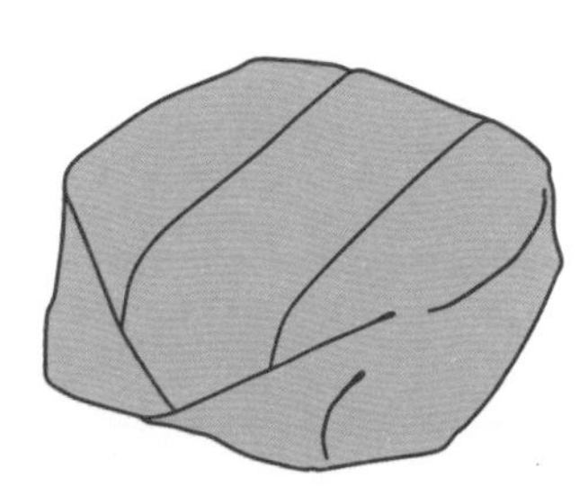

带尖的奶酪

（以莫城布里奶酪为例）

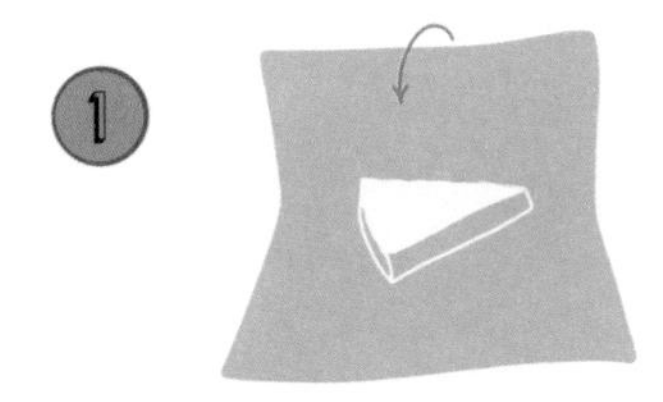

将奶酪放在包装纸中心，奶酪的最长边与包装纸边平行。

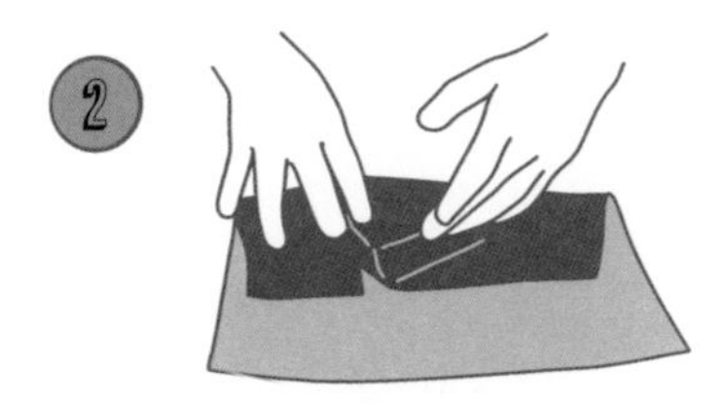

将纸沿着奶酪边缘折叠，一直覆盖到另外一边。

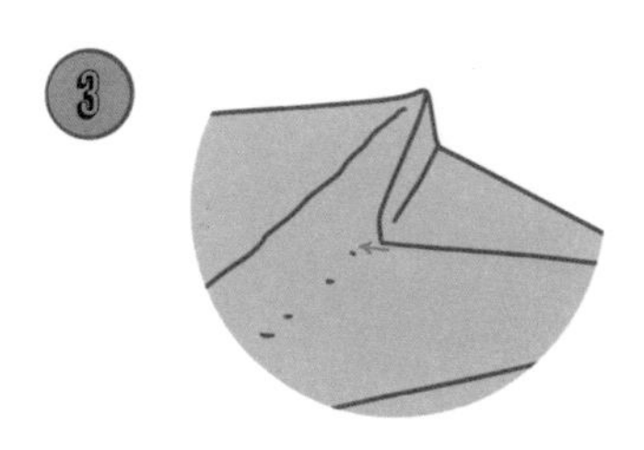

以奶酪尖部为基准折叠包装纸，随后覆盖到奶酪上。

在多余处折叠压印。

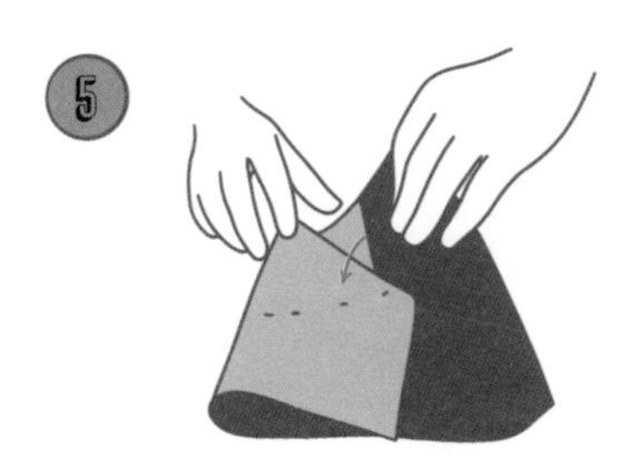

用食指压住奶酪根部的最宽处，将包装纸沿着底部折叠。

按照钱包的样式折叠多出的纸，然后折叠另外一面。

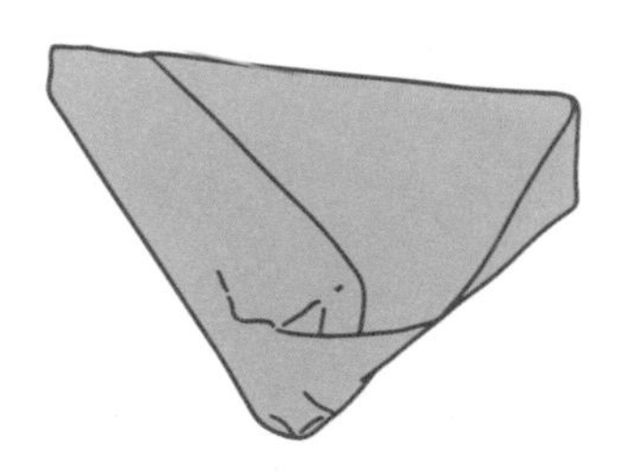

方形或长方形奶酪

（以主教桥奶酪或孔泰奶酪切片为例）

1

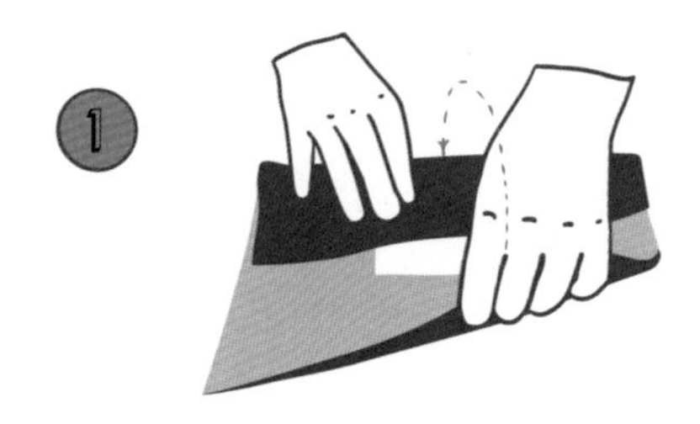

把奶酪放在包装纸中心，使奶酪的最长边与包装纸的最长边平行。

2

将另外一边再合上。

3

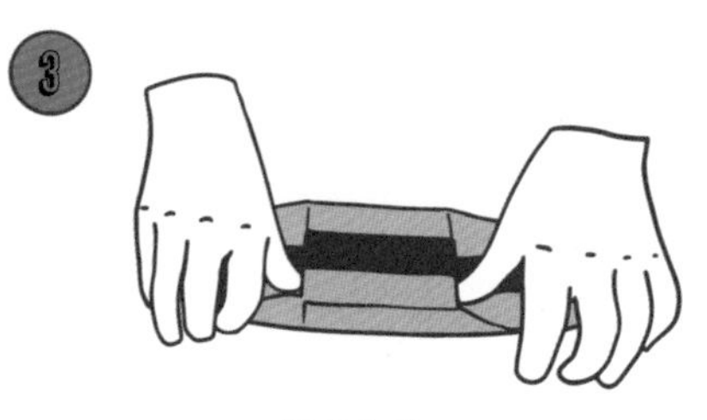

折叠包装纸。

4

将包装纸两边按照钱包的样式折叠多出的纸。

包装纸两端折出尖角。

6

将尖角反叠到奶酪底部。

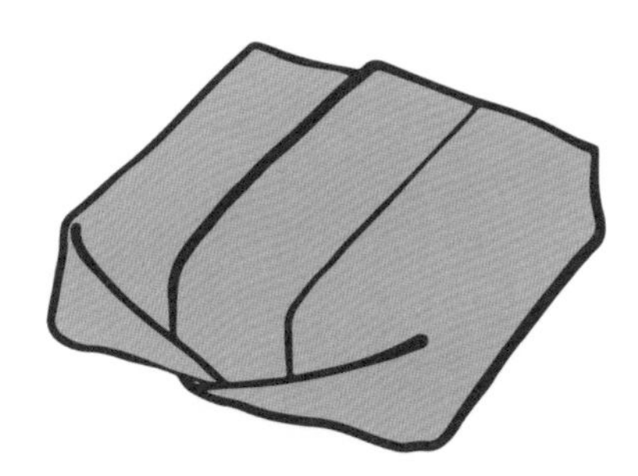

圆柱形奶酪

（以圣莫尔-都兰山羊奶酪为例）

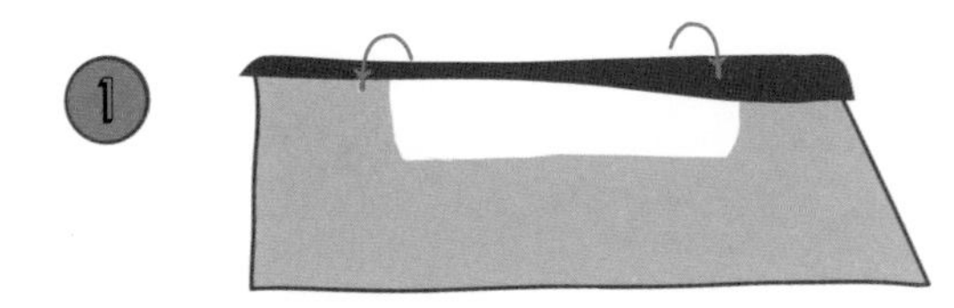

把奶酪放在包装纸中心，使奶酪的最长边与包装纸边平行。

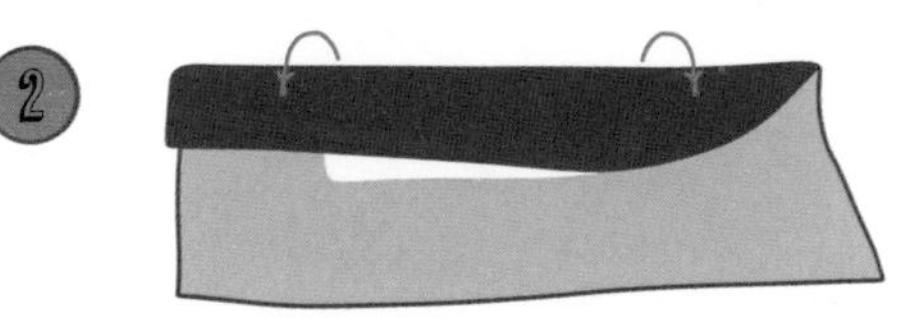

再将另外一边合上。

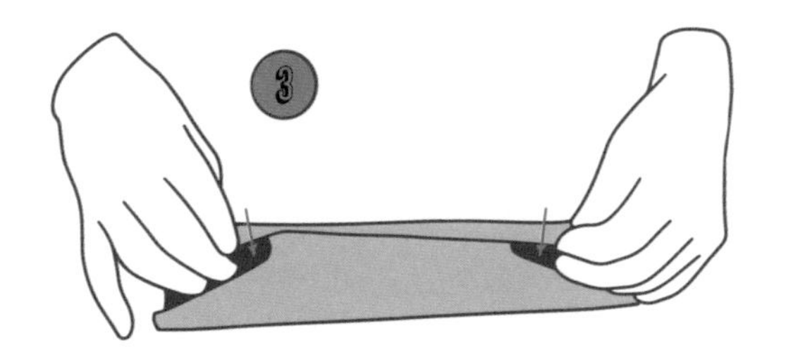

翻折包装纸。

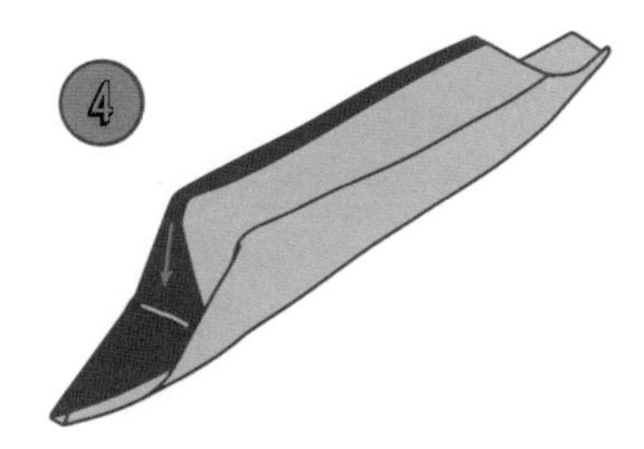

将包装纸两边按照钱包的样式折叠多出的纸。

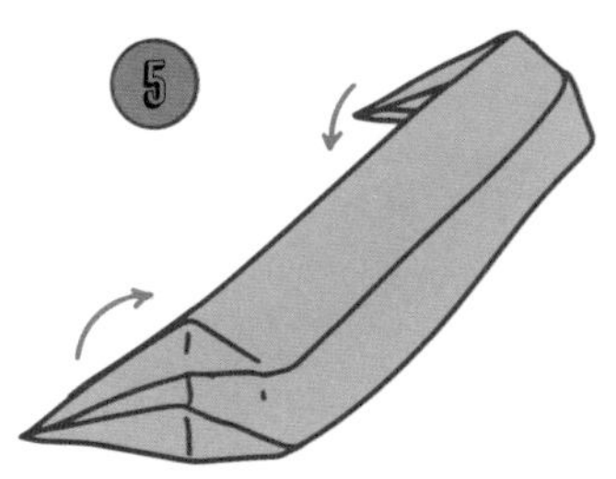

两边收角，将折角压至奶酪下方。

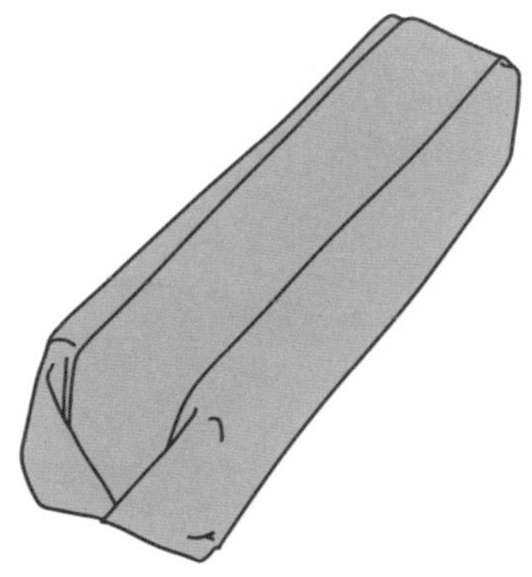

金字塔形奶酪

（以法朗塞奶酪、布里尼圣皮埃尔山羊奶酪、阿韦纳小球奶酪为例）

1

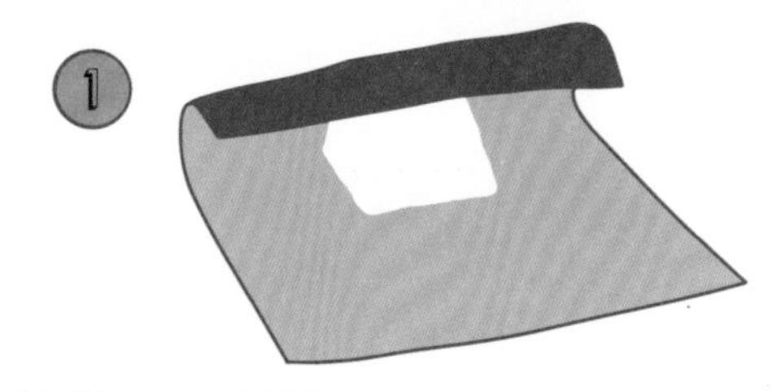

把奶酪放在包装纸中心，使奶酪的最长边与包装纸边平行，将纸张向上拉伸直到顶部。

2

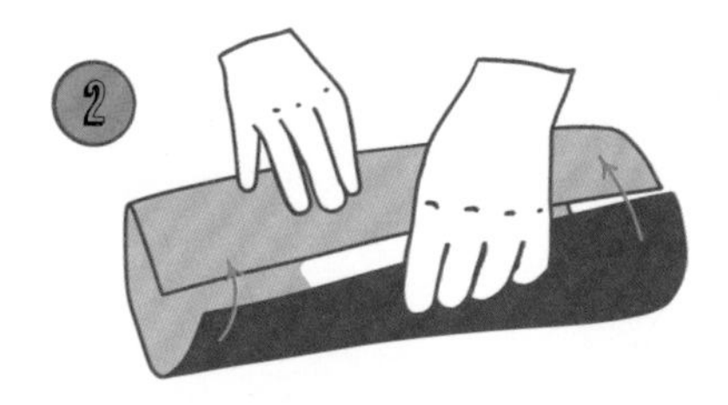

用同样的方式将另外一边拉到顶部。

3

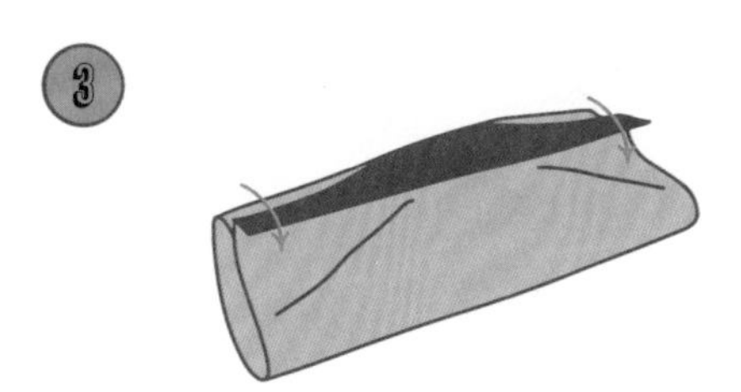

翻折包装纸。

4

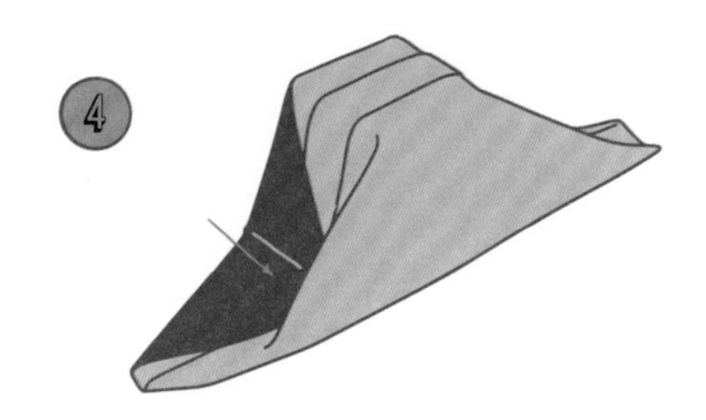

将包装纸两边按照钱包的样式折叠多出的纸。

5

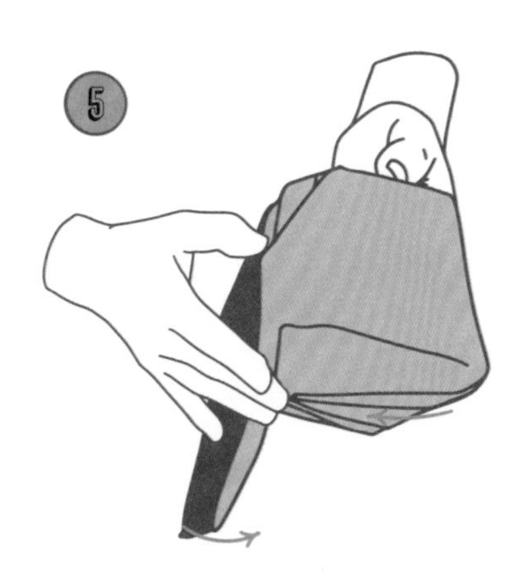

两边收角，将折角压至奶酪下方。

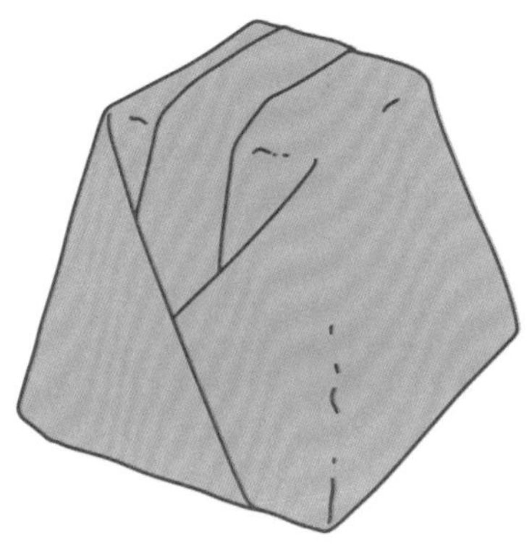

心形奶酪

（以纳沙泰尔奶酪为例）

1

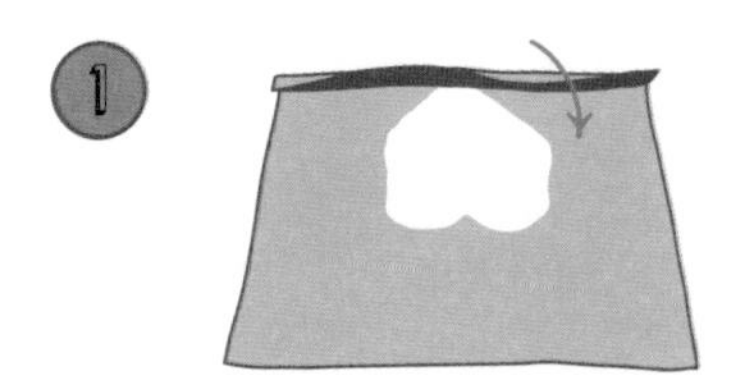

把奶酪放在包装纸中心，将一边的纸覆盖住奶酪的三分之一。

2

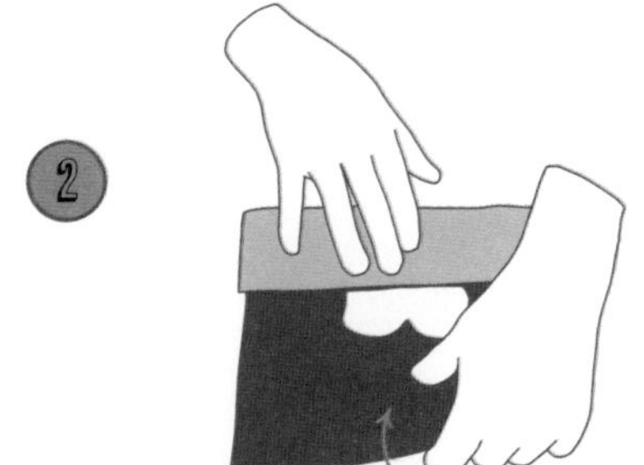

将另外一边覆盖在奶酪上。

3

翻折多出的包装纸。

4

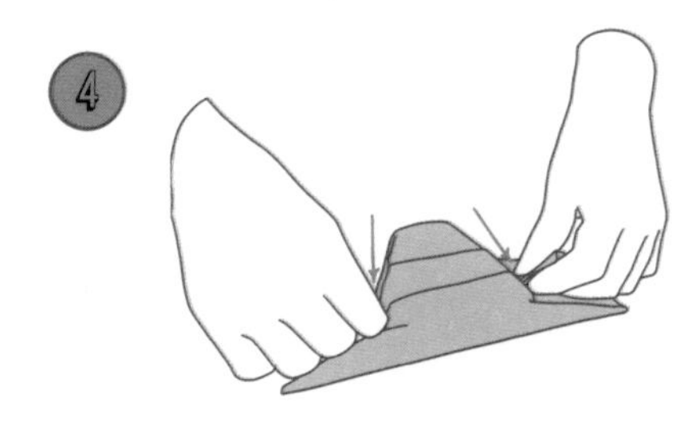

将包装纸两边按照钱包的样式折叠多出的纸。

5

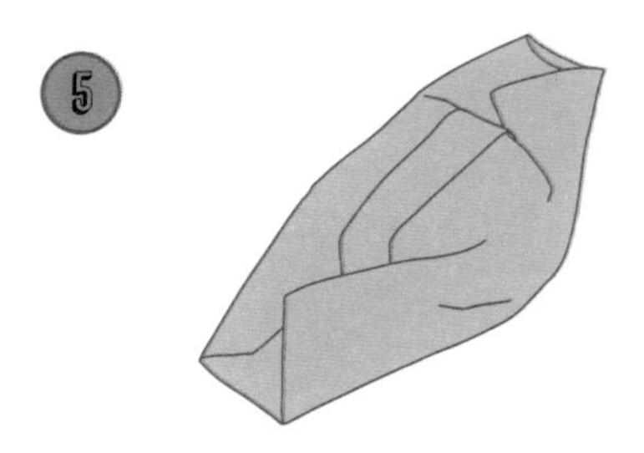

沿着奶酪形状折叠多余的包装纸。

6

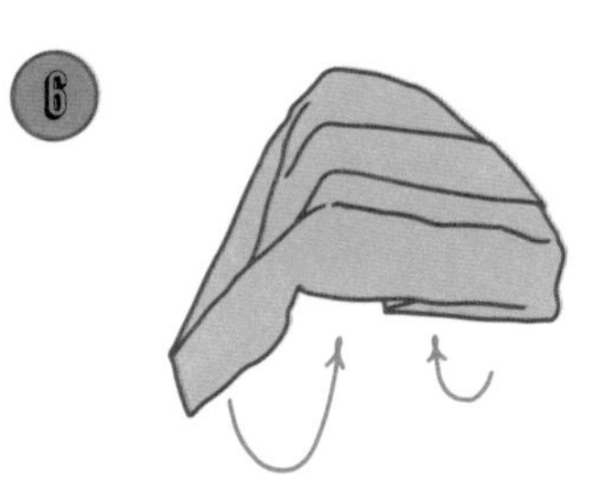

两边收角，将折角压至奶酪下方。

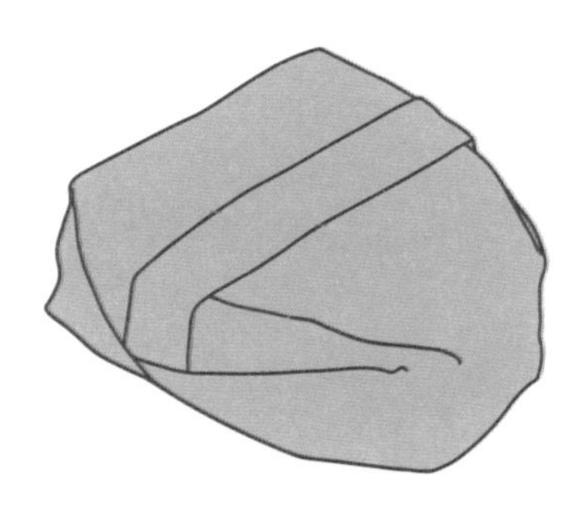

词汇表

熟成过程
奶酪达到成熟期的过程，在此期间，奶酪会产生香味、香气和质感。

酪乳
搅拌奶油和/或牛奶后回收的残留乳状液体。

细菌
这种微生物是奶酪产生不同口感、质地和香气的部分原因。

生物膜
生活在熟成用的木板上和奶酪上的微生物（细菌、酵母、霉菌）种群。

凝乳
牛奶凝固形成的固体物质。

凝固过程
通过添加凝乳酶，液体物质（奶液）转化为致密物质（奶酪）。

乳品店/奶酪店
出售奶酪产品的地方。

点脑/点卤/点浆
在奶中添加凝乳酶（凝固剂）的操作，使其凝固。

沥水定型器
壁和底部都带孔的容器。在考古发掘中发现的最古老的沥水定型器可以追溯到1.2万年前，这证明了奶酪制作的历史有多么悠久。几个世纪以来，使用的材料已经有很大变化（陶瓷、陶土、木材、金属、塑料、柳条），同时出现了各种形状（圆形、圆柱形、方形），但器皿的用途保持不变：将乳清沥出去，然后把凝乳变成奶酪。

风味
在品尝食物时经历的所有触觉、味觉和嗅觉感受。

奶酪
历史上首次出现有关奶酪的文字记载是在12世纪，最初的拉丁文“formaticus”后来演变为14世纪的“fourmage”、15世纪的“fromaige”，最后为“fromage”（法语“奶酪”），从这些词的词源上解释，意为凝乳成形的过程。

值得注意的是，cacio（意大利语）、käse（德语）和cheese（英语）源自拉丁语caseus，意为“奶酪”。

奶酪能力
不同奶液转化为奶酪的能力不同。

奶酪坊
制作奶酪的地方。

奶酪合作社
在汝拉山区或阿尔卑斯山区制作和/或熟成奶酪的地方。

乳清
在凝乳和沥水过程中从乳酪中溢出的残留液体。

乳清奶（LAIT RIBOT）
在奶油向黄油转变的过程中出现的带着块状物的白色液体，在布列塔尼也被称为“牛奶核糖”，因为“Ribotte”说明了该地区制作黄油的历史和手法。

酵母
单细胞真菌（它只有一个细胞），可以用于发酵啤酒、葡萄酒或奶酪等。

霉菌
霉菌生长在奶酪核心部位或奶酪表皮，这也是奶酪的口感和香味的形成原因之一。

搓洗液
水里加盐（有时是醋）和酶（酵母、霉菌），用于某些奶酪的熟成。

青霉菌
这种霉菌为一些奶酪提供了白色外壳，比如卡曼贝尔青霉菌、白地霉或洛克福青霉菌。

凝乳酶
由尚未断奶的反刍动物的皱胃产生的物质。它含有用于凝固乳汁的酶（存在于胃液中），也就是说，是它使奶液从液态凝固为固态。此外，还有植物凝乳酶和化学凝乳酶。

盐水
盐溶液，用于腌制奶酪或搓洗外部表皮。

脂肪含量
它对应的是奶液中的脂肪含量，与蛋白质含量一样，是衡量奶液是否可以制作奶酪的重要指标。

蛋白质含量
它对应的是奶液中的蛋白质含量，是衡量奶液是否可以制作奶酪的重要指标。

酪氨酸
它是一种氨基酸，常出现在硬质成熟奶酪中。它的形状是类似粗盐的清脆白点。

奶酪名称索引

在黑体数字显示的页面可以找到对应的奶酪介绍。
此索引排列顺序与原书一致。

参考文献

杂志

Magazines *Profession fromager*, Éditions ADS, 2016-2018.

Le Courrier du fromager, Les fromagers de France, 2015-2018.

书籍

Philippe Olivier, *Fromages des pays du Nord*, Tallandier, 1998.

Monique Roque, Pierre Soissons, *Auvergne, terre de fromages*, Quelque part sur terre, 1998.

Roland Barthélemy, Arnaud Sperat-Czar, *Fromages du monde*, Hachette, 2001.

Jean Froc, *Balade au pays des fromages : les traditions fromagères en France*, éditions Quæ, 2006.

Michel Bouvier, *Le fromage, c'est toute une histoire : petite encyclopédie du bon fromage*, Jean-Paul Rocher, éditeur, 2008.

Kazuko Masui, Tomoko Yamada, *Fromages de France*, Gründ, 2012.

Kilien Stengel, *Traité du fromage : caséologie, authenticité et affinage*, Sang de la Terre, 2015.

Philippe Olivier, *Les Fromages de Normandie hier et aujourd'hui*, Éditions des falaises, 2017.

网络资源

http://ec.europa.eu/agriculture/quality/door/list.html
Portail de la Commission européenne pour les labels AOP, STG, IGP.

http://www.racesdefrance.fr
Portail autour des principales races de bêtes laitières de France.

https://www.inao.gouv.fr
Portail de l'Institut national de l'origine et de la qualité pour les AOP françaises.

特别鸣谢

我特别感谢我的妻子阿丽斯·索滋，还有我们的孩子艾丽萨和欧文（当然是世界上最好的孩子！）。感谢他们对我坚定不移的爱，以及对我这个项目的支持。

感谢亚尼斯·瓦卢西克斯（能再多画一个奶酪吗？），感谢他的绘画才华；还有伊曼纽尔·勒瓦洛瓦，感谢他对我这个著作项目的信任。

我也衷心地感谢阿加特·勒古埃和扎尔科·特莱巴克，感谢他们提出富有建设性的意见，这本书才得以如此丰富且易于理解。

感谢克莱尔·乔伯特的友情，以及她作为出版人的才华。

感谢罗阿讷的洛朗·蒙斯，他对奶酪中微生物的分享总是充满热情。

感谢我的兄弟摩根，还有两位女士奥雷莉·明内和塞西尔·图泽，她们是里尔市的德拉斯克奶酪店的雇员，没有她们，我不可能完成这么一本内容丰富的奶酪书。

此外，特别感谢我那些住在加拿大魁北克的朋友：盖尔·卢西亚-贝尔杜，朱利·库克和他的“风中脚”奶酪，热罗姆·拉贝、蒂埃里·瓦丁，还有欢闹的西多尼亚·瓦里甘特！

最后感谢读者朋友，希望这本书能给您带来乐趣和满足。这是我创作本书的唯一目的。